工业和信息化部"十四五"规划教材
建设重点研究基地精品出版工程

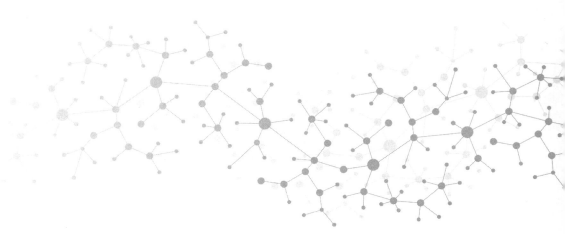

高分子物理

POLYMER PHYSICS

王香梅　汪存东　陈晓勇　张丽华　编著

U0234537

北京理工大学出版社
BEIJING INSTITUTE OF TECHNOLOGY PRESS

内 容 简 介

本书涵盖高分子结构、分子运动和性能的核心知识点，在理解知识点的基础上，突出结构、分子运动、性能及应用四方面的构效关系。本书主要内容包括高分子链的结构、高分子的聚集态结构、聚合物的分子运动和热转变、聚合物的弹性理论和形变性能、聚合物的断裂和强度、高分子的黏流态及流变性、高分子溶液的性质及其应用、聚合物的其他性能等，另外，增加火炸药中常用聚合物的结构与性能，拓展读者对相关领域前沿发展的认识。

本书可作为高等院校工科如高分子材料与工程、复合材料、特种能源与烟火技术、化学工程与工艺和能源化工等专业的教材，也可作为科研人员的学习资料。

图书在版编目（CIP）数据

高分子物理 / 王香梅等编著. -- 北京：
北京理工大学出版社，2024. 6.
ISBN 978-7-5763-4253-6

Ⅰ. O631. 2
中国国家版本馆 CIP 数据核字第 2024C4U498 号

责任编辑：王梦春　　　文案编辑：魏　笑
责任校对：刘亚男　　　责任印制：李志强

出版发行 / 北京理工大学出版社有限责任公司
社　　址 / 北京市丰台区四合庄路 6 号
邮　　编 / 100070
电　　话 / (010) 68944439 （学术售后服务热线）
网　　址 / http://www.bitpress.com.cn

版印次 / 2024 年 6 月第 1 版第 1 次印刷
印　　刷 / 三河市华骏印务包装有限公司
开　　本 / 787 mm×1092 mm　1/16
印　　张 / 20.75
字　　数 / 510 千字
定　　价 / 88.00 元

PREFACE

前言

"高分子物理"是研究高分子结构、分子运动和性能及其三者之间关系和规律的学科。它与高分子的合成、加工、改性、应用等都有非常密切的内在联系。理解了高分子结构与性能之间的内在联系及其规律，就可以指导高分子的设计进而合成，并帮助分析和研究聚合物在加工成型和使用过程中出现的问题。

本书以"OBE 理念"为引导，按照重视基础理论知识、强化工程应用、突出理论和应用相结合来适应人才发展需求的思路编写。本书以原《高分子物理学习笔记暨习题》为基础，同时参考了国内外优秀的《高分子物理》教材及高分子领域新成果，适用于高等院校工科如高分子材料与工程、化学工程与工艺、复合材料、特种能源与烟火技术和能源化工等专业。此外，本书也可作为学生考研的复习用书，对从事高分子材料科学研究的科技人员也具有一定的参考价值。

本书有如下特点。

（1）强化知识点的理解。本书涵盖了高分子结构、分子运动和性能的核心知识点，为了强化理解知识，保留了《高分子物理学习笔记暨习题》各章较多的习题，学生通过练习各类习题来帮助理解高分子物理中的各种概念和原理，同时形式多样的习题还给出了参考答案，供学生自查及学习考核评价等。另外，将自主开发的三维动画模型的微观结构等用二维码的形式呈现，以立体形态促进学生学习，培养和提高学生将所学理论知识运用于分析问题的能力。

（2）强调工程应用性。结合高分子领域新成果，融入了科研成果。尽可能把知识点与实际应用相结合，重要的知识点特设"专栏"，通过内容总结、案例分析、示范例题、重要成果及历史事件等形式强化理解，同时提高学生学习兴趣及体现学科的前沿性。

（3）本着传承弘扬如中北大学这一类高校的特色专业的优势，在高分子物理基础内容学习上，增加第 9 章火炸药中常用聚合物结构和性能，以拓展学生对该领域前沿发展的认识，突出新工科的交叉融合特点。

本书共 9 章，第 1、4、5、6 章由王香梅编写，第 2~3 章由汪存东编写，第 7~8 章由陈晓勇编写，第 9 章由张丽华编写，全书由王香梅统稿。

由于编著者的水平有限，书中疏漏及不足之处在所难免，恳请读者提出批评、指正及建议，谢谢。

编著者

2024 年 1 月

目　录
CONTENTS

第1章

高分子链的结构

物质的性质都是由结构决定的，高分子材料也是如此。研究聚合物结构的根本目的在于掌握物质结构和性能之间的关系，以便合成具有预定性能的聚合物或改进现有聚合物的性能，来满足应用的需要，并为开拓新型高分子材料奠定分子设计或材料设计的理论基础。

与小分子物质相比，聚合物的结构非常复杂，其主要特点：①高分子由成千上万个（$10^3 \sim 10^5$）相当于小分子的结构单元组成；②大分子链的柔顺性变化很大；③大分子链之间的作用力很大；④大分子链之间可以发生交联；⑤聚合物的晶态和非晶态不同于小分子物质；⑥高分子材料中的添加剂，使分子结构复杂化；⑦聚合物分子量的多分散性影响其分子结构。

由以上简述可以初步看到聚合物结构的复杂性。对如此复杂的高分子结构，可以按由简单到复杂的层次进行研究。通常，将高分子结构分为链结构和聚集态（凝聚态）结构两部分。

1.1 聚合物结构的层次

聚合物结构一般分为两个层次，如图 1.1 所示。高分子链结构，包括近程结构和远程结构，高分子链近程结构（或第一层次结构），即单个高分子链中链节的化学组成和立体化学结构等；高分子链远程结构（或第二层次结构），即单个高分子链的大小及其在空间所存在的各种形状。高分子的凝聚态（聚集态）结构（包括第三层次结构和更高层次结构），即聚合物中高分子链之间相互排列和堆砌的结构。

本章主要讨论高分子链结构，高分子聚集态结构将在第 2 章中讨论。

1.2 高分子链的近程结构

高分子链的近程结构主要是指结构单元的化学组成、键接方式、空间立构等。
这些近程结构与聚合物的聚集态结构和性能密切相关。

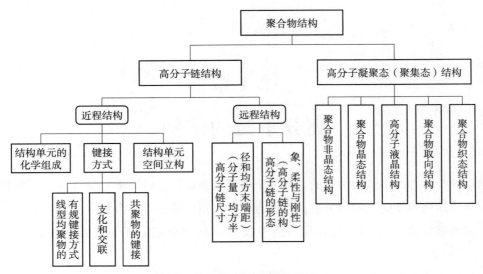

图 1.1　聚合物结构的层次

1.2.1　结构单元的化学组成

合成高分子是由单体通过聚合反应连接而成的链状分子，称为高分子链。高分子链的化学组成不同，聚合物的性能和用途也不相同。

1. 主链原子的元素类型

按主链原子的元素类型的不同，聚合物可分成下列几类。

1）碳链高分子

碳链高分子即分子主链全部由碳原子以共价键连接而成。例如：聚乙烯、聚丙烯、聚氯乙烯、聚甲基丙烯酸甲酯等。这类聚合物大多由加聚反应制得，其主要特点是可塑性（可加工性）好，可用作通用塑料，但易燃、易老化、耐热性差。

2）杂链高分子

杂链高分子即主链原子除碳原子外，还含有氧、氮、硫等两种或两种以上的原子并以共价键相连。例如：尼龙、涤纶、聚苯醚、聚砜、聚甲醛、聚苯硫醚。这类聚合物大多由缩聚或开环反应制得，其主要特点是耐热性比较好，强度高，可用作工程塑料，但其具有极性，易水解、醇解。

3）元素高分子

主链中含有硅、硼、铝、钛、砷、锑等元素的高分子称为元素高分子。元素高分子分为元素有机高分子和元素无机高分子。

元素有机高分子是指主链不含碳，而是由硅、磷、钛、铝等元素和氧元素组成，侧基含有机取代基。这类聚合物的优点是具有无机物的热稳定性和有机物的弹性和塑性，缺点是强度较低。

例如：$\begin{bmatrix} \ \underset{\underset{CH_3}{|}}{\overset{\overset{CH_3}{|}}{Si}}-O\ \end{bmatrix}_n$（聚硅氧烷）能在$-123\ ℃$时使用，耐低温性好。

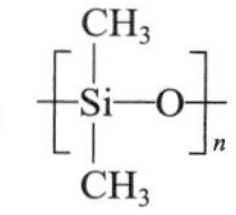

元素无机高分子是主链中不含碳，也不含有机取代基。这类聚合物的优点是耐高温性能优异，但它们的成键能力较弱，易水解，强度较低。例如：聚磷腈。

4）梯形和双螺旋形高分子

例如：全梯形吡隆：

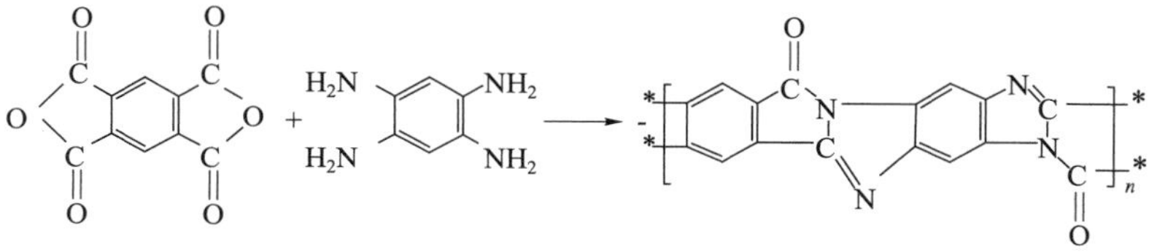

碳纤维：

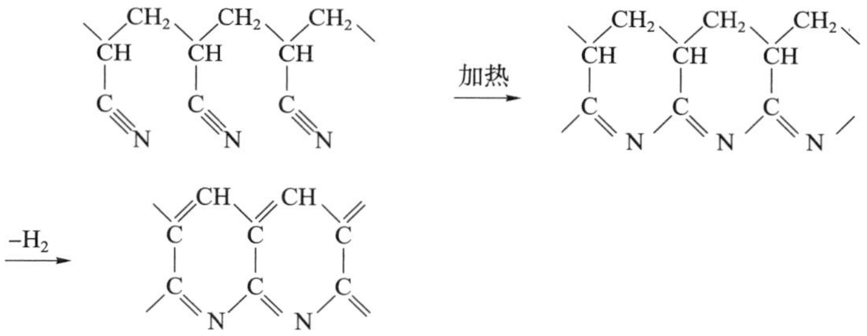

这类聚合物的特点是耐高温和耐热性非常好，模量非常高。因为受热时链不易被打断，即使几个链断了，只要不在同一个梯格中，就不会降低分子量。

高分子链的化学组成不仅由单体的种类决定，还由单体的性质决定。分子链的化学组成决定了聚合物的性质。

例如：单烯类单体或二官能团单体形成的是线型高分子；多官能团单体聚合得到的是体型高分子；极性单体的聚合物易结晶，可用于纺丝；双烯类单体可以得到橡胶弹性体。因为单体的性质不同，所以制备的聚合物性能不同。

2. 链的端基

除结构单元的组成之外，在高分子链的自由末端，通常有与链的组成不同的端基。高分子链很长，端基含量很少，却能影响聚合物的性能，尤其是封闭活泼性较高的端基（封端），可增加聚合物的热稳定性、化学稳定性。

例如：聚甲醛的端羟基被酯化后，热稳定性显著提高。

专栏1.1   链的端基性质对聚合物性能的影响

对于涤纶（PET）：

$$HO-\overset{O}{\underset{}{C}}-\text{⟨苯环⟩}-\overset{O}{\underset{}{C}}-O-CH_2CH_2-O\!\!-\!\!\!-\!\!\!-\!\!\!_n\!\!-\!\!H \quad 加入 \quad -\overset{O}{\underset{}{C}}-Cl$$

封端，提高PET耐热性和控制分子量，排除小分子来调节分子量。

对于聚碳酸酯：

$$-\!\!\!-\!\!\!O-\text{⟨苯环⟩}-\overset{CH_3}{\underset{CH_3}{C}}-\text{⟨苯环⟩}-O-\overset{O}{\underset{}{C}}-\!\!\!-\!\!\!$$

羟端基和酰氯端基可能使它在高温下降解，热稳定性降低，所以在聚合反应过程中加入单官能团的化合物如苯酚类封端，既可以提高耐热性，又可以控制产物的分子量。

部分合成高分子链结构单元的化学组成列于表1.1中。

表1.1   部分合成高分子链结构单元的化学组成

高分子	结构单元	高分子	结构单元
聚乙烯 （PE）	$-\!\!\!-\!\!CH_2\!\!-\!\!CH_2\!\!-\!\!\!-\!\!\!_n$	聚四氟乙烯 （PEFE）	$-\!\!\!-\!\!\overset{F}{\underset{F}{C}}\!\!-\!\!\overset{F}{\underset{F}{C}}\!\!-\!\!\!-\!\!\!_n$
聚丙烯 （PP）	$-\!\!\!-\!\!CH_2\!\!-\!\!\underset{CH_3}{CH}\!\!-\!\!\!-\!\!\!_n$	聚偏氟乙烯 （PVDF）	$-\!\!\!-\!\!CH_2\!\!-\!\!\underset{F}{\overset{F}{C}}\!\!-\!\!\!-\!\!\!_n$
聚苯乙烯 （PS）	$-\!\!\!-\!\!CH_2\!\!-\!\!\underset{\text{⟨苯环⟩}}{CH}\!\!-\!\!\!-\!\!\!_n$	聚丙烯腈 （PAN）	$-\!\!\!-\!\!CH_2\!\!-\!\!\underset{CH}{CH}\!\!-\!\!\!-\!\!\!_n$
聚氯乙烯 （PVC）	$-\!\!\!-\!\!CH_2\!\!-\!\!\underset{Cl}{CH}\!\!-\!\!\!-\!\!\!_n$	聚异丁烯 （PIB）	$-\!\!\!-\!\!CH_2\!\!-\!\!\underset{CH_3}{\overset{CH_3}{C}}\!\!-\!\!\!-\!\!\!_n$
聚偏二氯乙烯 （PVDF）	$-\!\!\!-\!\!CH_2\!\!-\!\!\underset{Cl}{\overset{Cl}{C}}\!\!-\!\!\!-\!\!\!_n$	聚丁二烯 （PB）	$-\!\!\!-\!\!CH_2\!\!-\!\!CH\!\!=\!\!CH\!\!-\!\!CH_2\!\!-\!\!\!-\!\!\!_n$
聚丙烯酸 （PAA）	$-\!\!\!-\!\!CH_2\!\!-\!\!\underset{\underset{OH}{C=O}}{\overset{H}{C}}\!\!-\!\!\!-\!\!\!_n$	聚异戊二烯 （PI）	$-\!\!\!-\!\!CH_2\!\!-\!\!\underset{CH_3}{C}\!\!=\!\!CH\!\!-\!\!CH_2\!\!-\!\!\!-\!\!\!_n$

续表

高分子	结构单元	高分子	结构单元
聚丙烯酰胺（PAM）	$\left[CH_2-CH\right]_n$ $CONH_2$	聚氯丁二烯（PCB）	$\left[CH_2-C=CH-CH_2\right]_n$ Cl
聚甲基丙烯酸甲酯（PMMA）	CH_3 $\left[CH_2-C\right]_n$ $C-O-CH_3$ O	聚乙炔（PA）	$\left[CH=CH\right]_n$
聚乙酸乙烯酯（PVAc）	H $\left[CH_2-C\right]_n$ $O=C-CH_3$	聚吡咯（PPy）	
聚乙烯醇（PVA）	$\left[CH_2-CH\right]_n$ OH	聚 ε-己内酯（PCL）	O $\left[(CH_2)_5-C-O\right]_n$
聚乙烯基甲基醚（PVME）	$\left[CH_2-CH\right]_n$ O CH_3	聚羟基乙酸（PGA）	O $\left[(CH_2)_5-C-O\right]_n$
聚 α-甲基苯乙烯	CH_2 $\left[CH_2-C\right]_n$ ⬡	聚氧化乙烯（PEO）	$\left[O-(CH_2)_2\right]_n$
聚 ε-己内酰胺（PA6）	O H $\left[C-(CH_2)_5-N\right]_n$	聚氨酯（PUR）	O H H O $\left[O-(CH_2)_2-O-C-N-(CH_2)_6-N-C\right]_n$
聚苯醚（PPO）	CH_3 $\left[O-⬡\right]_n$ CH_3	环氧树脂（EP）	CH_3 $\left[O-⬡-C-⬡-O-CH_2-CH-CH_2\right]_n$ CH_3 OH
聚对苯二甲酸乙二酯（PET）	O O $\left[C-⬡-C-O-(CH_2)_2-O\right]_n$	酚醛树脂（PF）	OH $\left[⬡-CH_2\right]_n$
聚对苯二甲酸丁二酯（PBT）	O O $\left[C-⬡-C-O-(CH_2)_4-O\right]_n$	聚甲醛（POM）	$\left[O-CH_2\right]_n$
聚碳酸酯（PC）	CH_3 O $\left[O-⬡-C-⬡-O-C\right]_n$ CH_3	聚己二酰己二胺（PA66）	H H O $\left[N-(CH_2)_6-N-C\right]_n$

高分子	结构单元	高分子	结构单元
聚醚醚酮 （PEEK）	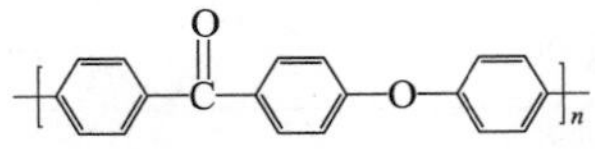	聚对苯二甲 酰对苯二胺 （PPTA）	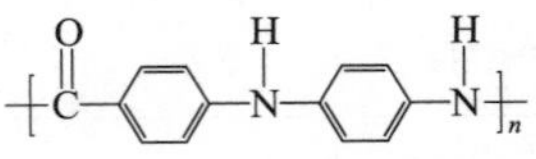
聚砜（PSF）	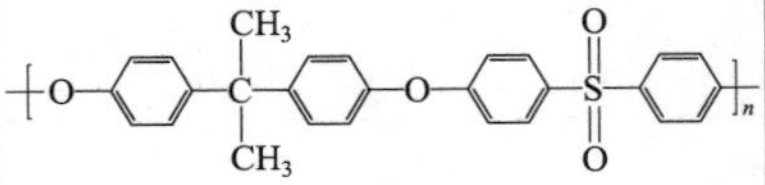	聚酰亚胺 （PI）	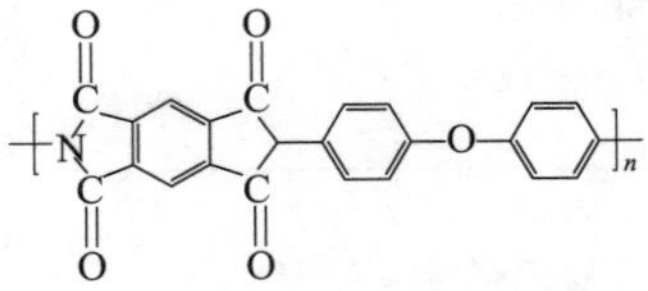
聚二甲基 硅氧烷 （硅橡胶）	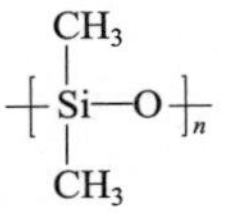	聚氯化磷腈	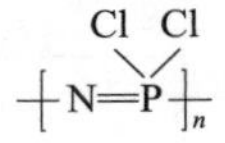
聚四甲基对 亚苯基硅氧烷 （TMPS）	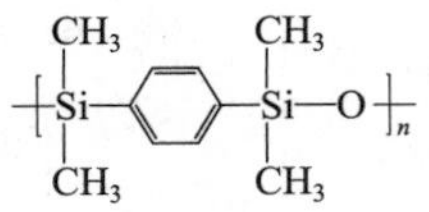		

1.2.2 结构单元的键接方式

键接方式（键合方式）是指基本结构单元在高分子链中连接的序列结构。

尽管高分子链的化学组成相同，但如果结构单元在高分子链中的键接方式不同，聚合物的性能也会有很大差异。在缩聚反应中结构单元的键接方式是明确的，而在加聚反应中，单体的键接方式可以有所不同。现分别对单烯类和双烯类两种单体加聚时的键接方式加以讨论。

1. 线型均聚物的有规键接

1）单烯类单体聚合

单烯类单体（$CH_2 = CHX$）聚合时，有一定比例的头–头（或尾–尾）键接出现在正常的头–尾键接之中。通常，当位阻效应很小以及链生长端（自由基、阳离子、阴离子）的共振稳定性很低时，会得到较大比例的头–头（或尾–尾）键接结构。如：自由基键接的聚偏氟乙烯中，核磁共振测定表明头–头（或尾–尾）键接结构所占比例为10%～12%；在聚氟乙烯中，头–头键接结构所占比例为10%～12%。

单烯类单体（$CH_2 = CHX$）聚合得到的键接方式一般分为有规键接方式和无规键接方式。其中的有规键接方式分为头–头（或尾–尾）和头–尾键接方式。

如：

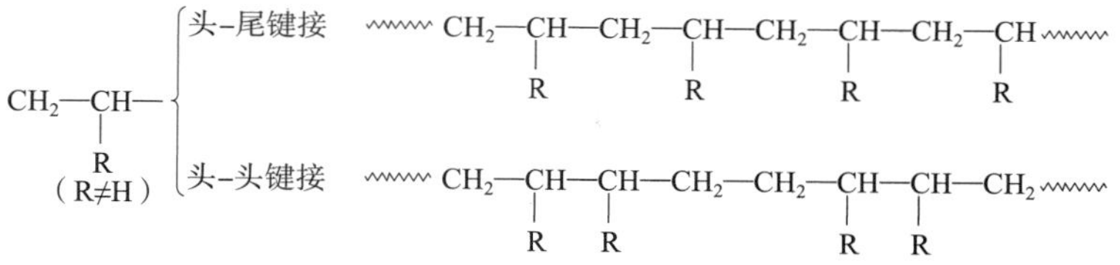

实验证明，在自由基或离子聚合时单体大多数采用头–尾键接方式。由于大分子合成反应十分复杂，很难以单一反应进行，因此除头–尾键接方式外，也可能存在少量的头–头（或尾–尾）键接结构。

2）双烯类单体聚合

在加聚反应中，双烯类单体键接方式更为复杂，也分有规键接方式和无规键接方式。

有规键接方式：

$$\left\{\begin{matrix}\left.\begin{matrix}1,2\text{键接}\\3,4\text{键接}\end{matrix}\right\}\text{又可区分}\left\{\begin{matrix}\text{头–尾键接}\\\text{头–头键接}\end{matrix}\right.\\1,4\text{键接（R}\neq\text{H 时也有头–头，头–尾之分）}\end{matrix}\right.$$

如：

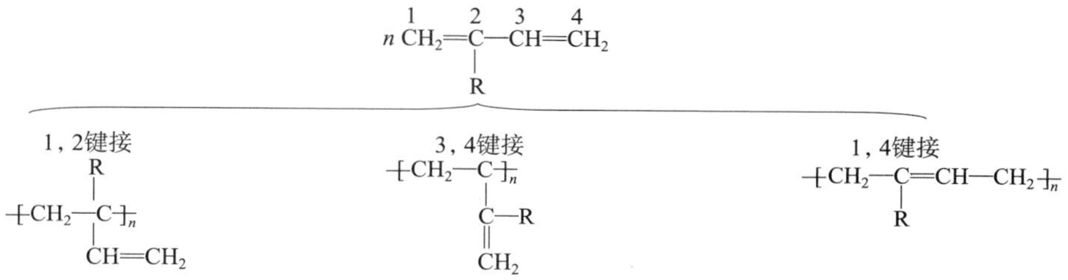

高分子链中单体的键接方式往往对聚合物的性能有明显影响。

专栏1.2　键接方式对聚合物性能的影响

1）聚氯乙烯

研究聚氯乙烯的键接方式，可用化学方法，即在二氧六环中将锌粉与聚氯乙烯共煮，从脱氯量来推断其键接方式。

头–尾键接：

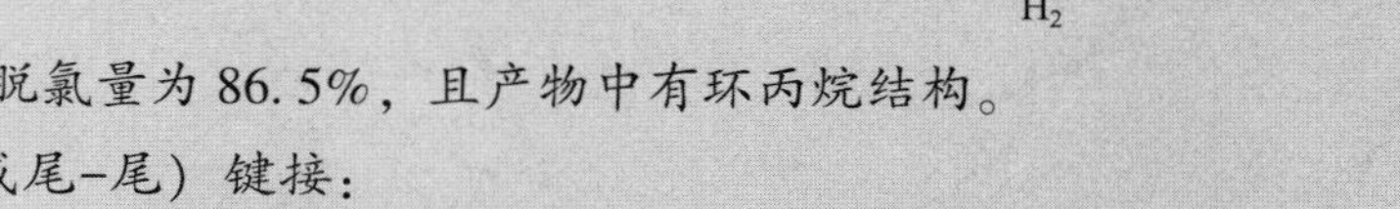

反应完成后，脱氯量为 86.5%，且产物中有环丙烷结构。

头–头（或尾–尾）键接：

反应完成后，脱氯量为100%，脱氯后形成双键，使材料的耐老化性下降。

若键接方式是无规的，则脱氯量为81.6%，产物中同时有环丙烷结构和双键。

一般用化学方法和红外光谱方法，实验结果表明，脱氯量为84%~87%，并且有环丙烷结构，说明聚氯乙烯以头-尾键接方式为主。

2）聚乙烯醇

聚乙烯醇头-尾键接结构单元排列规整，聚合物结晶性好，强度高，有利于拉丝和拉伸，可用作纺织纤维。另外，只有头-尾键接才能进行缩醛化反应（聚乙烯醇缩甲醛的商品名称为维尼纶），如：

$$-CH_2-CH-CH_2-CH- \xrightarrow[-H_2O]{HCHO} -CH_2-CH \underset{O}{\overset{CH_2}{\underset{|}{\diagdown}}} CH-$$

如果是头-头（或尾-尾）键接，羟基就不易缩醛化，产物中仍保留一部分羟基，这是维尼纶纤维缩水性较大的根本原因。要想改变这些缺点，可以通过离子聚合、配位聚合得到规整性较好的聚合物；活性自由基聚合也可以得到头-尾键接的结构。

2. 支化和交联

一般高分子是线形的，然而，如果在缩聚过程中有官能度为3的单体或杂质存在；或在加聚过程中，有自由基的链转移反应发生；或双烯类单体中的第二个双键发生活化，那么有可能生成支化或交联的高分子。

1）支化高分子

图1.2所示为高分子链支化的各种情况。

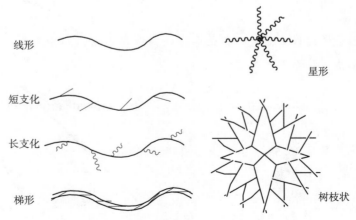

图1.2 高分子链支化的各种情况

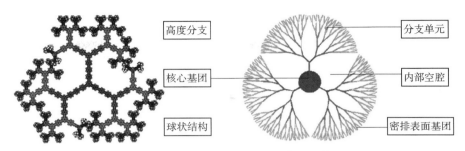

图 1.2　高分子链支化的各种情况（续）

支化高分子根据支链的长短可以分为短支链支化和长支链支化两种类型。其中，短支链的长度处于低聚物水平，长支链的长度达到聚合物水平。

当支链的位置和长度有规则时，称为有规支链。如果不同长度的支链沿着主链无规分布，称为无规支化高分子或树枝状高分子。

可以用于表示支化程度的量有①两个相邻支化点之间链的平均分子量；②支化因子；③单位分子量支化点数目。

2）交联高分子

高分子链之间通过化学键或链段连接成一个三维空间网状大分子即为交联高分子。

规整网构是指具有结构上相同的单元，它可通过立体定向聚合得到，或由刚性多官能团分子的缩聚反应得到。但是一般的交联聚合物都是无规交联高分子。

可用来表示交联程度的量有①两个相邻交联点之间链的平均分子量；②交联点密度。

支化和交联对聚合物的性能有很大的影响。

支化高分子与未支化高分子的化学组成及化学性质相似，但在物理、机械性能上明显不同；支化程度不同，性能改变的程度不同。短支链主要影响聚合物的结晶性能，长支链主要影响聚合物的溶液和熔体性能。而交联高分子通常不溶不熔，在耐溶剂性、耐尺寸稳定性、强度等方面均优于线型高分子。当交联度不同时，性能也不同。

专栏 1.3　不同结构的聚乙烯性能比较

以聚乙烯为例，表 1.2 列出了高密度聚乙烯、低密度聚乙烯和交联聚乙结构聚乙烯的性能和用途。其中，高密度聚乙烯是由乙烯经定向聚合制物，支化点极少。

表 1.2　三种不同结构聚乙烯的性能和用途

性能和用途＼名称	低密度聚乙烯	高密度聚乙烯	交联聚乙烯
简写	LDPE	HDPE	—
密度/（g·cm^{-3}）	0.91~0.94	0.95~0.97	0.95~1.40
结晶度	60%~70%	95%	—
熔点/℃	105	135	—
拉伸强度/MPa	7~15	20~37	10~21
最高使用温度/℃	80~100	120	135
用途	软塑料制品，薄膜材料	硬塑料制品、管材、棒材、单丝绳缆及工程塑料部件	海底电缆，电工器材

3. 共聚物的键接

均聚物仅由一种单体（A）组成，而共聚物是由两种或两种以上的单体（A、B 等）
成的。

两种单体共聚时的键接方式：

　交替共聚　〜〜〜ABABABABABABABABABABABABABAB〜〜〜
规键接〈嵌段共聚　〜〜〜AAAAAABBBBBBBBAAAAAAAABBBBB〜〜〜
　接枝共聚　〜〜〜AAAAAAAAAAAAAAAAAAAAAAAAAAA〜〜〜
　　　　　　　　　　　|　　　　　　　　|　　　　　|
　　　　　　　　　BBBBBB　　　BBBBBBBB　　BBB

　　　　　ABBBABAABABBABBBABAAABBBAABBABABBBAB〜〜〜

共聚物的几种类型：交替共聚物、嵌段共聚物、接枝共聚物
物性能非常不同。嵌段或接枝共聚物能够表现出各个

殊设计要求提供了广泛的可能性，例子见专

数是由丙烯腈、丁二烯、苯乙烯组
将苯乙烯、丙烯腈接在支链上；或以丁

腈橡胶为主链，将苯乙烯接在支链上；还可以以苯乙烯–丙烯腈的共聚物为主链，将丁二烯和丙烯腈接在支链上等。分子结构不同，材料的性能也有差异。总之，ABS 三元接枝共聚物兼有三种组分的特性，其中丙烯腈组分有腈基，能使聚合物耐化学腐蚀，提高制品的拉伸强度和硬度；丁二烯组分使聚合物呈现橡胶状弹性，这是制品提高韧性的主要因素；苯乙烯组分的高温流动性好，便于成型加工，且可改善制品的表面光洁度。因此，ABS 为质硬、耐腐蚀、坚韧、抗冲击的热塑性塑料。高抗冲聚苯乙烯同样可以用少量聚丁二烯通过化学接枝连接到聚苯乙烯基体上，依靠前者改善聚苯乙烯的脆性。

2. SBS 树脂

热塑性弹性体的问世，被公认为橡胶界有史以来最大的革命。例如：用阴离子聚合法制得的苯乙烯与丁二烯的三嵌段共聚物称为 SBS 树脂（见图 1.3），其分子链的中段是聚丁二烯，顺式占 40% 左右，分子量约 7 万；两端是聚苯乙烯，分子量约为 1.5 万。S/B（质量比）为 30/70。由于聚丁二烯在常温下是一种橡胶，而聚苯乙烯是硬性塑料，二者是不相容的，因此，具有两相结构。聚丁二烯段形成连续的橡胶相，聚苯乙烯段形成微区分散在橡胶相中且对聚丁二烯起物理交联作用。所以 SBS 是一种加热可以熔融、室温具有弹性，亦可用注塑方法进行加工而不需要硫化的橡胶，又称热塑性弹性体。

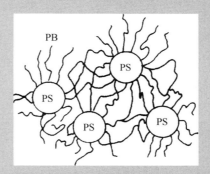

图 1.3 SBS 树脂

1.2.3 结构单元的空间立构

第 1.2.2 小节讨论的结构单元的键接方式是分子链构型范畴中的一个问题（键接异构体），本小节讨论的是构型的另一个内容——空间立构，即高分子中的结构单元的空间排列方式。

高分子链的构型是指高分子链中由化学键所固定的原子在空间的相对位置和排列方式。

高分子主链上的原子或取代基在空间具有一定的排列方式，各种不同的排列方式构成了不同的构型。与低分子有机化合物一样，高分子的构型有旋光异构和几何异构两种。

1. 高分子链的旋光异构

旋光异构（体）是指由于主链上存在不对称中心原子而产生的立体异构（体）。

不对称中心原子是指呈正四面体方向连接有四个不同取代基或原子的中心原子。

C、Si、P$^+$、N$^+$等均可成为不对称中心原子。不对称碳原子（用 C* 表示）连接四个不同原子或基团时，可有左旋和右旋两种异构体构型：

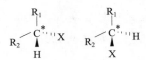

不对称中心 C 原子

1）每个结构单元中含有一个不对称中心原子

对于结构单元为—CH$_2$—C*HR—（R≠H）的高分子链，每个结构单元可有两种旋光异构单元存在，使高分子链存在不同的旋光异构体。

有规立构 { 全同立构：分子链全部由一种旋光异构单元键接而成。
（等规立构）（或所有结构单元的构型相同）
间同立构：分子链由两种旋光异构单元交替键接而成。
（间规立构）（或相邻结构单元的构型相反）

全同立构（头–尾）

无规立构：分子链由两种旋光异构单元无规键接而成。

高分子链的旋光异构的结构如图 1.4 所示，其结构立体规整的程度用等规度来表示。等规度是聚合物中所含全同立构和间同立构的总质量分数。

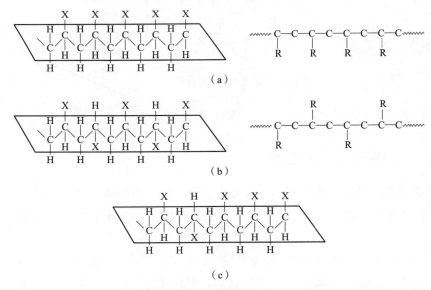

图 1.4 高分子链的旋光异构的结构

（a）全同立构；（b）间同立构；（c）无规立构

对于小分子物质，不同的空间构型具有不同的旋光性，但对聚合物来说，旋光异构高分子不一定具有旋光性，例子见专栏 1.5。

专栏 1.5　旋光异构高分子不一定具有旋光性

对于 PP、PS、PVC、PMMA 等碳链高分子和聚甲醛（PMO）之类的高分子，含有 C^* 的链节可分为右旋 D 和左旋 L 两种绝对构型，但由于 C^* 的 4 个取代基中的 2 个是相同的，对于整个高分子长链，由于内消旋或外消旋作用，其相对构型是没有消旋化的，如图 1.5（a）所示。只有聚氨基酸、聚乙基醚等合成高分子，链中 C^* 的 4 个取代基完全不同，链节之间无消旋作用，整个高分子链具有旋光性，属于真正的旋光异构高分子，如图 1.5（b）所示。此外，许多生物大分子也具有旋光性。

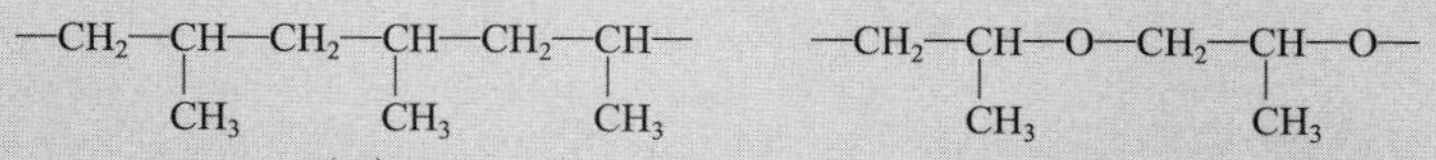

$$—CH_2—CH—CH_2—CH—CH_2—CH—\qquad —CH_2—CH—O—CH_2—CH—O—$$

（a）　　　　　　　　　　　　　　　　（b）

图 1.5　旋光异构高分子

（a）没有旋光性；（b）具有旋光性

2）每个结构单元中含有两个不对称中心原子

结构单元为 $—C^*HR—C^*HR'—$ 的高分子链，可有 4 种有规立构形式：①非叠同双间同立构；②非叠同双全同立构；③叠同双间同立构；④叠同双全同立构。

若高分子的立体构型不同，则性能也不同。

专栏 1.6　不同旋光异构高分子与性能的关系

全同立构的聚苯乙烯，结构比较规整，能结晶，熔点 T_m 为 240 ℃；而无规立构的聚苯乙烯，结构不规整，不能结晶，玻璃化温度 T_g 为 80~90 ℃。等规聚丙烯具有较高的熔点（180 ℃）和较高的机械强度，是塑料和纤维的良好原料；而无规聚丙烯，性质黏软，在 -20 ℃ 发脆，既不能做塑料，也不能做纤维。

---

2. 高分子链的几何异构

对于结构单元为 $—CH_2—CH=CR—CH_2—$ 的高分子链，主链上有孤立 π 键（非共轭），π 键不能自由旋转，否则将会破坏双键上的 π 键。当组成双键的两个碳原子同时被两个不同的原子或基团取代时，由于内双键上的基团在双键两侧排列的方式不同而使结构单元可有两种异构形式，造成高分子链区分为不同的几何异构（体）。

几何异构（体）（也称顺反异构）是指由于主链上存在孤立 π 键而产生的立体异构（体），顺式结构和反式结构分别如下：

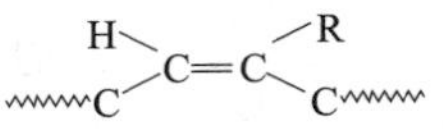

（顺式结构） 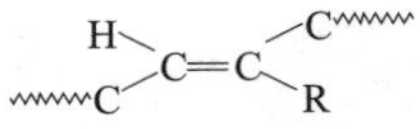　　（反式结构）　　　顺式立构　　　　反式立构

全顺式和全反式立构的结构如图 1.6 所示。

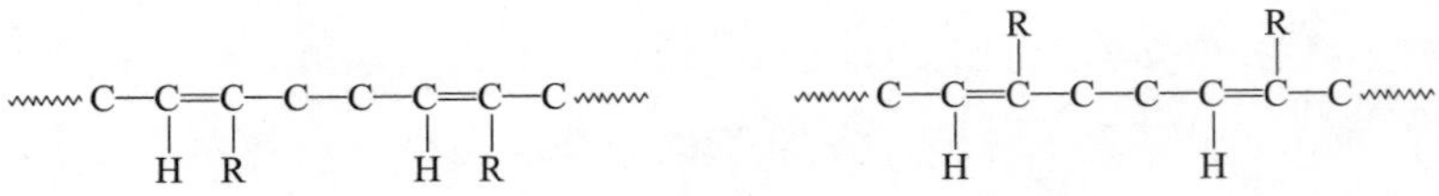

（a）　　　　　　　　　（b）

图 1.6　全顺式和全反式立构的结构

（a）全顺式立构；（b）全反式立构

专栏 1.7　不同几何异构高分子与性能的关系

聚丁二烯其顺式和反式的性能完全不同。顺式 1, 4-聚丁二烯因分子链之间的距离较大，不易结晶，在室温下是一种弹性很好的橡胶，即顺丁橡胶。而反式 1, 4-聚丁二烯分子链容易排入晶格，在室温下是弹性很差的塑料。表 1.3 列出了几何构型不同对性能的影响。

表 1.3　几何构型不同对性能的影响

聚合物	熔点 T_m/℃		玻璃化温度 T_g/℃	
	顺式 1, 4	反式 1, 4	顺式 1, 4	反式 1, 4
聚异戊二烯	30	70	−70	−60
聚丁二烯	2	148	−108	−80

3. 实际构型及性能

实际高分子链不会 100% 呈某一种有规构型，但只要达到 96%（或 97% 或 98%）以上，就可对聚合物性能起决定性作用。

例如：一般自由基聚合只能得到无规立构的聚合物，而用齐格勒-纳塔催化剂（Ziegler-Natta Catalyst）进行定向聚合，可得到等规立构聚合物。

4. 构型的测定方法

X-射线结晶学法：从衍射的位置和强度，可测出晶区中原子间的距离，进而得到构型。该法只适用于结晶得较好且有较高立体纯度的聚合物。

核磁共振法：该法利用具有核磁矩的原子核作为磁探针来探测分子内局部磁场情况，在一定化学环境中，成键氢原子（质子）、^{13}C 和 ^{19}F 原子的信号的化学位移同主链的构型有关。该法可用于晶态和非晶态化合物。

红外光谱法：当多原子分子获得激发能时，各种基团、每种化学键由于键能不同，吸收的振动能也不同，存在许多振动频率组，利用红外吸收光谱，可以鉴别聚合物的构型。

1.3　高分子链的远程结构

高分子链的远程结构是指高分子的大小、尺寸和形态。高分子链的大小可用平均分子量或平均聚合度描述，这方面的内容将在第 7 章介绍。本节将主要对高分子的尺寸和形态有关的问题进行探讨。

1.3.1　高分子链的形态

高分子的主链虽然很长，但通常并不是伸直的，它可以蜷曲起来，使分子获得各种形态。单个高分子链的主要形态如图 1.7 所示。

图 1.7　单个高分子链的主要形态

从整个分子来说，它可以蜷曲成椭球状，也可以伸直成棒状。从分子链的局部来说，它可以呈锯齿形或螺旋形。这些形态受外界形成条件和近程结构的影响，这种影响主要表现在高分子链的柔顺性上。

1.3.2　高分子链的内旋转构象

高分子链为何有蜷曲的倾向？这要从单链的内旋转谈起。在大多数的高分子主链中，都存在许多的单键，例如：聚乙烯、聚丙烯、聚苯乙烯等，主链完全由 C—C 单键组成，在聚丁二烯和聚异戊二烯的主链中也有 3/4 是单键。

单键是由 σ 电子组成，电子云分布是轴对称的，因此高分子在运动时，C—C 单键可以绕轴旋转，这种旋转称为内旋转。若碳键上不带有任何其他原子或基团，则在旋转过程中没有位阻效应。

但实际高分子链的内旋转不可能是完全自由的。受到固定键角的限制，C—C 单键的键

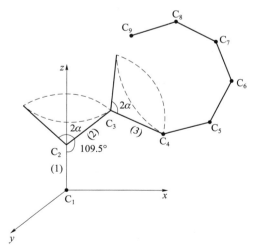

图 1.8　C—C 单键在保持键角 109.5° 不变时的自由旋转示意

角为 109.5°。图 1.8 为 C—C 单键在保持键角 109.5° 不变时的自由旋转示意。令（1）键固定在 z 轴上，由于（1）键的自转，引起（2）键绕（1）键公转，C_3 可以出现在以

（1）键为轴、顶角为 2α 的圆锥体底面圆周的任何位置。（1）、（2）键固定时，同理，由于（2）键的自转，（3）键公转，C_4 可以出现在以（2）键为轴的、顶角 2α 的圆锥体底面圆周的任何位置上。实际上，（2）、（3）键同时在公转，所以 C_4 活动余地更大了。以此类推，一个高分子链中，每个单键都能内旋转，因此，很容易想象，理想高分子链的构象数是很大很大的，长链能够很大程度地卷曲。

可以想象，一个高分子链类似一根摆动着的绳子，是由许多个可动的段落连接而成的。同理，高分子链中的单键旋转时互相牵制，一个键转动，带动附近一段链一起运动，这样，每个键不能成为一个独立运动的单元。但是，由图 1.8 分析可以推想，链中从第 $i+1$ 个链起（通常，i 远小于聚合度），原子在空间可取的位置已与第一个键无关。把若干个键组成的一段链作为一个独立运动的单元，称为链段，它是高分子物理中的一个重要概念。

实际上，碳原子上总是带有其他原子或基团，C—H 等键电子云间的排斥作用使C—C单键内旋转受到阻碍。也就是说，实际上高分子链的内旋转是一种受阻内旋转。

内旋转阻力和柔顺性

构象是指由于单键内旋转而引起的高分子链中原子在空间的不同排布方式（或分子链不同的空间形态）。

一般分子中的碳原子周围带其他原子或基团，经 σ 键的旋转使这些非近邻原子接近到一定程度时，原子的外层电子云之间将产生排斥力，从而使单键的内旋转受阻，因此，实际上高分子链的内旋转是一种受阻内旋转。

内旋转构象 　　内旋转构象
（C4）-1 　　（C4）-2

高分子链的内旋转阻力主要来自以下几个方面：①相邻键的固定键角所造成的相互牵制作用；②非键合原子或基团之间的相互吸引、排斥作用（包括体积位阻效应）；③相邻高分子链之间的分子间力作用。

随着烷烃分子中碳原子数增加，构象数增多，能量较低而相对稳定的构象数也增加。虽然分子内旋转受阻使高分子链在空间可能存在有的构象数远小于自由内旋转的情况，但是一个高分子的可实现构象数远多于一个小分子的稳定构象数（因高分子的 n 值很大）。

由于 C—C 单键内旋转受到阻碍，旋转时需要消耗一定的能量，以克服内旋转所受到的阻力。因此，各种构象的势能（或位能）高低不一，势能较低的构象出现的概率较大。当分子内旋转时，从一种构象变为另一种构象的过程中有一个对应的最大势能变化值，称为内旋转活化能（势垒或位垒）。

以最简单的乙烷分子为例来分析内旋转过程中能量的变化。图 1.9 所示为乙烷分子（虚线）的势能函数，横坐标是内旋转角 φ，纵坐标为内旋转势能函数 $u(\varphi)$。假若视线在C—C 键方向，则两个碳原子上键接的氢原子重合时为顺式，相差 60°时为反式。顺式重叠构象势能最高，反式交错构象能量最低，两种构象之间的势能差称作势垒 Δu_φ，其值为 11.5 kJ/mol。通常，热运动的能量仅 2.5 kJ/mol，因此乙烷分子处于反式交错构象的概率远较顺式重叠构象大。

正丁烷分子（$CH_3—CH_2—CH_2—CH_3$）中间的 C—C 键，每个碳原子上连接两个氢原子和一个甲基，内旋转势能函数如图 1.9（实线）所示。图 1.9 中，当 $\varphi = -180°$ 时，C_2 与 C_3 上的 CH_3 处于相反位置，距离最远，相互排斥最小，势能最低，为反式交错构象；当 $\varphi = -60°$ 和 $60°$ 时，C_2 与 C_3 所键接的 H 和 CH_3 相互交叉，势能较低，为旁氏交错构象；当 $\varphi = -120°$ 和 $120°$ 时，C_2 与 C_3 所键接的 H 和 CH_3 互相重叠，分子势能较高，为偏式重叠构象；当 $\varphi = 0°$ 时，两个甲基完全重叠，分子势能最高，为顺式重叠构象。

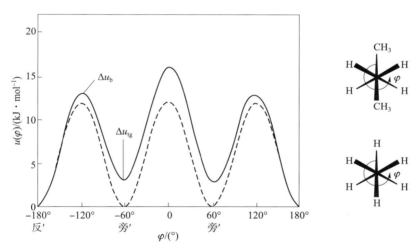

图 1.9　乙烷分子（虚线）和正丁烷分子（实线）中心 C—C 键的内旋转势能函数
（平面图表示沿 C—C 键观察的两个分子）

物质的动力学性质是由势垒决定的。对于丁烷分子，最重要的一个势垒为反式和旁氏构象之间转变的势垒 Δu_b。而热力学性质是由构象能决定的，即能量上有利的构象之间的能量差。丁烷分子只有一个构象能量差是最重要的，即反式与旁氏构象之间的能量差 Δu_{tg}。

旋转位能和构象
与旋转角关系

分子的势能数据表明：①单键原子连接的取代基越多（体积位阻越大），内旋转势垒越大；②与纯单键相比，邻接双键或三键的单键内旋转势垒较小；③碳—杂原子单键的内旋转活化能小于 C—C 键的内旋转活化能。

分子链的各种可蜷曲的性能或者说分子链能改变其构象的性质称为柔顺性。

内旋转阻力越小，链的柔顺性越好；反之，链的刚性越好。

高分子链柔顺性越好，其可能出现的构象数越多。

专栏1.8　构象与构型的主要区别

构象与构型的主要区别如表1.4所示。

表1.4　构象与构型的主要区别

区别项	构象（conformation）	构型（configuration）
起因	由单键内旋转所造成的原子空间排布方式	由化学键对固定的原子空间排列方式
发生改变时	无须破坏化学键；所需能量较小（有时分子的热运动能就足够），较易于改变	须破坏化学键；所需能量较大，不轻易改变
分离	不同构象不能用化学方法分离	不同构型可以用化学方法分离
数目	稳定构象数只具有统计性，且稳定构象数远多于有规立构数	有规立构的构型数目可数

专栏1.9　晶体和溶液中的高分子链构象

1）晶体中分子链构象

高分子结晶形成晶格后，链的构象取决于分子链内及分子链之间的相互作用。分子链内和分子链间的作用必然影响链的堆砌，分子聚集体的密度发生变化就是表现之一。

$$晶体中的分子链构象常见的两种构象\begin{cases}螺旋形构象\\平面锯齿形构象\end{cases}$$

（1）两个原子或基团之间距离小于范德华半径之和时，将产生排斥作用。（2）分子链在晶体中的构象，取决于分子链上所带基团的相互排斥或吸引作用状况。（3）有规立构高分子链在形成晶体时，在条件许可下总是尽量形成势能最低的构象形式；基本结构单元中含有两个主链原子的等规聚合物，大多倾向于形成理想的3_1螺旋体构象。（4）若存在分子内氢键，将影响分子链的构象。

2）溶液中的分子链构象

（1）高分子溶液中，除刚性很大的棒状分子之外，柔顺性分子链大都呈无规线团状。（2）呈螺旋形构象的聚合物晶体溶解时，可由棒状螺旋变成部分保持棒状小段的线团状构象。

1.3.3 高分子链的构象统计理论

高分子是由很大数目的结构单元连接而成的长链分子，由于单键的内旋转，分子具有很多不同的构象。当分子量确定后，由于分子构象的改变，分子尺寸也将随着改变。因而要寻找一个表征分子尺寸的参数，用以描述分子链的构象。

对于瞬息万变的无规线团高分子，主要采用均方末端距或者根均方末端距来表征其分子大小。下面给出几个相关的基本概念及均方末端距的计算公式。

1. 基本概念

高分子链的末端距（h）是指高分子链两个末端之间的直线距离，如图 1.10 所示。

均方末端距是指聚合物中分子链末端距平方的平均值。

末端距只对线型高分子链有意义，对支化高分子链无意义。支化高分子可以用均方旋转半径来描述，支化高分子链的旋转半径如图 1.11 所示。

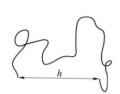

图 1.10 高分子链的末端距

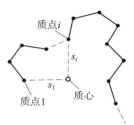

图 1.11 支化高分子链的旋转半径

2. 高斯链

末端距是三维空间的向量，在计算高分子链末端距 h 的统计分布时，可以套用"三维空间无规行走"的结果（见图 1.12）。假设高分子链首端固定在球坐标的原点，尾端半径为 h 到 $h+\mathrm{d}h$ 之间的球壳内的概率为 $W(h)\mathrm{d}h$，其中 $W(h)$ 是概率密度函数，那么末端距的径向分布函数 $W(h)$ 的函数形式是高斯型的（见图 1.13）。

满足以下条件的链称为高斯链（或高斯统计线团）：①分子链分为 N 个统计单元；②每个统计单元可视为长度等于 L 的钢棍；③统计单元之间为自由结合（即无键角限制）；④分子链不占有体积（即无体积位阻效应）。

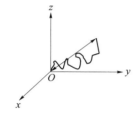

图 1.12 三维空间的无规链

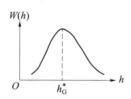

图 1.13 径向分布函数 $W(h)$ 与 h 的关系

$$W(h) = \left(\frac{\beta}{\sqrt{\pi}}\right)^3 4\pi h^2 \exp(-\beta^2 h^2), \quad \beta^2 = \frac{3}{2NL^2}$$

则高斯链中的几种末端距可以表示如下。

高斯链的最可几末端距：

$$h_G^* = \sqrt{\frac{2N}{3\pi}} \cdot L = \sqrt{0.666\,7N} \cdot L \qquad (1.1)$$

高斯链的平均末端距：

$$\overline{h}_G = \int_0^\infty h \cdot W(h)\,\mathrm{d}h = \sqrt{\frac{8N}{3\pi}} \cdot L = \sqrt{0.848\,8N} \cdot L \qquad (1.2)$$

高斯链的均方末端距：

$$\overline{h_G^2} = \int_0^\infty h^2 \cdot W(h)\,\mathrm{d}h = \frac{3}{2\beta^2} = N \cdot L^2$$

或

$$\sqrt{\overline{h_G^2}} = \sqrt{N} \cdot L \qquad (1.3)$$

高斯链的三种末端距大小顺序：$\sqrt{\overline{h_G^2}} > \overline{h}_G > h_G^*$

高斯链的伸直链末端距：$h_{G,\max} = NL$

3. 自由结合链

满足以下条件的链称为自由结合链（freely jointed chain，或自由连接链，自由取向链）：①分子链由足够多（$N \gg 1$）的单键（键长为 l）构成；②单键之间为自由结合；③单键内旋转时无势垒障碍。

自由结合链的均方末端距（$\overline{h_{f,j}^2}$）：

$$\overline{h_{f,j}^2} = N \cdot l^2 \qquad (1.4)$$

高分子长链可视为由许多包含 i 个键（i 远小于聚合度）的链段组成。

链段是指高分子主链上可以任意取向的最小链单元（或能够独立运动的最小链单元）。

自由结合链的统计单元是单键；高斯链的统计单元可以是单键，也可以是独立运动的链节或链段。自由结合链是高斯链当统计单元为单键时的一种特例。

4. 自由旋转链

满足以下条件的链称为自由旋转链（freely rotating chain）：①分子链由足够多（$N \gg 1$）的单键（键长为 l）构成；②每个单键可在键角允许的范围内自由旋转；③单键内旋转时无空间位阻效应。

自由旋转链的均方末端距（$\overline{h_{f,r}^2}$）：

$$\overline{h_{f,r}^2} = N \cdot l^2 \cdot \frac{1-\cos\theta}{1+\cos\theta} \qquad (1.5)$$

$$\theta>90°时,\cos\theta<0,\frac{1-\cos\theta}{1+\cos\theta}>1,\overline{h}^2_{f,r}>\overline{h}^2_{f,j}$$

5. 受阻内旋链

受阻内旋链（resisted rotating chain）是指既考虑单键内旋转时的键角限制又考虑空间位阻效应的分子链。

碳链高分子为受阻内旋链时均方末端距（$\overline{h}^2_{r,r}$）：

$$\overline{h}^2_{r,r}=N\cdot l^2\cdot\frac{1-\cos\theta}{1+\cos\theta}\cdot\frac{1+\overline{\cos\varphi}}{1-\overline{\cos\varphi}} \tag{1.6}$$

式中，$\overline{\cos\varphi}$为单键内旋转角的余弦函数平均值，则

$$\overline{\cos\varphi}>0,\frac{1+\overline{\cos\varphi}}{1-\overline{\cos\varphi}}>1$$

6. 均方旋转半径

均方旋转半径（或均方回转半径）是指从高分子链的质心到分子链各质量单元的矢量的平方值的平均值（$\overline{r}^2$）：

$$\overline{r}^2=\frac{1}{N}\sum_{i=1}^{N}\boldsymbol{r}_i^2$$

均方旋转半径既可用于线型高分子，也可用于支化高分子，它也是一个描述高分子形状大小的量。

高斯链的均方旋转半径与均方末端距的关系：

$$\overline{r}^2_G=\frac{\overline{h}^2_G}{6} \tag{1.7}$$

当分子量较大时，自由结合链、自由旋转链、等效自由结合链都可用式（1.7）作近似计算，分子量越大，该关系式越准确。

7. θ 条件下的均方末端距

θ 条件是指使高分子链段之间的相互作用力等于高分子链段与溶剂分子之间相互作用力的条件，包括 θ 溶剂，θ 温度。

无扰均方末端距是指在 θ 条件下测得的均方末端距（$\overline{h}^2_\theta$）。

8. 等效自由链

等效自由链（或等效自由结合链）是指把含有 N 个键长为 l、键角为 θ、内旋转不自由的分子链，等效地视为含有 N_e 个长度为 L_e 的链段组成的等效自由结合链，链段之间为自由结合。

等效自由结合链的均方末端距：

$$\overline{h}^2_e=N_e\cdot L_e^2 \tag{1.8}$$

当分子链长度一定时，L_e 值大小可反映该分子链的柔顺性大小，L_e 值越小，说明分子链越柔顺，或内旋转受阻程度越小。

求 N_e、L_e 值的方法：由实验测出分子链的 $\overline{h_\theta^2}$ 值和分子量 M，根据分子结构求出主链中的总键数 N 以及链伸直时的长度 $h_{\max}$：

$$\overline{h_\theta^2} = N_e \cdot L_e^2, \quad N_e = \frac{h_{\max}^2}{\overline{h_\theta^2}}$$

$$h_{\max} = N_e \cdot L_e, \quad L_e = \frac{\overline{h_\theta^2}}{h_{\max}}$$

9. 伸直链长度的计算公式

（1）凡相邻统计单元之间不是自由结合的分子链，

$$h_{\max} = N \cdot l \cdot \sqrt{\frac{1-\cos\theta}{2}} \text{ 或 } h_{\max} = N \cdot l \cdot \sin\frac{\theta}{2}$$

式中，N 为分子链中单键的数目；l 为单键的长度。

（2）凡相邻统计单元之间为自由结合的分子链，

$$h_{\max} = N \cdot L$$

式中，N 为统计单元的数目；L 为统计单元的长度。

最大拉伸比（或弹性极限）：

$$\text{最大拉伸比} = \frac{h_{\max}}{\sqrt{\overline{h_{f,r}^2}}} = \frac{N \cdot l \cdot \sqrt{\dfrac{1-\cos\theta}{2}}}{\sqrt{N \cdot l^2 \cdot \dfrac{1-\cos\theta}{1+\cos\theta}}} = \sqrt{\frac{N(1+\cos\theta)}{2}} \tag{1.9}$$

计算表明，$h_{\max} \gg \sqrt{\overline{h_{f,r}^2}}$，说明呈无规线团状的高分子链可被拉展开的潜力很大，这是高分子材料能够具有大变形高弹性的原因。

同一高分子用自由结合链、自由旋转链和受阻内旋链三种模型所得的均方末端距大小顺序为：$\overline{h_{r,r}^2} > \overline{h_{f,r}^2} > \overline{h_{f,j}^2}$。

案例分析 1.1

假设一种线型聚乙烯高分子链的聚合度为 2 000，键角为 109.5°，C—C 键长为 0.154 nm，求：（1）若按自由结合链处理，$\overline{h_{f,j}^2}$ 为多少？（2）若按自由旋转链处理，$\overline{h_{f,r}^2}$ 为多少？（3）若在无扰条件下的溶液中测得高分子链的 $\overline{h_\theta^2} = 6.76$ nm²，该高分子链中含有多少个等效自由链段？（4）计算 $(\overline{h_\theta^2}/\overline{h_r^2})^{0.5}$，$\overline{h_\theta^2}/\overline{h_{f,j}^2}$，$(\overline{h_\theta^2}/\overline{M})^{0.5}$，并说明三个比值的物理意义。

解： 已知：分子链中的键数 $N=2n=4\,000$（n 为聚合度），键长 $l=0.154$ nm，键角 $\theta=109.5°$。

（1）$\overline{h_{f,r}^2}=Nl^2=94.86$ nm^2。

（2）$\overline{h_{f,r}^2}=Nl^2\dfrac{1-\cos\theta}{1+\cos\theta}=\overline{h_{f,j}^2}\cdot\dfrac{1-\cos\theta}{1+\cos\theta}=189.92$ nm^2。

（3）由 $\begin{cases}\overline{h_\theta^2}=N_e\cdot L_e^2\\ h_{\max}=N_e\cdot L_e\end{cases}$，又 $h_{\max}=N\cdot l\cdot\sin\dfrac{\theta}{2}$，可知 $N_e=\dfrac{h_{\max}^2}{\overline{h_\theta^2}}=\dfrac{\left(N\cdot l\cdot\sin\dfrac{\theta}{2}\right)^2}{\overline{h_\theta^2}}\approx928$。

（4）$\left(\overline{h_\theta^2}/\overline{h_{f,r}^2}\right)^{0.5}=1.20$，$\overline{h_\theta^2}/\overline{h_{f,j}^2}=2.87$，$\left(\overline{h_\theta^2}/M\right)^{0.5}=0.07$ nm。

其物理意义：$\left(\overline{h_\theta^2}/\overline{h_{f,r}^2}\right)^{0.5}$ 为刚性因子（或刚性系数）；$\overline{h_\theta^2}/\overline{h_{f,j}^2}$ 为刚性比（或极限特征比）；$\left(\overline{h_\theta^2}/M\right)^{0.5}$ 为特征比（或无扰尺寸），都表征高分子链的柔顺性，它们的值越小，说明链的柔顺性越好。

1.3.4　高分子链的柔顺性

高分子链能够不断改变其构象的性质称为柔顺性。这是聚合物许多性能不同于小分子物质的主要原因。链的柔顺性可从平衡态和动态两个方面来解释：（1）平衡态柔顺性（或热力学柔顺性），用高分子两种热力学平衡态构象之间的势能差来描述的柔顺性，势能差越大，平衡态柔顺性越小；（2）动态柔顺性，用高分子从一种平衡态构象变到另一种平衡态构象所需时间或转变速率来描述的柔顺性，转变速率越慢（或转变所需时间越长），动态柔顺性越小。

本小节主要介绍的是高分子链的平衡态柔顺性及其影响因素。

1. 高分子链柔顺性的表征

1）统计热力学表征

玻耳兹曼公式：

$$S=k\ln\Omega$$

式中，S 为构象熵；Ω 为构象数。

体系的构象熵值越大，构象数越多，表示分子链的柔顺性越好。

2）构象统计量表征

当环境条件及分子量相同时，$\overline{h^2}$ 越小，$\overline{r^2}$ 越小，或者 N_e 越大或 L_e 越小，都表明链的柔顺性越好，可以用以下几个物理参量表征：σ、K、A 值越小，则链的柔顺性越好。

（1）刚性因子（或刚性系数）：

$$\sigma = \left(\frac{\overline{r_\theta^2}}{\overline{h_{f,r}^2}}\right) = \left(\frac{实测的无扰均方末端距}{自由旋转链的均方末端距}\right)^{\frac{1}{2}}, \sigma \approx 1 \sim 5 \tag{1.10}$$

（2）刚性比（或极限特征比）：

$$K = \frac{\overline{h_\theta^2}}{\overline{h_{f,j}^2}} = \frac{\overline{h_\theta^2}}{N \cdot l^2}, K \approx 1 \sim 10 \tag{1.11}$$

（3）特征比（有时也称 A 为无扰尺寸）：

$$A = \left(\frac{\overline{h_\theta^2}}{\overline{M}}\right)^{\frac{1}{2}}, A \approx 10^{-2} \text{ nm} \tag{1.12}$$

案例分析 1.2

在不同温度、溶剂中聚合物的无扰尺寸 $\left(\dfrac{\overline{h_\theta^2}}{\overline{M}}\right)^{\frac{1}{2}}$ 如表 1.5 所示。

表 1.5　不同温度、溶剂中聚合物的无扰尺寸

聚合物	温度/℃	$10^4 \cdot (\overline{h_\theta^2}/\overline{M})^{0.5}$/nm
聚异丁烯	24	795
	95	757
聚苯乙烯	25	735
	70	710

（1）求它们的刚性因子 σ 值；（2）你的计算结果与聚异丁烯是橡胶及聚苯乙烯是塑料有没有矛盾？（3）温度对分子链的刚柔顺性有什么影响？

解：（1）$\sigma = (\overline{h_\theta^2}/\overline{h_{f,r}^2})^{\frac{1}{2}} = (\overline{h_\theta^2}/\overline{M})^{\frac{1}{2}} / (\overline{h_{f,r}^2}/\overline{M})^{\frac{1}{2}} = A / (\overline{h_{f,r}^2}/\overline{M})^{\frac{1}{2}}$

先求出

$$\frac{\overline{h_{f,r}^2}}{\overline{M}} = 2Nl^2/\overline{M} = \frac{4 \times (\overline{M}/M_0) \times 0.154^2}{\overline{M}} = \left(\frac{3.08}{\sqrt{M_0}}\right)^2$$

式中，M_0 为链节分子量。

代入 σ 得 $\sigma = \dfrac{A\sqrt{M_0}}{0.308}$，计算结果如表 1.6 所示。

（2）可见，聚异丁烯比聚苯乙烯柔顺性大，与聚异丁烯是橡胶及聚苯乙烯是塑料没有矛盾。

（3）由上述计算结果可知，随着温度的升高，σ 减小，即柔顺性增大。

表 1.6　计算结果

聚合物	M_0	温度/℃	σ
聚异丁烯	56	24	1.93
		95	1.84
聚苯乙烯	104	25	2.43
		70	2.35

2. 影响高分子链柔顺性的因素

高分子的柔顺性主要取决于高分子主链单键内旋转的难易程度，而内旋转难易程度又受其内在因素和外在因素两方面的影响。

影响链柔顺性的内在因素是高分子链的结构，其主要的结构因素包括以下几个方面。

1）内在因素

（1）主链结构。

①主链全部为单键，且无刚性侧基时，柔顺性较好。

主链单键内旋转势垒越小，链柔顺性越好。但是，不同的单键，柔顺性也不同，其顺序如下：

$$—Si—O— >—C—N— >—C—O— >—C—C—$$

这是因为 C—O、C—N 和 Si—O 等单键进行内旋转的势垒均比 C—C 单键的势垒小（见表 1.7）。因此，聚酯、聚酰胺（尼龙）、聚二甲基硅氧烷、聚氨酯等一系列聚合物的分子链均为柔顺链。特别是聚二甲基硅氧烷，由于主链为—O—Si—O—链结构，其键长（0.164 nm）、键角（分别为 142° 及 110°）都比 C—C 单键的键长（0.154 nm）、键角（109°28′）大，因此甲基间的距离相应增大，内旋转受阻较小，是一种在低温下仍能使用的特种橡胶。

表 1.7　共价键的键长与键能

键	键长/nm	键能/(kJ · mol^{-1})
C—C	0.154	347.2
C＝C	0.134	615.0
C≡C	0.120	811.7
C—H	0.109	414.2
C—O	0.143	351.5

键	键长/nm	键能/(kJ·mol^{-1})
C=O	0.123	715.5
C—N	0.147	29 209
C=N	0.127	615.0
C≡N	0.116	891.2
C—Si	0.187	288.7
Si—O	0.164	368.2
C—S	0.181	259.4
C=S	0.171	477.0
C—Cl	0.177	330.5
S—S	0.204	213.4
N—H	0.101	389.1

②主链含有芳杂环及共轭双键时，链柔顺性降低。

主链中含芳杂环结构的高分子链内旋转困难，柔顺性差，在较高温度下链段也不易运动，表现出较好的刚性，具有耐高温与高强度的特点，可作为耐高温的工程塑料。例如，

聚苯醚（PPO），其结构式为 $\left[O \underset{CH_3}{\overset{CH_3}{\bigcirc}} \right]_n$，因在主链结构中有芳环，所以具有刚性并使材料

耐高温；又因含有 C—O 单键而具有柔顺性，制品可注塑成型。

③主链中含有孤立双键时，链柔顺性提高。

主链中含有双键（共轭双键除外）时，虽然双键本身不能内旋转，但连接在双键上的原子或基团数目比单键少，使其间的斥力减弱，导致邻近双键的单键的内旋转势垒减小，因此易于内旋转。

例如，—CH=CH—CH$_2$—比—CH$_2$—CH$_2$—的 C—C 单键内旋转活化能低约10.46 kJ/mol，因此聚丁二烯比聚乙烯柔顺；顺聚异戊二烯比聚丙烯柔顺；聚氯丁二烯比聚氯乙烯柔顺。柔顺者为橡胶，余者都为塑料。

如果主链为共轭双键，不能内旋转，则分子链呈刚性，如聚乙炔（—CH=CH—CH=CH—CH=CH—）、聚苯（ —◯—◯—◯— ）等聚合物，为典型的刚性链。

（2）取代基（或侧基）。

当主链相同时，可根据取代基情况来比较判断链柔顺性大小。

①取代基极性越大，链柔顺性越小。

极性越大，其相互间的作用力越大，单键的内旋转越困难，因而链柔顺性越差。例如，聚丙烯$+CH_2-\underset{CH_3}{CH}+_n$比聚氯乙烯$+CH_2-\underset{Cl}{CH}+_n$柔顺，而聚氯乙烯$+CH_2-\underset{Cl}{CH}+_n$又比聚丙烯腈$+CH_2-\underset{CN}{CH}+_n$柔顺，这是因为取代基的极性—CN > —CL > —CH$_3$。

②非对称极性取代基数目越多，链柔顺性越小。

若极性大和空间位阻大的基团在主链上分布较多，则分子内旋转困难、柔顺性差。例如，聚苯乙烯环侧基数目多，它是典型的脆性塑料；丁二烯与苯乙烯的共聚物相对地减少了位阻大的基团，所以成了橡胶。

③小取代基作对称取代时柔顺性比不对称取代时好。

对于$+CH_2-\underset{X}{\overset{X}{C}}+_n$型高分子链，例如，聚偏氯乙烯$+CH_2-\underset{Cl}{\overset{Cl}{C}}+_n$和聚偏氟乙烯$+CH_2-\underset{F}{\overset{F}{C}}+_n$的分子链，左式和右式的构象在势能曲线上具有相同的能量值，但在$-\underset{X}{\overset{Y}{\underset{}{C}}}-\overset{H_2}{C}-$型高分子链中，左式和右式的势能数值就不相等了，其柔顺性相应降低。

④非极性取代基的体积越大，链柔顺性越小。

对于非极性取代基来说，基团体积越大，空间位阻越大，内旋转越困难，柔顺性越差。

非极性取代基对柔顺性的影响有两方面因素：一方面，取代基的存在增加了内旋转时的空间位阻，使内旋转困难，柔顺性降低；另一方面，取代基的存在又增大了分子间的距离，削弱了分子间作用力，使柔顺性增大。最终的效果将取决于哪一方面的效应起主要作用。一般来说，高分子聚集态柔顺性大小变化由空间位阻效应占主导地位。例如，聚乙烯、聚丙烯、聚苯乙烯的取代基体积依次增大，空间位阻效应也相应增大，因而分子链柔顺性依次降低。

⑤长脂肪族支链越长，链柔顺性越大。

长脂肪族支链由于本身就能进行内旋转，可使整个分子链的柔顺性增大。另外，支链又使分子间的距离增大，这就削弱了分子间作用力，有利于内旋转，增加构象数。例如，聚甲基丙烯酸甲酯、聚甲基丙烯酸乙酯和聚甲基丙烯酸丁酯三者相比，其支链逐渐增长，链柔顺性则逐渐增大。

注意：高分子链柔顺性和实际材料柔顺性不能混为一谈，两者有时是一致的，有时却不一致。判断材料刚柔顺性，必须同时考虑分子内的相互作用以及分子间的相互作用和凝聚状态，才不至于得出错误的结论。

（3）交联。

交联程度较大时，链柔顺性较低。

对于交联结构聚合物，当交联程度不大时，如含硫 2%~3% 的橡胶，对链柔顺性影响不大；当交联程度达到一定程度时，如含硫 30% 以上的橡胶，则大大影响链柔顺性。

（4）分子链规整性。

分子链规整性越高，聚合物结晶能力越大，聚合物柔顺性越低。

分子结构越规整，结晶能力越强，高分子一旦结晶，链柔顺性就表现不出来，聚合物呈现刚性。例如，聚乙烯的分子链是柔顺的，但由于结构规整，聚集态时堆砌紧密，很容易结晶，因此只能作塑料而不能作橡胶使用。

（5）分子间作用力。

分子间作用力越大，链内旋转阻力越大，聚合物柔顺性越低。

单键内旋转不仅受分子链本身结构因素的影响，同时受邻近分子间作用力的影响。分子间作用力越强，彼此排列越紧密，内旋转阻力越大，链柔顺性越差而呈刚性。例如，聚酰胺的分子链是由 C—C、C—N 单键组成的，它应该是容易内旋转的，但有氢键生成，分子间作用力增强、排列规整，甚至形成结晶。在晶区中，因为分子链的构象无法改变，所以柔顺性下降，聚酰胺属刚性材料，其分子式如下：

$$\vdash CO(CH_2)_4NH(CH_2)_6NH \dashv_n$$

2）外在因素

影响链柔顺性的外在因素主要包括以下三个方面。

（1）温度。

温度是影响高分子链柔顺性最重要的外因之一。温度升高，分子热运动能量增加，内旋转变易，构象数增加，柔顺性增加。例如，室温下聚苯乙烯链柔顺性差，聚合物可作塑料使用，但加热至一定温度时，也呈现一定的柔顺性；顺式聚 1，4-丁二烯，室温下柔顺性好，可用作橡胶，但冷却至-120 ℃时，却变得硬而脆了。

（2）外力。

当外力作用能促使分子链内旋转运动时，链柔顺性提高。当外力作用速度缓慢时，柔顺性容易显示；当外力作用速度快时，高分子链来不及通过内旋转改变构象，柔顺性无法体现出来，分子链显得僵硬，聚合物呈现的柔顺性小。

（3）溶剂。

溶剂分子和高分子链之间的相互作用对高分子的形态也有十分重要的影响。高分子链在良溶剂中较为舒展，在不良溶剂中较为紧缩。

 专栏1.10　远程结构与近程结构的比较

远程结构与近程结构的比较如表1.8所示。

表1.8　远程结构与近程结构的比较

	近程结构	远程结构
研究对象	大分子的一个链节	整个大分子链
研究范围/μm	10^{-4}	10^{-2}
研究手段	IR、NMR、MS 等微观结构的研究方法	溶液法、热力学、统计学等宏观研究方法
涉及的重要概念	构型：结构单元在空间的排布与化学键有关	构象：单键相连的原子内旋转造成的分子内各原子的空间排布
区别	与化学键的破坏有关，与时间无关	与原子内旋转有关，与时间无关，而与外部环境有关
它的改变影响什么性能	物理性能：强度、结晶性、弹性；化学性能：热稳定性、化学反应及裂解反应的方式和产物	影响大分子的柔顺性，影响聚合物的高弹性

专栏1.11　"尿不湿"及其结构与性能探究实验

1. "尿不湿"的重要地位及作用

尿裤其实最早可以追溯到远古时代，但那时生产力低下，一切都是向自然索取，就地取材，如有"野草尿裤""树皮尿裤"等。突破性的进展是1956年美国宝洁公司发明的吸水性能良好、穿戴舒适的一次性纸尿裤，这一发明在1961年被美国《时代》周刊评为"20世纪最伟大的100项发明之一"。1980年"太空服之父"华人唐鑫源在宇航服里加入高分子吸收体，发明了能吸水1 400 mL的纸尿片，解决了宇航员的太空排尿难题，至此，才有了我们熟知的"尿不湿"。

2. "尿不湿"结构与性能探究实验

（1）拆开"尿不湿"，取出其中的填充物，观察其性状。

（2）实验：比较不同材料的吸水性强弱。①取 4 个装有 80 mL 水的同样大的烧杯，依次加入适量棉花、纸巾、海绵、"尿不湿"填充物。用玻棒搅拌使其与水充分接触浸湿。②用手拎出其中的棉花、纸巾、海绵，轻轻挤压，发现什么现象？③迅速倒置加"尿不湿"填充物的烧杯，仔细观察"尿不湿"填充物中含有什么？发现与前三者有什么不同？

（3）实验现象及解释："尿不湿"填充物中含有颗粒状物质，迅速倒置加"尿不湿"填充物的烧杯，呈凝胶状，无液体流出。原因："尿不湿"填充物，一般是由强吸湿力的聚合物与纤维浆状物混合制成，其中的颗粒状物质即为高吸水性树脂，常用网状结构的聚丙烯酸钠。

（4）思考：①如何由 CH_2＝CHCOOH 制得网状结构的聚丙烯酸钠？②合成聚丙烯酸钠的过程中，加交联剂的目的是什么？③传统吸水性材料和高吸水性材料在性能、用途上的区别。④具有强吸水能力的高分子材料除了用于"尿不湿"，还有哪些用途？

习　题

一、思考题

1. 聚合物的结构层次有哪些？它们各包括什么内容？

2. 什么是键接方式？均聚物、共聚物的键接方式有哪些？

3. 什么是高分子链的构型、构象？它们有何区别？

4. 单个高分子链的形态有哪几种？

5. 什么是均方末端距和均方旋转半径？它们之间有何关系？

6. 什么是高斯链、自由结合链、自由旋转链、受阻内旋链、等效自由结合链？计算这些链的均方末端距的公式有何区别？

7. 什么是高分子链柔顺性？影响链柔顺性的内在、外在因素有哪些？

8. 为什么聚合物不存在气态？

9. 为什么大多数的聚合物没有旋光性？

10. 与低分子相比，聚合物结构较复杂的原因是什么？

11. 哪些参数可以表征高分子的柔顺性？如何表征？

二、选择题

1. 下列哪种聚合物不存在旋光异构体（　　）。

①聚乙烯　　　　　②聚丙烯　　　　　③聚异戊二烯

2. 异戊二烯 1，4 键接聚合形成顺式和反式两种构型的聚异戊二烯，它们称为（　　）。

①旋光异构体　　　②几何异构体　　　③间同异构体

3. 高分子链内旋转受阻程度越大，其均方末端距（   ）。

①越大　　　　　　　②越小　　　　　　　③趋于恒定值

4. 高分子链柔顺性越好，其等效自由结合链的链段数目（   ）。

①越多　　　　　　　②越少　　　　　　　③不变

5. 高分子链柔顺性越大，其等效自由结合链的链段长度（   ）。

①越长　　　　　　　②越短　　　　　　　③不变

6. 自由结合链的均方末端距的公式是（   ）。

①$\overline{h^2} = Nl^2$ 　　②$\overline{h^2} = Nl^2 \dfrac{1-\cos\theta}{1+\cos\theta}$ 　　③$\overline{h^2} = Nl^2 \dfrac{1-\cos\theta}{1+\cos\theta} \cdot \dfrac{1+\overline{\cos\varphi}}{1-\overline{\cos\varphi}}$

（式中，θ 为键角；$\overline{\cos\varphi}$ 为单键内旋转角的余弦函数平均值。）

7. 同一聚合物样品，下列计算值哪个较大（   ）。

①自由结合链均方末端距　　　　　　　②自由旋转链均方末端距

③受阻内旋链均方末端距

8. 聚合物大分子自由旋转链的均方末端距的公式可表示为（   ）。

①$\overline{h^2} = Nl^2$ 　　②$\overline{h^2} = N_e L_e^2$ 　　③$\overline{h^2} = Nl^2 \dfrac{1-\cos\theta}{1+\cos\theta}$

（式中，N 为键的数目；l 为键长；N_e 为链段数目；L_e 为链段长度；θ 为键角。）

9. 结晶聚合物的晶区中存在的分子链构象可以是（   ）。

①无规线团　　　　　②螺旋形　　　　　　③锯齿形

10. 柔顺性聚合物在溶液中存在的分子链构象是（   ）。

①无规线团　　　　　②螺旋形　　　　　　③锯齿形

三、判断题（正确的划"√"；错误的划"×"）

1. 主链由饱和单键构成的聚合物，因分子链可以围绕单键进行内旋转，故链的柔顺性大，若主链中引入了一些非共轭双键，因双键不能内旋转，故链柔顺性下降。（   ）

2. $\sqrt{\overline{h_G^2}} > \overline{h}_G > h_G^*$。（$\sqrt{\overline{h_G^2}}$ 为高斯链的根均方末端距；$\overline{h}_G$ 为高斯链的平均末端距；h_G^* 为高斯链的最可几末端距）　　　　　　　　　　　　　　　　　　　　　（   ）

3. $\overline{h_{r,r}^2} > \overline{h_{f,r}^2} > \overline{h_{f,j}^2}$。（   ）

4. 均方末端距大的聚合物其柔顺性较好。（   ）

5. 高分子链越柔软，内旋转越自由，链段越短。（   ）

6. 反式聚丁二烯可通过单键旋转变为顺式聚丁二烯。（   ）

7. 大分子主链呈反式锯齿形构象是最稳定的构象。（   ）

8. 因聚乙烯链是柔顺链，所以高压聚乙烯较软。（   ）

9. 由于单键内旋转，导致高分子链具有全同和间同等立体异构现象。（   ）

10. 由于单键内旋转，可将大分子的无规状链旋转成折叠链和螺旋状链。（   ）

四、简答题

1. 写出异戊二烯单体聚合时所有的有规异构体结构式。

2. 造成旋光异构的根源是什么？能否通过改变构象来提高等规度？为什么？

3. 有些维尼纶的湿强度低、缩水性大，根本原因是什么？

4. 天然橡胶和杜仲橡胶在结构上有何不同？试画出结构式示意。

5. 试分析纤维素的分子链为什么是刚性的。

五、排序题（排列聚合物分子链柔顺性大小次序，并说明原因）

1. 聚甲醛；聚丙烯；聚顺式 1，4-丁二烯；聚丙烯腈。

2. 聚氯乙烯；聚偏二氯乙烯；聚氯丁二烯；聚 1，2-二氯乙烯。

3. 聚丙烯；聚甲基丙烯酸甲酯；聚甲基丙烯酸丁酯；聚 3，4-二氯苯乙烯。

4. 聚顺式 1，4-丁二烯；聚 3，4-二氯苯乙烯；聚甲基丙烯酸甲酯；聚二甲基硅氧烷。

5. 分子量为 3.0×10^5 的氯丁橡胶；分子量为 5.0×10^6 的氯丁橡胶。

六、计算题

1. 已知聚乙烯醇在 30 ℃于水中 $A = 0.095$ nm，求其等效自由结合链的链段长 L_e。（C—C 键长为 0.154 nm，键角为 109°28′）。

2. 已知结构式为 $+CH_2-RCH+_n$ 的聚合物，$n = 10^5$，键长为 0.154 nm，键角为 109.5°，若将该高分子链视为自由旋转链，则其均方旋转半径和最大拉伸比等于多少？

3. 已知无规聚丙烯在环己烷或甲苯中，30 ℃时测得的刚性因子 $\sigma = 1.76$，试计算其等效自由结合链的链段长度（C—C 键长为 0.154 nm，键角为 109.5°）。

第2章
高分子的聚集态结构

高分子的聚集态结构是指高分子链之间的排列和堆砌结构。高分子聚集态结构的研究，具有重要的理论和实际意义。高分子的链结构是决定聚合物基本性质的主要因素，而高分子的聚集态结构是决定聚合物本体性质的主要因素。对于实际应用中的聚合物材料或制品，其使用性能直接取决于在加工成型过程中形成的聚集态结构，在这种意义上可以说，链结构只是间接地影响聚合物材料的性能，而聚集态结构才是直接影响其性能的因素。

正确的聚集态结构概念是建立聚合物各种本体性质理论的基础。了解高分子的聚集态结构特征、形成条件及其与材料性能之间的关系，获得具有预定结构和性能的材料，通过控制加工成型条件是必不可少的，同时也为聚合物材料的物理改性和材料设计提供科学的依据。

高分子的聚集态结构包括非晶态结构、晶态结构、取向态结构、液晶态结构和织态结构等。

在聚合物中，离开分子间的相互作用来解释高分子的聚集状态、堆砌方式以及各种物理性质是不可能的。因为分子间存在着相互作用，才使相同的或不同的高分子聚集在一起成为各种不同聚集态结构的材料，所以在讨论高分子的各种聚集态结构之前，必须先讨论高分子间作用力。

2.1 聚合物的分子间作用力

分子间作用力对物质的许多性质有重要的影响，例如沸点、熔点、汽化热、熔融热、溶解度、黏度和强度等直接与分子间作用力的大小有关。分子间作用力包括范德华力（静电力、诱导力和色散力）和氢键，存在于分子内非键合原子间或者分子之间。在聚合物中，由于分子量很大，分子链很长，分子间作用力是很大的。高分子的聚集态只有固态（晶态和非晶态）和液态，没有气态，说明高分子的分子间作用力超过了组成它的化学键的键能。

2.1.1 分子间作用力的类型

1. 范德华力

范德华力（van der Waals force）是存在于分子间的一种吸引力，其特点是无方向性，无饱和性，永远存在。分子间距离越大，范德华力越小。范德华力的作用范围小于1 nm，作用能比化学键小 1~2 个数量级。

范德华力一般有三种类型，如表 2.1 所示，但并非所有的两个分子间同时存在这三种范德华力。三种范德华力所占的比例，视具体分子的极性和变形性而定。

表 2.1 三种范德华力

名称	定义	相互作用能	数值范围/（kJ·mol^{-1}）
静电力	极性分子之间由于永久（或固有）偶极产生的静电引力	$E_K = -\dfrac{2}{3} \cdot \dfrac{\mu_1^2\mu_2^2}{r^6 kT}$	12.6 ~ 20.9
诱导力	极性分子使邻近分子产生的诱导偶极与极性分子固有偶极之间的作用力	$E_D = -\dfrac{\alpha_1\mu_2^2+\alpha_2\mu_1^2}{r^6}$	6.3 ~ 12.6
色散力	由于电子运动及原子核振动而使分子产生的瞬时偶极之间的作用力	$E_L = -\dfrac{2}{3} \cdot \dfrac{I_1 I_2}{I_1+I_2} \cdot \dfrac{\alpha_1\alpha_2}{r^6}$	0.8 ~ 8.4

极性分子的偶极距等于正负电荷中心间距 r 乘以正电荷中心（或负电荷中心）上的电荷量 q。分子的偶极矩计算式为 $\mu = q \cdot r$（单位：C·m）。

诱导偶极是指非极性分子在电场中或者有其他极性分子在较近距离的情况下，由于电子带负电，核带正电，它们会发生偏移，这种现象称为诱导偶极。非极性分子被极化产生的诱导偶极矩：$\mu = \alpha \cdot B$（α 为分子极化率，B 为电场强度）

色散力存在于一切分子之间。由于色散力具有加和性和普遍性，高分子的所有链段之间色散力加和形成的总色散力可大于诱导力。非极性高分子之间，色散力几乎占分子间相互作用总能量的80%以上。

2. 氢键

氢键是极性很强的 X—H 键上的氢原子，与另外一个键上电负性很大的原子 Y 上的孤对电子相互吸引而形成的一种键：

X—H···Y

氢键的形成方式有两种：分子内形成氢键和分子间形成的氢键。例如，邻羟基苯甲酸、邻硝基苯酚和纤维素等，均存在分子内氢键：

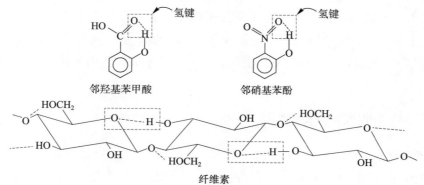

邻羟基苯甲酸　　　　　　邻硝基苯酚

纤维素

分子间形成的氢键如醇类、羧酸类、聚酰胺：

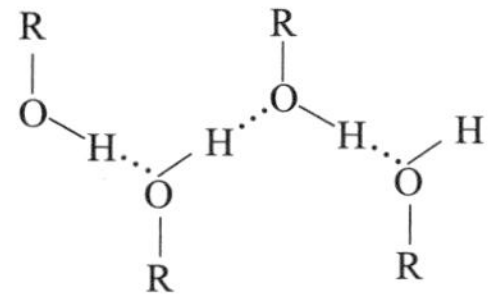

醇类

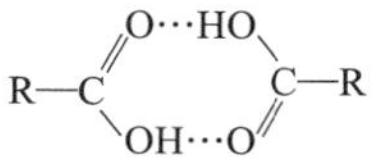

羧酸类

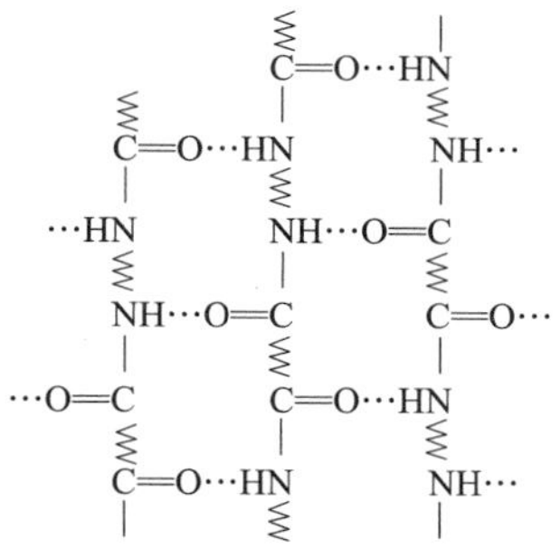

聚酰胺

氢键的特点是具有方向性和饱和性。由于 X—H 是极性共价键，H 原子的半径很小（0.03 nm），又没有内层电子，可以允许带多余负电荷的 Y 原子来充分接近它，但是只能有一个，若有另一个 Y 原子来接近它们，则这个 H 原子受到 X 和 Y 的推斥力将超过受到 H 的吸引力，因此氢键具有饱和性。为了使 Y 原子与 X—H 之间的相互作用最强烈，要求 Y 的孤对电子云的对称轴尽可能与 X—H 键的方向一致，因此氢键又具有方向性。从这两点来看，氢键与化学键相似，但是氢键的键能比化学键小得多，每摩尔不超过 10 kcal[①]，与范德华力的数量级相同，通常说氢键是一种强力的、有方向性的分子间作用力。氢键的大小取决于 X、Y 的电负性的大小和 Y 的半径，X、Y 的电负性越大（注意，X 的电负性在很大程度上与其相邻的原子有关），Y 的半径越小，则氢键越强，如表 2.2 所示。

表 2.2　常见氢键的键长和键能

氢键	键长/nm	键能/(kJ·mol^{-1})	键能/(kcal·mol^{-1})[②]	化合物
F—H···F	0.24	28.0	6.7	(HF)$_n$
O—H···O	0.27	18.8 25.9 29.3 34.3	4.5 6.2 7.0 8.2	冰，H_2O_2 CH_3OH，C_2H_5OH (HCOOH)$_2$ (CH_3-COOH)$_2$
N—H···F	0.28	20.9	5.0	NH_4F
N—H···O	0.29	16.7	4.0	—
N—H···N	0.31	5.44	1.3	NH_3

① 1 kcal = 4.184 kJ。

② 1 kcal/mol = 4.184 kJ/mol。

续表

氢键	键长/nm	键能/(kJ·mol⁻¹)	键能/(kcal·mol⁻¹)②	化合物
O—H⋯Cl	0.31	16.3	3.9	
C—H⋯N	—	13.7 18.2	3.28 4.36	(HCN)₂ (HCN)₃

高分子链中的—OH、—COOH、—CONH—等均可形成氢键。凡具有分子间氢键的聚合物，分子间作用力较大，因此一般有较高的机械强度和耐热性。

2.1.2 内聚能密度

不同聚合物由于链结构不同，分子间作用力的大小一般也不相同，通常采用内聚能或内聚能密度来表示它们的大小。

图 2.1 所示为高分子链中独立运动单元（链段）之间的相互作用力 F 与它们之间的距离 r 的关系图，用公式表示为

$$F = -\underbrace{\frac{A}{r^{6 \sim 7}}}_{\text{吸引项}} + \underbrace{\frac{B}{r^{12 \sim 13}}}_{\text{排斥项}}$$

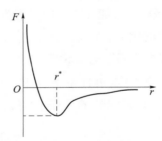

图 2.1 链段间相互作用力 F 与距离 r 的关系图

从图 2.1 可以看出，当 $r = r^*$ 时，链段之间的作用力达到极值 $F_{\max}$，此时形成局部作用区，称为物理结点或物理交联点。聚合物分子链之间有很多这样的链段相互作用，它们之间总的作用力大小可以用分子链之间的内聚能或者内聚能密度的大小来衡量。所谓的内聚能（ΔE），是克服分子间作用力，把 1 mol 聚集态分子移到其分子间引力范围之外所需的能量，内聚能越大，分子间作用力越大。

内聚能密度（cohesive energy density，CED）是克服分子间作用力，把单位体积的聚集态分子移到其分子间引力范围之外所需的能量，也就是单位体积的聚集态分子所对应的内聚能，内聚能与内聚能密度的关系式如下：

$$CED = \frac{\Delta E}{V_{\mathrm{m}}} \tag{2.1}$$

小分子的 *CED* 值可直接通过汽化或升华的方法来测定，测出样品的摩尔汽化热或摩尔升华热，然后减去由于汽化或升华对体系外所做的膨胀功，剩余的能量都消耗于克服分子间作用力了，也就是小分子的内聚能（见式（2.2）），除以其摩尔体积得到其内聚能密度（见式（2.1））：

$$\Delta E = \Delta H_v - RT \tag{2.2}$$

式中，ΔH_v 为 1 mol 聚集态物质的摩尔蒸发热或摩尔升华热；RT 为 1 mol 聚集态物质转化为汽体时所做的膨胀功。

聚合物的 *CED* 值不能像小分子那样通过汽化的方法来测，因为聚合物一般不能汽化，所以只能通过间接的方法来测，如线性聚合物可以采用黏度法来测，首先将待测聚合物溶解在各种不同溶剂中，然后测定浓度相同条件下各溶液的黏度，再画出溶液黏度与对应溶剂内聚能密度的关系曲线，将曲线上最大溶液黏度所对应的溶剂的内聚能密度作为该聚合物的 *CED* 值。对于交联聚合物，在溶剂中不能溶解，但能发生溶胀，可以通过溶胀法来测其内聚能密度，与黏度法类似，测定交联聚合物在各种不同溶剂中的平衡溶胀度，做平衡溶胀度与对应溶剂内聚能密度的关系曲线，把对应最大溶胀比时溶剂的内聚能密度作为该聚合物的 *CED* 值。

聚合物 *CED* 值的大小，表示了分子间作用力的大小。聚合物适宜作什么材料，与其 *CED* 值有关。当 *CED*<290 J/m³ 时，一般为非极性聚合物，分子间主要是色散力，较弱；分子链的柔顺性好，使这些材料易于变形具有弹性，通常可用作橡胶。当 *CED*>420 J/m³ 时，一般分子链上含有强的极性基团或者形成氢键，因此分子间作用力大，机械强度好，耐热性好；分子链结构规整，易于结晶取向，通常可用作纤维。当 *CED* 为 290～420 J/m³ 时，分子间作用力适中，通常用作塑料。

2.2　聚合物的非晶态结构

聚合物非晶态结构实际存在形式有非晶态的橡胶和塑料，熔融的聚合物，结晶聚合物中的非晶区。处于非晶态的聚合物分子链排列具有短程有序（有序程度高于小分子液体）、长程无序的特点。

我们对非晶态结构的认识是在不断发展的，在历史上曾经提出过很多模型。目前有两种代表性的模型，分别做简单的介绍。

2.2.1　无规线团模型

Flory 提出，在非晶态聚合物的本体中，分子链的构象与在溶液中一样，呈无规线团状（见图 2.2），线团的尺寸与在 θ 状态下高分子的尺寸相当，线团分子之间是任意相互贯穿和无规缠结的，链段的堆砌不存在任何有序的结构，因而非晶态聚合物在聚集态结构上是均相的。

无规线团模型

图 2.2　无规线团模型

无规线团模型的实验证据如下。

（1）橡皮的弹性模量、应力与温度系数的关系，并不随稀释剂的加入而有反常效应，说明原来的非晶态结构完全无规，不存在可进一步被溶解或拆散的局部有序结构。

（2）在非结晶聚合物的本体和溶液中，分别用高能辐射使分子链交联，发现本体中分子内交联倾向并不大于溶液中的，说明本体中不存在局部有序结构。

（3）由中子小角散射实验，利用氢（H）和氘（D）的中子散射强度差异，测定本体中高分子链的均方旋转半径。将极少量的 H 被 D 取代的氘化聚苯乙烯（PSD）与聚苯乙烯（PS）混合，得到 PSD 的稀溶液，测得其均方旋转半径与其在 θ 溶剂中的结果一致。说明高分子链在本体中与在溶液中一样具有无规线团的形态。

2.2.2　两相球粒模型

Yeh 等认为，非晶态聚合物存在着一定程度的局部有序。其中包含粒子相和粒间相两个部分，而粒子又可分为有序区和粒界区两个部分（见图 2.3）。在有序区中，分子链是互相平行排列的，其有序程度与链结构、分子间作用力和热历史等因素有关，尺寸为 2~4 nm。有序区周围有 1~2 nm 大小的粒界区，由折叠链的弯曲部分、链端、缠结点和连接链组成。粒间相则由无规线团、低分子物、分子链末端和连结链组成，尺寸为 1~5 nm。模型认为一根分子链可以通过几个粒子和粒间相。

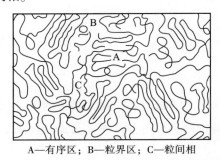

A—有序区；B—粒界区；C—粒间相

图 2.3　两相球粒模型（或折叠链缨状胶粒模型）

两相球粒模型

两相球粒模型的主要实验证据如下。

（1）由电子显微镜（简称电镜）观察到许多非结晶聚合物的结构中存在 30~100 Å 大小的"球粒"，说明其并非均相。有的聚合物经热处理后密度变大，同时球粒增大。

（2）实验测得许多聚合物的非晶态密度与晶态密度比值为 0.85~0.96，而按照无规线团模型计算应小于 0.65，说明实际非结晶聚合物的密度高于纯粹无规线团时的密度，这是因为其中有序区的密度较高。

（3）有些熔融聚合物冷却时能快速结晶。若熔融态时为完全无序的无规线团状，则分子链很难快速排列成非常有序的晶态结构。若呈局部有序结构，则为快速结晶做好了准备。

两类模型的争论焦点：非结晶聚合物结构是完全无序，还是局部有序。总体上看，无规线团构象目前已被大多数高分子科学家所接受，但是同时又不排除线团内部小的区域，例如 1~2 nm 范围存在几个链单元的局部平行排列的可能。随着研究和争论的深入，理论将不断完善，高分子的聚集态结构最终是可以弄清楚的。

2.3　聚合物的晶态结构

2.3.1　晶体的基本结构

晶体是由在空间紧密堆砌、具有周期性排列规律的微粒（或质点）组成的，如小分子 NaCl 是离子晶体，其结构如图 2.4 所示。

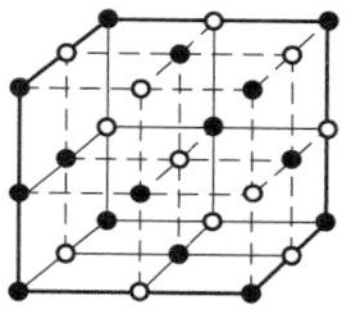

晶态聚合物通常由许多晶粒组成，由 X 射线衍射分析可知，每一个晶粒内部具有三维远程有序结构。但由于高分子是长链分子，因此，呈周期性排列的质点是大分子链中的结构单元，而不是原子、整个分子或离子（天然高分子蛋白质晶体除

图 2.4　NaCl 的结构

外，每个蛋白质分子相当于一个质点）。这种结构特征可以仿照小分子晶体的基本概念与晶格参数来描述。

1）晶格

组成晶体的质点（或微粒）在空间排列成的几何图形称为晶格，也称为空间点阵。点阵结构中，每个质点代表的具体内容称为晶体的结构基元。故晶体结构可以表示如下。

晶体结构＝点阵＋结构基元

图 2.5 所示为晶体结构和点阵的关系。根据点阵的性质，把分布在同一条直线上的点阵叫直线点阵；分布在同一个平面中的点阵叫平面点阵；分布在三维空间的点阵叫空间点阵。

2）晶胞、晶系

晶胞是晶体中最小的三维重复单元，在三维空间上呈周期性排列。不同结晶聚合物由于结构不同，结晶得到的晶胞形状也不一样，为了完整描述不同形状的晶胞，需要采用 6 个晶胞参数来描述它的大小和形状。这 6 个参数分别对应晶胞的三边的长度（亦称 3 个晶轴长度）a、b、c 以及它们之间的夹角 α、β、γ。一般 a 轴从后向前，b 轴从左向右，c 轴从下向上。a 和 b 的夹角为 γ，b 和 c 的夹角为 α，c 和 a 的夹角为 β，如图 2.6 所示。

晶胞参数不同，晶胞的形状也就不同，根据晶胞的参数和形状不同可以把晶胞分成 7 种类型，分别是立方、六方、四方、三方（或菱方）、斜方（或正交）、单斜、三斜。它们构成 7 个晶系。7 个晶系及其晶胞参数如表 2.3 所示。其中，立方、六方为高级晶系，四方、斜方为中级晶系，三斜、单斜为初级晶系。

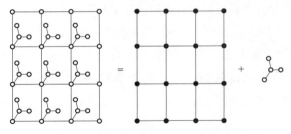 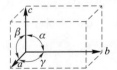

图 2.5　晶体结构和点阵的关系　　　　　图 2.6　晶胞参数

聚合物晶体不会出现立方晶系（或立方晶格）。因为聚合物是长链结构，结晶时分子主链中心轴排列的方向为 c 轴，晶胞的性能、结构呈各向异性，不会出现这种各向同性的立方晶系。

表 2.3　7 个晶系及其晶胞参数

图形	晶系名称	晶胞参数
	立方	$a=b=c$，$\alpha=\beta=\gamma=90°$
	六方	$a=b\neq c$，$\alpha=\beta=90°$，$\gamma=120°$
	四方	$a=b\neq c$，$\alpha=\beta=\gamma=90°$
	三方	$a=b=c$，$\alpha=\beta=\gamma\neq90°$
	斜方	$a\neq b\neq c$，$\alpha=\beta=\gamma=90°$
	单斜	$a\neq b\neq c$，$\alpha=\gamma=90°$，$\beta\neq90°$
	三斜	$a\neq b\neq c$，$\alpha\neq\beta\neq\gamma\neq90°$

3）晶面及晶面指数

晶格内所有的格子点全部集中在相互平行的等间距的平面群上，这些平面叫作晶面（lattice plane）。晶面与晶面之间的距离叫晶面间距。

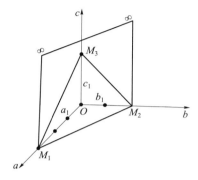

图 2.7　晶面示意图

从不同的角度去观察某一晶体，将会见到不同的晶面，所以需要有不同的标记。一般以晶面指数（或密勒指数）来标记某个晶面。图 2.7 所示为一个晶体的空间点阵为平面所切割，即此晶面和 a、b、c 三晶轴交于 M_1、M_2、M_3 三点，三点截距分别为 $OM_1 = 3a_1$、$OM_2 = 2b_1$、$OM_3 = c_1$，均为各晶轴单位向量长度的整数倍。若取三个截距的倒数，则为 1/3、1/2、1/1，通分则得 2/6、3/6、6/6，弃去公分母，取 2、3、6 作为晶面的指标，（2，3，6）就是晶面指数（hkl）。当晶面与某坐标轴平行时，相应的晶面指数为 0。当晶面在某坐标轴上相交于负值区时，相应的晶面指数加负号标识。

2.3.2　聚合物的结晶形态

晶胞结构是组成高分子晶体的最小结构单元，晶胞的尺寸一般在几纳米以内，由这些微观结晶结构排列堆砌而成晶体的几何外形——结晶形态。由于结晶条件（溶液成分、温度、黏度、作用力等）及内部结构不同，高分子在结晶过程中可以形成形态相差极大的晶体，主要有单晶、伸直链晶、球晶、纤维晶、串晶、柱晶等。

1）单晶

聚合物的单晶通常只能在特殊的条件下得到，一般是在极稀的溶液中（浓度为 0.01%~0.1%）缓慢结晶时生成的。在电子显微镜下可以直接观察到具有规则几何形状的薄片状晶体，聚合物的单晶横向尺寸可以从几微米到几十微米，但其厚度一般为 10 nm 左右，最大不超过 50 nm，而高分子链通常长达数百纳米。电子衍射数据证明，单晶中分子链是垂直于晶面的。因此，可以认为，高分子链规则地近邻折叠，进而形成片状晶体——片晶，如图 2.8 所示。

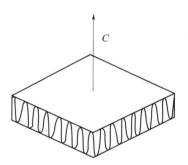

图 2.8　片晶分子链折叠示意

高分子单晶最早是在 1953 年由 W Schlesinger 和 H M Leeper 提出的，他们将约 0.01% 反式聚异戊二烯的苯溶液冷却，用偏光显微镜观察析出的结晶，认为可能是单晶。1955 年，R Jaccodine 报道了用电子显微镜观察到聚乙烯从二甲苯溶液分离出来的单晶形态是螺旋形生长的片晶。较深入的研究则是在 1957 年由 A Keller、P H Till 和 E W Fisher 分别独立进行的，他们除了用电子显微镜观察各自获得的聚乙烯菱形或截顶菱形的单晶形态外，还进行了电子衍射实验，得到了非常清晰而规则的电子衍射花样照片，证明在单晶内，分子链作高度规则的三维有序排列，分子链的取向与片晶的表面相垂直。图2.9所示为聚乙烯单晶的电子显微镜照片，它们是菱形的单层平面片晶，图2.9中左上角为这种单晶的电子衍射花样照片。另一个例子是聚甲醛，其单晶可成平面正六边形，如图2.10所示。由此可见，不同聚合物的单晶呈现不同的特征形状。

图2.9　聚乙烯单晶的电子显微镜照片（左上角为电子衍射花样照片）

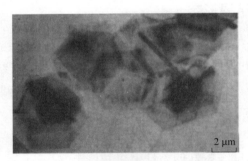

图2.10　聚甲醛单晶的电子显微镜照片

事实上，许多结晶性聚合物可以按类似于聚乙烯的方法培养单晶。已经得到单晶的聚合物还有聚丙烯、聚苯乙烯、聚乙烯醇和聚丙烯腈等规聚合物。

2）伸直链晶

高分子熔体在极高的压力下缓慢结晶，可以得到完全由伸直链组成的晶片，称为伸直链晶，晶片中伸直的大分子链的主轴垂直于晶片平面，其晶片厚度与分子链长相当。完全由伸直链组成的晶体很脆，甚至可以用研钵研碎，但伸直链的存在可提高制品的拉伸强度，聚合物伸直链晶还是一种热力学上最稳定的高分子晶体。

图2.11（a）所示为在300 MPa、613 K和6 h条件下制备的PET-PC共混物样品伸直链晶体，从图2.11（a）中可以看到楔形伸直链晶体簇的分布较为密集，共混物中的弯曲伸直链晶应该是由多个不同尺寸的伸直链晶通过酯交换反应连接到一起逐步构筑的，而并非次生得到。相似的形貌在聚乙烯高压结晶样品中也可以观察到，如图2.11（b）所示。

3）球晶

高分子浓溶液或熔体自然冷却时，形成的不是单晶，而是形成多晶的聚集体，通常呈圆球形，这种晶体称为球晶。

球晶一般较大，最大的可达厘米数量级，其形成过程可概括为先形成晶核，然后以核为中心，分子链折叠并向外形成许多扭曲长晶片（又称为球晶纤维），晶核与球晶纤维构成球晶，如图 2.12 所示。

（a）　　　　　　　　　　　　　　　（b）

图 2.11　伸直链晶体扫描电子显微镜（SEM）照片

（a）PET-PC 共混物样品伸直链晶体；（b）聚乙烯高压结晶伸直链结构

图 2.12　球晶的形成过程

球晶内部有许多呈径向散射状的扭曲长晶片（球晶纤维）；球晶纤维之间夹有非晶态的非晶区；球晶纤维内分子链轴方向与纤维轴向（径向）垂直，随着温度的进一步降低，晶核数量进一步增加，晶粒更加细化，结晶程度进一步提高（在正交偏光场中形成黑十字或环带状黑十字的消光图案），如图 2.13 所示。

球晶的大小影响着聚合物的力学性能，一般情况下球晶尺寸越大，材料的冲击强度越小，因为球晶越大，球晶之间的接触界面就越大，界面这个地方结合力比较弱，在冲击力的作用下，容易在这个地方开裂。球晶对聚合物的透明性也会产生影响，非结晶聚合物由于密度均匀，呈均相，对入射光没有明显的折射和反射，所以呈透明状；结晶聚合物中晶相与非晶相共存，两相折射率不同，使材料呈不透明状，球晶或晶粒尺寸越大，透明性越差。

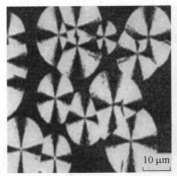

图 2.13　球晶的偏光显微镜照片（黑十字或环带状黑十字）

球晶对高分子材料的性能影响很大，需要有效地控制球晶大小，通常可以通过下面这些方法来实现：（1）降温速率：熔体的降温速率越大，得到的球晶尺寸越小，因为没有足够的生长时间；（2）共聚：共聚破坏了原有链的规整性，聚合物的结晶能力下降，使生成的球晶变小；（3）共混：少量弹性体与塑料共混，可限制塑料相中形成大球晶；（4）加入成核剂：加入成核剂对控制球晶大小的效果非常明显，因为随着成核剂的加入，晶核数目增多，可使聚合物生成的球晶较小，甚至只得到微晶。

4）纤维晶和串晶

存在流动场时，高分子链的构象发生畸变，成为伸展的形式，并沿流动的方向平行排列，在适当的条件下，可发生成核结晶，形成纤维晶，如图 2.14 所示。因此纤维晶由伸展的分子链相互交叠组成，其长度可以不受分子链的平均长度的限制。电子衍射实验证实，分子链的取向是平行于纤维轴的。

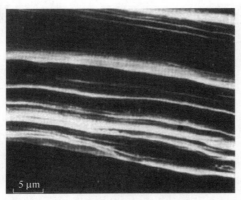

图 2.14　从靠近转轴的晶种生长的聚乙烯纤维晶的电子显微镜照片（形成条件：二甲苯溶液，114 ℃）

高分子溶液温度较低时，边搅拌边结晶，可以形成一种类似于串珠式结构的特殊结晶形态——串晶，如图 2.15 所示。这种聚合物串晶具有伸直链结构的中心线，中心线周围间隔地生长着折叠链的片晶，它是同时具有伸直链和折叠链两种结构单元组成的多晶体。

搅拌产生的应力越大，伸直链组分越多。图 2.16 所示为串晶的结构模型。由于具有伸直链结构的中心线，因而使材料具有高强度、抗溶剂、耐腐蚀等优良性能，例如聚乙烯串晶的弹性模量相当于普通聚乙烯纤维拉伸 6 倍时的弹性模量。通过高速挤出淬火所得的聚合物薄膜中也发现有串晶结构，这种薄膜的弹性模量和透明度大为提高。

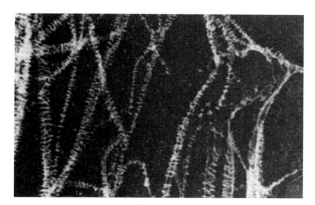

图 2.15　线形聚乙烯串晶的电子显微镜照片
（形成条件：5% 二甲苯溶液，100 ℃，搅拌）

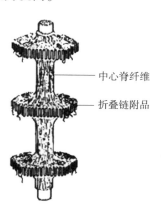

中心脊纤维

折叠链附品

图 2.16　串晶的结构模型

5）柱晶

当聚合物熔体在应力作用下冷却结晶时，还常常形成一种柱晶，如图 2.17 所示。即由于应力作用，聚合物沿应力方向成行地形成晶核，然后以这些晶核为中心向四周生长成折叠链片晶。这种柱晶在熔融纺丝的纤维、注射成型制品的表皮以及挤出拉伸薄膜中，常常可以观察到，可认为是一种退化的球晶。

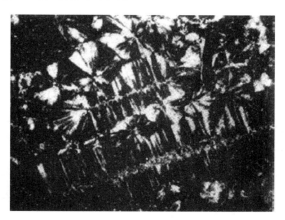

图 2.17　等规聚丙烯柱晶的偏光显微镜照片

2.3.3　晶态聚合物的结构模型

随着对聚合物结晶认识的逐渐深入，人们提出了不同的模型，用以解释实验现象，探讨结构与性能关系。例如，20 世纪 40 年代 Bryant 提出的缨状胶束模型，20 世纪 50 年代 Keller 提出的折叠链模型以及 20 世纪 60 年代 Flory 提出的插线板模型等。不同观点之间的争论仍在进行之中。

1. 缨状胶束模型（两相模型，fringed-micelle model）

缨状胶束模型是 Bryant 于 20 世纪 40 年代提出的。该模型从结晶聚合物 X 射线圈上衍射花样和弥散环同时出现，以及测得晶区尺寸远小于分子链长度等主要实验事实出发，认为结晶聚合物中，晶区与非晶区互相穿插，同时存在，在晶区中，分子链互相平行排列形成规整的结构，但晶区尺寸很小，一根分子链可以同时穿过几个晶区和非晶区，晶区在通常情况

缨状微束模型

下是无规取向的；而在非晶区中，分子链的堆砌是完全无序的。该模型如图 2.18 所示，模型解释了 X 射线衍射和许多其他实验观察的结果，例如聚合物的宏观密度比晶胞的密度小，是由于晶区与非晶区的共存；聚合物拉伸后，X 射线衍射图上出现圆弧形，是由于微晶的取向；结晶聚合物熔融时有一定大小的熔限，是由于微晶的大小不同；拉伸聚合物的光学双折射现象，是非晶区中分子链取向的结果；对于化学反应和物理作用的不均匀性，是因为非晶区比晶区有比较大的可渗入性；等等。因此，在当时，缨状胶束模型被广泛接受，并沿用了很长时间。

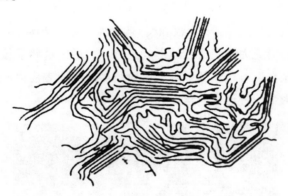

图 2.18　结晶聚合物的缨状胶束模型

2. 折叠链模型（folded-chain model）

Keller 于 1957 年从二甲苯的稀溶液中得到大于 50 μm 的菱形片状聚乙烯单晶，并从电子显微镜照片上的投影长度，测得单晶薄片的厚度约为 10 nm，而且厚度与聚合物的分子量无关。同时单晶的电子衍射图证明，伸展的分子链（c 轴）是垂直于单品薄片而取向的。然而由聚合物的分子量推算，伸展的分子链的长度为几百甚至上千纳米，也就是说，晶片厚度大小比整个分子链的长度要小得多。为了合理地解释以上实验事实，Keller 提出了折叠链模型，晶区中分子链在片晶内呈规则近邻折叠，夹在片晶之间的不规则排列链段形成非晶区。这就是所谓的折叠链模型，如图 2.19 所示。继"近邻

近邻规则

折叠链模型

规则折叠链模型"之后，为了解释一些实验现象，Fischer 又对上述模型进行了修正，提出了"近邻松散折叠模型"，此模型中折叠处的环圈形状是不规则和松散的。此外，在多层片晶中，分子链可以跨层折叠，即一层折叠在几个来回以后，转到另一层中去再折叠，称作"跨层折叠模型"，如图 2.19（c）所示。

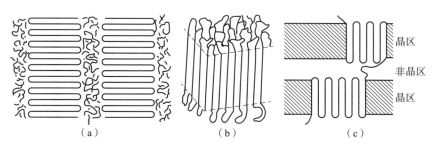

图 2.19　晶态聚合物的折叠链模型

（a）近邻规则折叠链模型；（b）近邻松散折叠链模型；（c）跨层折叠模型

3. 插线板模型（switchboard model）

Flory 认为，从一个片晶出来的分子链并不在其邻位处回折到同一片晶，而是在进入非晶区后在非邻位以无规方式再回到同一个片晶，也可能进入另一个片晶。在非晶区中，分子链段或无规地排列或相互有所缠绕，就像插线板表面杂乱的电线一样，如图 2.20（a）所示。小角中子散射实验证明，在晶态聚丙烯中，分子链的尺寸与它在良溶剂中及熔体中的分子

插线板模型

尺寸相同，有力地证明了晶态聚合物中分子链的大构象可以用不规则非近邻折叠模型来描述，如图 2.20（b）所示。聚乙烯熔体结晶速率很快，但其分子链的松弛时间却相当长，结晶时分子链来不及做规整的近邻折叠，只能是比较靠近的链段通过局部调整规整排列快速形成晶区。小角中子散射实验表明，结晶中分子链基本保持着熔融状态时的构象，只是链段局部调整进入晶格。这些实验现象有力地证明了模型的合理性。但该模型不能解释折叠链单晶。

2.3.4　聚合物的结晶度

1. 结晶度的定义

在实际晶态聚合物中，通常晶区和非晶区是同时存在的。结晶度即试样中结晶部分所占的质量分数（质量结晶度 x_c^m）或者体积分数（体积结晶度 x_c^V）：

$$x_c^m = \frac{m_c}{m_c + m_a} \times 100\% \tag{2.3}$$

$$x_c^V = \frac{V_c}{V_c + V_a} \times 100\% \tag{2.4}$$

式中，m_c、V_c 为试样中结晶部分的质量和体积；m_a、V_a 为试样中非结晶部分的质量和体积。

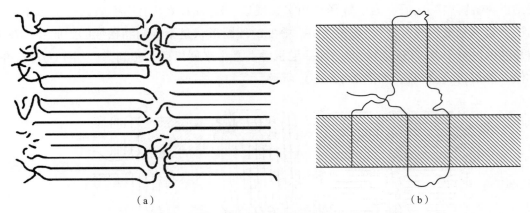

图 2.20　晶态聚合物的插线板模型和非近邻折叠模型

（a）插线板模型；（b）非近邻折叠模型

2. 结晶度的测定

因为部分结晶聚合物中，晶区与非晶区的界限很不明确，无法准确测定结晶部分的量。所以，结晶度的概念缺乏明确的物理意义，随测定方法不同其数值大小也不一样。较为常用的测定结晶度的方法有密度法、X 射线衍射法、量热法、红外光谱法等。这些方法分别在某种物理量和结晶程度之间建立了定量或半定量的关系，故可分别称为密度结晶度、X 射线结晶度等，可用来对材料结晶程度做相对的比较。

1）密度法

密度法又称比容法，是最简单及常用的方法。

晶区的密度 ρ_c 大于非晶区的密度 ρ_a，晶区的比容 v_c 小于非晶区的比容 v_a。比容与密度呈倒数关系：$v = 1/\rho$。

（1）假定：密度具有线性加和性，则

$$\rho = x_c^V \rho_c + (1 - x_c^V) \rho_a$$

$$x_c^V = \frac{\rho - \rho_a}{\rho_c - \rho_a} = \frac{1/v - 1/v_a}{1/v_c - 1/v_a} = \frac{v_c(v_a - v)}{v(v_a - v_c)} \tag{2.5}$$

（2）假定：比容具有线性加和性，则

$$v = x_c^m v_c + (1 - x_c^m) v_a$$

$$x_c^m = \frac{v_a - v}{v_a - v_c} = \frac{1/\rho_a - 1/\rho}{1/\rho_a - 1/\rho_c} = \frac{\rho_c(\rho - \rho_a)}{\rho(\rho_c - \rho_a)} \tag{2.6}$$

式中，ρ 为待测聚合物的实际密度，可用密度梯度管法测得；ρ_a 为待测聚合物处于完全非晶态结构时的密度，可从聚合物熔体的比容-温度曲线外推到测试温度求得，也可将熔体淬火，获得完全非晶态试样后测出；ρ_c 为待测聚合物处于完全结晶时的密度，即晶胞密度，可用晶胞参数计算：

$$\rho_c = \frac{M_0 \cdot Z}{N_A \cdot V} \tag{2.7}$$

式中，M_0 为聚合物中结构单元的分子量；Z 为一个晶胞中含有的结构单元数目；N_A 为阿伏伽德罗常数；V 为单个晶胞的体积。

实际上，许多聚合物的 ρ_c 和 ρ_a 已由前人测得，可以从手册或文献中查到。表 2.4 列出了几种晶态聚合物的密度。

表 2.4　几种晶态聚合物的 ρ_c 和 ρ_a 值

聚合物	$\rho_c/(\text{g} \cdot \text{cm}^{-3})$	$\rho_a/(\text{g} \cdot \text{cm}^{-3})$	聚合物	$\rho_c/(\text{g} \cdot \text{cm}^{-3})$	$\rho_a/(\text{g} \cdot \text{cm}^{-3})$
聚乙烯	1.014	0.854	聚丁二烯	1.01	0.89
聚丙烯（全同）	0.936	0.854	天然橡胶	1.00	0.91
聚氯乙烯	1.52	1.39	尼龙 6	1.230	1.084
聚苯乙烯	1.120	1.052	尼龙 66	1.220	1.069
聚甲醛	1.506	1.215	聚对苯二甲酸乙二酯	1.455	1.336
聚丁烯	0.95	0.868	聚碳酸酯	1.31	1.20

2）X 射线衍射法

当 X 射线射入粉末状晶体时，将形成以样品中心为共同顶点的一系列锥形 X 衍射线束，其顶角为 4θ。若将记录平面照相底片垂直于入射线放置，则得到一系列同心圆衍射线；若采用轴心垂直于入射线放置的筒形底片记录，则得到一系列圆弧形衍射线。非结晶聚合物的 X 射线衍射图不是同心圆形状，而是相干散射形成的弥散环形状。

部分晶态聚合物中结晶部分和非晶无定形部分对 X 射线衍射强度的贡献不同，用衍射仪测得衍射强度与衍射角的关系曲线（$I_{衍射}$ - θ 曲线），将衍射图上的衍射峰分解为结晶和非晶两部分，则结晶峰面积与总衍射峰面积之比，就是聚合物的结晶度，计算式为

$$x_c = \frac{A_c}{A_c + KA_a} \times 100\% \tag{2.8}$$

式中，A_c 为衍射曲线下晶区衍射峰的面积；A_a 为衍射曲线下非晶区散射峰的面积；K 为校正因子。

3）量热法

利用聚合物熔融过程中的热效应测定结晶度，热效应可根据 DSC 曲线的（见图 2.21）熔融峰面积进行积分转换得到，然后通过式（2.9）进行计算：

$$x_c = \frac{\Delta H}{\Delta H_0} \times 100\% \tag{2.9}$$

式中，ΔH 和 ΔH_0 分别为聚合物试样的熔融热和试样 100% 结晶下的熔融热。

ΔH 值可由差示扫描量热仪（Differential Scanning Cacorimeter DSC）熔融峰的面积来测量。100%结晶的样品一般很难得到，可以通过测定一系列不同结晶度试样的 ΔH（即峰面积），然后外推到结晶度为100%来确定 ΔH_0。

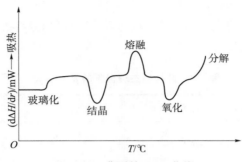

图 2.21 典型的 DSC 曲线

专栏 2.1 案例分析

测定聚合物结晶度的方法有很多种，测定方法不同，结晶度的数值也不同，表 2.5 所示为用三种不同方法测得的 PE 结晶度。

表 2.5 三种不同方法测得的 PE 结晶度

样品 \ 方法	密度法/%	X 射线衍射法/%	量热法/%
PE	45	53	60

原因：晶态聚合物中晶区和非晶区的界限不明确，不同的测试方法识别程度不同。

2.4 聚合物的取向态结构

高分子的长链结构具有高度的几何不对称性，故可在外力作用下进行取向形成取向态结构。取向也是高分子材料成型加工和使用过程中经常遇到的现象。高分子材料取向以后，在力学性能、热学性能和光学性能等方面均与未取向前的材料有着显著的差异。正确利用材料的取向效应，可以提高制品的使用性能。

2.4.1 取向的基本概念

取向（orientation）是指在外力作用下，高分子链上不同取向单元沿外力场方向舒展并有序排列的现象（或过程）。解取向（disorientation）则是指分子的热运动导致取向排列的大分子链恢复到无规蜷曲状态的现象（或过程）。

2.4.2 取向的类型

1. 单轴取向

单轴取向（uniaxial orientation）是指高分子链或链段倾向于沿一个方向（拉伸方向）排列。从宏观上看，材料沿一个方向被拉伸，长度增加，宽度减小，例如扁丝、纤维等属于典型的单轴取向制品。

2. 双轴取向

双轴取向（biaxial orientation）是指高分子链或链段倾向与拉伸平面平行排列。从宏观上看，材料沿两个互相垂直的方向拉伸，面积增大，厚度减小，例如吹塑薄膜、双向拉伸薄膜等属于典型的双轴取向制品。图 2.22 所示为理想的高分子取向模型。

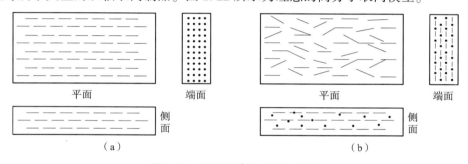

平面　端面　平面　端面

侧面　侧面

（a）　（b）

图 2.22　理想的高分子取向类型

（a）单轴取向；（b）双轴取向

2.4.3 取向机理

非晶态聚合物的取向有大小两种运动单元：分子链和链段，因此非晶态聚合物可能有两类取向（见图 2.23）。链段取向可以通过单键的内旋转造成的链段运动来完成。整个分子链取向需要高分子各链段的协同运动才能实现，取向过程是链段运动的过程，必须克服聚合物内部的黏滞阻力，因而完成取向过程需要一定的时间。两种运动单元所受到的阻力大小不同，因而两类取向过程的速度有快慢之分。在外力作用下，将首先发生链段取向，然后才是整个分子链取向。

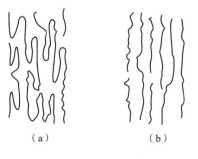

（a）　（b）

图 2.23　非晶态聚合物取向示意

（a）链段取向；（b）分子链取向

晶态聚合物的取向，除了其非晶区中可能发生链段取向与分子链取向外，还可能发生晶粒取向。在外力作用下，晶粒将沿外力方向作择优取向。关于晶态聚合物取向过程的细节，由于结晶结构模型的争论尚无定论，因此也存在着两种相反的看法，按照折叠链模型的观点，晶态聚合物拉伸时，非晶区先被取向到一定程度后，才发生晶区的破坏和重新排列，形成新的晶粒取向；而 Flory 等人认为，因为聚合物结晶时，非晶区中分子链要比晶区中的分子链缠结得更多，所以进行单轴拉伸时，首先应该发生晶区的破坏，非晶区中的连结链，不可能一开始产生较大的形变。晶态聚合物的取向态比非晶态聚合物的取向态更稳定是因为这种稳定性靠取向的晶粒来维持，在晶格破坏之前，解取向是无法发生的。

专栏 2.2　取向与结晶

取向与结晶都是分子链进行有序排列的过程。但实际上，两者间存在着本质上的差异，表 2.6 对两者进行了比较。

表 2.6　取向与结晶的比较

区别点	取向态	结晶态
有序程度	一维有序或二维有序	三维有序
热力学状态	相对稳定的非热力学平衡态	热力学平衡态
热力学过程	取向为非自发过程	自发过程 $\Delta G \leq 0$

2.4.4　取向对高分子性能的影响

1. 取向使材料的性能呈现各向异性

（1）光学各向异性（optical anisotropy）即光学双折射（optical birefringence），表现为光在平行于取向方向与垂直于取向方向上的折射率出现差别。通常将两个方向的折射率差值称为双折射率，其计算式为

$$\Delta n = n_p - n_n = n_{//} - n_\perp$$

式中，Δn 越大，表明取向程度越高；$\Delta n = 0$，表明各向同性，无取向。

因此，可采用双折射法测定高分子的取向度。

（2）力学各向异性（mechanical anisotropy），具体表现为平行于取向方向的强度有很大提高，而垂直于取向方向的强度则会降低。

（3）线膨胀系数（coefficient of linear expansion）各向异性，具体表现为垂直于取向方向的线膨胀系数为平行方向的 4 倍左右，存在着明显的差异。

2. 取向可显著提高力学强度

高分子拉伸取向过程是高分子借分子间作用力进行重排结晶的过程，只有在热运动能与内聚能之间有一定比值时才可能重排，且结晶作用只有在玻璃化温度以上与熔融温度以下才能进行。另外，取向过程是材料在外力作用下从无序向有序的转变过程，没有外力，就不能实现取向，但外力作用是有条件的，只有材料温度上升到玻璃化温度以上，处在外

力场中才能获得满意的取向。

取向后的材料在平行于取向方向上的强度有很大提高，具体原因可归纳为以下三个方面：①取向后分子链能协同抵抗外力的破坏作用，即在取向方向上有更多的分子链一起承受外力；②取向能使材料结构有序化，减少结构的不均匀性，也就是减少了结构的缺陷和薄弱点；③取向能阻止裂纹发展，从而防止了裂纹的进一步扩大而导致材料破坏。

2.4.5　取向的影响因素

1. 温度

若环境温度升高，则高分子取向容易，解取向也容易。玻璃化温度（T_g）以下，高分子取向困难，解取向也困难。取向与解取向的相对速度决定了取向的程度，或者说有效取向的程度。例如，经拉伸后的聚氯乙烯（PVC）的热收缩薄膜，为了保持其取向结构，需在完成取向后急冷到室温，热收缩薄膜在室温下不发生收缩，但一旦加热到 T_g 以上，便很快收缩；用注射成型的方法生产产品时，熔体高速充模后，若冷却速率过快，则有较多的取向结构被冻结起来，使产品产生内应力，从而在使用过程中可能引起缓慢的解取向而造成收缩、翘曲变形。

2. 高分子结构

（1）若分子链柔顺性好，则取向容易，解取向也容易（除非取向形成结晶）；若分子链刚性大，则取向困难，解取向也困难。例如，聚碳酸酯（PC）、聚苯乙烯（PS）等刚性链材料成型时，在流动过程中造成的取向，在冷却时易被冻结下来，造成内应力，因此应该进行适当后处理。

（2）结晶高分子结晶度越低，取向越容易，解取向也越容易；反之，则取向与解取向越困难。例如，在高密度聚乙烯（HDPE）、聚丙烯（PP）扁丝生产及纤维生产中，熔体挤出后要急冷，拉伸时再升温，完成拉伸后在保持张力的条件下在最大结晶速率温度区进行热定型，从而可减少后收缩；聚乙烯（PE）、PP 注射成型时，熔体在充模流动过程中造成取向，在冷却过程中未能充分结晶或充分解取向，它们的 T_g 低于室温，故在室温下继续结晶或继续解取向，从而造成收缩或翘曲变形；纤维大多采用高结晶性的高分子，如尼龙 6（PA6）、尼龙 66（PA66）、PP、聚对苯二甲酸乙二醇酯（PET）等。

3. 低分子物质（溶剂）

高分子中加入溶剂，会使分子间作用力减小，松弛加快，取向与解取向更容易。

在合成纤维工业中，溶液纺丝前加入溶剂配成高分子浓溶液（易于取向），纺丝后需经处理去除溶剂（防止解取向）。

2.4.6　聚合物的取向度及其测定方法

聚合物取向（见图 2.24）时随着拉伸力的大小和取向时间长短的不同，得到取向结

构的取向度也不一样，通常用取向因子 f 来表示取向度，取向因子定义式为

$$f = \frac{1}{2}(3\cos^2\bar{\theta} - 1) \qquad (2.10)$$

分子链的平均取向角 $\bar{\theta} = \arccos\sqrt{\frac{1}{3}(2f+1)}$，$f$ 的几种取值为

当完全无规取向时（呈各向同性），则

$$f = 0, \bar{\theta} = 54°44'$$

当完全取向时，则

$$f = 1, \bar{\theta} = 0°$$

当一般取向情况，则

$$0 < f < 1$$

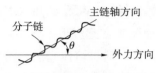

图 2.24　聚合物取向示意

利用取向聚合物的结构或性能的变化，可以对其取向度进行测定，常用的有如下几种方法。

1）X 射线衍射法

测定原理：无规取向的晶态聚合物的 X 射线衍射图是一些封闭的同心圆；拉伸取向后，同心圆变成一段段圆弧，取向度越高，圆弧越短，当极高度取向时，各圆弧缩小为排列在取向方向上的衍射点。圆弧衍射强度分布反映了晶粒取向分布，可计算出取向因子。

2）声波传播法（测得晶区和非晶区的平均分子链取向度）

测定原理：声波在平行于主链轴方向的传播速度快于垂直于主链轴方向的传播速度。测定取向方向上的声速 c，再利用未取向聚合物的声速 $c_{未取向}$ 数据，可得

$$f = 1 - \left(\frac{c_{未取向}}{c}\right)^2, \cos^2\bar{\theta} = 1 - \frac{2}{3}\left(\frac{c_{未取向}}{c}\right)^2$$

当完全无取向时，$c = c_{未取向}$，$\cos^2\bar{\theta} = \frac{1}{3}$，则

$$\bar{\theta} = 54°44'$$

当完全取向时，$c = c_{取向} \gg c_{未取向}$，则

$$f = 1$$

3）光学双折射法（测得晶区和非晶区的平均链段取向度）

测定原理：取向聚合物在平行于取向方向的折射率 n_p 与垂直于取向方向的折射率 n_n 不相等。可用折射率之差来衡量取向度的大小，折射率差值越大，说明取向程度越高。

双折射率为

$$\Delta n = n_p - n_n = n_{/\!/} - n_\perp \qquad （单轴取向时）$$

或用双折射取向因子 f_B 表示取向度大小为

$$f_B = \frac{n_p - n_n}{n_p^0 - n_n^0} = \frac{\Delta n}{\Delta n^0} = \frac{部分取向时的双折射度}{完全取向时的双折射度}$$

同一个样品，采用不同的测定方法得到的取向度是不同的，因为不同的方法测得的取向度可能表征的是不同取向单元的取向程度。

2.4.7 取向的应用实例

材料性能内增强的方法很多，拉伸取向是一项有效的措施，通过单轴或双轴拉伸加工来增大结晶度、取向度或者改善结晶和取向结构，从而大大提高材料的强度及模量。

 专栏2.3 高分子取向在产品中的应用

1. 单轴取向的应用

冷拉伸导致高分子强度和刚度明显增强。由应力-应变曲线可知，当冻结取向度接近一个平台区时，屈服强度随拉伸比增大而呈线性增大。扁丝、单丝、纤维、捆扎绳、打包带等产品，均属于典型的单轴取向产品（见图 2.25）。

（a） （b）

图 2.25 典型的单轴取向产品

（a）纤维；（b）捆扎绳

2. 双轴取向的应用

注-拉-吹成型的饮料瓶、薄膜（PE、PS）均属于双轴取向产品（见图 2.26）。用普通挤出法挤出的管材，由于分子取向的轴向强度大于周向强度，这种强度分配对于输送压力流体的管材非常不合理。近年来广泛使用双轴取向管，是因为双轴取向管比普通管的强度高、力学性能好，并且有较好的阻透性。

图 2.26　典型的双轴取向产品

（a）塑料瓶；（b）农用大棚薄膜

3. 拉伸取向的应用

　　将高分子材料薄膜加热到玻璃化温度以上、熔融温度以下并靠近玻璃化温度的某一个温度范围内，借助于外力进行单向或双向拉伸，使非晶区大分子链沿外力方向充分地进行舒展和取向，接着将它快速冷却，使取向的高分子结构"冻结"。这种强迫高弹形变具有热收缩的"记忆效应"。当把这种薄膜再加热到拉伸温度以上时，被冻结了的高分子取向结构开始松弛，宏观上表现为薄膜开始收缩。研究表明，薄膜的热收缩主要来源于取向的无定形部分。图 2.27 所示的热收缩薄膜、热收缩套管、热收缩接头均利用了这个原理。

图 2.27　典型的拉伸取向产品

（a）热收缩薄膜；（b）热收缩套管；（c）热收缩接头

2.5　聚合物的液晶态结构

2.5.1　液晶态和液晶

　　在液晶态被发现之前，物质分为三态，即固态、液态和气态。按照以往的一般认识，晶体总是固态，分子的排列紧密而规整；液态物质分子的排列总是无序的。然而，有一类物质，在熔融状态或溶液状态下，仍然部分地保存着晶态物质分子的有序排列，且物理性质呈现各向异性，成为一种具有和晶体性质相似的液体，这种固、液之间的中间态称为液态晶体，简称为液晶（liquid crystal）。

人们发现最早和研究得较多的是天然或生物液晶。1888 年，奥地利植物学家 F Reintizer 在研究胆固醇苯甲酯时首次观测到胆固醇酯具有双熔点现象，145 ℃时变为浑浊液体，179 ℃时变清亮。之后德国物理学家 Lehmann 发明了带有热台的偏光显微镜，并对其进行了进一步的研究，提出了"液晶"的术语。研究表明，液晶是介于液体和晶体之间的一种特殊的热力学稳定相态，它既具有晶体的各相异性，又具有液体的流动性。

1937 年，Bawden 和 Pirie 在研究烟草花叶病病毒时，发现其悬浮液具有液晶的特性，这是人们第一次发现生物高分子的液晶特性。1950 年，Elliott 与 Armbrose 第一次合成了高分子液晶，研究溶致液晶的工作至此展开。最引人注目的合成液晶是芳香族聚酰胺，特别是其液晶纺丝技术的发明及高性能纤维的问世，大大刺激了液晶的发展与工业化。20 世纪 50—70 年代，美国杜邦（DuPont）公司投入大量人力财力进行高分子液晶方面的研究，取得了巨大成就。

高分子量和液晶相序的有机结合，赋予液晶高分子独特的性能，从而在很多领域有非常重要的应用。例如，液晶高分子具有高强度、高模量，可用于制造防弹衣、缆绳及航天航空器的大型结构件，还可用于制造新型的分子级原位复合材料。

2.5.2　液晶的类型

液晶的类型包括小分子液晶和高分子液晶。高分子液晶与小分子液晶相比，具有高分子量和高分子化合物的基本特性；与其他高分子相比，又有液晶相所特有的分子取向序和位置序。

1. 按液晶分子的形状、排列方式和有序性分类

按液晶分子的形状（棒状、盘碟状）、排列方式和有序性的不同，液晶分为近晶型液晶、向列型液晶、胆甾型液晶以及后来发现的盘状液晶，图 2.28 所示为前三种液晶的结构。

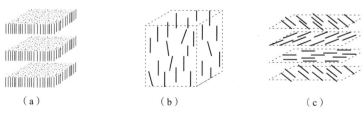

（a）　　　　　　　　（b）　　　　　　　　（c）

图 2.28　三种液晶的结构

（a）近晶型液晶；（b）向列型液晶；（c）胆甾型液晶

（1）近晶型液晶，又称为层列型液晶。液晶分子呈棒状或近似棒状构象，分子间依靠所含官能团提供的垂直分子长轴方向强有力的相互作用，互相平行排列成二维层状结构，分子长轴垂直于层片平面。层片之间可以相互滑动，但层内分子排列保持大量二维团体有序性，分子可以在本层内活动，但不能来往于各层之间。

（2）向列型液晶，有序度最低，随棒状分子相互间保持着近晶型的平行，但只是一维有序，其重心位置无序，在外力作用下，棒状分子很容易沿流动方向取向，并可在流动取向中相互穿越。

（3）胆甾型液晶，分子呈细长扁平状，依靠端基的相互作用，平行排列成层状结构（类似近晶型），但分子长轴平行于层片平面，层内分子排列与向列型相似。

（4）盘状液晶，盘状分子指具有大环、平面盘状堆砌结构的分子，其轴向垂直于分子平面。盘状分子的特殊形状决定了其可能形成液晶的基本类型为向列相和柱状相，在向列相中，盘状分子仅具有方向上的有序性，分子质心无序；在柱状相中，盘状分子堆积成有序度不同的柱状结构。

2. 按液晶基元位置分类

研究表明，形成液晶的物质通常具有刚性分子结构，分子长度和宽度的比例 $R \geqslant 4$，呈棒状构象，或具有盘状的刚性分子结构等，同时具有在液态下维持分子的某种有序排列所必需的结构因素，高分子液晶中具有一定长径比和刚性的结构单元叫作液晶基元，其基本结构类型如图 2.29 所示。

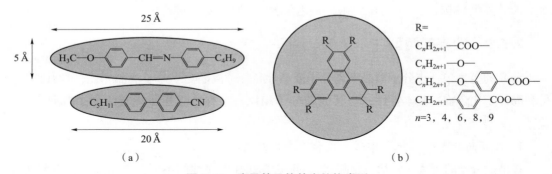

图 2.29　液晶基元的基本结构类型

（a）棒状结构；（b）盘状结构

根据液晶基元所处的位置不同，可以把高分子液晶分为主链型液晶或侧链型液晶。如图 2.30 所示。

1）主链型液晶

液晶基元位于主链上的液晶为主链型液晶，如图 2.30（a）、（b）所示，这类高分子液晶的分子链为完全刚性结构，熔点很高，通常不出现热致液晶，需用适当溶剂制成溶致液晶。为了降低这种液晶的熔点温度，在主链型液晶基元之间引入柔顺性链段，可能呈现热致液晶性。但若柔顺性链段含量过多，则会导致失去液晶性。

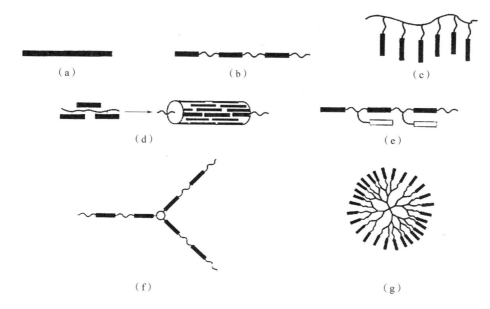

图 2.30　高分子液晶的分子构造示意
（a）、（b）主链型液晶；（c）侧链型液晶；（d）腰接型侧链液晶；
（e）混合型液晶；（f）星形液晶；（g）树枝状液晶

2）侧链型液晶

液晶基元位于侧链上的液晶为侧链型液晶，如图 2.30（c）、（d）所示。如果侧链型液晶的主干链和支链上均含有液晶基元，这种液晶被称为高分子组合式液晶，如图 2.30（e）。若用矩形小刚条代表液晶基元，其他高分子液晶的分子构造如图 2.30（f）、（g）所示。侧链型液晶的主链一般柔顺性较好，所以这类液晶熔点不是很高，通常表现出溶致液晶，为了减小主链的热运动对侧链上液晶分子结构的影响，通常在主链与侧基液晶基元之间引入柔顺性间隔段，可降低高分子主链对液晶基元排列与取向的影响，有利于液晶相的形成和稳定。

3. 按液晶形成的条件分类

（1）溶致液晶，指在一定浓度的溶液中呈现液晶性的物质，如核酸、蛋白质等。

（2）热致液晶，指在一定温度范围内呈现液晶性的物质，如美国阿莫科 Xydar 系列聚芳酯。

以上是最常见的两种类型，后来人们又发现了感应液晶和流致液晶。感应液晶，指在外场（力、电、磁、光等）作用下形成液晶态的物质；流致液晶，指通过施加流动场而形成液晶态的物质。

2.5.3　高分子液晶的流动特性

液晶态溶液具有不同于一般高分子溶液的一系列性质，其中特别有意义的是独特的流动特性，这是向列型液晶的共同特征。

图 2.31 所示为聚对苯二甲酰对苯二胺浓硫酸溶液的黏度–浓度曲线（黏度单位换算关系：$1 P = 10^{-1} Pa \cdot s$）。由图 2.31 可以看到，黏度随浓度的变化规律与一般高分子溶液体系不同，（一般体系的黏度是随浓度增加而单调增大的）此液晶溶液在低浓度范围内黏度随浓度增加急剧上升，出现一个黏度极大值；随后，浓度增加，黏度反而急剧下降，并出现一个黏度极小值；最后，黏度又随浓度的增大而上升。这种黏度随浓度变化的形式，是刚性高分子链形成的液晶态溶液体系的一般规律，反映了溶液体系内区域结构的变化。当浓度很小时，刚性高分子在溶液中均匀分散，无规取向，成均匀的各向同性溶液，这种溶液的黏度–浓度关系与一般体系相同。随着浓度的增加，黏度迅速增大，黏度出现极大值时的浓度是一个临界浓度 c_1，达到这个浓度，体系内开始建立起一定的有序区域结构，形成向列型液晶，使黏度迅速下降。这时，溶液中各向异性相与各向同性相共存。浓度继续增大，各向异性相所占的比例增大，黏度减小，直到体系成为均匀的各向异性溶液时，体系的黏度达到极小值，这时溶液的浓度是另一个临界值 c_2。临界浓度 c_1 和 c_2 的值与聚合物分子量和体系的温度有关，一般随分子量增大而减小，随温度的升高而增大。

图 2.32 所示为聚对苯二甲酰对苯二胺浓硫酸溶液的黏度–温度曲线。由图 2.32 可以看出，此液晶态溶液的黏度随温度的变化规律也不同于一般高分子浓溶液体系。随着温度的升高，黏度并不是单调指数式下降的，而在某一温度处出现一个极小值，高于这个温度，黏度开始上升，这显然是各向异性溶液开始向各向同性溶液转变引起的。继续升高温度，溶液的黏度在体系完全转变成均匀的各向同性溶液之前，出现一个极大值。

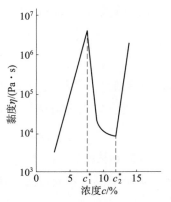

图 2.31　聚对苯二甲酰对苯二胺
浓硫酸溶液的黏度–浓度曲线

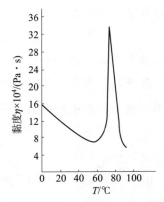

图 2.32　聚对苯二甲酰对苯二胺
浓硫酸溶液的黏度–温度曲线

2.5.4　高分子液晶的研究方法

1. 偏光显微镜法

利用液晶的光学双折射性，可以用带控温的热台偏光显微镜直接观察液晶的织构，图 2.33（a）所示为液晶典型的条带状织构，图 2.33（b）所示为液晶典型的纹影织构。另外，通过缓慢升温或降温还可以直观地测定液晶相的转变温度以及温度范围。

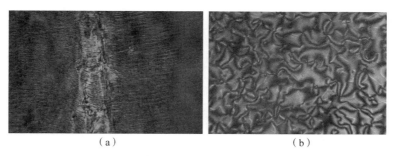

（a）　　　　　　　　　　　　（b）

图 2.33　偏光显微镜下观察液晶的织构

（a）条带状结构；（b）纹影织构

2. 热分析法

用热分析法研究液晶的关键在于差示扫描量热法（DSC）直接测定液晶相转变时的热效应及温度。在 DSC 的升温（或降温）曲线上，一般有两个热力学一级相转变峰，分别对应结晶相向液晶相的转变（T_m）和液晶相向各向同性相的转变（清亮点 T_i），如图 2.34 所示。该法的缺点是不能直接观察液晶的形态，并且少量杂质也可能出现吸热峰和放热峰，影响液晶态的正确判断。

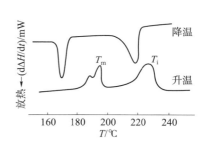

图 2.34　DSC 测定液晶相的转变温度

3. X 射线衍射法

X 射线衍射法在液晶态物质的研究中，就像在物质晶态的研究中一样，有着重要的地位。例如，图 2.35 所示为向列型液晶相的典型 X 射线衍射图，其中，图 2.35（a）所示为无规取向样品；图 2.35（b）所示为有选择取向的样品，但取向程度较低；图 2.35（c）所示为较强的择优取向的样品；图 2.35（d）所示为择优取向程度高的样品。由图 2.35 可以看到，向列相的两种主要衍射效果，即小衍射角（θ 约 3°）的内环和大衍射角（θ 约 10°）的外环。内环弱且弥散，说明分子链方向无序，即没有平移有序。外环也很弥散，相对于棒状分子平行排列的平均间距。取向程度不同，取向样品的外环退化为具有不同方位角宽度 $\Delta\varphi$ 的弧状衍射斑，由此可以计算液晶分子的取向分布函数和取向序参数。

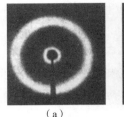  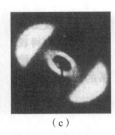 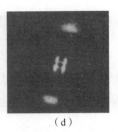

（a）　　　　　　　（b）　　　　　　　（c）　　　　　　　（d）

图 2.35　向列型液晶相的典型 X 射线衍射图

（a）无规取向样品；（b）有选择取向的样品；（c）较强的择优取向的样品；（d）择优取向程度高的样品

除上述三种方法之外，电子衍射、核磁共振、流变学和流变光学等手段，均可用于研究高分子液晶行为。

专栏 2.4　液晶的发现和应用

液晶最早是奥地利植物学家莱尼茨尔于 1888 年发现的，他在测定有机物的熔点时，发现某些有机物（胆甾醇的苯甲酸脂和醋酸脂）熔化后会经历一个不透明的、白而浑浊的液体状态，并发出多彩而美丽的珍珠光泽，只有继续加热到某一温度才会变成透明清亮的液体。1889 年，德国物理学家奥托·雷曼使用他亲自设计，在当时作为最新式的、附有加热装置的偏光显微镜对这些脂类化合物进行了观察。他发现，这类白而浑浊的液体外观上虽然属于液体，但却显示出各向异性晶体特有的双折射性，于是 Lehmann 将其命名为"液态晶体"，这就是"液晶"名称的由来。

液晶是一种介于固体与液体之间，具有规则性分子排列的有机化合物，一般采用的液晶为向列型液晶，分子形状为细长棒形，长度为 1~10 nm。在不同电场作用下，液晶分子会作规则旋转 90° 排列，产生透光度的差别，由此可在电源开关 ON/OFF 下产生明暗的区别，依此原理控制每个像素，便可构成所需图像。

1962 年，美国无线电公司的戴维·萨诺夫（Davia Sarnoff）研究中心的 Richard Williams 发现用电刺激液晶时，其透光方式会改变。同一实验室的 Simon Larach 根据这一发现，发明了应用此性质的显示装置，这就是液晶显示屏（liquid crystal display）的开端。在当时，液晶作为显示屏的材料来说，是很不稳定的，因此作为商业利用，存在着问题。1966 年，Joseph Castellano 和 Joel Goldmacher 两位化学家合成出能够在室温范围内工作的液晶材料，显示了液晶实用化的可能性。1970 年，德国人 Wolfgang Helfrich 与瑞士人 Martin Schadt 继续对液晶进行研究。他们针对动态散射模式（dynamic scattering mode，DSM）液晶的缺陷，提出了扭曲向列（TN）模式，利用电场强度控制液晶的扭曲向列相来显示屏幕画面。1970 年 12 月 4 日，两人对 TN-LCD 显示器申请了专利，这一技术使得液晶显示技术实现工业化，1973 年上市的夏普 EL-805 计算器，是第一台使用 TN-LCD 液晶显示器的掌上计算器。目前，我们使用的计算器、电子表等产品上，仍然有这种黑白 TN-LCD 液晶屏。

2.6　聚合物的织态结构

高分子的织态结构，又称为高次结构，属于三次结构的再组合，是指两种或两种以上的高分子，或者是高分子与其他物质间堆砌形成的结构，主要涉及高分子混合物，即高分子复合材料。

2.6.1　高分子混合物

高分子混合物是指以高分子为主体的多组分混合体系，根据其混合组分的不同可分为以下三大类。

1. 增塑高分子

增塑高分子是增塑剂与高分子的混合物，例如增塑后的聚氯乙烯既可改善其成型性，又可使制品变得柔韧。

2. 复合高分子

复合高分子是指填充剂与高分子的混合物，例如炭黑增强的橡胶、纤维增强的塑料等。这类高分子混合物根据填充剂品种的不同，可实现降低成本、改善力学性能甚至使高分子具有特定功能等目的。

3. 高分子合金

高分子合金是指将两种或两种以上性质不同的高分子进行复合而形成的多组分高分子材料，它兼有各组分原有特性，又具有复合材料的新性能。聚合物共混改性是实现高分子材料高性能化、精细化、功能化和发展新品种的重要途径。许多高分子合金具有性能优异、加工周期短、价格低廉等特点，已广泛应用于电子设备、家用电器、汽车工业、纺织业、建筑业等方面，发展速度非常快。

高分子混合物按其组分分散程度不同又可分为均相混合物和非均相混合物。增塑高分子多属于均相混合物，而复合高分子和高分子合金多为非均相混合物。非均相高分子合金又可分为非晶态-非晶态、晶态-非晶态和晶态-晶态三种不同的共混体系。

2.6.2　高分子合金的类型与制备方法

高分子合金又称为多组分聚合物、共混高分子。高分子合金的制备方法可分为两类：一类是化学共混，包括接枝共聚、嵌段共聚及互穿网络等；另一类称为物理共混，包括机械共混、溶液浇注共混和胶乳共混等。不论组分之间是否以化学键相互连接，通常将具有良好相容性的多组分聚合物归于高分子合金之列，包括嵌段共聚物和接枝共聚物。典型的高分子合金如图 2.36 所示。其中，互穿聚合物网络（Interpenetraing Polymer Network，IPN）是用化学方法将两种或两种以上聚合物互相贯穿形成交织网络，两种网络可以同时形成，也可以分步形成。如果聚合物 A、B 组成的网络中，有一种是未交联的线型分子，穿插在已交联的另一种聚合物中，那么称为半互穿聚合物网络（semi-IPN）。IPN 的高分子组分之间通常不存在化学键，因此不同于接枝或嵌段共聚物；IPN 的高分子组分之间存在交联网络（包括化学交联和物理交联）的互相贯穿、缠结，因此也不同于机械共混物。

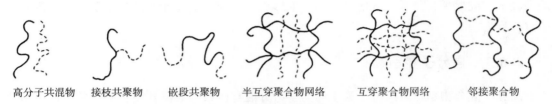

| 高分子共混物 | 接枝共聚物 | 嵌段共聚物 | 半互穿聚合物网络 | 互穿聚合物网络 | 邻接聚合物 |

图 2.36　典型的高分子合金

2.6.3　聚合物共混时的相容性

两种高分子掺和在一起，能不能相混合？混合的程度如何？这就是高分子的相容性问题。不言而喻，高分子-高分子混合物的织态结构与混合组分高分子之间的相容性有着密切的关系。

高分子的相容性概念与低分子的互溶性概念有相似之处，但又不完全相同。对于低分子来说，互溶指两种化合物能达到分子水平的混合，否则就是不互溶，要发生相分离。互溶取决于混合过程的吉布斯自由能变化是不是小于零，即要求

$$\Delta G = \Delta H - T\Delta S \leqslant 0$$

对于高分子与高分子的混合，这个条件仍然适用，因为高分子的分子量很大，混合时熵的变化很小，而且高分子与高分子混合过程一般是吸热过程，即 ΔH 为正值，所以要满足 $\Delta G \leqslant 0$ 的条件是困难的。ΔH 往往为正值，因此绝大多数高分子与高分子混合物不能达到分子水平的混合，或者说是不相容的，结果形成非均相的混合物，即所谓"两相结构"或"两相体系"。而这往往是科学家所追求的，如果高分子与高分子混合物能达到分子水平的混合，或者说完全相容，就形成了均相的混合物，综合性能反而不理想。

在不完全相容的高分子与高分子混合物中，存在着混合程度的差别，而这种混合程度仍然和高分子与高分子混合的相容性有关。因此，高分子的相容性概念不像低分子的互溶性那么简单，不只是相容与不相容，还应注意相容性的好坏。若两个组分（高分子）完全不相容，则生成两个完全分离的区域结构；若两个组分完全相容，则形成完全不分离的区域结构，这两种极端情况下的共混高分子均不具有良好的性能。只有在部分相容的情况下，形成分离而又不分离的结构，才能使共混高分子既保持各组分的原有特性，又赋予复合材料新的性能。虽然在这种情况下高分子与高分子混合体系为非均相体系，但黏度很大，分子运动极为缓慢，近似"运动冻结状态"，使共混材料在使用期内保持基本不变的物理机械性能，结构和性能呈现准稳定状态。

2.6.4　非均相高分子的聚集态结构

在高分子与填充剂的混合体系中，高分子基材为连续相，而填充剂为分散相，即填充剂分散于高分子中。分散相的形态取决于填充剂本身的形态，有颗粒状或球状（如炭黑、玻璃微珠、碳酸钙粒子等）、片状（如云母）、棒状（如纤维）等形态。

在非均相的共混高分子中，一般含量少的组分形成分散相，而含量多的组分形成连续相。图 2.37 所示为不同比例下共混高分子的状态变化，在共混高分子中，低含量组分颗粒（白色部分）分散在聚合物基质中（黑色部分）。随分散相含量的逐渐增加，分散相的形态从球状到棒状到层状逐渐转变，当两组分形成层状分散时，两组分均成连续相。随着分散相含量进一步增加，低含量组分（白色部分）完全共混形成连续结构。

图 2.37　不同比例下共混高分子的状态变化

大多数共混高分子通过熔融混合并在熔融状态下加工制备，微观结构的变化如图 2.38 所示，在混合开始后，很快在共混物中形成孔，这些孔合并，随后转变成纤维或共连续结构。混合刚开始时，在色带中观察到孔和花边结构，如图 2.38（a）所示。图 2.38（b）所示为混合 1.0 min 时破碎的花边结构和小球形颗粒。图 2.38（c）所示为混合 1.5 min 时分散相颗粒的形态。图 2.38（d）所示为混合 7 min 时分散相颗粒的形态。

2.6.5　共混聚合物的聚集态结构对性能的影响

在共混聚合物中，最有实际意义的是由一个分散相和一个连续相组成的两相体系共混物。考虑这些共混聚合物的结构与性能的关系时，为了研究方便，通常可以根据两相的"软""硬"情况，将它们分为四类：①分散相软与连续相硬，如橡胶增韧塑料；②分散相硬与连续相软，如热塑性弹性体苯乙烯-丁二烯-苯乙烯嵌段共聚物（SBS）；③分散相与连续相均软，如天然橡胶与合成橡胶的共混物；④分散相与连续相均硬，如聚苯乙烯改性聚碳酸酯等。以上各类共混物具有各自的性能特点，情况十分复杂。下面主要以第一类共混物为例，做简单的介绍。

（1）光学性能：大多数非均相的共混聚合物不再具有其组分均聚物的光学透明性。例如，在 ABS 塑料（即丙烯腈-丁二烯-苯乙烯共聚物）中，连续相 AS 共聚物是一种透明的塑料，分散相丁苯胶也是透明的，但是 ABS 塑料是乳白色的，这是由于两相的密度和折射率不同，光线在两相界面处发生折射和反射的结果。又如，有机玻璃原是很好的透明材料，对于某些要求有较高抗冲性能的场合，显得强度不足。为了改进，有机玻璃抗冲性

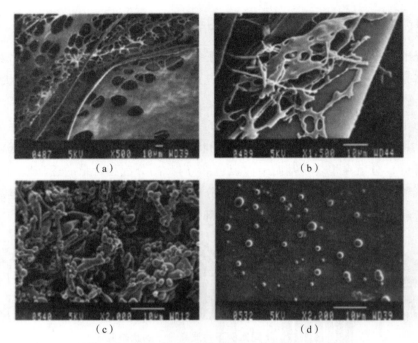

图 2.38　共混高分子在熔融共混不同阶段的形貌

（a）混合刚开始；（b）混合 1.0 min；（c）混合 1.5 min；（d）混合 7 min

能，可以做成与 ABS 塑料相类似的 MBS 塑料（甲基丙烯酸甲酯-丁二烯-苯乙烯共聚物），它也是一个两相体系材料，性能提高了很多，通常将丧失透明性。但是如果严格调节两相中的共聚组成，使两相的折射率接近，可以避免两相界面上发生光线的散射，得到透明的高抗冲 MBS 塑料。另一个透明的非均相材料是热塑性弹性体 SBS，其中聚苯乙烯段聚集成微区，分散在由聚丁二烯段组成的连续相中，但是微区的尺寸十分小，只有 10 nm 左右，不至于影响光线的通过，因此显得相当透明。

（2）热性能：非结晶聚合物作塑料使用时，其使用温度上限为 T_g。对于某些塑料，采取增塑剂进行增韧，例如聚氯乙烯塑料，加入的增塑剂使其 T_g 下降，因此会降低聚氯乙烯使用的上限温度。塑料的使用温度上限降低，甚至当增塑剂稍多时，塑料在室温已失去刚性，只能作软塑料使用。而用橡胶增韧的塑料，例如高抗冲聚苯乙烯，虽然引入了玻璃化温度很低的橡胶组分，但是形成两相体系使分散的橡胶相存在，对聚苯乙烯连续相的 T_g 并无多大影响，因此基本保持未增韧前塑料的使用温度上限。橡胶增韧塑料的这种大幅度提高韧性而又不降低使用温度上限的性质，正是它的若干优点之一。

（3）力学性能：橡胶增韧塑料的力学性能的最突出的特点是在大幅度提高了材料的韧性同时，不至于过多地牺牲材料的模量和拉伸强度，这是一种十分宝贵的特性，以增塑或无规共聚的方法是无法达到的。这就为脆性聚合物材料，特别是廉价易得的聚苯乙烯的应用，开辟了广阔的途径。这种优异的特性，与其两相体系的结构密切相关，塑料作为连续相，起到了保持增韧前材料拉伸强度和刚性的作用，而引进的分散橡胶相，帮助分散和吸收冲击能量。对于两相中各种结构细节对力学性质的影响，已有相当详细的研究，并对增韧的机理提出了各种假说和理论，将在后面的章节讲到。

专栏 2.5　复合固体推进剂

复合固体推进剂是以聚合物为黏结剂，混有氧化剂和金属燃料剂等组分的多相混合物，组分中的氧化剂和燃烧剂相当于填料，由于氧化剂和金属燃烧剂属于无机物，因此与高分子黏结剂结合力不理想，为了提高推进剂的力学性能，配方中通常要加入键合剂。键合剂是一种改善固体推进剂填料与黏结剂的黏接强度和工艺性能的特种助剂，其基本原理使同一个分子中含有两种不同的活性基团，一种基团与固体填料结合，另一种基团与黏结剂体系结合，从而达到增强相界面黏接强度的目的。

专栏 2.6　玻璃钢复合材料

玻璃钢，即纤维强化塑料，是玻璃纤维与树脂的复合物，常用的树脂有不饱和聚酯、环氧树脂和酚醛树脂，由于所使用的树脂品种不同，因此有聚酯玻璃钢、环氧玻璃钢、酚醛玻璃钢。玻璃钢具有质轻而硬、不导电、机械强度高、耐腐蚀等优点，可以代替钢材制造机器零件和汽车、船舶外壳等。

习　题

一、思考题

1. 为什么聚合物不存在气态？

2. 分子间作用力有哪些类型？内聚能密度是指什么？

3. 晶态聚合物中不会出现哪种晶系？为什么？

4. 描述两个非结晶聚合物有代表性的结构模型的基本观点是什么？两者的分歧何在？

5. 描述晶态聚合物的结构模型有哪些？它们的基本观点是什么？

6. 试述几种晶态聚合物结晶形态的形状特点，它们最容易在什么条件下生成？哪种结晶形态在偏光显微镜下具有黑十字消光图案？

7. 什么是聚合物的结晶度？可用哪些方法测定聚合物的结晶度？

8. 什么是聚合物的取向？非结晶聚合物和晶态聚合物的取向单元有哪些？取向结果使聚合物的性质在哪些方面发生了变化？取向与结晶的异同点有哪些？

9. 试述几种液晶晶型的结构特点以及高分子液晶类型。高分子主链柔顺性对其液晶行为有何影响？

10. 高分子液晶的化学结构有哪些基本特征？试写出溶致液晶和热致液晶各三种。

11. 高分子溶致液晶的黏度有什么特点？有何实际用途？

12. 高分子混合物有哪三大类？非均相共混聚合物可分为哪几类织态结构？无晶相存在时的非均相共混聚合物织态结构有哪些基本形态？

二、选择题

1. 下列聚合物中，内聚能密度从小到大的正确顺序是（　　　）。

①聚顺丁橡胶，尼龙6，聚氯乙烯　　　　②尼龙6，聚顺丁橡胶，聚氯乙烯

③聚顺丁橡胶，聚氯乙烯，尼龙6

2. 最易出现球晶的制备条件是（　　　）。

①稀溶液析出　　　　　　　　　　　　②浓溶液析出

③稀溶液加搅拌析出　　　　　　　　　④熔体冷却

3. 以下聚合物的内聚能密度最高的是哪种（　　　）。

①橡胶　　　　　　　②塑料　　　　　　　③纤维

4. 单晶的适宜制备条件是（　　　）。

①稀溶液析出　　　　②浓溶液析出　　　　③稀溶液加搅拌析出

5. 可用于描述非晶态聚甲基丙烯酸甲酯（PMMA）聚集态结构的模型是（　　　　）。

①无规线团模型　　　②缨状胶束模型　　　③插线板模型

6. 一般地说，哪种材料需要较高程度的单轴取向（　　　）。

①纤维　　　　　　　②塑料　　　　　　　③橡胶

7. 测定交联聚合物内聚能密度的方法可用（　　　）。

①测定汽化热和升华热法　　　　　　　②黏度法　　　　　　　③溶胀法

8. 测定线型聚合物内聚能密度的方法可用（　　　）。

①测定汽化热和升华热法　　　　　　　②黏度法　　　　　　　③溶胀法

9. 对取向与结晶的正确描述是（　　　）。

①两者均为自发过程

②两者都为热力学平衡态

③前者为自发过程，后者为非自发过程

④前者为非热力学平衡态，后者为热力学平衡态

10. 晶态聚合物中不会出现的晶系是（　　　）。

①立方　　　　　　　②正交　　　　　　　③六方　　　　　　　④单斜

11. 缨状胶束模型能解释的实验现象有（　　　）。

①晶态聚合物的宏观密度小于按晶胞参数计算的理论密度

②晶态聚合物有熔限　　　　　　　　　③单晶结构

12. 近邻折叠链模型能解释的实验现象是（　　　）。

①聚合物能形成单晶

②晶体密度小于按晶胞参数计算的理论密度

③聚合物取向后强度增强

13. 插线板模型能解释的实验现象有（　　　）。

①晶体密度小于按晶胞参数计算的理论密度

②聚乙烯熔体结晶速度很快

③折叠链单晶

14. 无规线团模型能解释的实验现象有（　　　）。

①用高能辐射使非结晶聚合物在本体和溶液中的分子链交联程度一致

②用高能辐射使非结晶聚合物在本体和溶液中的分子链交联程度不一致

③橡胶的弹性模量-温度系数关系不随稀释剂的加入而有反常效应

15. Yeh 的两相球粒模型能解释的实验现象有（　　　）。

①晶体密度小于按晶胞参数计算的理论密度

②经热处理后有的聚合物密度可变大

③有些聚合物熔体能够快速结晶

16. 某一聚合物薄膜，当温度升至一定温度时发生收缩，这是由于（　　　）。

①大分子解取向　　　　②内应力松弛　　　　③导热不良

三、判断题（正确的划"√"；错误的划"×"）

1. 聚合物的结晶和取向都是热力学稳定体系，只是前者是分子排列三维有序，后者是一维或二维有序。　　　　　　　　　　　　　　　　　　　　　　　　　（　　　）

2. 结晶使聚合物的透明性明显提高。　　　　　　　　　　　　　　　　　（　　　）

3. 折叠链晶、纤维晶、球晶和串晶都是多晶。　　　　　　　　　　　　　（　　　）

4. 当高分子的取向因子 $f=0$ 时为完全不取向，$f=1$ 时为完全取向。　　（　　　）

5. 聚合物结晶度的大小是衡量晶粒大小的标志。　　　　　　　　　　　　（　　　）

6. 聚合物的晶态结构比低分子晶体的有序程度差，存在很多缺陷。　　　　（　　　）

7. 聚合物的非晶态结构比低分子非晶态的有序程度高。　　　　　　　　　（　　　）

8. 光学双折射测定的是晶区和非晶区的平均分子链取向度。　　　　　　　（　　　）

9. 声波传播测定的是晶区和非晶区的平均分子链段取向度。　　　　　　　（　　　）

10. 液结晶聚合物溶液的黏度随着温度的升高先后出现极大值和极小值。　（　　　）

11. 液结晶聚合物溶液的黏度随着浓度的升高先后出现极大值和极小值。　（　　　）

12. 内聚能密度与聚合物分子间作用力有关。　　　　　　　　　　　　　（　　　）

13. 聚合物分子链沿特定方向作平行排列为取向结构。　　　　　　　　　（　　　）

14. 聚合物取向单元沿特定方向作占优势的平行排列为取向结构。　　　（　　）

15. 球晶较大的聚合物的透光性较高。　　　　　　　　　　　　　　（　　）

四、简答题

1. 聚乙烯在下列条件下缓慢结晶，将生成什么样的晶体？

①从极稀溶液中缓慢结晶；②从熔体中结晶；③极高压力下熔融挤出；④在溶液中强烈搅拌下结晶。

2. 某晶态聚合物在注射制品中，靠近模具的皮层具有双折射现象，而制品内部用偏光显微镜观察发现黑十字，并且越靠近制品中心黑十字越大。试解释产生上述现象的原因。

3. 在一根聚乙烯醇纤维下端悬挂一只质量适当的砝码，然后浸入盛有沸水的烧杯中，发现只要砝码悬于水中，则纤维情况基本不变；但若把砝码沉于烧杯底部，则纤维会被溶解，试解释这种现象。

五、计算题

1. 完全非晶聚乙烯的密度 $\rho_a = 0.85$ g/cm^3，若其每摩尔重复结构单元的内聚能等于 8.577 kJ，试求其 CED 值。

2. 一块全同立构聚丙烯试样的体积为 1.42×2.96×0.51 cm^3，质量为 1.94 g，试计算这块试样的结晶度 x_c^m 和 x_c^V。（其他数据请查相关资料）

3. 由大量聚合物的 ρ_c 和 ρ_a 数据归纳得出 $\rho_c/\rho_a = 1.13$，若晶区与非晶区的密度存在加和性，试证明下列关系式成立：$\rho/\rho_a = 1 + 0.13 x_c^V$。

4. 用声波传播法测定拉伸涤纶纤维中分子链在纤维轴方向的平均取向角 $\bar{\theta} = 30°$，试计算其取向度。

第 3 章
聚合物的分子运动和热转变

高分子物理学的基本内容是研究高分子结构和性能之间的关系。不同物质结构不同，在相同外界条件下，分子的运动形式不同，分子运动单元不同，表现出的性能也不同。高分子的微观结构决定着聚合物材料的基本性能，聚合物材料的基本性能是高分子微观结构的宏观表现，而高分子的分子运动是联系微观结构和各种宏观性质的桥梁。因此在建立结构和性能的关系时，研究高分子的分子运动是十分重要的。

从前面所学知识已经知道，高分子的结构与小分子不同，有其自身的特点，它的运动与转变也有着自身的特点。

3.1 聚合物分子运动的特点

3.1.1 运动单元的多重性

高分子结构的复杂性使其运动单元具有多重性。除了高分子主链可以运动外，分子链内的侧基、支链、链节、链段等都可以产生相应的运动。整链运动是高分子链质量中心的移动，熔体的流动就是整链运动。高分子的链段运动是指整个高分子的质心位置不变，一部分链段通过单键内旋转而相对于另一部分链段运动，使大分子可以伸展或卷曲，链段运动反映在性能上即为橡胶的高弹性，高分子的整链运动也是通过各个链段的协同移动来实现的。较重要的链节运动有主链中碳原子数 $n \geqslant 4$ 的曲柄运动，以及杂链高分子主链的杂链节运动。侧基与支链的运动多种多样，如与主链直接相连的甲基的转动，苯基、酯基的运动，较长支链的运动等。这些比链段运动需要能量更低的运动简称次级松弛。

对于某些晶态聚合物来说，在其晶区也存在分子的运动，如晶型转变、晶区缺陷的运动、晶区中的局部松弛模式、晶区折叠链的"手风琴式运动"等。

在几种运动单元中，按照运动单元的大小，可以把高分子的运动单元分为大尺寸和小尺寸两种。整个高分子链单元称为大尺寸运动单元，链段及链段以下尺寸单元称为小尺寸运动单元。根据小分子的习惯，有时人们将大尺寸运动单元的运动称为布朗运动，各种小尺寸运动单元的运动称为微布朗运动。

3.1.2　高分子运动有很强的时间依赖性

由于高分子运动单元运动时所受的摩擦力一般很大，在一定外场（力场、电场、磁场）作用下，高分子从一种平衡态通过分子运动过渡到另一种与外界条件相适应的新的平衡态，总是需要时间来慢慢完成，并不是瞬时完成，该过程称为松弛过程。因此，高分子的运动表现出时间依赖性。例如，取一段软聚氯乙烯塑料丝，用外力把它拉长 Δx_0，当外力去除后，它不会瞬时缩短，即 Δx_0 不是立刻为 0，而是开始缩短较快，接着缩短得越来越慢，甚至缩短过程持续几天或几周，并且只有用精密的仪器才能测出。

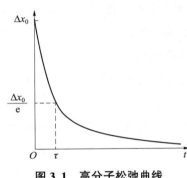

图 3.1　高分子松弛曲线

高分子材料伸长量 Δx_0 随时间 t 的变化如图 3.1 所示。这是因为高分子材料被拉长时，其分子也相应地从卷曲状态被拉成伸展状态，一旦撤除外力，高分子链就要从伸展状态恢复到卷曲状态，这需要通过各种单元的热运动来实现，所以各种运动单元的运动是一个松弛过程。根据图 3.1 中松弛曲线的形状，可知 Δx 与 t 之间是指数关系：

$$\Delta x(t) = \Delta x_0 \cdot e^{-t/\tau} \qquad (3.1)$$

式中，Δx_0 为外力撤除前高分子增加的长度；$\Delta x(t)$ 为外力去除后，在 t 时间测出的高分子增加的长度；τ 为常数。从式（3.1）可以看出，当 $t=\tau$ 时，$\Delta x(t) = \Delta x_0/e$，也就是说 τ 是 $\Delta x(t)$ 变为等于 Δx_0 的 $1/e$ 倍时所需的时间，τ 称为松弛时间。

τ 是用来描述松弛过程快慢的物理量。当 τ 接近 0 时，在很短的时间内，$\Delta x(t)$ 已达到 $\Delta x_0/e$，意味着松弛过程进行得很快，低分子液体的松弛时间很短，为 $10^{-8} \sim 10^{-10}$ s，因此它的松弛过程几乎是在瞬间完成的。在人们日常的时间标尺上是察觉不出低分子的松弛过程的，总把它看作瞬间完成的。如果松弛时间长，即要经过很长时间才能达到 $\Delta x_0/e$，说明过程进行得很慢。因此，对指定的体系（运动单元），在给定外力、温度和观察时间标尺下，从一个平衡态过渡到另一个平衡态的快慢取决于 τ 的大小。

由于高分子的分子量具有多分散性，运动单元具有多重性，实际高分子的松弛时间不是单一的值，可以从与小分子相似的松弛时间 10^{-8} s 起至几天甚至几年。松弛时间范围是很宽的，但在一定范围内可以认为是一种连续的分布，称为"松弛时间谱"。

松弛过程除了有上述例子中的形变松弛，还有应力松弛、体积松弛和介电松弛等。

3.1.3　高分子运动有很强的温度依赖性

高分子的运动具有温度依赖性。温度升高对高分子运动有两个作用，一是使运动单元的能量增加，令其活化（使运动单元活化所需要的能量称为活化能）；二是温度升高，高分子自由体积膨胀，提供了运动单元可以活动的自由空间，因此温度升高使高分子松弛过程加快进行。高分子松弛时间与温度的关系如下。

（1）对于玻璃态高分子，符合阿伦尼乌斯方程：

$$\tau = \tau_0 \cdot \exp\left(\frac{\Delta E}{RT}\right) \tag{3.2}$$

式中，τ 为松弛时间；τ_0 为与温度无关的常数；R 为普适气体常量；ΔE 为松弛所需活化能。

（2）对于由链段运动引起的玻璃化转变过程，是高分子的另一类松弛过程。即对于高弹态时的高分子，阿伦尼乌斯方程不适用，可应用 WLF（Williams-Landel-Ferry）方程来表征松弛时间与温度的关系：

$$\lg \frac{\tau}{\tau_s} = \frac{-C_1(T-T_s)}{C_2+T-T_s} \tag{3.3}$$

式中，τ_s 为某一参考温度 T_s 下的松弛时间；C_1 和 C_2 为经验常数。

由式（3.3）可以看出，升高温度可使松弛时间变短，使人们可以在较短的时间观察到松弛现象；如果不升高温度，想要观察到松弛现象就只能延长观察时间。

3.2 聚合物的力学状态和热转变

3.2.1 线型非晶态聚合物的力学状态

温度对聚合物的分子运动影响显著，取一块非晶态聚合物，对它施加一个恒定的力，观察试样发生的形变与温度的关系，得到图 3.2 所示的曲线，称为形变-温度曲线或热机械曲线。当温度较低时，试样呈刚性固体状，在外力作用下只发生非常小的形变；温度升至一定范围后，试样的形变明显增加，并在随后达到一个相对稳定的形变，在该范围内试样变成柔软的弹性体，温度继续升高时，形变基本保持不变；温度进一步升高，则形变又逐渐增大，试样最后变成黏性流体。

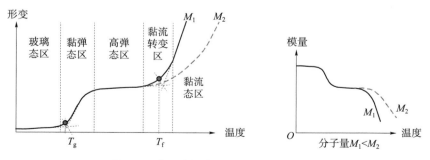

图 3.2 非晶态聚合物的形变-温度曲线

根据聚合物力学性质随温度变化的不同，将非晶态聚合物分为三种力学状态：玻璃态、高弹态、黏流态；两种转变温度：玻璃态与高弹态之间的转变称为玻璃化转变温度（简称玻璃化温度，T_g），高弹态与黏流态之间的转变温度称为黏流温度（T_f）。

1. 四个特征温度

聚合物的性能一般受温度的影响比较明显，对于非晶态聚合物，有四个特征温度：（1）脆化温度（T_b），它是聚合物保持其力学特性的最低温度，低于这个温度聚合物不再具有高弹性和黏弹性，变得很脆；（2）玻璃化温度（T_g），它是指聚合物从玻璃态向高弹态的转变温度，是力学状态的转变温度，从分子运动的角度，其可以定义为高分子链段开始运动所对应的最低温度；（3）黏流温度（或流动温度，T_f），它是指聚合物从高弹态向黏流态的转变温度，从分子运动的角度，其可以定义为高分子整链开始运动所对应的最低温度；（4）分解温度（T_d），它是指随着温度升高，高分子链发生断裂破坏所对应的温度。需要注意的是，T_g、T_f是力学状态转变温度，而非相转变温度，转变过程中无热力学相变。

2. 玻璃态区（$T_b < T < T_g$）

在较低温度下，分子热运动的能量低，主链和链段运动被"冻结"，只有链节、侧基、支链等小运动单元能够运动以及键长键角能够发生变化，聚合物的力学性质与小分子玻璃差不多，材料变得较刚硬，模量较大，形变很小，主要表现为普弹性。室温下典型的非晶态聚合物代表是 PS、PMMA 等。

3. 黏弹态区（或玻璃化转变区）

当 $T > T_g$ 时，链段逐渐被活化，链段运动阻力仍然相当大。部分链段开始运动，部分链段处于待激发态。形变（或模量）对温度变化较敏感，聚合物的黏弹性表现得最强烈。在黏弹态区，聚合物的性质类似皮革，故有时又称为"皮革态"。在此范围内，聚合物的很多物理性质均发生突变，如模量、比热容、膨胀系数、比体积、介电常数、折射率等。

4. 高弹态区

随着温度升高，所有链段都能运动，链段运动的松弛时间与外力作用时间为同数量级，运动阻力较小，宏观表现为柔软的高弹状态。但热运动的能量还不足以使整个分子链产生位移。这种状态下的聚合物受较小的力就可以产生很大的形变，外力去除后，形变会完全恢复，所以称为高弹形变，在聚合物形变–温度曲线上表现为一个大的、几乎平行于温度轴的平台，因此又称为"高弹平台"。分子量越大，分子链缠结点增多，高弹平台越宽。高弹态是聚合物特有的力学状态，室温下未硫化的橡胶是典型的例子。

5. 黏流转变区

温度继续升高，整个分子链的运动逐渐被活化，部分分子链可运动，部分分子链处于待激发态，宏观上出现不可逆形变。在黏流转变区，聚合物既表现出橡胶的弹性，又表现出液体的流动性，所以有时又将黏流转变区称为橡胶流动区。

6. 黏流态区

随着温度进一步升高，高分子所有的运动单元都能运动，高分子的整个分子链发生相对位移，即产生不可逆形变，聚合物处于黏性液体状态。随着温度升高，形变增大，模量大大降低。

3.2.2 线型结晶聚合物的力学状态

结晶聚合物含有晶区和非晶区，非晶部分在不同的温度条件下也发生上述两种转变，但晶区的微晶对链段运动有限制作用。

在轻度结晶时，微晶起物理交联点作用，仍存在明显的玻璃化转变；当温度升高时，非晶部分从玻璃态变为高弹态，试样会变成柔软的皮革状；随着结晶度的增加，相当于交联度的增加，非晶部分处于高弹态的结晶聚合物的硬度将逐渐增加，到结晶度大于 40% 时，微晶彼此衔接，形成连续结晶相，使材料变得坚硬，宏观上将观察不到明显的玻璃化转变，其形变-温度曲线在熔点前将不出现明显的转折。此时，结晶聚合物的晶区熔融后，是否会进入黏流态，需要视试样的分子量而定，若分子量不太大，非晶区 T_f 低于晶区 T_m，则晶区熔融后，试样便变成流体，如图 3.3 中曲线①所示；若分子量足够大，$T_f > T_m$，则升至 T_f 后，才能进入黏流态，如图 3.3 中曲线②所示。从聚合物使用和加工的角度考虑，一般是不希望发生这种情况，因为这样会增加加工的能量消耗。

当结晶聚合物处于非晶态时，如通过配位聚合制备的全同立构 PS，经淬火处理可以得到非晶态聚合物材料，当采用慢速升温方式时，其形变-温度曲线如图 3.4 所示。

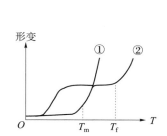

图 3.3 不同分子量结晶聚合物的形变-温度曲线   **图 3.4 非晶态易结晶聚合物的形变-温度曲线**

图 3.4 中的曲线由三部分组成：第一部分为非晶态聚合物的玻璃化转变，形成第一高弹区（T_g 为玻璃化温度）；第二部分为结晶曲线，在 T_g 以上，链段通过运动逐渐排入晶格，聚合物发生结晶，形变减小；第三部分为典型的结晶聚合物的形变-温度曲线，其中也分较小分子量和较大分子量两种，T_m、T_f 分别为聚合物的熔点和黏流温度。

3.2.3 交联聚合物的力学状态

分子间交联阻碍了链段的运动，因此，交联可以提高聚合物的 T_g。当低交联度时，如硫化橡胶，能够观察到 T_g，但随着交联度的增大，T_g 会逐渐升高；当高交联度时，如酚醛树脂等热固性塑料，由于交联网络的交联度大，此时链段无法运动，因此不存在玻璃化转变，观察不到 T_g。另外，交联聚合物分子链之间是通过化学键交联在一起的，因此分子链之间不能发生相对位移，不发生黏流，即交联聚合物不存在黏流态，无法观察到 T_f。

3.2.4 多相聚合物的力学状态

亚微观呈多相体系的共混物或嵌段、接枝共聚物，一般存在两个或多个玻璃化转变，每个 T_g 代表了一种均聚物的特性。图 3.5 所示为由 A、B 两种聚合物组成的共混物的形变-温度曲线，图 3.5 中有两个 T_g，分别与 A、B 聚合物的 T_g 值接近，略向中间偏移，两个 T_g 之间的形变值与 A、B 聚合物组分比值有关。

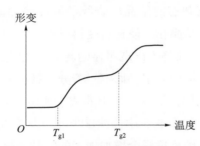

图 3.5 A、B 两种聚合物组成的共混物的形变-温度曲线

3.2.5 聚合物的热转变

聚合物的转变或松弛为聚合物本体在某一个温度区间从一种物理状态到另一种物理状态的转变。在转变过程中力学性能变化大的叫作主转变，如非晶态聚合物的玻璃化转变，结晶聚合物的熔融转变，还有聚合物的黏流转变，把这些转变所对应的温度叫作主转变温度，如：

$$主转变温度\begin{cases} T_g(\text{由于链段运动活化}) \\ T_m(\text{由于晶格破坏}) \\ T_f(\text{由于整个分子链质心产生相对移动}) \end{cases}$$

在玻璃化温度以下，聚合物的整链和链段运动被冻结了，但是多种小尺寸运动单元仍能运动，因为它们运动所需要的活化能较低，可以在较低的温度下被激发。随着温度的升降，这些小尺寸运动单元同样要发生从冻结到运动或从运动到冻结的变化过程，这些过程当然也是松弛过程，通常称为聚合物的次级松弛过程，以区别发生在玻璃化转变区的主要松弛过程。不同聚合物的次级松弛过程的数目和发生这些松弛过程的温度范围各不相同，这取决于聚合物的结构。因此，对次级松弛过程的研究，是通过分子运动探索聚合物的结构与性能之间内在联系的有效途径，具有重要的理论意义。

3.3　非晶态聚合物的玻璃化转变

3.3.1　非晶态聚合物玻璃化转变的一般性质

非晶态聚合物的主转变为玻璃化转变，玻璃化转变现象虽不是聚合物的特有现象，但却是其特征现象，所有的高分子材料无论是晶态的还是非晶态的都具有该特征现象。这里主要探讨非晶态聚合物的玻璃化转变现象。

非晶态聚合物不同温度处的转变或松弛是不同尺寸运动单元开始活化、运动的宏观表现，以玻璃化转变为主转变。玻璃化温度（T_g）是聚合物的特征温度之一，从加工工艺来看，它是非晶态塑料的使用温度上限，是橡胶的使用温度下限。发生各级转变或松弛时，聚合物的一些物理机械性能发生变化，在 T_g 处变化最大。各级转变或松弛的温度位置，取决于测试频率（或时间），频率提高时移向较高温度，具有松弛特性。各级转变或松弛与聚合物的实用性能关系密切。

3.3.2　玻璃化转变

1. 玻璃化转变自由体积理论

对于玻璃化转变现象，至今尚无完善的理论解释，主要的理论假设有自由体积理论、热力学理论、动力学理论。下面简要介绍一下自由体积理论。

Fox、Flory 认为液体或固体物质的体积由两部分组成：一部分是分子占据的体积，称为已占体积；另一部分是未被占据的自由体积。自由体积以孔穴的形式分布整个物质中，正是自由体积的存在，分子链才可能通过转动和位移调整构象。

自由体积理论认为，当聚合物冷却时，开始自由体积逐渐减少，至某一个温度时将达到最低值，此时聚合物进入玻璃态。在玻璃态下，由于链段运动被冻结，自由体积也被冻结，并保持一个恒定值，自由体积孔穴的大小及其分布也将基本维持恒定。对于任何聚合物，玻璃化温度就是自由体积达到某临界值的温度，在该临界值以下，已经没有足够的空间进行分子链构象的调整了，因此聚合物的玻璃态可以视为等自由体积状态。

在玻璃态下，聚合物随温度升高发生的膨胀，只是正常的分子膨胀过程造成的，包括分子振动幅度的增加和键长的变化。至玻璃化转变点，分子热运动已具有足够的能量，且自由体积也开始解冻而参加到整个膨胀过程中去，因此链段获得了足够的运动能量和必要的自由空间，从冻结状态进入运动状态。当温度达到玻璃化温度以上时，除这种正常的膨胀过程之外，还有自由体积本身的膨胀，因此，高弹态的膨胀系数 α_r 比玻璃态的膨胀系数 α_g 大，这个情况可用图 3.6 来描述。

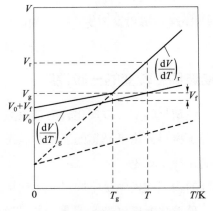

图 3.6 自由体积理论示意

若以 V_0 表示玻璃态聚合物在绝对零度时的已占体积，V_g 表示在玻璃化温度时聚合物的总体积，则

$$V_g = V_f + V_0 + \left(\frac{\mathrm{d}V}{\mathrm{d}T}\right)_g \cdot T_g$$

式中，V_f 为玻璃态下的自由体积。

类似地，当 $T > T_g$ 时，聚合物的体积为

$$V_t = V_g + \left(\frac{\mathrm{d}V}{\mathrm{d}T}\right)_r \cdot (T - T_g)$$

而高弹态某温度 T 时聚合物的自由体积为

$$V_{f,r} = V_f + \left[\left(\frac{\mathrm{d}V}{\mathrm{d}T}\right)_r - \left(\frac{\mathrm{d}V}{\mathrm{d}T}\right)_g\right] \cdot (T - T_g)$$

式中，高弹态与玻璃态的聚合物膨胀率的差 $\left(\frac{\mathrm{d}V}{\mathrm{d}T}\right)_r - \left(\frac{\mathrm{d}V}{\mathrm{d}T}\right)_g$ 为 T_g 以上自由体积的膨胀率。

若在 T_g 上下聚合物的膨胀系数分别为

$$\alpha_g = \frac{1}{V_g}\left(\frac{\mathrm{d}V}{\mathrm{d}T}\right)_g, \quad \alpha_r = \frac{1}{V_r}\left(\frac{\mathrm{d}V}{\mathrm{d}T}\right)_r \approx \frac{1}{V_g}\left(\frac{\mathrm{d}V}{\mathrm{d}T}\right)_r$$

T_g 附近的自由体积的膨胀系数 α_f 为 T_g 上下聚合物的膨胀系数差 $\Delta\alpha$，即

$$\alpha_f = \Delta\alpha = (\alpha_r - \alpha_g)$$

当 T 大于 T_g 不多时，聚合物的自由体积分数为

$$f_r = \frac{V_{f,r}}{V_r} \approx \frac{V_{f,r}}{V_g} = \frac{V_f}{V_g} + \left[\frac{1}{V_g}\left(\frac{\mathrm{d}V}{\mathrm{d}T}\right)_r - \frac{1}{V_g}\left(\frac{\mathrm{d}V}{\mathrm{d}T}\right)_g\right] \cdot (T - T_g)$$

$$f_r \approx f_g + (\alpha_r - \alpha_g) \cdot (T - T_g) = f_g + \Delta\alpha \cdot (T - T_g)$$

通过对不同聚合物进行实验，测得自由体积分数值均在 2.5% 左右，与聚合物的类型

无关，这种现象叫作聚合物等自由体积分数状态。

自由体积理论可以成功解释很多现象，但它也存在缺陷。自由体积理论是一个玻璃化转变处于等自由体积状态的理论。但冷却速度不同，聚合物的 T_g 不一样，此时的比体积也不一样，因此，此时的自由体积不同，T_g 以下的自由体积也不同。聚合物中自由体积的多少对物理性质的影响很大，因此研究体积松弛现象有很重要的意义。

2. 影响 T_g 的因素

T_g 是高分子的链段从冻结到运动（或反之）的一个转变温度，而链段运动是通过主链的内旋转来实现的，因此，凡是能影响高分子链柔顺性的因素都对 T_g 有影响。减弱高分子链柔顺性或增加分子间作用力的因素，如引入刚性或极性基团、交联或结晶都会使 T_g 升高，增加高分子链柔顺性的因素，如加入增塑剂或溶剂、引入柔顺性基团等则会使 T_g 降低。

1）内在结构的影响

（1）主链结构。

主链由饱和单键构成的聚合物，因为分子链可以围绕单键进行内旋转，所以一般 T_g 不太高。一般 T_g 与高分子链柔顺性顺序一致，如单键柔顺性从大到小的顺序为 Si—O ＞ C—O ＞ C—C，下列聚合物的 T_g 为聚二甲基硅氧烷（–123 ℃）、聚甲醛（–83 ℃）、聚乙烯（–68 ℃）。

当主链中引入苯基、联苯基、萘基和均苯四酸二酰亚胺基等芳杂环，链上可以内旋转的单键比例相对地减少，分子链的刚性增大，因此有利于 T_g 的提高。例如，芳香族聚酯、聚碳酸酯、聚酰胺、聚砜和聚苯醚等具有比相应的脂肪族聚合物高得多的 T_g，它们是一类耐热性较好的工程塑料。

主链上含有孤立双键的聚合物分子链比较柔顺，T_g 较低。主链上有共轭双键的聚合物比较刚性，T_g 较高。例如，下列聚合物的 T_g 为聚丁二烯（–95 ℃）、天然橡胶（–73 ℃）、丁苯橡胶（–61 ℃）。如果双键不是孤立双键而是共轭双键，如聚乙炔，分子链不能内旋转，那么刚性极大，T_g 很高。

（2）取代基或侧链。

对于单取代烯烃聚合物，随着取代基体积的增大，分子链内旋转势垒增加，T_g 将升高，如 T_g 由大到小的顺序为 PS ＞ PP ＞ PE。

对于 1,1-二取代的烯烃聚合物，如果取代基不同，其空间位阻增加，T_g 升高，典型的例子是聚丙烯、聚丙烯酸甲酯和聚甲基丙烯酸甲酯；而对称取代时，其主链旋转位阻反而较单取代减小，T_g 下降，典型的两组例子是聚丙烯和聚异丁烯、聚氯乙烯和聚偏二氯乙烯（见表 3.1）。

表 3.1 取代基位阻或对称性对聚合物 T_g 的影响

聚合物	结构单元	$T_g/℃$	聚合物	结构单元	$T_g/℃$
聚丙烯	$-CH_2-\overset{\overset{H}{\mid}}{\underset{\underset{CH_3}{\mid}}{C}}-$	10	聚乙烯	$-CH_2-\overset{\overset{H}{\mid}}{\underset{\underset{H}{\mid}}{C}}-$	-68
聚甲基丙烯酸甲酯	$-CH_2-\overset{\overset{COOCH_3}{\mid}}{\underset{\underset{CH_3}{\mid}}{C}}-$	105	聚异丁烯	$-CH_2-\overset{\overset{CH_3}{\mid}}{\underset{\underset{CH_3}{\mid}}{C}}-$	-70
聚苯乙烯	$-CH_2-\overset{\overset{H}{\mid}}{\underset{\underset{\bigcirc}{\mid}}{C}}-$	100	聚氯乙烯	$-CH_2-\overset{\overset{H}{\mid}}{\underset{\underset{Cl}{\mid}}{C}}-$	87
聚 α-甲基苯乙烯	$-CH_2-\overset{\overset{CH_3}{\mid}}{\underset{\underset{\bigcirc}{\mid}}{C}}-$	180	聚偏二氯乙烯	$-CH_2-\overset{\overset{Cl}{\mid}}{\underset{\underset{Cl}{\mid}}{C}}-$	19

并不是取代基的体积越大，T_g 就一定升高，例如聚甲基丙烯酸酯类化学式为正构烷基取代基体积增大，T_g 反而下降（见表 3.2），这是因为其取代基是柔顺性的，取代基越大，柔顺性越大，化学式：

$$\left(H_2C-\overset{\overset{H_3C}{\mid}}{\underset{\underset{COOC_nH_{2n+1}}{\mid}}{C}}\right)_m$$

表 3.2 取代基体积大小对聚甲基丙烯酸酯 T_g 的影响

n	1	2	3	4	5	6	8	12	18
$T_g/℃$	105	65	35	20	-5	-5	-20	-65	-100

（3）立体异构。

在一取代和 1，1-不对称二取代的烯类聚合物中，存在旋光异构体。通常一取代聚烯烃的不同旋光异构体，不表现 T_g 的差别，而在 1，1-二取代聚烯烃中，间同聚合物有高得多的 T_g。例如，聚甲基丙烯酸甲酯，全同立构 $T_g = 45 ℃$，间同立构 $T_g = 115 ℃$。同一种具有几何异构体聚合物，反式立构聚合物的 T_g 比顺式立构的要高，如反式聚丁二烯的 $T_g = -48 ℃$，顺式聚丁二烯的 $T_g = -102 ℃$。

（4）分子间作用力。

取代基的极性对分子链的内旋转和分子间的相互作用会产生很大的影响。取代基的极性越强，T_g 越高。例如，聚乙烯的 $T_g = -68 ℃$，引入弱极性基团—CH_3 后，聚丙烯的 $T_g = -20 ℃$，引入—Cl、—OH 后，聚氯乙烯和聚乙烯醇的 T_g 升高到 80 ℃以上，引入强极性基团—CN 后，聚丙烯腈的 T_g 超过 100 ℃。

分子间氢键可使 T_g 显著升高。例如，尼龙 66 的 T_g 比聚辛二酸丁二酯的 T_g 高出 107 ℃，主要由于前者有氢键。

离子键的引入可以显著提高 T_g。例如，聚丙烯酸的 $T_g = 106$ ℃，引入 Na^+ 后，聚丙烯酸钠的 T_g 提高到了 280 ℃，将 Na^+ 换成 Cu^{2+}，T_g 升高到 500 ℃ 以上。

（5）共聚和共混。

无规共聚物的 T_g 介于两组分均聚物的 T_g 之间。它们之间的关系既有线性加和的也有非线性加和的，有许多经验公式可以估算。对于交替共聚物，只有一个 T_g。以下为估算无规共聚物 T_g 的两个经验公式。式（3.4）是由两种共聚单体的摩尔分数估算 T_g，式（3.5）为 Fox 方程，是由两种共聚单体质量分数估算 T_g。

$$T_g = x_1 \cdot T_{g1} + x_2 \cdot T_{g2} \tag{3.4}$$

$$\frac{1}{T_g} = \frac{\omega_1}{T_{g1}} + \frac{\omega_2}{T_{g2}} \tag{3.5}$$

嵌段和接枝共聚物比较复杂，关键在于两种组分均聚物的相容性，若能够相容，则可以形成均相材料，只有一个 T_g；若不能相容，则发生相分离，形成两相体系，各相有一个 T_g，其值接近各组分均聚物的 T_g。嵌段共聚物的嵌段数目和嵌段长度，接枝共聚物的接枝密度和支链长度，以及组分的比例，都对组分的相容性有影响，因此也对 T_g 有影响。

共混聚合物的 T_g 基本上由两种聚合物的相容性决定。如果两种聚合物完全互容，其共混物只有一个 T_g，介于两个聚合物的 T_g 之间；如果部分互容，那么共混物将和无规共聚物一样出现大的转变温度范围或者相互内移的两个转变温度；如果完全不互容，那么其共混物有两相共存，均有相应的 T_g。

（6）交联。

交联使聚合物的 T_g 升高。理论上，交联时必须同时考虑共聚和交联的双重影响，共聚一般会使 T_g 降低，而交联使 T_g 升高。当交联度升高到一定程度，就观察不到 T_g 了。例如，硫化天然橡胶的含硫量增加时，T_g 逐渐增大，至变成硬橡胶。低交联度聚合物的 T_g 有式（3.6）用于估算：

$$T_{gx} = T_g + k_x \cdot \rho_x \tag{3.6}$$

式中，T_{gx} 和 T_g 分别为交联聚合物和非交联聚合物的玻璃化温度；ρ_x 为聚合物的交联度（交联密度）。

（7）分子量。

分子量增加，分子链中活动性强的端链所占的比例下降，所以 T_g 升高，特别是分子量较低时，这种影响更加明显。当分子量超过一定数值，端链所占比例较小，影响就不明显了（见图 3.7）。可以用式（3.7）估算不同分子量聚合物的 T_g：

$$T_g = T_g(\infty) - \frac{K}{\overline{M}_n} \tag{3.7}$$

式中，$T_g(\infty)$ 为临界分子量时聚合物的 T_g；K 为特征常数；$\overline{M}_n$ 为平均分子量。

2）外界条件的影响

（1）升（降）温速率。

玻璃化转变不是热力学平衡过程，在测量 T_g 时，随着升（降）温速率的减慢，所得数值偏低，原因在于链段运动需要时间。一般升（降）温速率提高 10 倍，测得的 T_g 升高 3 ℃（见图 3.8）。

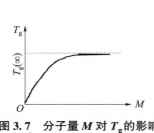

图 3.7　分子量 M 对 T_g 的影响 　　　　　　图 3.8　升温速率 v 对 T_g 的影响

聚合物的温度在 T_g 以下时，链段不能运动，显示固体行为。但是分子的排列是无序的，因此像液体处于热力学的不平衡态。例如，无规立构的 PS、PMMA 等聚合物的熔体，无论降温速率如何，只能形成玻璃非晶态，但是其比体积等性质受降温速率的影响，处于这种状态的聚合物的体积、热焓等均大于相应的平衡态的数值。

（2）外力。

单向的外力能够促使链段发生运动，可以使链段在较低的温度下开始运动，因此使测得的聚合物的 T_g 降低。

（3）流体静压力。

随着聚合物周围流体静压力的提高，许多聚合物的 T_g 呈线性升高。在常压附近的小压力变化对 T_g 的影响可以忽略，但对高压下应用的聚合物，T_g 的变化是一个不容忽视的问题。例如，海底电缆，压力为 $10 \sim 10^2$ MPa，T_g 将明显升高，这就意味着聚合物在常温下的脆性大幅度提高，耐冲击强度降低，海底电缆在选择材料时一定要考虑这一点。

（4）测量频率。

由于玻璃化转变是松弛过程，外力作用的速度不同将引起转变点的不同，外力作用频率增加，聚合物的 T_g 升高。

（5）增塑剂或稀释剂。

增塑剂对聚合物的 T_g 影响是相当显著的。玻璃化温度较高的聚合物，在加入增塑剂时，可以使 T_g 明显地下降。目前，在塑料生产中大量添加增塑剂的主要是聚氯乙烯制品，增塑剂不但是为了便于加工，还是为了使制品能够满足各种不同的使用要求。纯的聚氯乙烯 $T_g = 78 ℃$，在室温下是硬性塑料，加入 45% 的增塑剂 $T_g = -30 ℃$，可作为橡胶代用品。增塑剂加入使 T_g 下降的原因有两方面：一方面是增塑剂上的极性基团与聚氯乙烯上的—Cl 原子有相互吸引的作用，减少了聚氯乙烯分子之间—Cl 与—Cl 的相互作用，随着增塑剂的加入，相当于把—Cl 基团遮盖起来，称为屏蔽作用，结果使物理交联点减少；另一方面是增塑剂的分子比聚氯乙烯分子小得多，它们活动比较容易，可以很方便地提供链段活动时所需要的空间。上述两个原因导致聚氯乙烯 T_g 的下降。表 3.3 所示为不同聚合物的玻璃化温度。

表 3.3　不同聚合物的玻璃化温度

聚合物	$T_g/℃$	聚合物	$T_g/℃$
聚乙烯	−68（−120）	聚丙烯酸锌	>300
聚丙烯（全同立构）	−10（−18）	聚甲基丙烯酸甲酯（间同立构）	115（105）
聚异丁烯	−70（−60）	聚甲基丙烯酸甲酯（全同立构）	45（55）
聚异戊二烯（顺式）	−73	聚甲基丙烯酸乙酯	65
聚异戊二烯（反式）	−60	聚甲基丙烯酸正丙酯	35
顺式聚 1，4-丁二烯	−108（−95）	聚甲基丙烯酸正丁酯	21
反式聚 1，4-丁二烯	−83（−50）	聚甲基丙烯酸正己酯	−5
聚 1，2-丁二烯（全同立构）	−4	聚甲基丙烯酸正辛酯	−20
聚 1-丁烯	−25	聚氟乙烯	40（−20）
聚 1-辛烯	−65	聚氯乙烯	87（81）
聚 4-甲基-1-戊烯	29	聚偏二氯乙烯	−40（−46）
聚甲醛	−83（−50）	聚偏二氟乙烯	−19（−17）
聚 1-戊烯	−40	聚 1，2-二氯乙烯	145
聚氧化乙烯	−66（−53）	聚氯丁二烯	−50
聚乙烯基甲基醚	−13（−20）	聚四氟乙烯	126（−65）
聚乙烯基乙烯基醚	−25（−42）	聚丙烯腈（间同立构）	104（130）
聚乙烯基正丁基醚	−52（−55）	聚甲基丙烯腈	120
聚乙烯基异丁基醚	−27（−18）	聚乙酸乙烯酯	28
聚乙烯基叔丁基醚	88	聚乙烯咔唑	208（150）

聚合物	$T_g/℃$	聚合物	$T_g/℃$
聚二甲基硅氧烷	−123	聚乙烯基甲醛	105
聚苯乙烯（无规立构）	100（105）	聚乙烯基丁醛	49（59）
聚苯乙烯（全同立构）	100	三乙酸纤维素	105
聚 α−甲基苯乙烯	192（180）	聚对苯二甲酸乙二酯	65
聚邻甲基苯乙烯	119（125）	聚对苯二甲酸丁二酯	40
聚间甲基苯乙烯	72（82）	尼龙 6	50（40）
聚邻苯基苯乙烯	110（126）	尼龙 10	42
聚对苯基苯乙烯	138	尼龙 11	43（46）
聚对氯苯乙烯	128	尼龙 12	42
聚 2，5−二氯苯乙烯	130（115）	尼龙 66	50（57）
聚 α−乙烯萘	162	尼龙 610	40（44）
聚丙烯酸甲酯	3（6）	聚苯醚	220（210）
聚丙烯酸乙酯	−24	聚乙烯基吡咯烷酮	175
聚丙烯酸	106（97）	聚苊烯	321

注：括号中是参考数据。

同一种聚合物的 T_g 测定值之间的差别既与所用试样有关，又与测试方法和条件有关。特别是对于结晶度高的聚合物，由于结晶的影响，导致测定 T_g 的部分方法失效或者效果不佳，故测得的数值差别较大。

> **专栏 3.1：聚乙烯 T_g 很低为什么是塑料？**
>
> 因为聚乙烯分子链取代基的氢原子的体积位阻小，并且是对称结构，所以分子链很柔顺，T_g 较低。但聚乙烯分子链结构简单，并且很规整，是一种非常容易结晶的聚合物。通常情况下结晶度能达到 90% 以上，室温下聚乙烯分子链被晶区所固定，处于冻结状态，不宜发生运动，因此表现出比较硬的塑料性质。结论：分子链柔顺并不代表聚合物材料也柔顺。

3. T_g 的测量方法

聚合物在玻璃化转变过程中物理性质会发生突变，如形变、模量、比体积、膨胀系数、比热容、热导率、密度、折射率、介电常数等，利用这种现象可以用来测定聚合物的

T_g。根据测定的原理可以将测定 T_g 的方法分为四类：

① 测体积变化（膨胀计法，折射系数法等）。

② 测热力学性质变化（DTA 法，DSC 法等）。

③ 测力学性质变化（形变-温度曲线法，应力松弛法，动态力学法等）。

④ 测电磁效应（介电松弛法，核磁共振法等）。

（1）膨胀计法。

在毛细管中装入一定量的聚合物试样，然后抽真空，在负压下充入水银，将此装置放入恒温油浴中，等速升温（1~2 ℃/min），记录不同温度 T 下毛细管中液面高度 h，画出 h-T 关系曲线。因为在 T_g 前后试样的比体积发生突变，所以曲线转折处的温度即 T_g，如图 3.9 所示。

（2）差示扫描量热仪法（DSC 法）。

将聚合物试样和参比物分别置于两个坩埚内，等速升温，当试样发生熔融、结晶、氧化、降解等吸热或放热变化时，与参比物之间产生温差 ΔT，测定维持 ΔT 趋于 0 时试样和参比物的热功率差与温度的关系曲线。玻璃化转变时，试样无吸热或放热，但物质的比热变化了，DSC 的基线会发生偏移，通过偏移台阶可得到试样的 T_g 值，如图 3.10 所示。

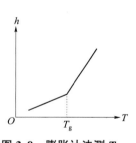

图 3.9　膨胀计法测 T_g

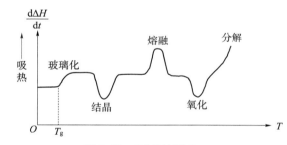

图 3.10　DSC 法测 T_g

（3）形变-温度曲线法（热机械法）。

在恒定应力作用下，测量聚合物试样的形变-温度曲线，达到聚合物 T_g 时，聚合物模量会快速下降，因此在曲线上可以确定试样的 T_g 值，如图 3.11 所示。

（4）核磁共振法（NMR 法）。

聚合物的导电性和介电性质在玻璃化转变区会发生明显的变化，利用这种性质可以用来测量聚合物的 T_g。NMR 法是研究固态聚合物的分子运动的一种重要方法。在较低的温度时，分子运动被冻结，分子中的各种质子处于各种不同的状态，因此反映质子状态的 NMR 谱线很宽；在较高的温度时，分子运动速度加快，质子的环境起了平均化的作用，谱线变窄；在发生玻璃化转变时，谱线的宽度有很大的改变，如图 3.12 所示。玻璃化转变时，反映质子状态的 NMR 谱线的宽度改变很大，突然变窄时所对应的温度即试样的 T_g 值。

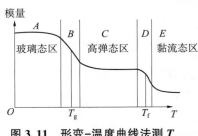
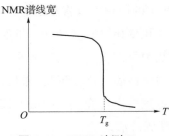

图 3.11　形变-温度曲线法测 T_g　　　　图 3.12　NMR 法测 T_g

3.3.3　次级转变

聚合物分子运动其中一个重要的特点是运动单元具有多重性,有体积大的分子链和链段,也有一些小尺寸的运动单元,如侧基、支链、主链或支链上的官能团、个别链节或链段的某个局部等,这些体积小的运动单元同样发生热转变,通常叫作次级转变或次级松弛。不同聚合物的次级松弛过程运动单元的种类和发生这些松弛过程的温度范围各不相同,这决定聚合物的结构。对应的次级松弛有 β 松弛,γ 松弛和 δ 松弛,伴随着这些过程,聚合物的物理性质也发生相应的变化。当聚合物有 β 松弛,β 松弛的温度明显低于室温,且 β 松弛的运动单元在聚合物主链上时,材料在室温时是强度的。聚合物的 γ 松弛一般起因是主链上的曲柄运动。常见的三种曲柄运动形式如图 3.13 所示。

1,7键同轴　　　　1,6键同轴　　　　1,5键同轴

图 3.13　常见的三种曲柄运动形式

曲柄运动的共同点:两端的两个单键处于同轴时,中间的 4~6 个 CH_2 可绕该轴转动,而不扰动其他原子。δ 松弛通常由主链所带侧基的扭动或摇摆引起。

专栏 3.2:T_β 与 T_g 的区别

T_β 是聚合物 β 松弛所对应的转变温度,不同聚合物产生 β 松弛的机理可能不同,如较短链段的扭曲运动、杂链节运动等。T_g 是聚合物链段开始运动所对应的温度,T_g 转变运动单元的体积比 β 松弛的运动单元的体积大,运动时需要的能量高。具体区别如表 3.4 所示。

表 3.4　β 松弛与 T_g 转变的区别

区别项	β 松弛	T_g 转变
运动单元含 C 数	3~8	20~100

3.4 聚合物的结晶与熔融

3.4.1 聚合物的结晶能力

聚合物按结晶能力可以分为结晶性聚合物和非结晶性聚合物。非结晶性聚合物在任何条件下都不能结晶，而结晶性聚合物在一定条件下能结晶，即结晶性聚合物可处于晶态，也可以处于非晶态。

聚合物的结晶能力各不相同，其原因是聚合物不同的结构特征。聚合物结晶能力取决于链的对称性、规整性及柔顺性等因素。

1）链的对称性

高分子链的对称性越高，越容易结晶。对称性很高的 PE 和聚四氟乙烯（PTFE）最容易结晶，甚至很难得到其完全非晶的聚合物样品，而聚苯乙烯和聚甲基丙烯酸甲酯是典型的非晶聚合物。将 PE 氯化得到氯化聚乙烯（CPE），聚合物分子链的对称性变差，失去了结晶能力。

2）链的规整性

对于主链含有不对称中心的聚合物，如果构型是完全无规的，这样的聚合物一般会失去结晶能力，例如自由基聚合得到的 PS、PMMA、聚乙酸乙烯酯（PVAc）等，完全不能结晶。更典型的例子是自由基聚合得到的 PP 不能结晶，它的强度很小，根本不能作为塑料使用。没发明配位聚合时，PP 是没有用途的，而配位聚合得到的全同立构的 PP 很容易结晶，结晶 PP 在室温下具有很好的强度，用途很广，是世界第三大产量的塑料。

有几个值得注意的例外，自由基聚合得到的聚三氟氯乙烯，主链上有不对称碳原子，但具有相当强的结晶能力，最高结晶度可达 90%。这是由于氯原子与氟原子体积相差不大，不妨碍分子链作规整的堆积，类似 PTFE。

无规 PVAc 不能结晶，但由它水解得到的聚乙烯醇（PVA）能结晶，原因在于羟基的体积不大，且具有较强的极性。

无规 PVC 具有微弱的结晶能力。原因在于氯原子电负性较大，分子链上的氯原子相互排斥彼此错开排列，形成类似间同立构的结构，有利于结晶。

3）共聚

无规共聚物通常会破坏链的对称性和规整性，从而使结晶能力降低甚至完全丧失。例如，乙烯/丙烯无规共聚物基本没有结晶能力，是典型的乙丙橡胶。如果两种共聚单元的均聚物有相同类型的结晶结构，那么共聚物可以结晶。如果两种共聚单元的均聚物有不同的结晶结构，那么在一种组分占优势时，共聚物是可以结晶的，含量少的结构单元作为缺陷存在于另一种均聚物的结晶结构中。当共聚单元的物质的量比相近时，结晶能力大大减弱，甚至不能结晶，如乙丙共聚物。

嵌段共聚物的各嵌段基本保持相对独立性，能结晶的嵌段形成自己的晶区，接枝共聚物与嵌段共聚物相似。例如，聚酯-聚丁二烯-聚酯嵌段共聚物，聚酯段能够结晶，当其含量较少时，所形成的结晶微区分散于聚丁二烯弹性连续相中，起到物理交联点的作用，使该共聚物成为良好的热塑性弹性体。

4）其他结构因素

（1）分子量。

对于同一种聚合物，分子量大小对结晶速度有显著影响。一般在相同的结晶条件下，分子量大，熔体黏度增大，链段的运动能力降低，限制了链段向晶核的扩散和排列，聚合物的结晶能力降低。

（2）链的柔顺性。

一定的链柔顺性是结晶时链段向结晶表面扩散和排列所必需的。例如，链柔顺性好的 PE，结晶能力强，主链上含苯环的 PET 柔顺性差，结晶能力较弱，主链上苯环密度更高的聚碳酸酯，链柔顺性更差，结晶能力更弱。

（3）支化。

支化使链的对称性和规整性降低，降低结晶能力。例如，高压法制备的 PE 的结晶能力比低压线形 PE 弱。

（4）交联。

交联大大限制链的活动性，影响结构单元排入晶格，随着交联度的增加，结晶能力下降。

（5）分子间作用力。

分子间作用力往往使链的柔顺性降低，影响结晶能力。当分子间能形成氢键时，则有利于结晶结构的稳定，如聚酰胺。

3.4.2　结晶速度及其测定方法

聚合物的结晶过程与小分子类似，包括晶核的形成和晶粒的生长两个步骤，因此结晶速度也包括成核速度、结晶生长速度和由它们共同决定的结晶总速度。

1. 结晶速度的测定方法

测定聚合物结晶速度的实验方法大体可以分为两种：一种是在一定温度下观察试样总体结晶速度，如膨胀计法、光学解偏振法、DSC 法等；另一种是在一定温度下观察球晶半径随时间的变化，如偏光显微镜法、小角激光光散射法等。

1）膨胀计法

膨胀计法是研究结晶速度的经典方法，该法利用聚合物结晶过程中发生的体积收缩来研究结晶过程。操作时将聚合物与惰性液体装入毛细管中，加热至聚合物的熔点以上，使聚合物全部成为非晶熔体，然后将膨胀计移入恒温槽中，聚合物开始恒温结晶，观察膨胀计毛细管内液体高度随时间的变化，便可以观察结晶进行的情况。以 h_0、h_∞、h_t 分别表示膨胀计的起始、最终和时刻 t 时的液面高度读数，将 $(h_t-h_\infty)/(h_0-h_\infty)$ 对 t 作图，得到图 3.14 所示的反 S 形曲线。

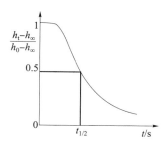

图 3.14　膨胀计法测得的聚合物恒温结晶曲线

由图 3.14 的曲线可以看出，结晶过程开始时体积收缩慢，一段时间后加快，然后又逐渐慢下来，最后体积收缩变得非常缓慢，这时结晶速度的衡量发生困难，变化终点所需的时间不明确，但是体积收缩一半所需的时间可以准确测量，此时体积变化的速度较大，测量时间误差小，因此常用时间的倒数 $(t_{1/2})^{-1}$ 表示结晶速度。

膨胀计法设备简单，但热平衡时间较长，起始时间不易测准，难以测结晶速度较快的过程。

由以上讨论可知，膨胀计法测聚合物的恒温结晶动力学是基于结晶过程试样的体积收缩。令 V_0、V_t、V_∞ 分别为结晶开始、结晶过程某时刻 t 以及结晶终了聚合物的比体积，$V_t-V_\infty=\Delta V_t$，即任一时刻 t 未收缩的体积，$V_0-V_\infty\Delta=V_\infty$，即结晶终了最大体积收缩，$\Delta V_t/\Delta V_\infty$ 为时刻 t 未收缩的体积分数。

聚合物的恒温结晶过程与小分子物质相似，也可以用阿夫拉米方程（Avrami equation）描述：

$$\frac{V_t-V_\infty}{V_0-V_\infty}=\exp(-K\cdot t^n) \qquad (3.8)$$

式中，K 为结晶速度常数；n 为阿夫拉米指数。

n 值与成核机理和生长方式有关，等于生长的空间维数和成核过程的时间维数之和：

$$n=\begin{cases}\text{晶粒生长维数}+1 & \text{（均相成核）}\\ \text{晶粒生长维数} & \text{（异相成核）}\end{cases}$$

不同成核机理和生长方式的阿夫拉米指数值如表 3.5 所示，可以看出当均相成核时，晶核由大分子链规整排列而成，n 值等于晶粒生长维数+1；当异相成核时，晶核是由体系中的杂质形成，结晶的自由度减小，n 值等于晶粒生长维数。

表 3.5　不同成核机理和生长方式的阿夫拉米指数值

生长类型	均相成核	异相成核
三维生长（球状晶体）	$n=3+1=4$	$n=3+0=3$
二维生长（片状晶体）	$n=2+1=3$	$n=2+0=2$
一维生长（针状晶体）	$n=1+1=2$	$n=1+0=1$

将式（3.8）两次取对数可得

$$\lg\left(-\ln\frac{V_t-V_\infty}{V_0-V_\infty}\right)=\lg K+n\lg t \tag{3.9}$$

利用膨胀计法的实验数据，以 $\lg\left(-\ln\dfrac{V_t-V_\infty}{V_0-V_\infty}\right)$ 对 $\lg t$ 作图，应该为一条直线，直线的斜率为 n，截距为 $\lg K$，由测得的 n 值和 K 值，可以获得有关结晶过程成核机理、生长方式及结晶速度的信息。

当 $\dfrac{V_t-V_\infty}{V_0-V_\infty}=\dfrac{1}{2}$ 时，可计算出 $K=\dfrac{\ln 2}{t_{1/2}^n}$，则

$$(t_{1/2})^{-1}=\left(\frac{K}{\ln 2}\right)^{\frac{1}{n}} \tag{3.10}$$

通过式（3.10）计算得到的是聚合物结晶总速率。

2）偏光显微镜法

偏光显微镜法是研究结晶过程直观和常用的方法，可以在偏光显微镜下直接观察到球晶的轮廓尺寸，配上热台在恒温条件下可以观察聚合物球晶的生长过程，测量球晶的半径随时间的变化。一般在恒温结晶时，球晶半径与时间呈线性关系，观察到的是球晶的生长速率，这种关系一直保持到球晶长大到与邻近球晶发生连接为止。此法受显微镜视野的影响，只能观察少量球晶，样品的不均匀性会影响观察结果。

2. 影响聚合物结晶速度的主要因素

1）温度

影响聚合物结晶速度最主要的因素是温度（见图 3.15），高于熔点和低于玻璃化温度 T_g 均不能结晶。实际上，从熔体降温开始，产生结晶的温度为熔点以下 $10\sim30$ ℃，这一现象叫"过冷"，因为太接近熔点时成核速度极慢，温度越低晶粒的生长速度越慢，结晶速度最快的温度为 $T_{c,max}$，对大多数聚合物来说即熔点 T_m 的 $0.80\sim0.85$ 倍（以热力学温度计算）：

$$T_{c,max}=(0.80\sim0.85)T_m$$

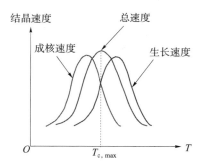

图 3.15　温度对结晶速度的影响

2）影响结晶速度的其他因素

（1）分子结构：分子结构的差别是决定聚合物结晶速度的根本原因。虽然目前还不能从理论上全面比较不同聚合物的结晶速度，但是可以断言，链的结构越简单、对称性越高，链的立体规整性越好，取代基的空间位阻越小，链的柔顺性越大，则结晶速度越快。

（2）分子量：对于同一种聚合物，分子量越大，结晶速度越慢，球晶生长速度（G）的经验式：

$$\lg G = K_i \cdot \overline{M}_w^{-1/2}$$

式中，K_i 为结晶速度常数；$\overline{M}_w$ 为聚合物的平均分子量。

因为聚合物的分子量具有多分散性，所以需要对聚合物进行热处理，以保证结晶的完整性。

（3）杂质：杂质的存在对聚合物的结晶有显著的影响，惰性稀释剂可降低结晶分子浓度，从而降低结晶速度。例如，在等规聚合物中加入相同化学组成的无规聚合物，可以使结晶速度降低至所需要的水平。这一现象常被用于研究结晶速度过快的聚合物的结晶行为，如聚乙烯、聚丙烯等。

在聚合物结晶过程中，人为加入的能够促进结晶起晶核作用的物质，被称为成核剂，它实际上是聚合物结晶过程中人为加入的一种杂质。从本质上来说，成核剂作为聚合物的改性助剂，其作用机理主要是在熔融状态下，成核剂提供所需的晶核，聚合物由原来的均相成核转变成异相成核，一方面加快了结晶速度，使晶粒结构细化，有利于提高产品的刚性，缩短成型周期，保持最终产品的尺寸稳定性，同时改善聚合物的力学性能（如刚度、模量等），缩短加工周期等；另一方面，由于结晶聚合物存在晶区和非晶区两相，可见光在两相界面发生双折射，不能直接透过，一般的结晶聚合物是不透明的，加入成核剂后，结晶尺寸变小，光透过的可能性增加，聚合物的透明性增加，表观光泽性改善。常见的结晶性高分子，如聚乙烯、聚丙烯、尼龙、聚对苯二甲酸乙二酯、聚甲醛等有相应的成核剂。

如果在聚合物结晶时加入高效成核剂，使微晶尺寸足够小，小于可见光的波长，聚合物会变得完全透明，这种成核剂叫作透明剂，但要说明的是透明剂的加入不一定使结晶聚合物完全透明，也可能是半透明。

传统的成核剂大多是芳族羧酸酯或者盐，如苯甲酸钠、对苯二甲酸乙二酯等；高效的成核剂包括山梨醇缩醛，由于难以去除醛类的刺激性气味，难以在食用级聚合物上应用；此外有机磷酸酯、松香酸盐等成核剂，其中松香酸盐安全无毒，可以用于食品等产品的包装材料。

（4）溶剂：有些溶剂能明显促进结晶过程。一些结晶速度很慢的结晶性聚合物，如聚对苯二甲酸乙二酯等，只要过冷程度稍大，就可形成非晶态。如果将这类透明非晶薄膜浸入适当的有机溶剂中，薄膜会因结晶而变得不透明。这是由于某些与聚合物有适当相容性的小分子液体渗入松散堆砌的聚合物内部，使聚合物溶胀，相当于在高分子链之间加入一些"润滑剂"，使高分子链获得在结晶过程中必须具备的分子运动能力，促使聚合物发生结晶。这个过程被称为溶剂诱导结晶，加快聚合物结晶过程。

3.4.3 结晶聚合物的熔融

物质从结晶状态变为液态的过程称为熔融（melting），这种转变为一级相转变。在通常的升温速度下，结晶聚合物熔融过程与低分子晶体熔融过程既有相似，又有不同。相似之处在于热力学函数（如体积、比热容等）发生突变，不同之处在于聚合物熔融过程有一个升温过程，从开始熔融到熔融结束温度上升约 10 ℃，称为熔限（melting range），在这个温度范围内，可以发生边熔融边升温的现象。而小分子晶体的熔融发生在 0.2 ℃ 左右的狭窄的温度范围内，整个熔融过程中，体系的温度几乎保持在两相平衡的温度下。图 3.16 所示为结晶聚合物和小分子晶体在熔融过程中体积（或比热容）-温度曲线的比较。结晶聚合物的熔点取熔限的上限温度，即其完全熔融时的温度。

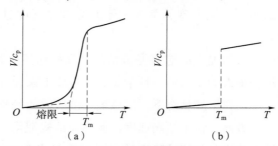

图 3.16　结晶聚合物与小分子晶体在熔融过程中体积（或比热容）-温度曲线的比较
（a）结晶聚合物；（b）小分子晶体

结晶聚合物出现边熔融边升温现象的原因是结晶聚合物中含有完善程度不同的结晶，不完善的晶体需要在较低的温度下熔融，较完善的晶体需要在较高的温度下熔融，于是便出现了较宽的熔限。

3.4.4　影响 T_m 的因素

从热力学观点看，在熔融转变时，晶相和非晶相达到热力学平衡，即吉布斯自由能变化 $\Delta G = 0$。因此

$$T_m^0 = \frac{\Delta H}{\Delta S}$$

这就是平衡熔点的定义。熔融热 ΔH 和熔融熵 ΔS 是聚合物结晶热力学的两个重要参数。熔融热 ΔH 表示分子或链段离开晶格所需吸收的能量，与分子间作用力强弱有关；熔融熵 ΔS 表示熔融前后分子混乱程度的变化，与分子链的柔顺性有关。当 ΔS 一定时，分子间作用力越大，ΔH 越大，T_m 越高；当 ΔH 一定时，链的柔顺性越差，ΔS 越小，T_m 越高。上述 ΔH 和 ΔS 是从两个方面来描述分子链性质的，因此不可分割，但在不同情况下两者的主次作用是不同的。

1）分子间作用力

增加高分子或者链段之间的相互作用，即在主链或者侧基上引入极性基团或者氢键，可以提高熔点。例如，主链上引入酰胺基—CONH—、酰亚胺基—CONCO—、氨基甲酸酯基—NHCOO—、脲基—NHCONH—等，侧基上引入羟基、胺基、氰基、硝基、醛基、羧基等，它们的分子间作用力大于亚甲基—CH_2—，含有这些基团的聚合物的熔点比聚乙烯高，如表 3.6 所示。

表 3.6　分子间作用力对聚合物熔点的影响

聚合物	结构单元	$T_m/℃$	聚合物	结构单元	$T_m/℃$
聚乙烯	$+CH_2—CH_2+_n$	137	聚己内酰胺	$+NH(CH_2)_5CO+_n$	225
聚偏二氯乙烯	$+CH_2—\overset{Cl}{\underset{Cl}{C}}+_n$	198	聚丙烯腈	$+CH_2—\underset{CN}{CH}+_n$	317

对于分子间形成氢键的聚合物，熔点的高低还与氢键的强度和密度有关。

图 3.17 所示为脂肪族同系聚合物熔点的变化趋势。以聚乙烯为参照标准，脂肪族聚脲、聚酰胺、聚氨酯三类聚合物都能形成氢键，熔点比聚乙烯高，其中以聚脲最高，聚酰胺次之，聚氨酯最低，这是因为脲基比酰胺基多了一个亚胺基—NH—，形成氢键的密度增加，而聚氨酯的氨基甲酸酯基比酰胺基多了一个氧，链的柔顺性增加，部分抵消了形成氢键提高熔点的效应。在这三类聚合物中，随着结构单元中碳原子数的增加，熔点呈现下降趋势，熔点曲线向着聚乙烯靠近，这是由于随着碳原子数的增多，氢键密度逐渐减小。

进一步的研究表明，聚酰胺的熔点随主链中相邻两酰胺基间碳原子数的增加呈锯齿形曲线下降，而不是如图 3.17 所示的单调下降。由图 3.18 可见，在聚 ω-氨基酸（均缩聚

聚酰胺）中，偶数碳原子的熔点低，奇数碳原子的熔点高，前者形成半数氢键，后者形成全数氢键，因此熔点的整体趋势是随碳原子数的增加而下降的，这是链的柔顺性和总体氢键密度共同作用的结果。同理，由二元酸和二元胺形成的聚酰胺，若二元酸和二元胺的碳原子数全为偶数，则能够形成全部氢键，熔点高；若原子数全为奇数或一奇一偶，则形成半数氢键，熔点低。

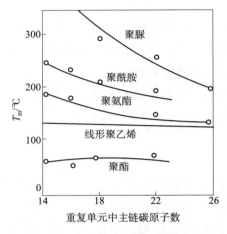

图 3.17　脂肪族同系聚合物熔点的变化趋势

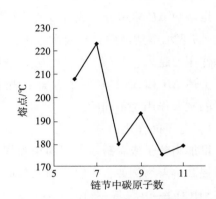

图 3.18　聚 ω-氨基酸碳原子数和熔点之间的关系

2）分子链的刚性

增加分子链的刚性，可以使高分子链的构象在熔融前后变化较小，ΔS 较小，故熔点提高。通过在主基上引入环状结构、共轭双键或在侧基上引入庞大且刚性的基团，均可达到提高熔点的目的。例如，表 3.7 所示为分子链的刚性对熔点的影响，列出了三组聚合物结构与熔点的数据，充分说明高分子链上的苯基单元能够特别有效地增加主链刚性提高熔点。

表 3.7　分子链的刚性对熔点的影响

聚合物	结构单元	$T_m/℃$	聚合物	结构单元	$T_m/℃$
聚乙烯	$—CH_2—CH_2—$	137	聚对苯二甲酸乙二酯	$—(CH_2)_2—O—\overset{O}{\overset{\|\|}{C}}—⟨⟩—\overset{O}{\overset{\|\|}{C}}—O—$	265
聚对二甲苯	$—CH_2—⟨⟩—CH_2—$	375	尼龙 66	$—NH(CH_2)_6NHCO(CH_2)_4CO—$	265
聚辛二酸乙二酯	$—(CH_2)_2—O—\overset{O}{\overset{\|\|}{C}}—(CH_2)_6—\overset{O}{\overset{\|\|}{C}}—O—$	45	芳香尼龙	$—NH—⟨⟩—NHCO—⟨⟩—CO—$	430

脂肪族的聚酯和聚醚为低熔点的聚合物，这是因为在主链上引入的极性基团酯基和醚键的极性都不太大，而引入的—C—O—键的柔顺性比 C—C 键还要好，对熔点的降低效应远远超过极性键的引入对熔点的提高效应，熔点比聚乙烯还要低，所无法作为材料

使用，经常作为聚氨酯的一种原料在聚氨酯中充当软段作用，以增加聚氨酯的柔顺性。

主链上有孤立双键的聚合物，如各种二烯类橡胶、顺丁橡胶、异戊橡胶（天然橡胶）、氯丁橡胶等，柔顺性很好，熔点很低，天然橡胶的熔点只有 28 ℃。而主链上有共轭双键的聚合物，刚性非常大，熔点很高，如聚苯的熔点高达 530 ℃。

聚四氟乙烯（PTFE）具有很高的熔点（327 ℃），在结晶熔融后，接近分解温度时还没有观察到流动现象，因此，它不能用加工热塑性塑料的方法进行加工。原因在于氟原子的电负性很强，氟原子间的斥力很大，链的内旋转非常困难，PTEE 的构象几乎接近棒状，刚性非常大。

3）分子链的对称性和规整性

增加主链的对称性和规整性，可以使分子排列得更加紧密，熔融过程中熵变减小，故熔点提高。例如，主链中苯环的异构化对熔点的影响很大，聚邻苯二甲酸乙二酯、聚间苯二甲酸乙二酯和聚对苯二甲酸乙二酯的熔点分别为 110 ℃、240 ℃和 265 ℃，对位聚合物的熔点比相应的间位和邻位聚合物要高。这是因为对位基团围绕其主链旋转 180°后构象不变，熵变小；而间位和邻位基团转动时构象不相同，熵变大，故熔点较低。

通常，反式聚合物比相应的顺式聚合物的熔点要高一些，如反式聚异戊二烯（杜仲胶）和顺式的天然橡胶的熔点分别为 74 ℃和 28 ℃。

全同立构的聚丙烯在晶格中呈螺旋构象，在熔融状态时仍能保持这种构象，因此熔融熵变很小，熔点高。

自由基聚合得到的聚苯乙烯是非晶态聚合物，由于配位聚合得到的全同立构聚苯乙烯规整性高，可以结晶，且侧基苯环的刚性很大，熔点高达 240 ℃。

一般间同立构聚合物的熔点比全同立构聚合物的熔点要高。例如，全同立构的聚甲基丙烯酸甲酯的熔点为 160 ℃，而间同立构的聚甲基丙烯酸甲酯的熔点超过 200 ℃。表 3.8 所示为常见聚合物的熔点。

表 3.8　常见聚合物的熔点

聚合物	T_m/℃	聚合物	T_m/℃	聚合物	T_m/℃
聚乙烯	137	聚邻甲基苯乙烯	>360	尼龙 6	225
聚丙烯	170	聚对二甲苯	375	尼龙 66	265
聚 1-丁烯	126	聚甲醛	181	尼龙 99	175
聚 4-甲基-1-戊烯	250	聚氧化乙烯	66	尼龙 1010	210
聚异戊二烯（顺式）	28	聚甲基丙烯酸甲酯（全同）	160	三醋酸纤维素	306
聚异戊二烯（反式）	74	聚甲基丙烯酸甲酯（间同）	>200	三硝酸纤维素	>725

续表

聚合物	$T_m/℃$	聚合物	$T_m/℃$	聚合物	$T_m/℃$
聚1，2-丁二烯（间同）	154	聚对苯二甲酸乙二酯	267	聚氯乙烯	212
聚1，2-丁二烯（全同）	120	聚对苯二甲酸丁二酯	232	聚偏二氯乙烯	198
聚1，4-丁二烯（反式）	148	聚间苯二甲酸丁二酯	152	聚氯丁二烯	80
聚异丁烯	128	聚癸二酸乙二酯	76	聚四氟乙烯	327
聚苯乙烯	240	聚癸二酸癸二酯	80	聚三氟氯乙烯	220

4）共聚

当结晶聚合物的单体与另一个单体进行共聚时，若该单体形成的聚合物本身不能结晶，或虽能结晶，但不能进入原结晶聚合物的晶格形成共晶，则生成共聚物的结晶行为将发生变化。共聚物的熔点与组成没有直接的关系，而是取决于共聚物的序列分布情况。对于无规共聚物，随非晶共聚物单元的增加，熔点降低，直到生成一个适当的组成，这时共聚物两个组分的熔点相同，达到低共熔点。对于嵌段共聚物，相对于其均聚物该类共聚物大多只有轻微的熔点降低，也就是说，当共聚单体的含量增加到很大时，熔点仍然维持不变，并且与共聚单体的化学结构无关，一直到共聚单体的含量达到某个组成，熔点才发生急剧降低，最终稳定在添加组分的结晶熔点上。对于交替共聚物，熔点明显降低。

因此，具有相同组成的共聚物，因序列分布不同，其熔点具有很大的差别。在实际应用中，嵌段和无规共聚均可有目的地降低熔点。

5）结晶温度的影响

结晶聚合物的熔点和熔限与其结晶形成的温度有关，结晶温度越低，熔点越低，熔限越宽，在较高的温度下结晶，则熔点较高，熔限较窄。结晶温度对熔点和熔限的这种影响，是由于在较低的温度下结晶时，分子链的活动能力较差，形成的晶体较不完善，完善的程度差别也较大。因此，这样的晶体将在较低的温度下被破坏，即熔点较低，同时熔融温度范围必然较宽，在较高的温度下结晶，分子链活动能力较强，形成的结晶比较完善，完善程度的差别较小，晶体的熔点较高且熔限较窄。

6）杂质

稀释剂、增塑剂、防老剂、链端、少量共聚单元等均可视为杂质。有杂质时聚合物熔点的计算式为

$$\frac{1}{T_m} = \frac{1}{T_m^0} + \frac{R}{\Delta H_u} x_B$$

式中，x_B 为其他少量共聚单元或杂质的摩尔分数；T_m^0 为无杂质时的聚合物熔点；R 为普适气体常量；ΔH_u 为每摩尔重复单元的熔融热。

实际无规共聚物组分含量对熔点的影响较为复杂，并非直线关系。

7）分子量

在同系聚合物中，分子量越大，晶体的 T_m 越高，原因：链端效应（链端可降低晶格能）。分子量越大，链端所占比例越小，对 T_m 的影响减小，如图 3.19 所示。聚合度为 $\overline{P}_n$ 的线形聚合物 T_m 的估算式为

$$\frac{1}{T_m} = \frac{1}{T_m^0} + \frac{2R}{\Delta H_u} \overline{P}_n$$

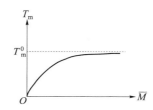

图 3.19　分子量大小对 T_m 的影响

8）晶片厚度

结晶聚合物在结晶过程中，根据结晶条件的不同，将形成晶片厚度和完善程度不同的晶体，它们将具有不同的熔点，随着晶片厚度的增加，熔点升高。一般认为，晶片厚度对熔点的这种影响与结晶的表面能有关。高分子晶体的表面普遍存在堆砌较不规整的区域，因此在结晶表面上的链将不对熔融热作贡献。晶片厚度小，则单位体积内的结晶物质比完善的单晶的表面能高。晶片厚度较小和较不完善的晶体，比晶片厚度较大和较完善的晶体的熔点要低些。

 专栏3.3：T_m 转变与 T_g 转变的区别

表 3.9 所示为 T_m 转变与 T_g 转变的区别。

表 3.9　T_m 转变与 T_g 转变的区别

转变	T_m 转变	T_g 转变
本质区别	热力学平衡转变过程，T_m 值不随测试频率而变	一种松弛过程，T_g 值随测试频率而变
相似之处	涉及链段运动；与分子间作用力和链的柔顺性有关；分子间作用力越大，链的柔顺性越差，则链段运动越困难，T_g 和 T_m 越高。$T_g \approx aT_m + b$	

习　题

一、思考题

1. 什么是高分子运动中的布朗运动和微布朗运动？与小分子相比，高分子运动的特点有哪些？高分子特有的运动单元是什么？

2. 什么是松弛过程和松弛时间？聚合物的松弛时间是否为单一的定值？如何描述它的松弛时间？小分子物质是否有松弛时间？

3. 线型非晶态聚合物的形变–温度曲线包括哪些力学状态区域和特征温度？结晶聚合物的形变–温度曲线如何受分子量和结晶度的影响？交联聚合物不会出现哪种力学状态？交联度如何影响聚合物力学状态？

4. 自由体积理论是如何解释玻璃化转变的？影响 T_g 的因素有哪些？

5. 试用自由体积理论解释：非晶态聚合物冷却时体积收缩率发生变化；冷却速度越快，测得的 T_g 越高。

6. 非晶态聚合物的 β 松弛与其低温强度及冷加工之间有何联系？

7. 哪些结构因素会影响聚合物的结晶能力？影响聚合物结晶速度的因素有哪些？

8. 玻璃化转变和熔融转变的异同点有哪些？

9. 将熔融态的聚乙烯（PE）、聚对苯二甲酸乙二醇酯（PET）和聚苯乙烯（PS）淬冷到室温，PE 呈半透明，PET 和 PS 呈透明状。为什么？

10. 什么是聚合物的熔点和熔限？影响聚合物熔点的因素有哪些？

11. 结晶聚合物为什么会出现双玻璃化温度？结晶度在何范围时易出现双玻璃化温度？

二、选择题

1. 结晶聚合物的熔点（　　　）。

①随压力增大而增大　②随压力增大而减小　③基本与压力无关

2. 结晶聚合物的熔点（　　　）。

①与分子量无关

②当分子量增大到一定值时，与分子量无关

③随分子量增加，升高速率加快

④随分子量增加，升高速率减慢

3. 结晶聚合物在什么条件下结晶得到的晶体较完整，晶粒尺寸较大，且熔点较高，熔限较窄（　　　）。

①温度略低于 T_m 时　②温度略高于 T_m 时　③最大结晶速度时

4. 下列关于主转变温度的描述错误的是（　　　）。

①T_g：由于分子链运动活化　　　　　②T_m：由于晶格破坏

③T_f：由于整个分子链质心产生相对移动

5. 以下使 T_g 增加的因素哪个不正确（   ）。

①主链上增加芳环　　　　　　　　　　　②主链上增加杂原子密度

③在聚合物中加交联剂

6. 结晶聚合物的结晶过程是（   ）。

①吸热过程　　　　　　　　　　　　　　②力学状态转变过程

③热力学相变过程

7. 结晶聚合物达到 T_g 以上，则（   ）。

①所有链段都能运动

②只有非晶区中的链段能够运动

③链段和整个大分子链都能运动

8. PS 中苯基的摇摆不会产生（   ）。

①次级松弛　　　　　　　②T_β 转变　　　　　　　③T_α 转变

9. 共聚物的 T_g 一般是（   ）两均聚物的 T_g。

①高于　　　　　　　　　②介于　　　　　　　　　③低于

10. 造成聚合物多重转变的原因是（   ）。

①高分子运动单元具有多重性　　　　　　②分子量的多分散性

③分子链的多构象数

11. 下述关于聚合物的玻璃化转变哪一条正确（   ）。

①玻璃化温度随分子量的增大而不断增大

②玻璃化转变是热力学一级转变

③玻璃化温度是自由体积达到某一临界值的温度

12. PMMA 的玻璃化转化过程和 PE 熔融过程（   ）。

①都是力学状态转变过程　　　　　　　　②都是热力学相变过程

③前者是热力学相变过程，后者是力学状态转变过程

④前者是力学状态转变过程，后者是热力学相变过程

13. 外力作用频率变慢，T_g 将（   ）。

①变高　　　　　　　　　②不变　　　　　　　　　③变低

14. 测试时升（降）温速度变慢，T_g 将（   ）。

①变高　　　　　　　　　②不变　　　　　　　　　③变低

15. 聚合物在玻璃化温度时，以下哪一项正确（   ）。

①等自由体积分数　　　　②等比热容　　　　　　　③等黏度

三、判断题（正确的划"√"；错误的划"×"）

1. 结晶聚合物处于 T_g 以上所有链段都能运动，处于 T_m 以上链段和整个大分子链都能

运动。　　　　　　　　　　　　　　　　　　　　　　　　　　　　　　（　　）

2. T_g 的大小与测定方法无关，是一个不变的数值。 （ ）

3. T_m 的大小与测定方法无关，是一个不变的数值。 （ ）

4. 两种聚合物共混后，共混形态呈海岛结构，这时共混物有一个 T_g。 （ ）

5. 在 100 ℃ 以下，虽然聚甲基丙烯酸甲酯大分子链的整体运动被冻结，但链段仍可以自由运动。 （ ）

6. 在 T_g 以下，虽然聚合物大分子链的整体运动被冻结，但链段仍可以自由运动。

（ ）

7. 聚甲基丙烯酸乙酯的 T_g 比聚甲基丙烯酸正丁酯的 T_g 高。 （ ）

8. 高分子主链相同时，侧基的数目越多，T_g 越高，因此聚偏二氯乙烯的 T_g 高于聚氯乙烯的 T_g。 （ ）

9. 因为聚丙烯酸丁酯的侧基比聚丙烯酸甲酯的侧基长，所以聚丙烯酸丁酯的 T_g 高于聚丙烯酸甲酯的 T_g。 （ ）

10. 聚合物的结晶度大小与测定方法无关，是一个不变的数值。 （ ）

11. 分子中含有双键的聚合物，T_g 都高。 （ ）

12. 聚合物玻璃化转变时，自由体积分数约为 0.025。 （ ）

13. 非对称取代的聚合物的 T_g 随取代基数目的增加而升高。 （ ）

14. 聚合物可冷加工的条件是由主链上运动单元引起 β 松弛，且必须满足 $T_\beta <$ 室温 $<T_g$，$T_\beta \sim T_g$ 范围较宽。 （ ）

四、简答题

1. 自由基引发聚合生成的聚醋酸乙烯酯是非结晶性聚合物，而将其醇解后生成的聚乙烯醇是结晶性聚合物，如何解释此现象？

2. 为什么聚对苯二甲酸乙二醇酯淬冷时，可得到无定型的透明玻璃体？

3. 试分析下列聚合物能否结晶，并简述理由。

（1） $+CF_2-CF_2+_n$；　　　（2） $+CH_2-CH_2+_n$；　　　（3） $\begin{matrix} +CH_2-CH+_n \\ | \\ Cl \end{matrix}$；

（4） $+NH-(CH_2)_6-NHCO-(CH_2)_4-CO+_n$；　　　（5） $\begin{matrix} +CF_2-CF+_n \\ | \\ Cl \end{matrix}$。

4. 根据图形回答问题。

（1）图 3.20 中四条曲线分别代表聚合物中不同增塑剂的含量（为 40%，25%，10%，5%）的形变–温度曲线，请一一对应指出。

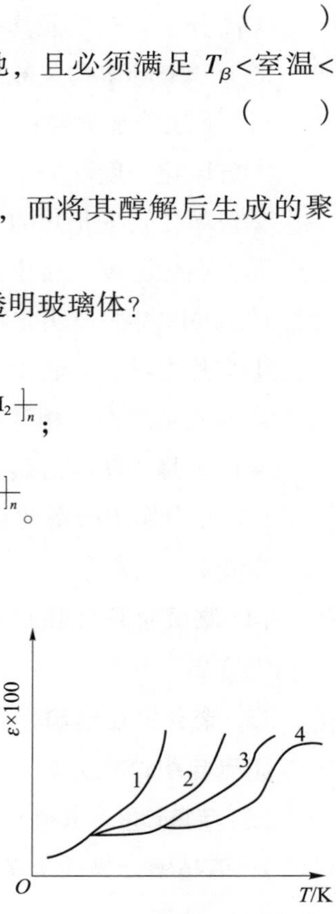

图 3.20　题 4（1）图

（2）图 3.21 中四条曲线分别代表不同交联度
（为 50%，20%，10%，5%）的同种聚合物的模
量-温度曲线，请一一对应指出。

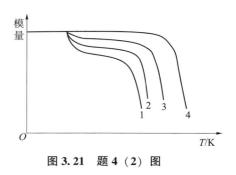

图 3.21　题 4（2）图

5. 解释为什么高速行驶中的汽车内胎易爆破。

6. 试说明图 3.22 中曲线所代表的甲、乙、丙三种聚合物哪种可作橡胶、塑料或纤维
使用。为什么？

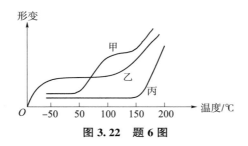

图 3.22　题 6 图

五、排序题（并说明理由）

1. 排出下列各组聚合物 T_g 值的高低次序：

（1）聚丙烯，聚二甲基硅氧烷，聚丙烯腈，聚异戊二烯（顺式），聚氯乙烯；

（2）$+CH_2-CH+_n$，$+CH_2-CH+_n$，$+CH_2-\underset{CH_3}{\overset{CH_3}{C}}+_n$，$+CH_2-\underset{Cl}{\overset{Cl}{C}}+_n$，$+CH=CH-CH=CH+_n$；
（第一个 CH 下接 CH_3，第二个 CH 下接苯环）

（3）含 10% 邻苯二甲酸二丁酯的聚氯乙烯，聚氯乙烯，含 40% 邻苯二甲酸二丁酯的
聚氯乙烯；

（4）聚苯乙烯，聚苯醚，聚碳酸酯（芳族）。

2. 试估算下列各组聚合物的熔点高低顺序：

（1）聚碳酸酯，聚甲醛，聚丙烯，聚苯；

（2）聚异丁烯，聚乙炔，聚异戊二烯（顺式）；

（3）当聚合物的重复单元中主链的碳原子数相等时，比较：聚酯，聚脲，聚氨酯，聚
酰胺，线型聚乙烯；

（4）尼龙 6，尼龙 66，尼龙 1010；

（5）聚对苯二甲酸乙二酯，聚间苯二甲酸乙二酯，聚邻苯二甲酸乙二酯。

六、证明题

假定自由体积分数的摩尔质量依赖性为 $f_{r,M} = f_{r,\infty} + A/\overline{M}_n$，式中，$f$ 为自由体积分数；下标 M、∞ 分别为分子量为 $\overline{M}_n$ 和无限大；A 为常数。试证明关系式：$T_{g,M} = T_{g,\infty} - K/\overline{M}_n$（其中 $K = A/\Delta\alpha_f$）。

七、计算题

1. 均聚物 A 的熔点为 200 ℃，其每个重复单元的熔融热为 8 360 J/mol，若在结晶的 AB 无规聚合物中，单体 B 不能进入晶格，试估算 $n_B/n_A = 1/9$（物质的量比）的无规共聚物的熔点。

2. 甲苯的 $T_g = 113$ K，若用甲苯作为聚苯乙烯的增塑剂，试估算含有 20% 体积分数甲苯的聚苯乙烯的 T_g 值。

3. 天然橡胶的松弛活化能近似为 1.05 kJ/mol，试估算一块天然橡胶由 27 ℃升温到 127 ℃时，其松弛时间缩短至原来的多少。

4. 由单体 A 和 B 组成之共聚物的 T_g，视两组分的质量分数而定，现已知表 3.10 所示的数据，试估算均聚物 A 和 B 的 T_g 分别为多少。

表 3.10　题 4 表

A 的质量分数	0.10	0.20
共聚物的 T_g/K	336	318

第 4 章

聚合物的弹性理论和形变性能

固体材料在受到外力作用后会发生形变，去除作用力后恢复原来形状的能力称为弹性；液体在外力作用下会发生流动，流体在运动状态下抵抗剪切变形速率能力的性质称为黏性。形变与流动的本质是相同的，都是物体在外力作用下发生的形状的变化。

事实上，任何材料都同时显示弹性和黏性，即所谓黏弹性。例如，水是黏性液体，但在打水漂时（人类最古老的游戏之一，把扁平的石头以一定的角度用力撇向水面时，石头可以在水面上弹跳数次），却体现出典型的弹性行为。相比其他物体，聚合物材料的这种黏弹性表现得更为显著，是典型的黏弹性体。

本章主要介绍经典聚合物的高弹性和黏弹性理论，理解这个动态过程与特点对合理进行有关聚合物加工、正确而有效地使用聚合物有很大的作用。

4.1 聚合物的高弹性

聚合物的可逆弹性形变，包括普弹形变和高弹形变。处于高弹态的高分子，其最大特点是它的高弹性。非晶态聚合物在玻璃化温度以上时处于高弹态，高弹态的高分子链段有足够的自由体积可以活动。如果高弹态的聚合物进行化学交联，形成交联网络（交联橡胶），受外力时可以伸长好几倍，去除外力后可以恢复原状，这种大变形的可逆性称为高弹性，是这类高分子材料所特有的，而一般的物质就没有这种性能。

4.1.1 橡胶与高弹性

橡胶类材料是典型的高弹性体。根据美国材料与试验协会（American Society for Testing Materials，ASTM）标准的定义，橡胶指在 20~27 ℃下，1 min 可拉伸为原长 2 倍的试样，当外力去除后 1 min 内试样至少回缩到原长 1.5 倍以下，或者在使用条件下，弹性模量为 $10^6 \sim 10^7$ Pa的试样。

橡胶和弹性体的物理力学性能是极其特殊的，它们有稳定的尺寸，在形变（<5%）时，其弹性响应符合胡克定律，类似固体；但其热膨胀系数和恒温压缩系数与液体有相同的数量级，意味着分子间作用力与液体相似；此外，其导致形变的应力随温度升高而增加，与气体

的压力随温度升高而增加有类似性。

单就力学性能而言，与金属及小分子固体相比，因为高分子链很长，内旋转导致构象熵变很大，所以其在宏观上表现出较强的高弹性。

高弹性具有以下特点：①高弹形变量很大且可逆，可达1 000%以上，而一般金属材料的普弹形变量不超过1%；②高弹模量较小，比高分子玻璃态时的模量小3~5个数量级，比金属材料的普弹模量小5~6个数量级，高弹模量随绝对温度的升高呈正比增加，而一般金属材料的普弹模量随温度的升高反而减小；③高弹性不符合胡克定律，而一般金属材料的普弹性符合胡克定律；④高弹形变的松弛时间远大于普弹形变的松弛时间（即高弹形变恢复慢于普弹形变恢复）；⑤高弹形变时有明显的热效应，当快速拉伸（类似绝热）时，高弹性物体温度升高，而金属物体温度下降；⑥高弹性的产生主要是由于构象熵的变化，普弹性的产生主要是由于热力学能变化。热运动使分子链试图恢复到无序的蜷曲状态，产生回缩力，温度越高，回缩力越大。从表4.1中可以看出高弹性与普弹性的区别。

表 4.1 高弹性与普弹性的区别

	高弹性	普弹性
本质	熵弹性（是由于受外力作用时构象熵的变化而产生的弹性）	能弹性（是由于热力学能的变化而产生的弹性）
模量	小，$10^5 \sim 10^6$ Pa； 温度升高，模量增大	大，$10^{10} \sim 10^{11}$ Pa； 温度升高，模量降低
特点	形变具有松弛特性	形变具有瞬时性
形变	大而可逆（可达1 000%）	小而可逆（一般为1%）
热效应	快速拉伸时放热	快速拉伸时吸热

橡胶弹性体的物理性能是非常独特的，兼有固体、液体和气体的物理性质。它与普通固体相似之处表现在具有尺寸稳定性，并且在小应变时（<5%）它的弹性响应基本上属于胡克弹性；它与液体的类似之处表现在热膨胀系数和恒温压缩系数与液体的相应值属于同一个数量级，即橡胶的分子间作用力类似于液体的分子间作用力；它与气体的相似之处是在形变的橡胶中，应力随温度的升高而增加，这与压缩气体的压力随温度的升高而增加非常类似。这种像气体的行为说明橡胶的弹性是一种熵弹性。

专栏4.1 天然橡胶

天然橡胶是一种天然高分子化合物，其成分中91%~94%是顺式聚异戊二烯，其余为蛋白质、脂肪酸、灰分、糖类等非橡胶物质。

　　天然橡胶由三叶橡胶树的胶乳制得。橡胶树的表面被割开时，树皮内的乳管被割断，胶乳从树上流出。从橡胶树上采集的乳胶，经过稀释后加入酸凝固、洗涤，然后压片、干燥、打包，即制得市售的天然橡胶。天然橡胶根据不同的制胶方法可分为烟片胶、风干胶片、绉片胶、技术分级干胶和浓缩胶乳等。

　　未硫化的天然橡胶是高分子量的线形聚合物，实际用途不大。1492 年，当哥伦布（Columbus）到达美洲大陆时，发现印第安人玩橡胶球。该物质在短时间内可以维持其形状。然而在放置过夜时，橡胶球发生蠕变，底部首先变平，最终成为薄烤饼状。直到 1839 年，美国人固特异（Goodyear）发现在橡胶中加入硫磺和碱式碳酸铅，经加热后制出的橡胶制品遇热或在阳光下曝晒时，不再像以往那样易于变软和发黏，而且能保持良好的弹性，从而发明了硫化橡胶。至此天然橡胶才真正被确认其特殊的使用价值，成为一种重要的工业原料。

　　三叶橡胶树主要分布于东南亚国家和巴西，我国海南省和云南省西双版纳傣族自治州等地区也有种植。

4.1.2　高弹性的热力学分析

1. 高弹性的热力学方程

　　由大量的实验研究得知，高弹形变是由柔顺性高分子链弯曲缠结的热运动所引起的。当分子链本身以及分子链之间发生链缠结时，不仅缠结点的摩擦系数增强，而且缠结链段的弹性随之增高。高弹形变包括平衡态形变和非平衡态形变两种类型。其中，平衡态形变是指热力学平衡态构象之间的可逆过程形变；非平衡态形变是指松弛过程中的形变。本小节讨论的高弹性热力学理论为交联橡胶热力学平衡态的高弹形变。

　　把橡皮试样当作热力学系统，系统环境与外力、温度和压力等有关。假设：在恒温、恒压、平衡态形变条件下，将长度为 l_0 的橡胶试样在拉力（张力）f 作用下，拉长了 $\mathrm{d}l$。根据热力学第一、第二定律，可推得恒温恒压下，橡胶变形产生的恢复力，与拉力 f 大小相等，方向相反，故也用 f 表示为

$$f=\left(\frac{\partial H}{\partial l}\right)_{T,p}-T\left(\frac{\partial S}{\partial l}\right)_{T,p} \tag{4.1}$$

同理，可以在恒温恒容条件下推出热力学方程为

$$f=\left(\frac{\partial U}{\partial l}\right)_{T,V}-T\left(\frac{\partial S}{\partial l}\right)_{T,V} \tag{4.2}$$

　　由式（4.2）可以看出，外力作用在橡胶上，一方面使橡胶的热力学能随着伸长而变化，另一方面使橡胶的熵随着伸长而变化。或者说橡胶弹性体因形变而产生的恢复力是由焓和熵的变化引起的。

因为式（4.1）中的 $\left(\dfrac{\partial S}{\partial l}\right)_{T,p}$ 项不能通过实验直接测量，所以将其转变为实验可测的量 $\left(\dfrac{\partial f}{\partial T}\right)_{l,p}$，即

$$\left(\frac{\partial S}{\partial l}\right)_{T,p} = -\left(\frac{\partial f}{\partial T}\right)_{l,p} \tag{4.3}$$

则橡胶恢复力为

$$f = \left(\frac{\partial H}{\partial l}\right)_{T,p} + T\left(\frac{\partial f}{\partial T}\right)_{l,p} \tag{4.4}$$

2. 热弹转换现象

在高弹性的热力学方程（4.4）中，$\left(\dfrac{\partial f}{\partial T}\right)_{l,p}$ 的物理意义是在试样的长度 l_0 和压力 p 维持不变的情况下，试样拉力 f（即应力）随温度 T 的变化，可以从实验中测量得到。图 4.1 所示为在不同拉伸比（$\lambda = l/l_0$）下，天然橡胶的平衡应力-温度曲线（样品原长为 l_0，未经温度校正）。实验中，改变温度时，必须等待足够长的时间，使拉力达到平衡。对于所有的伸长量，拉力-温度关系都是线性的。但是，当伸长率 λ 大于 10% 时，直线的斜率为正；当伸长率小于 10% 时，直线的斜率为负。这种随着 λ 增大，应力-温度曲线的斜率由负变正的现象称为热弹转换现象或热弹颠倒现象。

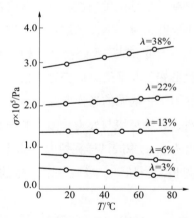

图 4.1　在不同拉伸比（$\lambda = l/l_0$）下，天然橡胶的平衡

应力-温度曲线（样品原长为 l_0，未经温度校正）

热弹转换现象是由橡皮的热膨胀引起的。热膨胀使固定拉力下试样的长度增加，这就相当于维持同样长度所需的作用力减小。在伸长量不大时，由热膨胀引起的拉力减小超过了此时伸长量应该需要的拉力增加，使拉力随温度增加而稍有下降。

在此进一步从热力学上解释热弹性转换现象。

根据式（4.4）得

$$\left(\frac{\partial f}{\partial T}\right)_{l,p}=\frac{1}{T}\left[f-\left(\frac{\partial H}{\partial l}\right)_{T,p}\right] \tag{4.5}$$

由式（4.5）可知，当 f-T 直线斜率为负时，$\left(\dfrac{\partial H}{\partial l}\right)_{T,p}>f$，即 λ 较小时，橡胶正的热膨胀占优势；当 f-T 直线斜率为正时，$\left(\dfrac{\partial H}{\partial l}\right)_{T,p}<f$，即 λ 较大时，与 f 相比，$\left(\dfrac{\partial H}{\partial l}\right)_{T,p}$ 较小，近似有 $f\approx-T\left(\dfrac{\partial S}{\partial l}\right)_{T,p}$，即各 f-T 直线截距约为 0。

为了克服热膨胀引起的效应，改用恒定拉伸比 $\lambda=l/l_0$ 来代替恒定长度 l，直线将不再出现负斜率，见图 4.2，拉伸比为一定范围（$\lambda<3$），在相当宽的温度范围时，各直线外推到 $T=0$ K，几乎通过坐标原点，由式（4.1）可知，$\left(\dfrac{\partial H}{\partial l}\right)_{T,p}\approx 0$，即

$$f\approx-T\left(\frac{\partial S}{\partial l}\right)_{T,p} \tag{4.6}$$

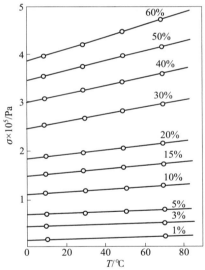

图 4.2　校正到固定拉伸比时应力（或张力）-温度关系

由此可以得到理想高弹体的概念。理想高弹体指形变时 $\left(\dfrac{\partial H}{\partial l}\right)_{T,p}=0$ 的弹性体，也就是说，当理想高弹体拉伸时，热力学能不变，而主要引起熵的变化。（说明：压力恒定推出来是 H，体积恒定推出来是 U。）

3. 真实橡胶的弹性

理想高弹体在实际中是不存在的，对于真实橡胶有以下的特点：①当 λ 较大时，能弹性很小，以熵弹性为主（属于实用高弹性范围）；②当 λ 较小或很大时，热力学能变化对

弹性的贡献不可忽视。因此 λ 很大时，许多弹性体将发生应变诱导结晶，此时，反映热力学能变化的焓变贡献显得很重要，甚至超过熵变的作用。

通过以上的热力学推导可知：高分子高弹性的本质是熵弹性。但对于真实高弹体的弹性，主要来自熵弹性，同时热力学能的贡献也不容忽略。只有在一定的 l 值范围内，真实橡胶才表现出显著的熵弹性。

4. 产生高弹形变的条件

非晶态聚合物在玻璃化温度以上时处于高弹态，表 4.2 列出了某些通常为橡胶状的聚合物。高弹态的高分子链段有足够的自由体积可以活动，当它们受到外力，柔顺性的高分子链可以伸展或蜷曲，能产生很大的变形，但并不是所有的高分子都如此，表 4.3 所示为某些通常为非橡胶状的聚合物。如果将高弹态的聚合物进行化学交联，形成交联网络，它的特点是受到外力能产生很大的变形，但不导致高分子链之间产生滑移，因此外力去除形变会完全恢复，这种大形变的可逆性称为高弹性。这是该类聚合物材料所特有的。

表 4.2 某些通常为橡胶状的聚合物

聚合物	结构单元	$T_g/℃$	$T_m/℃$
天然橡胶	$-CH_2-C(CH_3)=CH-CH_2-$	-73	28
丁基橡胶	$-C(CH_3)_2-CH_2-$	-73	5
聚二甲基硅氧烷	$-Si(CH_3)_2-O-$	-127	-40
聚丙烯酸乙酯	$-CH_2(COOC_2H_5)-CH_2-$	-24	—
苯乙烯-丁二烯共聚物	$-CH(C_6H_5)-CH_2-$ $-CH=CH-CH_2-CH_2-$	低	—
乙烯-丙烯共聚物	$-CH_2-CH_2-$ $-CH(CH_3)-CH_2-$	低	—

表 4.3 某些通常为非橡胶状的聚合物

聚合物	结构单元	原因
聚乙烯	$-CH_2-CH_2-$	高度结晶
聚苯乙烯	$-CH(C_6H_5)-CH_2-$	玻璃状
聚氯乙烯	$-CHCl-CH_2-$	玻璃状
弹性蛋白	$-CO=NH-CHR-$	玻璃状
聚硫	$-S-$	链不太稳定
聚对苯撑	$-C_6H_4-$	链太刚性
酚醛树脂	$-C_6H_4(OH)-CH_2-$	链太短

因此若想产生高弹形变，需要满足以下几个条件：①弹性体的分子量要很大；②柔顺性的高分子链；③轻度交联的弹性体。

 案例分析 4.1

橡皮筋在不受外力作用时，受热伸长；在受恒定外力作用时，受热收缩。试用高弹性热力学理论解释。

分析：在不受外力作用时，橡皮筋受热伸长是正常的热膨胀现象，本质是分子的热运动。

在受恒定外力作用时，橡皮筋受热收缩，是由于高分子链被拉伸后倾向于收缩卷曲，加热有利于分子运动，从而利于收缩。

根据高弹性主要是由熵变引起的，可得

$$TdS = -fdl$$

式中，f 为定值。

因此，$dl = -\dfrac{TdS}{f} < 0$，即受热收缩，而且随着温度增加，收缩增加。

4.1.3　高弹性的统计理论

理想橡胶可看作无数个占有体积的长柔顺性链聚集在一起，因为热运动使柔顺性链的构象不断发生重排，所有这些构象的能量相等，所以各种构象出现的概率相等。由前面热力学分析的结果知道，对于理想高弹体来说，其弹性是熵弹性，形变时回缩力仅仅由体系内部熵的变化引起，因此有可能用统计方法计算体系熵的变化，进而推导出宏观的应力-应变关系。

热力学分析只能给出宏观物理量之间的关系。W Kuhn、E Guth 和 H Mark 等把统计力学用于高分子链的构象统计，并建立了橡胶高弹性统计理论，即通过微观的结构参数求得高分子链熵值的定量表达式，进而从交联网形变前后熵变导出宏观应力-应变关系。

为了使橡胶具有平衡的弹性应力，线型高分子链的集合必须连结起来成为无限的网络结构，否则高分子链在外力作用下，彼此之间的滑移会使橡胶呈现出流动性。为了方便采用一个理想的橡胶模型，即"交联成无线网络的高分子分子链集合"模型。

橡胶弹性统计理论有 5 个假设条件：①系统热力学能与各个网链的构象无关，即不论交联点之间的分子链的构象如何，都不影响体系的热力学能；②每个交联点由 4 个有效链组成，交联点呈无规分布；③交联点之间的网链为高斯链，其末端距符合高斯分布；④由高斯链组成的各向同性网络的构象总数等于各个网链构象数的乘积；⑤网络中的各交联点处于其平均位置上，当橡胶变形时，交联点发生仿射变形。

对于一个孤立的柔顺性高分子链，可以按等效自由结合链来处理，将其看作含有 n_e 个长度为 l_e 链段的自由结合链，如果把它的一端固定在坐标原点（0，0，0），则另一端出现在点 (x_i, y_i, z_i) 单位体积内的概率（或构象数）可以用高斯分布函数来描述：

$$\Omega_i = W(x_i, y_i, z_i)\,\mathrm{d}x\mathrm{d}y\mathrm{d}z = \left(\frac{\beta_i}{\sqrt{\pi}}\right)^3 \exp\left[-\beta_i^2(x_i^2+y_i^2+z_i^2)\right]\mathrm{d}x\mathrm{d}y\mathrm{d}z \tag{4.7}$$

令

$$\beta_i^2 = \frac{3}{2n_i l_i^2} \tag{4.8}$$

如果将 $\mathrm{d}x\mathrm{d}y\mathrm{d}z$ 取成单位小体积元，则链构象数同概率密度 $W(x,y,z)$ 成比例，再根据玻耳兹曼方程，体系的熵 S 与体系的微观状态数（构象数）Ω 的关系为

$$S = k\ln\Omega \tag{4.9}$$

用 $\bar{\beta}$ 取代 β_i，用 $\bar{\beta}^2 = \dfrac{3}{2\,h_G^2}$ 取代 β_i^2，则形变之前网络的构象熵应为

$$S = C - k\bar{\beta}^2(x_i^2+y_i^2+z_i^2) \tag{4.10}$$

式中，$C = kN\ln\left(\dfrac{\bar{\beta}}{\sqrt{\pi}}\right)^3$，为与坐标 (x_i, y_i, z_i) 无关的常量。

对于一块各向同性的橡胶试样，设取出其中的单位立方体，如图4.3（a）所示。当发生了一般的纯均相应变时，立方体转变为长方体，如图4.3（b）所示，这个长方体在3个主轴上的尺寸是 λ_1、λ_2、λ_3，它们叫作主拉伸比，其值分别为

$$\lambda_1 = \frac{X_i}{x_i}, \lambda_2 = \frac{Y_i}{y_i}, \lambda_3 = \frac{Z_i}{z_i} \tag{4.11}$$

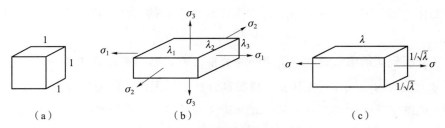

图4.3　橡胶的单位立方体变为长方体

与此同时，高分子链的末端距也会发生相应的变化。根据仿射形变条件，如果交联网中第 i 个网链的一端固定在坐标原点，另一端形变前在点 (x_i, y_i, z_i) 处，则形变后应在点 $(X_i = \lambda_1 x_i, Y_i = \lambda_2 y_i, Z_i = \lambda_3 z_i)$ 处，如图4.4所示。根据假设条件⑤，网链的构象熵可以引用式（4.10）的结果，即第 i 个网链形变前构象熵为

$$S_{i,u} = C - k\bar{\beta}^2(x_i^2+y_i^2+z_i^2) \tag{4.12}$$

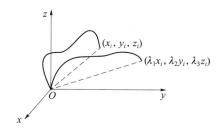

图 4.4　网链"仿射"形变前后

形变后构象熵为

$$S_{i,d}=C-k\,\overline{\beta}^2\left(\lambda_1^2x_i^2+\lambda_2^2y_i^2+\lambda_3^2z_i^2\right) \tag{4.13}$$

故形变后网链的构象熵的变化为

$$\Delta S=S_{i,d}-S_{i,u}=-k\,\overline{\beta}^2\left[\,(\lambda_1^2-1)x_i^2+(\lambda_2^2-1)y_i^2+(\lambda_3^2-1)z_i^2\,\right] \tag{4.14}$$

根据假设条件④，整个交联网形变时的总构象熵应为交联网中全部网链熵变的加和。如果交联网内共有 N 个网链，则橡胶网络的总熵变为

$$\Delta S=-k\sum_{i=1}^{N}\beta_i^2\left[\,(\lambda_1^2-1)x_i^2+(\lambda_2^2-1)y_i^2+(\lambda_3^2-1)z_i^2\,\right] \tag{4.15}$$

由于每个网链的末端距都不相等，所以取其平均值，则

$$\Delta S=-k\,\overline{\beta}^2N\left[\,(\lambda_1^2-1)\overline{x}^2+(\lambda_2^2-1)\overline{y}^2+(\lambda_3^2-1)\overline{z}^2\,\right] \tag{4.16}$$

又因为交联网络是各向同性的，所以

$$\overline{x}^2=\overline{y}^2=\overline{z}^2=\frac{\overline{h}_G^2}{3} \tag{4.17}$$

由假设条件③可知，网链的均方末端距等于高斯链的均方末端距，即 $\overline{\beta}^2=\dfrac{3}{2\,\overline{h}_G^2}$，则式（4.16）变为

$$\Delta S=-\frac{1}{2}kN(\lambda_1^2+\lambda_2^2+\lambda_3^2-3) \tag{4.18}$$

由于假设形变过程中交联网的热力学能不变，$\Delta U=0$，吉布斯自由能的变化为

$$\Delta F=\Delta U-T\Delta S=-T\Delta S=\frac{1}{2}kTN(\lambda_1^2+\lambda_2^2+\lambda_3^2-3) \tag{4.19}$$

在恒温恒容条件下，外力对体系所做的功 W 等于体系吉布斯自由能的增加。换句话说，外力做功储存在这个形变了的橡胶里，则

$$W=\Delta F=\frac{1}{2}kTN(\lambda_1^2+\lambda_2^2+\lambda_3^2-3) \tag{4.20}$$

式（4.20）称为高弹性的储能方程。

对于单轴拉伸情况，假定在 x 方向上拉伸，$\lambda_1 = \lambda$，考虑拉伸时体积不变，$\lambda_1 \lambda_2 \lambda_3 = 1$，因而 $\lambda_2 = \lambda_3 = \sqrt{\dfrac{1}{\lambda}}$，如图 4.3（c）所示，则可以得到

$$W = \frac{1}{2}kTN\left(\lambda^2 + \frac{2}{\lambda} - 3\right) \tag{4.21}$$

如果试样在单向拉力 f 的作用下伸长了 $\mathrm{d}l$，则其对体系做的功为

$$\mathrm{d}W = f \cdot \mathrm{d}l \tag{4.22}$$

注意到 $\lambda = l/l_0$，因此，

$$f = \left(\frac{\mathrm{d}W}{\mathrm{d}l}\right)_{T,V} = \left(\frac{\mathrm{d}W}{\mathrm{d}\lambda}\right)_{T,V} \cdot \left(\frac{\mathrm{d}\lambda}{\mathrm{d}l}\right)_{T,V} = NkT\left(\lambda - \frac{1}{\lambda^2}\right) \cdot \frac{1}{l_0} \tag{4.23}$$

用 N_0 表示单位体积内的网链数，即 $N_0 = N/V_0 = N/A_0 l_0$，则拉伸应力为

$$\sigma = \frac{f}{A_0} = \frac{N}{A_0 l_0}kT\left(\lambda - \frac{1}{\lambda^2}\right) = N_0 kT\left(\lambda - \frac{1}{\lambda^2}\right) \tag{4.24}$$

式（4.24）中的网链密度 N_0 又可用单位体积内网链的物质的量 n_0 或网链的平均分子量 $\overline{M}_\mathrm{c}$ 来代替，于是拉伸应力的计算式可分别表示为

$$\sigma = n_0 RT\left(\lambda - \frac{1}{\lambda^2}\right) \tag{4.25}$$

$$\sigma = \frac{\rho RT}{\overline{M}_\mathrm{c}}\left(\lambda - \frac{1}{\lambda^2}\right) \tag{4.26}$$

式中，R 为普适气体常量；ρ 为试样的密度。

式（4.24）、式（4.25）和式（4.26）均称为交联橡胶的状态方程，描述了交联橡胶的应力-应变关系。

4.1.4 对交联橡胶状态方程的几点说明

1. 橡胶的弹性模量

当 $\varepsilon \ll 1$ 时，$\lambda^{-2} = (1+\varepsilon)^{-2} = 1 - 2\varepsilon + 3\varepsilon^2 - \cdots \approx 1 - 2\varepsilon$，$\sigma \approx 3N_0 kT\varepsilon$，则橡胶的弹性模量为

$$E = \frac{\sigma}{\varepsilon} = 3NkT = \frac{3\rho RT}{\overline{M}_\mathrm{c}} \tag{4.27}$$

由式（4.27）说明，当形变很小时，交联橡胶的应力-应变曲线符合胡克定律。

又因为橡胶类聚合物在变形时，体积几乎不变，泊松比 $\mu = 0.5$，弹性模量与剪切模量的关系是 $E = 3G$，所以可得到橡胶的剪切模量为

$$G = E/3 = N_0 kT \tag{4.28}$$

上述关系说明橡胶的弹性模量随温度的升高和网链密度的增加而增大的实验事实。将

式（4.28）代入式（4.24），得到

$$\sigma = \frac{E}{3}\left(\lambda - \frac{1}{\lambda^2}\right) = G\left(\lambda - \frac{1}{\lambda^2}\right) \tag{4.29}$$

单轴拉伸时橡胶的储能方程也可用 G 表示：

$$W = \frac{1}{2}G\left(\lambda^2 + \frac{2}{\lambda} - 3\right) \tag{4.30}$$

2. 采用真应力的交联橡胶状态方程

真应力 $\sigma_{真} = \frac{f}{A}$，表观应力 $\sigma = \frac{f}{A_0}$，边长为 a、b 的横截面形变后其面积为

$$A = a\lambda_2 \times b\lambda_3 = a \times b \times \lambda_2 \times \lambda_3 = A_0 \times \lambda_2\lambda_3 \tag{4.31}$$

对于体积不变的单轴拉伸，$\lambda_2\lambda_3 = \frac{1}{\lambda}$，于是

$$\sigma_{真} = \frac{f}{A} = \frac{f}{\lambda_2\lambda_3 A_0} = \lambda \cdot \frac{f}{A_0} = \lambda \cdot \sigma \tag{4.32}$$

$$\sigma_{真} = N_0 kT\left(\lambda^2 - \frac{1}{\lambda}\right) \tag{4.33}$$

3. 状态方程与实验值的偏离

将统计分析得到的交联橡胶状态方程的图像与由实验得到的应力-拉伸比曲线作比较，如图 4.5 所示。从图 4.5 中可以看出拉伸形变量不是很大时，状态方程与实验值较接近；当拉伸比较大时（$\lambda > 6$），状态方程与实验值相差越来越大。

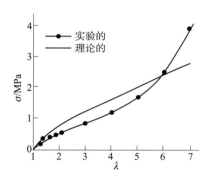

图 4.5　交联橡胶状态方程图像与其应力（σ）-拉伸比（λ）曲线的比较

造成偏差可能有两方面的原因：一方面是由于高拉伸比时，高度变形的交联网中，分子链已接近极限伸长，不再符合高斯链假设；另一方面是橡胶会发生应变诱导结晶，晶粒起一种交联作用，交联度的提高会使弹性应力提高。在高度结晶时，交联点也起填料的作用，提高了弹性应力，使材料形变能力降低，应力随形变量增加而急剧增大。

4. 对状态方程的修正

在统计理论的推导过程中，采用了许多理想化的假设，如热力学能对弹性没有贡献、

交联网是理想的、网链的末端距符合高斯分布、仿射变形，以及拉伸时体积不变等。这些假设在做理论推导时，为简化问题是必要的，但是它们与实际情况存在明显的出入，必然导致理论推导结果与实验事实之间的差异。为了使理论更加符合实际，人们不断地对上述理论提出修正，修正方法见相关文献，在此不进行讨论。

案例分析4.2

某种硫化橡胶的密度为 964 kg/m^3，其试件在 27 ℃下拉长一倍时的拉应力为 $7.25×10^5$ N/m^2。试求：（1）试件 1 m^3 中的网链数目；（2）初始的弹性模量与剪切模量；（3）网链的分子量 $\overline{M}_c$。

解：（1）由题可知 $\lambda = 2$，$\rho = 964$ kg/m^3，$T = 300$ K，$k = 1.381×10^{-23}$ J/K，代入

$$\sigma = N_0 kT\left(\lambda - \frac{1}{\lambda^2}\right)$$

中，可得

$$N_0 = \frac{\sigma}{kT\left(\lambda - \frac{1}{\lambda^2}\right)} = \frac{7.25×10^5}{1.381×10^{-23}×300×\left(2 - \frac{1}{4}\right)} = 10^{26}（个/m^3）$$

即试件 1 m^3 中的网链数目为 10^{26} 个。

（2）弹性模量：$E = 3N_0 kT = 3×10^{26}×1.381×10^{-23}×300 = 1.24×10^6$ Pa；

剪切模量：$G = \dfrac{E}{3} = 0.41×10^6$ Pa。

（3）由 $\sigma = \dfrac{\rho RT}{\overline{M}_c}\left(\lambda - \dfrac{1}{\lambda^2}\right)$ 可得

$$\overline{M}_c = \frac{\rho RT}{\sigma}\left(\lambda - \frac{1}{\lambda^2}\right) = \frac{9.64×10^5×8.314×300}{7.25×10^5}\left(2 - \frac{1}{4}\right) = 5\,804 \text{ g/mol}$$

专栏4.2：高弹性的特点（与金属的普弹性相比）

高弹性与普弹性的共同点：形变可逆。

不同点如下。

（1）高弹形变量很大，可达 1 000% 以上；普弹形变量一般小于 1%。

（2）高弹模量较小，比其玻璃态时的模量小 3~5 个数量级，比金属普弹模量小 5~6 个数量级。

（3）高弹性不符合胡克定律，不是线弹性；普弹性可符合胡克定律。

（4）高弹形变的松弛时间远大于普弹形变的松弛时间（即高弹形变恢复慢于普弹形变恢复）。

（5）快速拉伸时（类似于绝热），高弹性物体温度升高，金属物体温度下降。

（6）高弹性主要源于构象熵的变化，普弹性主要源于热力学能变化。热运动使分子链试图恢复到无序的蜷曲状态，产生回缩力，温度越高，回缩力越大。

4.2　聚合物的黏弹性

材料在外力作用下将产生应变。理想弹性固体（胡克弹性体）的行为服从胡克定律，应力与应变呈线性关系。受外力时平衡应变瞬时达到，去除外力应变立即恢复。理想黏性液体（牛顿流体）的行为服从牛顿流动定律，应力与应变速率呈线性关系。受外力时应变随时间线性变化，去除外力应变不能恢复。实际材料同时显示弹性和黏性，即所谓黏弹性。相比其他物体，高分子材料的这种黏弹性表现得更为显著，是典型的黏弹性体，它具有弹性固体和黏性液体两者的特征。

黏弹性包括两类：一类是线性黏弹性，由服从胡克定律的固体弹性和服从牛顿流动定律的液体黏性组合成的性质；另一类是非线性黏弹性，由不服从胡克定律的固体弹性和不服从牛顿流动定律的液体黏性组合成的性质。本节主要讨论的是线性黏弹性，外力作用的时间和温度是必须考虑的两个重要参数。

4.2.1　黏弹性实验

黏弹性实验包括静态黏弹性实验和动态黏弹性实验两类。这些黏弹行为反映的是聚合物力学性能的时间依赖性，统称为力学松弛。黏弹性的主要特征是力学松弛，根据高分子材料受到外部作用的情况不同，可以观察到不同类型的力学松弛现象，最基本的有蠕变、应力松弛、力学滞后和内耗等。下面介绍这几种现象以及影响这几种现象的因素。

1. 蠕变

在实际生活中经常看到这样的现象：将软质聚氯乙烯丝挂上一定质量的砝码，细丝就会慢慢伸长，解下砝码后，细丝会慢慢缩回去，这就是软质聚氯乙烯丝的蠕变和恢复现象。

所谓蠕变，指在恒温、恒定应力条件下，高分子的形变量随时间延长而逐渐发展的现象。图 4.6 所示为线型典型非晶态聚合物的温度在 T_g 以上单轴拉伸时蠕变曲线和蠕变恢复曲线。

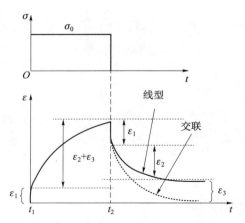

图 4.6　线型典型非晶态聚合物的温度在 T_g 以上单轴拉伸时蠕变曲线和蠕变恢复曲线

专栏 4.3：打水漂游戏

打水漂是人类古老的游戏之一，据推测从石器时代就开始了。打水漂是运用手腕的力量把撇出去的石头（最好是扁平状的）在水面上弹跳数次，成绩以石头在水面上弹跳的次数为依据，次数越多越好。

水是典型的低黏度液体，通常在外力作用下发生黏性流动，难以观察到其弹性行为。但这并不意味着水只有黏性而没有弹性，只是水的松弛时间太短，在通常的实验条件下观察不到而已。

打水漂时，石头以一定角度高速抛向水面，在与水面接触时，水面的弹性给了它向上的冲击力，使石头弹起。当然打水漂也需要一定的技术。法国人克里斯托弗·克拉内和他的同事使用高速摄像机等设备，不断试验，最后得出结论：其他条件相同的情况下，石头首次接触水与水面成 20° 角时，水漂效果最为完美，且石头旋转越快，打水漂飞得越高、弹跳次数越多。

从分子运动和变化的角度来看，蠕变过程包括下面三种形变。

（1）普弹形变。

当高分子材料受到外力作用时，分子链内部键长和键角立刻发生变化，这种形变量是很小的，称为普弹形变（见图 4.7），用 ε_1 表示：

$$\varepsilon_1 = \frac{\sigma_0}{E_1} \tag{4.34}$$

式中，σ_0 为内应力；E_1 为杨氏模量。

（2）高弹形变。

高弹形变（见图 4.8）是分子链通过链段运动逐渐伸直的过程，形变量比普弹形变要

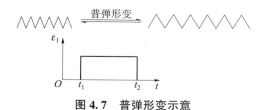

图 4.7　普弹形变示意

大得多，高弹形变 ε_2 与时间成指数关系：

$$\varepsilon_2 = \frac{\sigma_0}{E_2}(1 - e^{-t/\tau}) = \varepsilon(\infty)(1 - e^{-t/\tau}) \tag{4.35}$$

式中，τ 为推迟时间，它与链段运动的黏度 η_2 和高弹模量 E_2 有关，$\tau = \eta_2/E_2$，其物理意义是高弹形变量达到其平衡应变 $\varepsilon(\infty)$ 的 $(1 - 1/e)$ 倍时所需的时间。

外力去除时，高弹形变是逐渐恢复的。

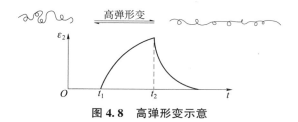

图 4.8　高弹形变示意

（3）黏流形变。

若分子间没有化学交联的线型高分子，则还会产生分子间的相对滑移，称为黏流形变（又称黏性流动，见图 4.9），用符号 ε_3 表示：

$$\varepsilon_3 = \frac{\sigma_0}{\eta}t \tag{4.36}$$

式中，η 为本体黏度。

外力去除时，黏流形变是不能恢复的。

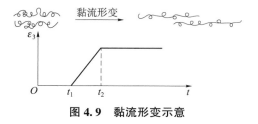

图 4.9　黏流形变示意

高分子受到外力作用时以上三种形变是一起发生的，材料的总形变为

$$\varepsilon(t) = \varepsilon_1 + \varepsilon_2 + \varepsilon_3 = \frac{\sigma_0}{E_1} + \frac{\sigma_0}{E_2}(1 - e^{-t/\tau}) + \frac{\sigma_0}{\eta}t \tag{4.37}$$

式中，普弹形变 ε_1 和高弹形变 ε_2 为可逆形变，而黏流形变 ε_3 为不可逆形变。

以上三种形变的相对比例依具体条件不同而不同。在非常短的时间内，仅有普弹形变 ε_1（胡克弹性），形变很小。随着时间延长，蠕变速度开始增加很快，接着逐渐变慢，最后基本达到平衡。这部分总形变除普弹形变 ε_1 以外，主要是高弹形变 ε_2，当然也存在随时间延长而增大的极少量的黏流形变 ε_3。加载时间很长，高弹形变 ε_2 已充分发展，达到平衡值，最后为纯粹的黏流形变 ε_3。这部分总形变包括 ε_1、ε_2 和 ε_3 的贡献。

2. 应力松弛

拉伸一块未交联的橡胶至一定长度，并保持长度不变，随着时间的增长，橡胶的回弹力逐渐减小到零。这是因为其内部的应力在慢慢衰减，最后衰减到零。

所谓应力松弛指在恒温、恒定应变条件下，高分子的应力随时间延长而逐渐衰减的现象。典型的应力松弛曲线如图 4.10 所示。

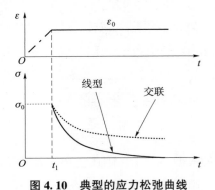

图 4.10　典型的应力松弛曲线

如图 4.10 所示，在 t_1 时刻给试样施加一个恒定的应变，试样内产生瞬时应力 σ_0，以后应力 $\sigma(t)$ 不断衰减，其衰减计算式为

$$\sigma(t) = \sigma_0 \cdot e^{-t/\tau} \tag{4.38}$$

到足够长的时间 t_∞，应力将衰减到零。无黏流形变（交联的情况下）时，应力衰减到一个恒定值。应力松弛时的 τ 称为松弛时间，其物理意义是应力松弛到初始应力 σ_0 的 $1/e$ 倍时所需的时间。

应力松弛的分子机理是拉伸力迅速作用使大分子链构象变化，由蜷曲状态到伸展状态。在外力的继续作用下，大分子之间解缠结，甚至发生滑移，逐渐成为新的无规蜷曲状态，使保持既定长度所需的应力继续减小，直到试样中所受的应力完全消失为止。应力松弛仍是一种弹性和黏性的组合。

高分子中的应力为什么会松弛掉？其实应力松弛和蠕变是一个问题的两个方面，都可以反映高分子内部分子的三种运动情况。当高分子一开始被拉长时，其中分子处于不平衡的构象，要逐渐过渡到平衡的构象，也就是链段顺着外力的方向运动以减少或消除内部应力。如果温度很高，远远超过 T_g，如常温下的橡胶，链段运动时受到的内摩擦力很小，应力很快就松弛掉了，甚至可以快到几乎觉察不到的地步。如果温度太低，比 T_g 低得多，如常温下的塑料，虽然链段受到很大的应力，但因为内摩擦力很大，链段运动的能力很弱，所以应力松弛极慢，也不容易觉察到。只有温度在 T_g 附近的几十度范围内，应力松弛现象比较明显。

 案例分析4.3

　　一个纸杯装满水置于一张桌面上，用一发子弹从桌面下部射入杯子，并从杯子的水中穿出，杯子仍位于桌面不动。如果纸杯里装的是一杯高分子的稀溶液，这次子弹把杯子打出了8 m距离。用松弛原理解释之。

　　分析： 低分子液体（如水）的松弛时间是非常短的，它比子弹穿过杯子的时间还要短，虽然子弹穿过水的瞬间有黏性摩擦，但它不足以带走杯子。高分子溶液的松弛时间比水大几个数量级，当子弹穿过杯子时，高分子分子链来不及响应，因此子弹将它的动量转给这个"子弹-液体-杯子"体系，从桌面把杯子带走了。

3. 力学滞后和内耗

动态力学行为是在交变应力或交变应变作用下，聚合物材料的应力或应变随时间的变化。这是一种更接近材料实际使用条件的黏弹性行为。例如，许多塑料零件像齿轮、阀门、凸轮等在周期性的动载下工作；橡胶轮胎、传送皮带等不停地承受交变载荷的作用。另外，动态力学行为可以获得许多分子结构和分子运动的信息。例如，对聚合物玻璃化转变、次级松弛、晶态聚合物的分子运动都十分敏感。因此，无论是从实用还是从理论观点来看，动态力学行为十分重要。

力学滞后（简称滞后）现象是指在交变应力作用下，聚合物的形变总是落后于其应力的现象。由于滞后，聚合物形变过程中的机械功转变成热，从而损失掉部分能量的现象称为力学损耗（或内耗）。从交联橡胶拉伸与回缩过程的应力-应变曲线和试样内部的分子运动情况可深入了解滞后和内耗产生的原因。

对于硫化的天然橡胶试条，如果用拉力机在恒温下尽可能慢地拉伸和回缩，其应力-应变曲线如图 4.11 中实线所示。由于高分子链段运动受阻于内摩擦力，所以应变跟不上应力的变化，拉伸曲线（OAB）和回缩曲线（BCD）并不重合。如果应变完全跟得上应力的变化，则拉伸与回缩曲线重合，如图 4.11

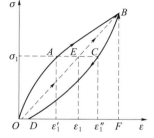

图 4.11　硫化的天然橡胶试条拉伸和回缩的应力-应变曲线

中虚线（OEB）所示。具体地说，当发生滞后现象时，拉伸曲线上的应变达不到与其应力相对应的平衡应变值，回缩曲线上的应变大于与其应力相对应的平衡应变值，如对应的应力 σ_1，有 $\varepsilon_1' < \varepsilon_1 < \varepsilon_1''$。在这种情况下，拉伸时外力对聚合物体系所做的功，一方面用来改变分子链的构象，另一方面用来提供链段运动时克服链段间内摩擦阻力所需的能量。回缩时，聚合物体系对外做功，一方面使伸展的分子链重新蜷曲起来，恢复到原来的状态，另一方面用于克服链段间的内摩擦阻力。在这样一个拉伸-回缩循环中，链构象的改变完全恢复，不损耗功，所损耗的功用于克服内摩擦阻力转化为热。内摩擦阻力越大，滞后现象越严重，消耗的功也越大，即内耗越大。

当拉伸和回缩时，外力对橡胶所做的功和橡胶对外力所做的回缩功分别相当于拉伸曲线和回缩曲线下包括的面积，于是一个拉伸-回缩循环中所损耗的能量与这两块面积之差相当。滞后环（滞后圈）的大小恰为单位体积的橡胶在每个拉伸-压缩循环中所损耗的功，即

$$\Delta W = \int_0^{2\pi/\omega} \sigma \mathrm{d}\varepsilon = \int_0^{2\pi/\omega} \sigma \mathrm{d}[\varepsilon_0 \sin(\omega t - \delta)], \Delta W = \pi \sigma_0 \varepsilon_0 \sin\delta \tag{4.39}$$

由式（4.39）可以看出，在每一个循环中，单位体积试样损耗的能量正比于最大应力 σ_0、最大应变 ε_0 以及应力和应变之间的相位差的正弦。因此，δ 又称为滞后角或内耗角，人们常用内耗角的正切值 $\tan\delta$ 来表示内耗的大小。

对于不同的流体其力学损耗的量是不同的。

对于理想弹性体：$\delta = 0$，$\Delta W = 0$；

对于牛顿流体：$\delta = \dfrac{\pi}{2}$，$\Delta W = \pi \sigma_0 \varepsilon_0$（损耗功为最大值）；

对于黏弹体：$0 < \delta < \dfrac{\pi}{2}$，$0 < \Delta W < \pi \sigma_0 \varepsilon_0$。

当 $\varepsilon(t) = \sigma_0 \sin\omega t$ 时，因应力变化比应变领先一个相位 δ，故 $\sigma(t) = \sigma_0 \sin(\omega t + \delta)$，这个应力表达式可以展开成

$$\sigma(t) = \sigma_0 \sin\omega t \cos\delta + \sigma_0 \cos\omega t \sin\delta \tag{4.40}$$

可见应力由两部分组成，一部分是与应变同相位的，幅值为 $\sigma_0 \cos\delta$，是弹性形变的动力；另一部分是与应变相位相差90°的，幅值为 $\sigma_0 \sin\delta$，消耗为克服摩擦阻力。如果定义 E' 为同相位的应力和应变的比值，而 E'' 为相位相差90°的应力和应变的振幅比值，即

$$E' = \frac{\sigma_0}{\varepsilon_0} \cos\delta \tag{4.41}$$

$$E'' = \frac{\sigma_0}{\varepsilon_0} \sin\delta \tag{4.42}$$

则应力的表达式为

$$\sigma(t)=\varepsilon_0 E' \sin\omega t+\varepsilon_0 E'' \cos\omega t \tag{4.43}$$

这时的模量也应包括两个部分，用复数模量表示如下：

$$E^*(\omega t)=\frac{\sigma(t)}{\varepsilon(t)}=\frac{\sigma_0}{\varepsilon_0}\mathrm{e}^{\mathrm{i}\delta}=|E^*|(\cos\delta+\mathrm{i}\sin\delta)=E'+\mathrm{i}E'' \tag{4.44}$$

式中，i 为虚数单位，$\mathrm{i}=\sqrt{-1}$；E' 为实数模量（或储能模量），它反映材料形变时储存的能量或回弹力大小；E'' 为虚数模量（或损耗模量），它反映形变时损耗的能量或内耗大小。

$E'(\omega)$ 和 $E''(\omega)$ 依赖于频率 ω。它们与 E^*、δ 的关系可以清楚地表述在复平面坐标上（见图 4.12），从图 4.12 或由式（4.41）、式（4.42）可以得

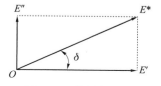

$$\tan\delta=\frac{\sin\delta}{\cos\delta}=\frac{E''}{E'} \tag{4.45}$$

图 4.12　拉伸复模量

内耗角的正切值反映了内耗的大小，所以又称为内耗因子。

当 δ 取不同的数值时，可以得到各种特殊情况下的 E'、E'' 值。

若 $\delta=0$，则无内耗，E' 即通常的弹性模量 E，$E''=0$；

若 $\delta=\dfrac{\pi}{2}$，则无弹性储存，$E'=0$；

若 $0<\delta<\dfrac{\pi}{2}$，则 δ 越大，内耗越大。

研究滞后现象对于评估高分子材料的耐寒性、耐热性以及力学性能，具有重要的实际意义。以软塑料为例，若从静应力下转移到普通动态力下使用，即从接近零的频率转移到每分钟 $10^2\sim10^8$ 次的频率，形变值将发生相当于降温 20~40 ℃的变化。即在恒应力下直到 −50 ℃还保持高弹性的软塑料，在交变应力下 −20 ℃便会硬化和发脆。热塑性塑料在静态下加热，玻璃化温度可作为耐热性的标志，但在动态条件下工作的制件软化温度提高，也就是更耐热，原因是动态相当于提高玻璃化温度。另外，塑料成型，高分子薄膜尺寸随时间的变化（如电影胶卷）以及许多重要的工艺过程均与滞后现象有关。

内耗虽然有一定的弊端，例如内耗发热使高分子材料过早老化，尺寸稳定性降低等。但利用其原理可以制作出一些特殊的材料用于防振、隔音等。

4. 影响黏弹性实验的因素

1）影响蠕变和应力松弛的因素

在工程应用中，材料的尺寸稳定性最为重要，而蠕变和应力松弛与材料尺寸稳定性有内在联系。因此在实际应用中，对影响蠕变或应力松弛的因素应有所了解，才能采取有效措施防止或减少蠕变或应力松弛。当高分子材料需要长时间承受负荷时，蠕变或应力松弛的测定是必要的。

影响蠕变或应力松弛的因素主要从内因和外因两方面考虑，内因包括高分子链结构、

高分子交联、结晶、分子量大小等；外因包括温度、外力等。

　　各种高分子在室温时的蠕变现象很不相同，了解这种差别，对于材料实际应用非常重要。图 4.13 所示为几种高分子在 23 ℃时的蠕变曲线，可以看出，主链含芳杂环的刚性链高分子具有较好的抗蠕变性能，因而成为广泛应用的工程塑料，可用来代替金属材料加工成机械零件。

　　对于蠕变比较严重的材料，使用时则需采取必要的补救措施。例如，硬聚氯乙烯有良好的抗腐蚀性能，可以用于加工化工管道、容器或塔等设备，但它容易蠕变，使用时必须增加支架以防止蠕变。又如，聚四氟乙烯是塑料中摩擦系数最小的，因而具有很好的自润滑性能，可是其蠕变现象很严重，不能做成机械零件，反之，可以利用其蠕变性能做成很好的密封材料。

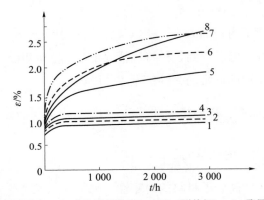

1—聚砜；2—聚苯醚；3—聚碳酸酯；4—改性聚苯醚；5—ABS（耐热级）；6—聚甲醛；7—尼龙；8—ABS

图 4.13　几种高分子在 23 ℃时的蠕变曲线

　　交联对于高弹态高分子的蠕变或应力松弛影响显著，是克服橡胶制品发生蠕变和应力松弛的重要措施，稍有交联，其蠕变速度就会下降很多。橡胶采用硫化交联的办法来防止由蠕变产生分子间滑移而造成的不可逆形变。交联对于玻璃态高分子蠕变影响甚微，这是由于分子链运动被限制。模量高、力学损耗小、玻璃化温度高的热固性高分子，如酚醛树脂、三聚氰胺树脂，它们蠕变和蠕变速度甚小，几何尺寸稳定。但是，某些环氧树脂、聚酯树脂有很大的蠕变。

　　结晶高分子中的晶区类似交联点的作用，随着结晶度的提高，蠕变速度降低。

　　蠕变或应力松弛与温度高低和外力大小有关。图 4.14 所示为蠕变与温度和外力的关系示意。由图 4.14 可见，当温度过低、外力过小时，蠕变很小

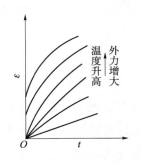

图 4.14　蠕变与温度和外力的关系示意

而且很慢，在短时间内不易觉察；当温度过高、外力过大时，形变发展过快，也感觉不出蠕变现象。通常在聚合物 T_g 以上不远，链段在适当的外力下可以运动，但运动时受到的内摩擦力较大，只能缓慢运动，可观察到较明显的蠕变现象。

应力松弛可用来估测某些工程塑料零件中夹持金属嵌入物（如螺母）的应力，也可用来估测塑料管道接头内环阻止接头处漏水的时间，以及测定塑料制品的剩余应力。此外，可以研究聚合物，尤其是橡胶的化学应力松弛。

2）影响内耗的主要因素

（1）高分子的结构。

内耗的大小与高分子本身的结构有关。一些常见的橡胶品种的内耗和回弹性能的优劣，可以从其分子结构上找到定性的解释。顺丁橡胶内耗较小，因为它的分子链上没有取代基团，链段运动的内摩擦阻力较小；丁苯橡胶和丁腈橡胶的内耗比较大，因为丁苯胶有庞大的侧苯基，丁腈有极性极强的侧腈基，所以它们链段运动时内摩擦阻力较大；丁基橡胶的侧甲基虽没有苯基大，也没有腈基极性强，但是它的侧基数目比丁苯和丁腈的多得多，因此内耗比丁苯、丁腈还要大。内耗较大的橡胶，吸收冲击能量较大，回弹性较差。

（2）频率。

E'、E''、$\tan \delta$ 均是 ω 的函数。当频率很低或很高时，内耗小；频率与链段运动的松弛时间相近时，才出现明显的能量损耗，$\tan \delta$（或 E''）在某一个频率下出现极大值。聚合物的频率与内耗的关系如图 4.15 所示。当频率很低时，高分子的链段运动完全跟得上外力的变化，内耗很小，高分子表现出橡胶的高弹性；当频率很高时，链段运动完全跟不上外力的变化，内耗也很小，高分子显出刚性，表现出玻璃态的力学性质；只有在中间区域，链段运动才跟不上外力的变化，内耗在一定的频率范围将出现一个极大值，这个区域中材料的黏弹性表现很明显。当选择消振材料时，应选择 $\tan \delta$ 极大值对应的频率接近实际振动频率的高分子。

（3）温度。

高分子的内耗与温度的关系如图 4.16 所示。在 T_g 以下，高分子受外力作用形变很小，这种形变主要由键长和键角的改变引起，速度很快，几乎完全跟得上应力的变化，δ 很小，因此内耗很小。温度升高，在向高弹态过渡时，由于链段开始运动，而体系的黏度大，内耗也大。当温度进一步升高时，虽然形变大，但链段运动比较自由，δ 变小，内耗也变小了。因此，在玻璃化转变区间将出现一个内耗的极大值，称为内耗峰。当向黏流态过渡时，由于分子间互相滑移，内耗急剧增加。

对于线性黏弹体，静态实验的时间 t 和动态力学实验的频率的倒数 $1/\omega$ 是相当的。长时间的静态时间相当于极低频率的动态实验；极高频率的动态实验相当于较短时间的静态实验，这是线性黏弹体的一个特点。

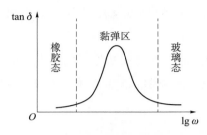

图 4.15　聚合物的频率与内耗的关系

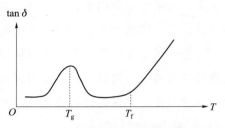

图 4.16　高分子的内耗与温度的关系

时间和频率倒数的相当性给研究高分子黏弹性的实验带来了极大方便。因为蠕变和应力松弛实验持续时间较长（数日甚至数月），所以作短时间的蠕变和应力松弛是没有意义的。同样，要在动态试验中产生频率极低的交变应力也不是很容易。了解极宽的时间范围（$10^{-7} \sim 10^{8}$ s）内高分子的黏弹行为是十分必要的。现在静态实验和动态实验恰好弥补各自的不足，联合使用便可在达十几个数量级的时间范围内（$10^{-7} \sim 10^{8}$ s）测出高分子黏弹性的频率谱。

动态力学试验可以同时测得模量和力学阻尼。在实际使用时，材料的模量固然重要，但力学阻尼也是重要的，高阻尼会使轮胎很快发热，以致过早破损，高分子减振材料就是利用了它们的高力学阻尼性质。

4.2.2　黏弹性的力学模型

1. 力学模型的基本单元

为了更加深刻地理解应力松弛现象，很早就有人提出了用理想弹簧和理想黏壶，以各种不同方式组合起来，模拟聚合物的力学松弛过程。这种方法的优点在于直观，并且可以从中得到力学松弛的各种数学表达式。

材料的弹性性质采用理想弹簧描述，如图 4.17（a）所示，其黏弹行为符合胡克定律：$\sigma = E \cdot \varepsilon$。当受外力作用时，弹簧立即伸长（瞬时响应）；当去除外力时，弹簧的形变瞬时恢复。

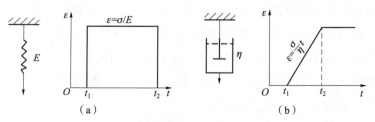

图 4.17　理想弹簧和理想黏壶的力学行为

（a）理想弹簧；（b）理想黏壶

材料的黏性性质采用理想黏壶描述，如图 4.17（b）所示，其黏弹行为符合牛顿流动定律：$\sigma = \eta \dfrac{\mathrm{d}\varepsilon}{\mathrm{d}t}$，式中 η 为黏壶的黏度。当受外力作用时，黏壶因黏滞性在加载瞬时不变形，而是随时间延长才逐渐伸长；当去除外力时，黏壶的形变不能自发恢复。

聚合物的黏弹性现象，可以通过上述弹簧和黏壶的各种组合得到定性的宏观描述。

2. 麦克斯韦模型

麦克斯韦模型（Maxwell model）是由一个弹簧和一个黏壶串联成的模型，如图 4.18 所示。

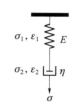

图 4.18 麦克斯韦模型

麦克斯韦模型的特点：当受外力作用时，弹簧立即伸长（瞬时响应），黏壶则因黏滞性在加载瞬时不变形，而是随时间延长才逐渐伸长。当去除外力时，弹簧的形变瞬时恢复，黏壶的形变不能自发恢复。

麦克斯韦模型的基本微分方程（或运动方程）为

$$\frac{\mathrm{d}\varepsilon}{\mathrm{d}t} = \frac{1}{E} \cdot \frac{\mathrm{d}\sigma}{\mathrm{d}t} + \frac{\sigma}{\eta} \tag{4.46}$$

麦克斯韦模型对应力松弛过程的描述：当不加外力时，整个系统处于平衡状态，如图 4.19（a）所示。当很快地施加向下的拉力 σ 并立即将两端固定时，弹簧很快发生位移，黏壶来不及运动，即模型应力松弛的起始形变 ε_0 由理想弹簧提供。此时，体系处于应力紧张的不平衡状态，如图 4.19（b）所示。随后，黏壶中小球在黏液中慢慢移动从而放松弹簧消除应力，最后，应力完全消除达到新的平衡状态，如图 4.19（c）所示，完成了应力松弛过程。

由基本微分方程式（4.46）可以推导得麦克斯韦模型的应力松弛表达式：

$$\sigma(t) = \sigma_0 \cdot \mathrm{e}^{-t/\tau} \tag{4.47}$$

式中，$\tau = \dfrac{\eta}{E}$，为松弛时间，其宏观意义为应力降低到起始应力 σ_0 的 e^{-1} 倍时所需的时间。图 4.20 所示为麦克斯韦模型模拟的应力松弛示意。松弛时间越长，该模型越接近理想弹性体。此外，松弛时间是黏性系数和弹性系数的比值，说明松弛过程必然是同时存在黏性和弹性的结果。

麦克斯韦模型的松弛模量为

$$E(t) = \frac{\sigma(t)}{\varepsilon_0} = \frac{\sigma_0}{\varepsilon_0} \cdot \mathrm{e}^{-t/\tau} = E_0 \cdot \mathrm{e}^{-t/\tau} \tag{4.48}$$

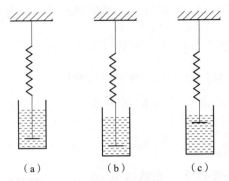

图 4.19 麦克斯韦模型及其表示的
松弛过程（形变恒定）

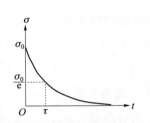

图 4.20 麦克斯韦模型模拟的
应力松弛示意

麦克斯韦模型可简单地模拟线型聚合物的应力松弛特性，但不能描述蠕变特性（图 4.21 与典型的蠕变曲线图不符）。麦克斯韦模型对蠕变过程的描述：当施加恒定的外力 σ_0 时，弹簧瞬时响应，并达到其最大形变量 $\varepsilon_1 = \dfrac{\sigma_0}{E}$，此时黏壶的形变量为 0；随着时间的延长，黏壶逐渐拉开，其形变量随时间线性增加，即 $\varepsilon_2 = \dfrac{\sigma_0}{\eta}t$，总形变为

$$\varepsilon_t = \frac{\sigma_0}{E} + \frac{\sigma_0}{\eta}t \tag{4.49}$$

当去除外力时，弹簧瞬时恢复，黏壶则保持不变，从而留下永久变形 $\dfrac{\sigma_0}{\eta}t_1$。图 4.21 所示为麦克斯韦模型的蠕变和蠕变恢复曲线。

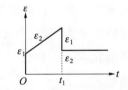

图 4.21 麦克斯韦模型的
蠕变和蠕变恢复曲线

麦克斯韦模型对动态黏弹性的描述：将 $\sigma = \sigma_0 \cdot e^{i\omega t}$ 代入基本微分方程式（4.46），可以推导得麦克斯韦模型的复模量表达式：

$$E^* = \frac{E}{\omega^2\tau^2 + 1}(\omega^2\tau^2 + i\omega\tau) = E' + iE'' \tag{4.50}$$

式中，

$$E' = E \cdot \frac{\omega^2\tau^2}{\omega^2\tau^2 + 1} \tag{4.51}$$

$$E'' = E \cdot \frac{\omega\tau}{\omega^2\tau^2 + 1} \tag{4.52}$$

$$\tan\delta = \frac{E''}{E'} = \frac{1}{\omega\tau} \tag{4.53}$$

E'、E'' 和 $\tan\delta$ 均是频率的函数，如图 4.22 所示。从图 4.22 中看出，麦克斯韦模型的 E'–$\lg\omega$、E''–$\lg\omega$ 关系可定性反映线型高分子的动态力学特点。

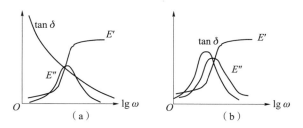

图 4.22　麦克斯韦模型与一般线型高分子的动态力学谱比较

（a）麦克斯韦模型；（b）一般线型高分子

3. 开尔文–沃伊特模型

开尔文–沃伊特模型（kelvin–Voigt model）是由一个弹簧和一个黏壶并联成的模型，如图 4.23 所示。

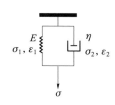

开尔文–沃伊特模型的特点：当受外力作用时，由于黏壶的黏滞性阻力制约，使弹簧的瞬时弹性变形显现不出，只能随时间延长，与黏壶一起变形伸长。当去除外力时，弹簧的恢复力可以带动黏壶恢复原状。

图 4.23　开尔文–沃伊特模型

开尔文–沃伊特模型的基本微分方程为

$$\sigma = E \cdot \varepsilon + \eta \frac{\mathrm{d}\varepsilon}{\mathrm{d}t} \tag{4.54}$$

开尔文–沃伊特模型对蠕变过程的描述：$\sigma = \sigma_0$（常量），即在恒定应力下，对开尔文–沃伊特模型的基本微分方程进行积分，并利用边界条件：$\int_0^\varepsilon \frac{\eta \mathrm{d}\varepsilon}{\sigma - E\varepsilon} = \int_0^t \mathrm{d}t$，则得到开尔文–沃伊特模型的蠕变表达式：

$$\varepsilon(t) = \frac{\sigma_0}{E}(1 - \mathrm{e}^{-t/\tau}) = \varepsilon(\infty) \cdot (1 - \mathrm{e}^{-t/\tau}) \tag{4.55}$$

式中，$\tau = \eta/E$，为推迟时间（或滞后时间），其宏观意义指应变达到极大值的 $\left(1 - \dfrac{1}{\mathrm{e}}\right)$ 倍时所需的时间，它也是表征模型黏弹现象的内部时间尺度。和松弛时间相反，推迟时间越短，试样越类似理想弹性体。

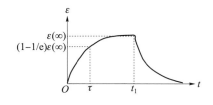

图 4.24　开尔文–沃伊特模型的蠕变和蠕变恢复曲线

图 4.24 所示为开尔文–沃伊特模型的蠕变和蠕变恢复曲线。

当 $t \to \infty$ 时，开尔文–沃伊特模型达到其平衡应变量 $\varepsilon(\infty) = \sigma_0/E$。

若 $t = t_1$ 时去除应力，开尔文–沃伊特模型将在弹簧的恢复力带动下恢复，其恢复表达式为

$$\varepsilon(t) = \varepsilon(t_1) \cdot e^{-\frac{t-t_1}{\tau}} \qquad (4.56)$$

式中，$\varepsilon(t_1) = \varepsilon(\infty) \cdot (1 - e^{-t_1/\tau})$，为 t_1 时刻的形变量。

因此，开尔文–沃伊特模型可定性反映交联高分子的蠕变特性。

由于开尔文–沃伊特模型无普弹瞬时响应，所以不能描述应力松弛过程。

开尔文–沃伊特模型对动态黏弹性的描述：将 $\varepsilon(t) = \varepsilon_0 \cdot e^{i\omega t}$，$\dfrac{d\varepsilon}{dt} = \varepsilon_0 \cdot i\omega \cdot e^{i\omega t}$ 代入基本微分方程（4.54），得

$$\sigma(t) = E\varepsilon_0 \cdot e^{i\omega t} + i\omega\eta\varepsilon_0 \cdot e^{i\omega t} = \varepsilon(t) \cdot (E + i\omega\eta) \qquad (4.57)$$

于是得到开尔文–沃伊特模型的复柔量表达式：

$$D^* = \frac{1}{E^*} = \frac{\varepsilon(t)}{\sigma(t)} = \frac{1}{E + i\omega\eta} = \frac{1}{E} \cdot \frac{1 - i\omega\tau}{1 + \omega^2\tau^2} = D' - iD'' \qquad (4.58)$$

式中，

$$D' = \frac{D}{1 + \omega^2\tau^2} \qquad (4.59)$$

$$D'' = \frac{D\omega\tau}{1 + \omega^2\tau^2} \qquad (4.60)$$

$$\tan\delta = \frac{D''}{D'} = \omega\tau \qquad (4.61)$$

开尔文–沃伊特模型的 D'–$\lg\omega$、D''–$\lg\omega$ 关系（见图4.25）基本符合实际情况。

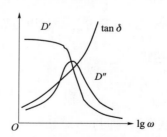

图 4.25　开尔文–沃伊特模型的动态力学谱

4. 多元件模型

麦克斯韦模型和开尔文–沃伊特模型都只能部分描述聚合物静态黏弹行为，不能描述动态黏弹性中 $\tan\delta$ 与 $\lg\omega$ 之间的关系。若选用三元件模型（见图4.26）或四元件模型（见图4.27）则较为合适。

图4.27所示的四元件模型的基本微分方程为

$$E_1 \frac{d^2\varepsilon}{dt^2} + \frac{E_1 E_2}{\eta_2} \frac{d\varepsilon}{dt} = \frac{d^2\sigma}{dt^2} + \left(\frac{E_1}{\eta_2} + \frac{E_1}{\eta_3} + \frac{E_2}{\eta_2}\right)\frac{d\sigma}{dt} + \frac{E_1 E_2}{\eta_2 \eta_3}\sigma \qquad (4.62)$$

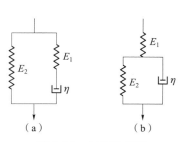 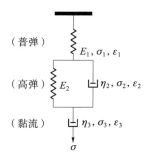

图 4.26　三元件模型　　　　图 4.27　四元件模型

四元件模型对蠕变过程的描述：当受到外力 σ_0 时，弹簧 1（弹性模量为 E_1）首先瞬时响应，产生普弹形变 ε_1；然后黏壶被逐渐拉开，其开尔文-沃伊特模型单元中的黏壶 2（黏度为 η_2）因与弹簧 2（弹性模量为 E_2）并联，其形变 ε_2 可恢复；黏壶 3（黏度为 η_3）的黏流形变 ε_3 为不可自发恢复的形变。总形变量等于三部分形变量之和：

$$\varepsilon(t) = \varepsilon_1 + \varepsilon_2 + \varepsilon_3 = \frac{\sigma_0}{E_1} + \frac{\sigma_0}{E_2}(1 - e^{-t/\tau_2}) + \frac{\sigma_0}{\eta_3}t \tag{4.63}$$

微观上，普弹形变 ε_1 对应键长、键角等小尺寸单元的运动；推迟弹性形变（高弹形变）ε_2 对应链段运动；黏流形变 ε_3 对应整链的滑移，其蠕变曲线与线型非晶态聚合物的蠕变曲线（见图 4.6）完全一致。因此，四元件模型全面地反映了线型聚合物的蠕变行为。

该四元件模型的黏壶 3 反映了高分子的塑性形变性质，若将黏壶 3 去掉，成为一个三元件模型（见图 4.26(b)），则可描述交联高分子的蠕变行为。

四元件模型对应力松弛过程的描述：由 $\varepsilon = \varepsilon_0$ 得 $\dfrac{d\varepsilon}{dt} = 0$，$\dfrac{d^2\varepsilon}{dt} = 0$，代入基本微分方程（4.62）得

$$\frac{d^2\sigma}{dt^2} + \left(\frac{E_1}{\eta_2} + \frac{E_1}{\eta_3} + \frac{E_2}{\eta_2}\right)\frac{d\sigma}{dt} + \frac{E_1 E_2}{\eta_2 \eta_3}\sigma = 0 \tag{4.64}$$

求解微分方程（4.64），即可得该模型的应力松弛表达式。

由此得到的应力松弛曲线与实际线型聚合物的应力松弛曲线一致。

四元件模型对动态黏弹性的描述：由

$$\varepsilon = \varepsilon_0 \cdot e^{i\omega t}, \sigma = \sigma_0 \cdot e^{i(\omega t + \delta)}$$

得　　$$\frac{d\sigma}{dt} = i\omega\sigma_0 \cdot e^{i(\omega t + \delta)} = i\omega\sigma, \quad \frac{d^2\sigma}{dt^2} = (i\omega)^2\sigma_0 \cdot e^{i(\omega t + \delta)} = -\omega^2\sigma$$

$$\frac{d\varepsilon}{dt} = i\omega\varepsilon_0 \cdot e^{i\omega t} = i\omega\varepsilon, \quad \frac{d^2\varepsilon}{dt^2} = (i\omega)^2\varepsilon_0 \cdot e^{i\omega t} = -\omega^2\varepsilon$$

代入基本微分方程（4.62）得

$$-E_1\omega^2\varepsilon + \frac{E_1 E_2}{\eta_2} \cdot i\omega\varepsilon = -\omega^2\sigma + \left(\frac{E_1}{\eta_2} + \frac{E_1}{\eta_3} + \frac{E_2}{\eta_2}\right) \cdot i\omega\sigma + \frac{E_1 E_2}{\eta_2 \eta_3}\sigma \tag{4.65}$$

求解得复模量为

$$E^* = \frac{\sigma}{\varepsilon} = \frac{-E_1\omega^2 + \dfrac{E_1 E_2}{\eta_2} \cdot i\omega}{-\omega^2 + \left(\dfrac{E_1}{\eta_2} + \dfrac{E_1}{\eta_3} + \dfrac{E_2}{\eta_2}\right) \cdot i\omega + \dfrac{E_1 E_2}{\eta_2 \eta_3}} = E' + iE'' \qquad (4.66)$$

四元件模型的动态力学谱如图 4.28 所示，可看出 D'-lg ω、D''-lg ω、tan δ-lg ω 关系均基本符合实际情况。

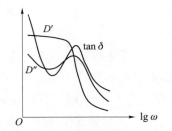

图 4.28　四元件模型的动态力学谱

5. 两种广义模型

三元件模型和四元件模型用于聚合物黏弹性的近似描述比起二元件模型来说有了改善。但是，这些模型只有一个松弛时间，仍然不能完全反映聚合物黏弹性行为。因此，常常采用一般力学模型，即广义麦克斯韦模型和广义开尔文-沃伊特模型来表示。

广义麦克斯韦模型由 N 个麦克斯韦模型（和一个弹簧）并联而成，如图 4.29 所示。广义开尔文-沃伊特模型由 N 个开尔文-沃伊特模型（和一个弹簧、一个黏壶）串联而成，如图 4.30 所示。N 个 τ_i 构成一系列松弛时间，可近似描述实际高分子的松弛时间谱。

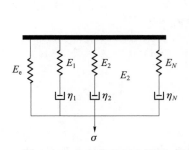

图 4.29　广义麦克斯韦模型

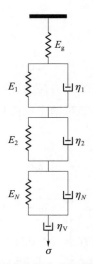

图 4.30　广义开尔文-沃伊特模型

案例分析 4.4

为了减轻桥梁振动，可在桥梁支点处加衬垫。当货车轮距为 10 m 并以 60 km/h 通过桥梁时，欲缓冲其振动，有下列几种高分子材料可供选择：（1）$\eta_1 = 10^{10}$ Pa·s，$E_1 = 2 \times 10^8$ N/m²；（2）$\eta_2 = 10^8$ Pa·s，$E_2 = 2 \times 10^8$ N/m²；（3）$\eta_3 = 10^6$ Pa·s，$E_3 = 2 \times 10^8$ N/m²，问选哪一种合适？

解：首先计算货车通过时对衬垫作用力的时间。

已知货车速度为 60 000 m/h，而货车轮距为 10 m，则每小时衬垫被压次数为 $\dfrac{60\,000}{10} = 6\,000$ 次/h，即 1.67 次/s。货车车轮对衬垫的作用时间间隔为 $\dfrac{1}{1.67} = 0.6$ s/次。

三种高分子材料的松弛时间 τ 值，可根据 $\tau = \dfrac{\eta}{E}$ 求得，即

$$\tau_1 = \frac{10^{10}}{2 \times 10^8} \text{ s} = 50 \text{ s}；\quad \tau_2 = \frac{10^8}{2 \times 10^8} \text{ s} = 0.5 \text{ s}；\quad \tau_3 = \frac{10^6}{2 \times 10^8} \text{ s} = 0.005 \text{ s}$$

根据上述计算，可选择（2）号材料，因为（2）号材料的 τ 值与货车车轮对桥梁支点的作用时间间隔具有相同的数量级，作为衬垫才可以达到吸收能量或缓冲振动的目的。

4.2.3　玻耳兹曼叠加原理

力学模型提供了描述聚合物黏弹性的微分表达式，玻耳兹曼（Boltzmann）叠加原理可以得出描述聚合物黏弹性的积分表达式。由于力学模型中的单元数趋于无穷时，通过引入松弛时间谱和推迟时间谱，最终能导出积分表达式，故与通过玻耳兹曼叠加原理建立起来的表达式是统一的，这两种处理聚合物黏弹性的方法是互相补充的。

玻耳兹曼叠加原理是指线性黏弹体力学历史（或负荷历史）的形变效应具有线性加和性。

大量的生产实践发现，聚合物的力学性能与其载荷历史有着密切关系，甚至在制备、包装、运输过程中，聚合物所受的外力（包括材料自重可能产生的载荷）均对它们的力学性能产生影响。聚合物力学行为的历史效应包括：①先前载荷历史对聚合物材料形变性能的影响；②多个载荷共同作用于聚合物，其最终形变性能与个别载荷作用的关系。

玻耳兹曼考虑了上述现象，提出了著名的玻耳兹曼叠加原理，这是高分子物理学中重要的理论工具之一。该原理的假定有以下两点：①试样的形变只是负荷历史的函数；②每

一项负荷步骤是独立的，而且彼此可以叠加。图 4.31 所示为蠕变叠加。

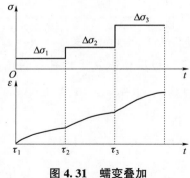

图 4.31 蠕变叠加

例如，在多步拉伸加载过程中，每个拉伸应力增量对线性黏弹体最终形变产生其独立的贡献，于是

$$\varepsilon(t) = \sum_{i=1}^{n} \Delta\sigma_i \cdot D(t-\tau_i) = \sum_{i=1}^{n} \varepsilon_i(t-\tau_i) \tag{4.67}$$

式中，$D(t-\tau_i)$ 为蠕变柔量。

当 $n \to \infty$，$\Delta d \to \varepsilon$（应力连续变化）时，

$$\varepsilon(t) = \int_{-\infty}^{t} \frac{\partial\sigma(t)}{\partial\tau} \cdot D(t-\tau_i)\mathrm{d}\tau \tag{4.68}$$

线性黏弹体的应力也可用其连续变化的应变历史描述：

$$\sigma(t) = \int_{-\infty}^{t} \frac{\partial\varepsilon(t)}{\partial\tau} \cdot E(t-\tau_i)\mathrm{d}\tau \tag{4.69}$$

式中，$E(t-\tau_i)$ 为应力松弛模量。

前一次加载的应力撤消，对后一次加载形变仍有残留影响，这称为弹性后效现象。

设 $\sigma(-\infty)=0$，$\varepsilon(-\infty)=0$，令 $\alpha=t-\tau$，可得线性黏弹体应力、应变积分式的另一种形式：

当拉伸时
$$\varepsilon(t) = D(0)\sigma(t) + \int_{0}^{\infty} \sigma(t-a) \cdot \frac{\partial D(a)}{\partial a}\mathrm{d}a$$

$$\sigma(t) = E(0)\varepsilon(t) + \int_{0}^{\infty} \varepsilon(t-a) \cdot \frac{\partial E(a)}{\partial a}\mathrm{d}a$$

玻耳兹曼叠加原理的用处在于通过它可以把几种黏弹行为互相联系起来，从而由一种力学行为来推算另一种力学行为。

4.2.4 时温等效原理

1. 时温等效原理

模量（或其倒数，即柔量）是力学性能中最重要的参数之一。模量既是时间的函数，

又是温度的函数，即高分子材料制品的使用性能可以通过测定模量随时间的变化进行判断。原则上对于任何高分子在任何温度下可测定其完整的模量–时间关系，但实际上这并非易事，即使能实现，也无实用意义。例如，一种塑料制品在 15 年后是否性能下降？诸如此类问题，解决起来相当困难，但采用时间–温度等效原理就能容易地解决。

由高分子运动的松弛特性可知，要使高分子链段具有足够大的活动性，从而使高分子表现出高弹形变，或者要使整个高分子能够移动而显示出黏性流动，都需要一定的时间（用松弛时间来衡量）。温度升高，松弛时间可以缩短。同一个力学松弛现象，既可在较高温度、较短时间内观察到，也可以在较低温度、较长时间内观察到。因此，升高（降低）温度与延长（缩短）观察时间对分子运动及高分子黏弹性行为的影响是等效的，这就是时温等效原理（或时温叠加原理）。

如果实验是在交变力场下进行的，则降低频率与延长观察时间是等效的。

2. 时温等效原理的应用

依据时温等效原理，可以借助一个移动因子（转换因子）a_T，将在某一温度下测定的力学数据，变成另一温度下的力学数据。

对于非晶态聚合物，在不同温度下获得的黏弹性数据，包括蠕变、应力松弛、动态力学实验的数据，均可沿时间轴平移叠合在一起。例如，在 T_1、T_2 两个温度时，理想高分子的蠕变柔量–时间曲线如图 4.32 所示，从图 4.32 中可以看到，在保持曲线形状不变的条件下，只要将两条曲线之一沿横坐标平移 $\lg a_T$，就可以将两条曲线完全重叠。

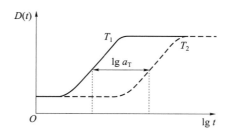

图 4.32 理想高分子的蠕变柔量–时间曲线

这里的移动因子定义为

$$a_T = \frac{t}{t_s} = \frac{\omega_s}{\omega} = \frac{\tau}{\tau_s} \qquad (4.70)$$

式中，τ 为松弛时间；ω 为频率；t、t_s（或 ω、ω_s）为不同温度下对应相等参量（如模量、柔量等）的时间（或频率）。当平移曲线时，有

$T = T_s, a_T = 1, \lg a_T = 0$，则曲线不移动；

$T < T_s, t > t_s, a_T > 1, \lg a_T > 0$，则曲线向左移；

$T > T_s, t < t_s, a_T < 1, \lg a_T < 0$，则曲线向右移。

柔量–时间曲线的水平移动如图 4.33 所示。

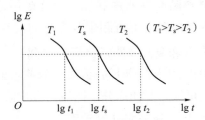

图 4.33　柔量-时间曲线的水平移动

注：曲线由 T 到 T_s 的平移量，应等于两条曲线之间各条曲线平移量的加和。

　　时温等效原理有重要的实用意义。利用时间和温度的这种对应关系，可以对不同温度或不同频率下测得的高分子力学性质进行比较或换算，从而得到一些无法从实际实验直接测量得到的结果。例如，要得到低温下某一指定温度时橡胶的应力松弛行为，由于温度太低，应力松弛进行得很慢，要得到完整的数据可能需要等候几个世纪甚至更长的时间，这实际上是不可能的。因此，可以利用时温等效原理，在较高温度下测得应力松弛数据，然后换算成所需要的低温下的数据。

　　图 4.34 所示为不同温度下测得的聚异丁烯应力松弛模量-时间曲线，可将其变换成 $T=25\ ℃$、包含 $10^{-12}\sim10^6\ h$ 宽广时间范围的曲线。参考温度 25 ℃ 时测得的实验曲线在时间坐标轴上不需移动，$\lg a_T$ 为 0；将 0 ℃ 时测得曲线转换为 25 ℃ 时的曲线，其对应的时间依次缩短，也就是说低于 25 ℃ 时测得的曲线应该在时间坐标轴上向左移动，$\lg a_T$ 为正；50 ℃ 时测得的曲线转换为 25 ℃ 时相应的时间延长，也就是说高于 25 ℃ 时测得的曲线必须在时间坐标轴上向右移动，$\lg a_T$ 为负；各曲线彼此叠合连接成光滑曲线即成为组合曲线。不同温度下的曲线向参考温度移动的量不同。图 4.35 所示为应力松弛模量-时间曲线构成组合曲线时，移动因子与温度的关系。

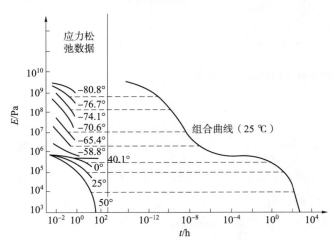

图 4.34　不同温度下测得的聚异丁烯应力松弛模量-时间曲线

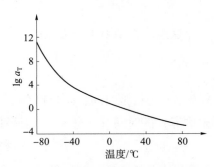

图 4.35　应力松弛模量-时间曲线构成组合曲线时，移动因子与温度的关系

3. WLF 方程

移动因子 a_T 可以利用半经验的 WLF 方程计算：

$$\lg a_T = \frac{-C_1(T-T_s)}{C_2+(T-T_s)} \tag{4.71}$$

WLF 方程可以由自由体积理论得到。移动因子 a_T 由式（4.70）定义。但不限于式（4.70）的三个参数，实际上与松弛相关的参数均适用，其中最常用的是黏度：

$$\lg a_T = \lg \frac{\eta}{\eta_s} = \frac{-C_1(T-T_s)}{C_2+(T-T_s)} \tag{4.72}$$

当参考温度取不同的温度时，常数取不同的数值，在计算的时候应注意所选取的参考温度。

当 $T_s = T_g$ 时，$C_1 = 17.66$，$C_2 = 51.6$（适用范围：$T_g \sim (T_g+100)$℃）。

当 $T_s = (T_g+50)$℃ 时，$C_1 = 8.86$，$C_2 = 101.6$（适用范围：$(T_s \pm 50)$℃）。

WLF 方程有重要的实际意义。有关材料在室温下长期使用寿命以及超瞬间性能等问题，实验是无法进行测定的，但可以通过时温等效原理来解决。例如，需要在室温条件下几年甚至 n 百年完成的应力松弛实验实际上是不能实现的，但可以在高温条件下短期内完成；或者需要在室温条件下几十万分之一秒或百万分之一秒内完成的应力松弛实验，实际上也是做不到的，但可以在低温条件下几个小时甚至几天内完成。

案例分析 4.5

假定聚合物的玻璃化温度为 0 ℃，40 ℃时其熔体黏度为 2.5×10^5 Pa·s，请问其 50 ℃时的熔体黏度是多少？

解：先计算玻璃化温度下的黏度 η_g：

$$\lg\left(\frac{\eta}{\eta_g}\right) = -\frac{17.44(T-T_g)}{51.6+T-T_g}$$

$$\lg \eta_g = \lg(2.5 \times 10^5) + \frac{17.44(313-273)}{51.6+313-273} = 13.013$$

再计算 50 ℃时的黏度：

$$\lg \eta = 13.013 - \frac{17.44(323-273)}{51.6+323-273} = 4.430$$

$$\eta = 2.7 \times 10^4 \text{ Pa·s}$$

由上面计算可知，聚合物从 40 ℃变为 50 ℃，即仅 10 ℃的温度差使熔体黏度相差一个数量级！

专栏4.4　研究黏弹性的意义

　　聚合物的动态力学行为对其玻璃化转变、结晶、交联、相分离以及玻璃态（区）和晶态的分子运动等十分敏感。研究高分子材料的黏弹性，既可为其实际应用提供参考意见，也可获得下列有关分子结构和分子运动的信息：①结晶高分子和非晶态高分子的 T_g 转变；②共聚物的 T_g；③增塑剂影响 T_g 位置及 T_g 转变区宽窄；④交联度对 T_g 及 T_g 转变区宽窄的影响；⑤共混物的 T_g；⑥非晶态和晶态高分子的多重转变或松弛。

习　　题

一、思考题

1. 什么是聚合物的力学性能？从受载速度区分，力学性能可分为哪几类？

2. 试说明非晶态线型聚合物和橡胶的单轴拉伸曲线特点。

3. 与金属材料相比，聚合物的力学性能有哪些特点？

4. 与金属的普弹性相比，聚合物的高弹性有哪些特点？为什么称高弹性为熵弹性？

5. 影响橡胶高弹性的几个主要因素是什么？

6. 什么是交联橡胶单轴拉伸状态方程？该方程在什么情况下与实际橡胶相差较大？什么是橡胶的弹性模量、剪切模量？

7. 什么是黏弹性？什么是玻耳兹曼叠加原理？什么是时温等效原理？

8. 黏弹性实验一般有哪些？什么是应力松弛和蠕变？什么是松弛模量和蠕变柔量？松弛时间与推迟时间有何异同？

9. 什么是聚合物的滞后和内耗？表征聚合物动态黏弹性的参量有哪些？用什么参量描述其内耗大小？

10. 如何由不同温度下测得的 $E\text{-}t$ 曲线得到某一参考温度下的叠合曲线？当参考温度分别为玻璃化温度和玻璃化温度以上约 50 ℃时，WLF 方程中的 C_1、C_2 应分别取何值？哪一组数据普适性更好？

11. 黏弹性力学模型中的基本元件和基本连接方式有哪些？它们有何基本关系式？写出麦克斯韦模型和开尔文-沃伊特模型的基本微分方程。广义麦克斯韦模型和广义开尔文-沃伊特模型分别适用于描述聚合物在什么情况下的性质？

二、选择题

1. 聚合物的蠕变与应力松弛的速度（　　　　）。

①与温度无关　　　　　　　　　　　　②随着温度升高而减小

③随着温度增大而增大

2. 关于交联橡胶以下哪条不正确 (　　)。

①具有熵弹性　　　　　　　　　　　　②快速拉伸时吸热

③形变很小时符合胡克定律

3. 聚合物处于橡胶态时其弹性模量 (　　)。

①随着形变增大而增大　　　　　　　　②随着形变增大而减小

③随形变变化很小

4. 采用 T_g 为参考温度进行 E-t 曲线时-温转换叠加时，温度小于 T_g 的曲线，其 $\lg \alpha_T$ 值为 (　　)。

①正，曲线向右移动　　　　　　　　　②负，曲线向左移动

③负，曲线向右移动　　　　　　　　　④正，曲线向左移动

5. 聚合物发生滞后现象的原因是 (　　)。

①聚合物的弹性太大　　　　　　　　　②运动单元运动时受到内摩擦力的作用

③聚合物的惰性大

6. 开尔文-沃伊特模型可用于定性模拟 (　　)。

①线型聚合物的蠕变　　　　　　　　　②交联聚合物的蠕变

③线型聚合物的应力松弛　　　　　　　④交联聚合物的应力松弛

7. 麦克斯韦模型可用于定性模拟 (　　)。

①线型聚合物的蠕变　　　　　　　　　②交联聚合物的蠕变

③线型聚合物的应力松弛　　　　　　　④交联聚合物的应力松弛

8. 聚合物黏弹性表现最为明显的温度是 (　　)。

①小于 T_g　　　　　　　　　　　　　②大于 T_g，且在其附近

③T_f 附近

9. 聚合物的蠕变适宜用哪种模型来描述 (　　)。

①理想弹簧和理想黏壶串联的模型　　　②理想弹簧和理想黏壶并联的模型

③四元件模型

10. 聚合物的应力松弛适宜用哪种模型来描述 (　　)。

①广义麦克斯韦模型　　②广义开尔文-沃伊特模型　　③四元件模型

11. 对于交联聚合物，以下关于其力学松弛行为哪一条正确 (　　)。

①蠕变能恢复到零　　　　　　　　　　②应力松弛时应力能衰减到零

③可用四元件模型模拟

三、判断题 (正确的划 "√"；错误的划 "×")

1. 当温度升高时，聚合物的高弹模量下降。　　　　　　　　　　(　　)

2. 聚合物在橡胶态时，黏弹性表现最为明显。　　　　　　　　　(　　)

3. 当去除外力时，线型聚合物的蠕变能完全恢复。　　　　　　　(　　)

4. 采用 T_g 为参考温度进行时–温转换叠加时，温度大于 T_g 的曲线，lg α_T 为正，曲线向右移动。　　　　　　　　　　　　　　　　　　　　　　　　　　　（　　）

5. 根据时温等效原理，升高温度相当于延长时间，因此外力作用速度减慢，聚合物的 T_g 较高。　　　　　　　　　　　　　　　　　　　　　　　　　　（　　）

6. 同一个聚合物的力学松弛现象，既可以在较高的温度、较短的时间内观察到，也可以在较低的温度、较长的时间内观察到。　　　　　　　　　　　　　　（　　）

7. 在应力松弛过程中，无论线型聚合物还是交联聚合物的应力都不能松弛为 0。
　　　　　　　　　　　　　　　　　　　　　　　　　　　　　　　　（　　）

8. 对聚合物的黏弹性而言，增加外力作用频率与缩短观察时间是等效的。（　　）

9. 当去除外力时，交联聚合物的蠕变能完全恢复。　　　　　　　　　（　　）

10. 交联聚合物的应力松弛现象，是随时间的延长，应力逐渐衰减为 0 的现象。
　　　　　　　　　　　　　　　　　　　　　　　　　　　　　　　　（　　）

四、简答题

1. 试推导图 4.36 所示黏弹性力学模型的基本微分方程（或运动方程）。

2. 不受外力作用时橡皮筋受热伸长，而在恒定外力作用下却受热收缩，试用高弹性热力学理论解释。

3. 根据图 4.37 所示聚合物的 σ–ε 曲线，判断其相对强弱、硬软、韧脆的情况。

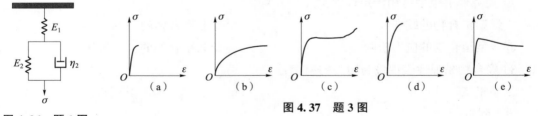

图 4.36　题 1 图　　　　　　　　图 4.37　题 3 图

4. 从分子运动观点分析，聚砜、聚四氟乙烯、硬 PVC 聚合物中哪个的抗蠕变能力最强，并说明理由。

5. 在日常生活中，发现松紧带越用越松，说明其原因。

6. 把聚合物材料作为具有减振降噪功能的材料使用的原理是什么？

7. 塑料雨衣挂在墙上，随着的时间延长，在挂钩处雨衣的变形越大，说明其原因。

五、计算题

1. 某硫化橡胶的密度为 $1.03\ \text{g/cm}^3$，网链平均分子量为 5 000，试求在 27 ℃下将该橡胶拉长至原长的 1.8 倍时应力的大小。若考虑该橡胶交联之前平均分子量为 2.0×10^5 时，则修正后应力为多少？

2. 已知某聚合物的蠕变表达式为 $\varepsilon(t)=\varepsilon(\infty)(1-e^{-t/\tau})$，在某恒定应力作用下，测得蠕变开始 20 min 时应变为 300%，当时间足够长时测得应变为 1690%。试求：

（1）该聚合物的推迟时间；

（2）达到应变为 500% 需要多长时间？

3. 若已知某聚合物在温度 T、测量时间为 10^{-6} h 时，具有其在 –70 ℃。测量时间为 1 h 时相等的应力松弛模量，则 T 为多少？（已知该聚合物的 $T_g = 197$ K。）

4. 某种硫化橡胶的密度为 964 kg/m³，其试件在 27 ℃下拉长一倍时的拉应力为 7.25×10^5 N/m²。试求：

（1）1 m³ 中的网链数目；

（2）初始的弹性模量与剪切模量；

（3）网链的平均分子量 $\overline{M}_c$。

5. 有一根长 4 cm、截面积为 0.05 cm² 的交联橡胶，25 ℃时被拉伸到 8 cm，已知该橡胶的密度为 1.0 g/cm³，未交联时的平均分子量为 5×10^6，交联后网链平均分子量为 1×10^4。试用橡胶弹性理论（经过自由末端校正）计算拉伸该橡胶所用的力及该橡胶的弹性模量。

6. 在频率为 1 Hz 条件下进行聚苯乙烯试样的动态力学性能实验，于 125 ℃出现内耗峰。请计算在频率为 1 000 Hz 条件下进行上述实验时，出现内耗峰的温度。（已知聚苯乙烯的 $T_g = 100$ ℃。）

7. 某聚合物的黏弹行为服从开尔文–沃伊特模型，其中 η 值服从 WLF 方程，E 值服从橡胶弹性统计理论。该聚合物的 T_g 为 5 ℃，该温度下黏度为 1×10^{12} Pa·s，有效网链密度为 1×10^{-4} mol/cm³。试写出在 30 ℃，1×10^6 Pa 应力作用下该聚合物的蠕变方程。

第5章

聚合物的断裂和强度

聚合物的用途极广，因而对其性质的要求多种多样。如果聚合物作为材料使用，首先要考虑的是它的力学性质。随着聚合物材料的大量应用，人们迫切需要了解和掌握聚合物力学性质的特点及其与聚合物结构之间的关系。只有掌握了解这些知识，才能做到对聚合物材料的合理选择和应用，进而改进聚合物材料的力学性能，制造出性能优越的新合成材料。由此可见，对聚合物力学性能的研究是十分必要的。

力学行为指在外力作用下材料的形变。由于施加的应力可以是拉伸、压缩或剪切，也可能是静态的或动态的。由于聚合物材料的黏弹性行为，所以聚合物的力学性能十分复杂，包括聚合物的高弹性、黏弹性和极限力学行为——强度、屈服和破坏。关于聚合物的高弹性和黏弹性已在第4章专门作了叙述。本章主要讨论聚合物的极限力学行为，即聚合物在小形变下的行为以及在更大应力作用下的屈服和破坏行为。

5.1 聚合物的应力-应变行为

在研究聚合物的变形时，应力-应变实验的使用极为广泛，它通常是在拉力下进行的，因此应力-应变曲线实际上是拉伸应力-应变曲线。

应力-应变实验通常在拉力 F 的作用下进行，试样（见图 5.1）沿纵轴方向以均匀的速率被拉伸，直到断裂为止。实验时，测量加于试样上的载荷和相应标线间长度的改变（$\Delta l = l - l_0$）。

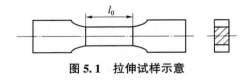

图 5.1　拉伸试样示意

如果试样的初始截面积为 A_0，标距的原长为 l_0，那么应力 σ 和应变 ε 分别由式（5.1）和式（5.2）表示：

$$\sigma = \frac{F}{A_0} \tag{5.1}$$

$$\varepsilon = \frac{\Delta l}{l_0} \tag{5.2}$$

绘制应力-应变曲线，由宽广的温度范围和实验速率范围测得的数据可以判断聚合物材料的强弱、硬软、脆韧，进而得到一系列评价聚合物材料力学性能的物理量。

5.1.1　非晶态聚合物应力-应变行为

非晶态聚合物，当温度在 T_g 以下十几度，以一定速率被单轴拉伸时，其典型的应力-应变曲线如图 5.2 所示。

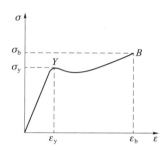

图 5.2　非晶态聚合物典型的应力-应变曲线

从分子运动角度解释非晶态聚合物应力-应变曲线。

1. 屈服点之前的普弹形变

屈服点之前的形变以普弹性为主，近似符合胡克定律，形变小且可恢复，是由于键长键角变化等小尺寸运动单元引起的。

2. 屈服点之后的大形变

屈服点之后，随着应变大大增加，但应力基本不变，应力与应变不成线性关系。

屈服点之前，试样被均匀拉伸；到达屈服点时，试样截面积突然变得不均匀，出现"细颈"，该点对应的应力和应变分别称为屈服应力 σ_y（或屈服强度）和屈服应变 ε_y（或屈服伸长率）。聚合物的屈服应变比金属要大得多，大多数金属材料的屈服应变约为 0.01，甚至更小，但聚合物的屈服应变可达 0.2 左右。点 Y 之后，应变增加、应力反而有所降低，称作"应变软化"，把这种形变称为强迫高弹形变，是由链段运动造成的。应变软化之后，为聚合物特有的"颈缩阶段"，"细颈"沿样品扩展，载荷增加不多或几乎不增加，试样应变却大幅度增加，可达百分之几百。

3. 应变硬化

随着"细颈"的扩展，最后应力急剧增加，试样才能产生一定的应变，称作"取向硬化"。在这个阶段，成颈后的试样被均匀地拉伸，直至点 B，材料发生断裂，对应点 B 的应力称为断裂强度 σ_b，其应变称为断裂伸长率 ε_b，其形变也称为黏流形变，即在分子链伸展后继续拉伸整链取向排列，使材料的强度进一步提高，该形变不可恢复。

5.1.2 晶态聚合物应力-应变行为

未取向晶态聚合物在一定温度、以一定拉伸速度进行单轴拉伸时，其典型的应力-应变曲线和试样外形如图 5.3 所示，比非晶态聚合物典型的应力-应变曲线具有更为明显的转折。

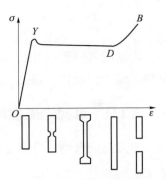

图 5.3 晶态聚合物典型的应力-应变曲线和试样处形

整个曲线可分成三段，第一段 OY 的应力随应变直线上升，试样被均匀拉长变细，伸长率较小，仅百分之几到百分之十几。到点 Y 后试样的截面突然变得不均匀，出现一个或几个"细颈"，由此开始了曲线的第二段 YD，在这个阶段，试样为不均匀伸长，细颈部分不断扩展，其截面积维持不变，非细颈部分逐渐缩短。到点 D 时，整个试样完全变得同细颈一样粗细。在此期间试样拉长虽不断增加，但应力几乎不变，曲线 YD 近乎平行于应变坐标，直至整个试样完全变为细颈为止。此阶段总的应变很大，且随聚合物不同而不同，例如聚酯、聚酰胺、支链型聚乙烯等可达 500%，线型聚乙烯甚至可达 1 000%。第三段 DB 随着应力的增加，成颈后的试样又被均匀拉伸变细，应力随应变增加而迅速增大直到点 B 断裂为止。

晶态聚合物一般包含晶区和非晶区两部分，其成颈（也叫"冷拉"）也包含晶区和非晶区两部分形变，且非晶区部分首先发生形变，然后球晶部分发生形变。晶态聚合物在比 T_g 低得多的温度到接近 T_m 的温度范围内均可形成颈。当拉力去除时，只要加热晶态聚合物到接近 T_m 的温度，就能部分恢复到未拉伸的状态。

结晶聚合物的拉伸有很重要的实际应用。由结晶聚合物制成的化学纤维，如涤纶、锦纶、腈纶纤维就是拉伸的细颈部分；纺丝所得的初生纤维，经拉伸使之形成细颈，借此赋予纤维良好的力学性能。结晶聚合物的拉伸特性是决定拉伸工艺的主要依据，而拉伸工艺条件（拉伸方式、拉伸速度、温度、拉伸比等）反过来又会影响纤维的结晶、取向等聚集态结构，为了获得品质优良的化学纤维，严格地控制拉伸过程是不容忽视的。

5.1.3 应力-应变曲线的类型

聚合物材料品种多，应力-应变曲线情况复杂，一般可概括为五种类型，如表 5.1 所示。

表 5.1 聚合物应力-应变曲线的五种类型

序号	1	2	3	4	5
材料特点	硬而脆	硬而强	强而韧	软而韧	软而弱
应力-应变曲线					

序号	1	2	3	4	5
模量	高	高	高	低	低
拉伸强度	中	高	高	中	低
断裂伸长率	小	中	大	很大	中
断裂能	小	中	大	大	小
实例	PS PMMA 酚醛树脂	硬 PVC AS	PC ABS HDPE	硫化橡胶 软 PVC	未硫化橡胶 齐聚物

"软"或"硬"指模量的低或高，"强"或"弱"指强度的大或小；"脆"指无屈服且断裂伸长率小；"韧"则指过屈服点后，断裂强度和断裂，因此可将断裂功（应力–应变曲线下方包括的面积）作为"韧性"的标志。

在室温和通常拉伸速度下，属于硬而脆的有 PS、PMMA 和酚醛树脂等，它们的模量高，拉伸强度比较大，但没有屈服点，断裂伸长率一般低于 2%。硬而强的聚合物具有高弹性模量、高拉伸强度，断裂伸长率约为 5%，硬质 PVC 等属于这一类。强而韧的聚合物有尼龙 66、PC 和 POM 等，它们的强度高，断裂伸长率大，可达百分之几百到百分之几千，该类聚合物在拉伸过程中会产生细颈。橡胶和增塑 PVC 属于软而韧的类型，它们的模量低，屈服点低或者没有明显的屈服点，只看到曲线上有较大的弯曲部分，伸长率很大（20%～1 000%），断裂强度较高。至于软而弱这一类聚合物，只有一些柔软的凝胶，很少用作材料。

5.1.4　分子结构和外界条件对聚合物的拉伸破坏行为的影响

聚合物的韧性不仅受结构因素的影响，而且外界条件对它也有很大的影响，下面详细讨论影响聚合物强度的内因和外因。

1. 内因（聚合物结构）

1）链柔顺性

产生强迫高弹形变是塑料具有韧性的原因，而产生强迫高弹性变的必要条件是聚合物有可运动的链段。

如果链柔顺性太大或刚性太大，则 T_b～T_g 间隔较小，不易表现出强迫高弹性。只有在链柔顺性适中，玻璃态时分子链堆砌较松散，外力作用下链段较易运动时，才易表现出强迫高弹性。

2）次级松弛

某些有明显次级松弛的聚合物的 T_b 很小，T_b～T_g 范围可较宽，此聚合物具有比较强的韧性。

3）分子量

一般地说，当分子量较小时，分子链堆砌较紧密，$T_b \sim T_g$ 范围较窄，呈脆性；当分子量较大时，$T_b \sim T_g$ 范围变大，至稳定值，其材料的韧性会变好，图 5.4 所示为分子量与玻璃化温度（或脆化温度）关系曲线。

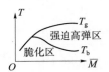

图 5.4　分子量与玻璃化温度（或脆化温度）关系曲线

4）球晶尺寸

一般的大球晶使试样的断裂伸长率下降，韧性降低。

5）取向状态

取向状态对应力-应变曲线的影响见表 5.2。

表 5.2　取向聚合物的拉伸情况

聚合物	取向晶态聚合物	取向非晶态聚合物
拉伸//取向时	ε_b 很小，不出现缩颈	取向度较高可能不出现屈服伸长，σ_b 较大
拉伸⊥取向时	可出现缩颈，与未取向时相似，最后使取向单元沿拉伸方向取向	分子链可再取向，ε_b、σ_b 较大
拉伸⊥取向时	不出现缩颈，呈脆性，ε_b、σ_b 较小	不能发生强迫高弹形变，呈脆性，ε_b、σ_b 较小

2. 外因

聚合物的拉伸和聚合物链运动的特点有明显的时间、温度依赖性——松弛特性，因此外力作用速度（拉伸速率）和温度对聚合物的应力-应变曲线有明显的影响。

1）温度的影响

温度不同，同一聚合物的应力-应变曲线形状也不同，如图 5.5 所示。当温度很低时（$T \ll T_g$），应力随应变成正比增加，最终应变不到 10% 发生断裂，如图 5.5 曲线 1 所示。当温度略微升高，应力-应变曲线上出现一个转折点 Y，即屈服点。应力在点 Y 处达到最大值，过了点 Y，应力反而降低，试样应变增大，由于温度仍然较低，若继续拉伸，试样便发生断裂，总的应变不超过 20%，如图 5.5 曲线 2 所示。如果温度继续升高到 T_g 以下十几度的范围内，应力-应变曲线如图 5.5 曲线 3 所示。屈服点之后，试样在不增加外力或者增加外力不大的情况下，能发生很大的应变（甚至可能有百分之几百），在最后阶段，应力又出现较明显的上升，直到最后断裂；当温度升高到 T_g 以上时，在不大的应力作用下，试样形变显著增大，直到断裂前，应力又出现一段急剧的上升，如图 5.5 曲线 4 所示。

总之，温度升高，材料逐步变得软而韧，断裂强度减小，断裂伸长率增加；温度下降，材料逐步变得硬而脆，断裂强度增加，断裂伸长率减小。

PVC、PMMA、PS、PVAc、乙酸纤维素酯等，不同温度时的应力–应变曲线均具有类似图 5.5 的规律。

2）拉伸速率的影响

同一聚合物试样，在一定温度和不同拉伸速率下，应力–应变曲线形状也发生很大变化，如图 5.6 所示。随着拉伸速率提高，聚合物的模量增加，屈服应力、断裂强度增加，断裂伸长率减小。其中，屈服应力对应变具有更大的依赖性。由此可见，在拉伸试验中，增加拉伸速率与降低温度的效应是相似的。拉伸速率由大到小顺序为 $\dot\varepsilon_1 > \dot\varepsilon_2 > \dot\varepsilon_3 > \dot\varepsilon_4$。

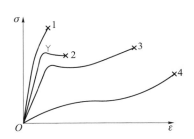 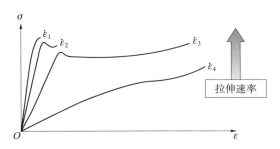

图 5.5　同一聚合物不同温度时的
应力–应变曲线（应变一定）

图 5.6　在一定温度和不同拉伸速率下
聚合物的应力–应变曲线

3）流体静压力的影响

流体静压力不仅对聚合物的屈服有很大影响，而且对整个应力–应变曲线有很大的影响。随着静压力的增加，聚合物的模量显著增加，阻止"颈缩"发生。这可能是由于静压力减少了链段的活动性，松弛转变移向较高的温度。因此，在给定温度时增加静压力与给定静压力时降低温度具有一定的相似效应。

专栏 5.1　评价聚合物性能的力学参数

图 5.7 所示为非晶态聚合物在玻璃态的应力–应变曲线，可以得到评价聚合物性能的力学参数。

材料在屈服点之前发生的断裂称为脆性断裂；在屈服点之后发生的断裂称为韧性断裂。

断裂能（fracture energy）：曲线 OYB 与横轴围成的面积。

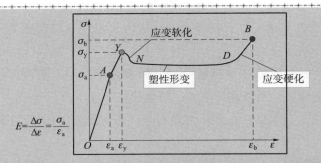

$$E = \frac{\Delta\sigma}{\Delta\varepsilon} = \frac{\sigma_a}{\varepsilon_a}$$

A—弹性极限点；Y—屈服点；σ_y—屈服应力；ε_y—屈服应变；B—断裂点；σ_b—断裂强度；ε_b—断裂伸长率

图 5.7　非晶态聚合物在玻璃态的应力–应变曲线

 专栏5.2　非晶态和晶态聚合物的应力–应变曲线的比较

相似点：均经历了普弹形变、应变软化、应变硬化等阶段。被拉伸后材料均出现各向异性，且产生大的形变，室温不能恢复，但加热到接近其熔点附近，则能逐渐恢复原状，这两种拉伸产生的大变形本质上为高弹形变，即产生强迫形变——"冷拉"。

不同点：①非晶态聚合物的大变形是发生了强迫高弹形变，晶态聚合物的大形变伴随有"缩颈"（或"细颈"）现象，包括非晶区链段运动贡献和晶区中晶片滑移、转动等运动贡献；②冷拉的温度范围，非晶态为 $T_b \sim T_g$、晶态为低于 T_g 的某个温度至 T_m；③在非晶态聚合物中，拉伸只使分子链发生取向，但无相变，而晶态聚合物在拉伸伴随聚集态结构的变化，包含晶面滑移、晶粒的取向及再结晶等相态的变化等，由于晶态聚合物中既有晶区又有非晶区，所以拉伸过程中结构的变化是很复杂的。

 专栏5.3　强迫高弹形变

强迫高弹形变的定义是处于玻璃态的非晶态聚合物在拉伸过程中屈服点之后产生的较大应变，移去外力形变不能恢复。若将试样温度升至其 T_g 附近，该形变则可完全恢复，因此在本质上强迫高弹形变仍属于高弹形变，并非黏流形变，其中运动单元是由聚合物的链段运动所引起的。这种在大外力作用下冻结的链段沿外力方向取向称为强迫高弹形变。

链段运动松弛时间 τ 与应力 σ 的关系：

$$\tau = \tau_0 \cdot \exp\left(\frac{\Delta E - a\sigma}{RT}\right)$$

由上式可见，σ 越大，则 τ 越小，即外力降低了链段在外力作用方向上的运动活化能，因而缩短了沿力场方向的松弛时间。当应力增加使链段运动松弛时间减小到与外力作用时间同一个数量级时，链段开始由蜷曲变为伸展，产生强迫高弹形变。

产生强迫高弹形变的原因：在外力的作用下，非晶态聚合物中本来被冻结的链段被强迫运动，使聚合物链发生伸展，产生大的形变。由于聚合物仍处于玻璃态，当外力移去时，链段不能再运动，形变也就得不到恢复，只有当温度升至 T_g 附近，使链段运动解冻时，形变才能复原。即：发生强迫高弹形变的特点是当去除外力，温度低于玻璃化温度时，高弹形变不能自发恢复，有表观塑性形变；当去除外力，温度高于玻璃化温度时，高弹形变可恢复。

产生强迫高弹形变的条件：

温度：$T_b \sim T_g$。

施力：当应力增加到一定值（屈服应力）时，相应链段运动的松弛时间缩短到与外力的作用时间相同，被冻结的聚合物链段即能响应产生大的形变，可见增加应力与升高温度对松弛时间的影响是相同的。

强迫高弹形变是塑料具有强度的原因，T_b 是塑料的最低使用温度。

 专栏5.4　真应力-应变曲线

假设在拉伸形变中，$dV=0$，$\sigma_{真}=\lambda\sigma=(1+\varepsilon)\sigma$，可将实测 $\sigma-\varepsilon$ 关系换算成 $\sigma_{真}-\varepsilon$ 关系。

$\sigma_{真}-\varepsilon$ 曲线上的极大值点 A 是与材料特性有关的真正屈服点（特性屈服点）；点 B 只是表观屈服点。

在图 5.8 中，从横坐标轴上 $\varepsilon=-1$ 处向 $\sigma_{真}-\varepsilon$ 曲线作切线，切点就是点 B。

在 $\sigma-\varepsilon$ 曲线中，点 B 满足：

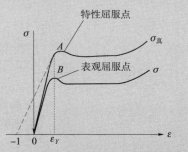

图 5.8　$\sigma_{真}-\varepsilon$ 曲线与 $\sigma-\varepsilon$ 曲线的比较

$$\frac{d\sigma}{d\varepsilon}=0, \quad \sigma=\frac{\sigma_{真}}{1+\varepsilon}, \quad \frac{d\sigma}{d\varepsilon}=\frac{1}{(1+\varepsilon)^2}\left[(1+\varepsilon)\frac{d\sigma_{真}}{d\varepsilon}-\sigma_{真}\right]=0$$

$$\frac{d\sigma_{真}}{d\varepsilon}=\frac{\sigma_{真}}{1+\varepsilon} \quad （\sigma_{真}-\varepsilon \text{ 曲线对应点 } B \text{ 位置的斜率}）$$

从点 $(-1,0)$ 到点 $(\varepsilon,\sigma_{真})$ 的直线斜率：$\dfrac{\sigma_{真}-0}{\varepsilon-(-1)}=\dfrac{\sigma_{真}}{\varepsilon+1}$（正是 $\sigma_{真}-\varepsilon$ 曲线上点 B 处的斜率）。

用 Considere 作图法判断能形成稳定细颈的聚合物：从 $\varepsilon=-1$ 处向 $\sigma_{真}-\varepsilon$ 曲线可作两条切线。

5.2　聚合物的破坏

聚合物材料在各种使用条件下所能表现出的强度和对抗破坏的能力是其力学性能的重要方面。目前，人们对聚合物强度的要求越来越高，因此研究其断裂类型、断裂形态、断裂机理和影响的因素，显得十分重要。

研究聚合物断裂的目的是进行安全设计、评价材料强度和分析事故等，为聚合物材料设计和使用提供理论依据。

5.2.1　聚合物的理论断裂机理

聚合物的理论强度是根据构成聚合物中分子链的化学键强度和分子链之间相互作用力大小估算出的强度值。

从微观角度分析，聚合物断裂时内部结构可能有以下三种情况：化学键断裂、分子间滑脱和大分子链互相拉开（见图5.9）。

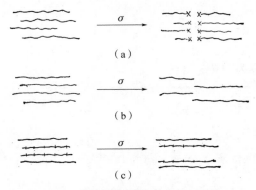

图 5.9　聚合物断裂的三种情况示意

（a）化学键断裂；（b）分子间滑脱；（c）大分子链互相拉开

假设聚合物链的排列方向平行于受力方向，断裂时内部结构可能是化学键断裂或分子间滑脱；假设聚合物链的排列方向垂直于受力方向，则断裂时内部结构可能是范德华力或氢键的破坏。究竟聚合物以什么方式断裂，当然需要考虑其他条件。例如，外力作用速率较快或在接近脆化温度拉伸，通常材料容易发生脆性断裂，此时材料的强度主要取决于大分子主价键断裂的难易程度。同样地，聚合物处于接近 T_g 或 T_m 温度下拉伸或慢速拉伸时，则多发生韧性断裂，断裂前产生较大的形变，此时除大分子主价键发生断裂外，还可能有分子间滑脱或范德华力、氢键的破坏等。

聚合物材料的断裂不可能单独按照上述某一种方式进行，三种断裂方式均有可能存在，三种断裂方式的比例取决于聚合物的化学性质、温度、分子量等。实际聚合物材料的断裂会受到使用环境，如应力集中的影响，聚合物理论强度要远远超过它的实际强度，为实际强度的 $100 \sim 1\ 000$ 倍，这是由材料内部的应力集中所致。引起应力集中的缺陷有几何的不连续，如孔、空洞、缺口、沟槽、裂纹；材质的不连续，如杂质的颗粒、共混物相容性差造成的第二组分颗粒过大；载荷的不连续；不连续温度分布产生的热应力等。许多缺陷可能是材料中固有的，也可能是产品设计或加工时造成的。例如，开设的孔洞及缺口、不成弧形的拐角、不适当的注塑件浇口位置、加工温度太低使物料结合不良、注塑中两股熔流相遇等。当材料中存在上述缺陷时，其局部区域中的应力要比平均应力大得多，该处的应力首先达到材料的断裂强度值，材料的破坏便从此处开始。因此，注意克服不适当的产品设计和加工条件，对提高材料的强度是非常必要的。

提高聚合物实际强度的潜力是很大的，首先要了解造成实际强度与理论强度巨大差距的原因，研究表明影响聚合物实际强度的因素是多方面的，具体内容在 5.4.1 小节中进行介绍。

5.2.2 聚合物的宏观断裂形式

聚合物的宏观断裂形式与材料的类型、条件和应力有关。破坏过程大致可分为脆性断裂和韧性（延性）破裂。

脆性断裂是在应力作用下，材料的某一区域发生断裂而没有事先发生塑性形变或尺寸变化很小，即受外力作用没出现屈服就断裂的情况。从试样破坏后的断面来看，断面垂直于应力方向，很少发生任何流动过程。韧性破裂是出现屈服点后才断裂，断面倾斜不整齐，伸长率大于 20%。

从实用观点来看，聚合物材料的巨大优点之一是它们的内在强度，即这种材料在断裂前能吸收大量的能量。但是，材料的内在韧性不是总能表现出来。由于加载方式改变，或者温度、应变速率、制件形状和尺寸的改变均会使聚合物材料的强度变差，甚至以脆性形式断裂。材料的脆性断裂，在工程上是必须尽力避免的。

从应力-应变曲线出发，脆性在本质上总是与材料的弹性响应相关联。断裂前试样的形变是均匀的，使试样断裂的裂缝迅速贯穿垂直于应力方向的平面。断裂试样不显示有明显的推迟形变，断裂面光滑，应力-应变关系是线性的或者微微有些非线性，断裂伸长率低于 5%，且所需的能量也不大。所谓韧性，通常有大得多的形变，这个形变在沿试样长度方向上可以是不均匀的，发生断裂时试样断面粗糙，常常显示有外延的形变，应力-应变关系是非线性的，消耗的断裂能很大。在这些特征中，断裂面形状和断裂能是区别脆性断裂和韧性断裂最主要的指标。

一般脆性断裂是由所加应力的张应力分量引起的，韧性断裂是由切应力分量所引起的。因为脆性断裂面垂直于拉伸应力方向，所以切变线通常在以韧性形式屈服的聚合物中被观察到。

所加的应力体系和试样的几何形状将决定试样中张应力分量和切应力分量的相对值，从而影响材料的断裂形式。例如，流体静压力通常可使断裂由脆性变为韧性，尖锐的缺口在改变断裂形式由韧变脆的方面有特别的效果。

对于聚合物材料，脆性和韧性还极大地依赖于实验条件，主要是温度和拉伸速率（应变速率）。在恒定应变速率下的应力-应变曲线随温度而变化，断裂可由低温的脆性形变转变为高温的韧性形变。应变速率的影响与温度正好相反。

材料的脆性断裂和塑性屈服是两个各自独立的过程。实验表明，在一定应变速率 ε 时，断裂强度 σ_b 和屈服应力 σ_y 与温度 T 的关系如图 5.10（a）所示，显然，两条曲线的交点就是脆韧转变点。同样，在一定温度下，σ_b-ε 和 σ_y-ε 关系如图 5.10（b）所示。由图 5.10 可见，断裂强度受温度和应变速率影响不大，而屈服应力受温度和应变速率影响很大，即屈服应力随温度增加而降低，随应变速率增加而增加。因此，脆韧转变将随应变速率增加而移向高温，即在低应变速率时强度的材料，在高应变速率时将会发生脆性断裂。此外，材料中的缺口可以使聚合物的断裂从韧性变为脆性。

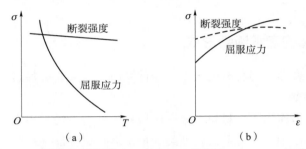

图 5.10　聚合物材料的 σ_b-T、σ_y-T 曲线及 σ_b-ε、σ_y-ε 曲线

5.2.3　脆性断裂理论

1. 裂纹的应力集中效应

有裂缝的材料极易开裂，且裂缝端部的锐度对裂缝的扩展有很大影响。例如，塑料雨衣已有裂口，稍微不小心，裂口就会延长而被撕开。若将裂口根部剪成一个圆孔，裂口就较难扩展，说明，尖锐裂缝尖端处的实际应力相当大。

裂缝尖端处的应力有多大，可以用一个简单模型来说明。假设在薄板上刻画出一个圆孔，施以平均张应力 σ_0，如图 5.11（a）所示，则圆孔边与 σ_0 方向成 θ 角的切向应力分量 σ_t 可表示为

$$\sigma_t = \sigma_0 - 2\sigma_0 \cos 2\theta \tag{5.3}$$

式（5.3）指出，在通过圆心并且和应力平行的方向上（$\theta=0$），圆孔边切向应力等于 $-\sigma_0$，为压缩性；在通过圆心并和应力垂直的方向上 $\left(\theta=\dfrac{\pi}{2}\right)$，孔边切向应力等于 $3\sigma_0$，为拉伸性。由此可见，圆孔使应力集中了 3 倍。假如在薄板上刻画一个椭圆孔（长轴直径为 $2a$，短轴直径为 $2b$），如图 5.11（b）所示，该薄板为无限大的胡克弹性体。在垂直于长轴方向上施以均匀张应力 σ_0，经计算可知，该圆孔长轴的两端点应力 σ_t 最大为

$$\sigma_t = \sigma_0 \left(1 + \frac{2a}{b}\right) \tag{5.4}$$

由式（5.4）可知，椭圆的长短轴之比（a/b）越大，应力越集中。当 $a \gg b$ 时，它的

外形就像近似一道狭窄的裂缝。这种情况下，裂缝尖端处的最大张应力 σ_m 可表示为

$$\sigma_m = \sigma_0 \left(1 + 2 \sqrt{\frac{a}{r}} \right) \approx 2\sigma_0 \sqrt{\frac{a}{r}} \tag{5.5}$$

式中，a 为裂缝长度之半；r 为裂缝尖端的曲率半径。

式（5.5）说明，应力集中随平均应力的增大和裂纹尖端处半径的减小而增大。当应力集中到一定程度时，就会超过分子、原子的最大内聚力而使材料破坏。

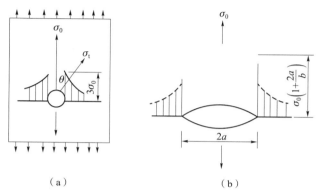

图 5.11　圆孔和椭圆孔在垂直于外加截面上的应力分布

（a）圆孔；（b）椭圆孔

裂缝对降低材料的强度起重要作用，而尖端裂缝尤为致命。若能消除裂缝或钝化裂缝的锐度，则可相应提高材料强度。实验证明了这一点，例如用氢氟酸处理粗玻璃纤维，其强度有显著提高。

从裂缝存在的概率来看，它与试样的几何尺寸有关。例如，细试样中危害大的裂缝存在的概率比粗试样小，因而纤维强度随其直径的减少而增高。同样，大试样中出现裂缝的概率比小试样大得多，因而试样的平均强度随其长度的降低而提高。这就是测定材料强度时要求试样有一定规格的原因。

2. 格里菲斯（Griffith）断裂理论

当裂缝尖端变成无限尖锐时，即 $r \to 0$，材料的强度小到可以忽略的程度。一个具有尖锐裂缝的材料，是否具有有限的强度，必须进一步弄清楚发生断裂的必要条件和充分条件。

格里菲斯从能量平衡的观点研究了断裂过程，认为①断裂产生新的表面，需要一定的表面能，断裂产生新的表面所需要的表面能是由材料弹性储能的减少来补偿的；②弹性储能在材料中的分布是不均匀的。裂缝附近集中了大量弹性储能，有裂缝的地方比其他地方有更多的弹性储能供给产生新表面所需要的表面能，使材料在裂缝处先行断裂。因此，裂缝失去稳定性的条件可表示为

$$-\frac{\partial U}{\partial A} \geq J \tag{5.6}$$

式中，U 为材料弹性储能；A 为裂缝面积；$-\partial U/\partial A$ 为每扩展单位面积裂缝时，裂缝端点附近释放出来的弹性储能，称为能量释放率，是驱动裂缝扩展的原动力，即裂缝扩展力，以 ξ 表示，该值与应力的类型及大小、裂缝尺寸、试样的几何形状等有关；J 为产生每单位面积裂缝的表面功，反映材料抵抗裂缝扩展的一种性质，它不同于冲击强度，也不同于应力-应变曲线覆盖面积所表征的"韧性"概念。

格里菲斯最初针对无机玻璃、陶瓷等脆性材料，裂缝扩展力为

$$\xi = -\frac{\mathrm{d}U}{\mathrm{d}A} = \frac{\pi\sigma_0^2 a}{E} \tag{5.7}$$

式中，a 为无限大薄板上裂缝长度的半径；σ_0 为张应力（见图5.12）；E 为材料的弹性模量。

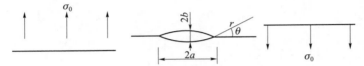

图5.12 均匀拉伸的无限大薄板上的椭圆裂缝

将式（5.7）代入式（5.6），得到引起裂缝扩展的临界应力 σ_c 为

$$\sigma_\mathrm{c} = \left(\frac{EJ}{\pi a}\right)^{1/2} \tag{5.8}$$

格里菲斯又假定，脆性玻璃无塑性流动，裂缝增长所需的表面功仅与表面能 γ_s（表面张力）有关。因此

$$J = 2\gamma_\mathrm{s} \tag{5.9}$$

则代入式（5.8）为

$$\sigma_\mathrm{c} = \left(\frac{2\gamma_\mathrm{s}E}{\pi a}\right)^{1/2} \tag{5.10}$$

式（5.10）为著名的脆性固体断裂的格里菲斯能量判据方程。式（5.10）中并未出现尖端半径，即它适用于尖端无曲率半径的"线裂缝"的情况。式（5.10）表明，σ_c 正比于 $\sqrt{\gamma_\mathrm{s}}$ 和 $\sqrt{E}$，而反比于 $\sqrt{a}$。因此，对于某长度 $2a$ 的裂缝，只要外应力 $\sigma \leqslant \sigma_\mathrm{c}$，裂缝就能稳定，材料就有安全的保证。

将式（5.10）改写为

$$\sigma_\mathrm{c}(\pi a)^{1/2} = \sqrt{2\gamma_\mathrm{s}E} \tag{5.11}$$

即对于任何给定的材料，当 $\sigma(\pi a)^{1/2}$ 超过某个临界值才会发生断裂，$\sigma(\pi a)^{1/2}$ 为应力强度因子 K_I（下标 I 表示张开性裂纹），即

$$K_\mathrm{I} = \sigma(\pi a)^{1/2} \tag{5.12}$$

由式（5.12）可知，材料的断裂与外应力和裂纹长度的乘积有关。而材料断裂时的临界应力强度因子为 K_Ic：

$$K_{1c} = \sigma_c (\pi a)^{1/2} \tag{5.13}$$

K_{Ic} 是材料抵抗脆性破坏能力的一个强度指标，在一定实验条件下是材料常数，而 K_I 不是材料常数。

格里菲斯方程的正确性已广泛地被脆性聚合物的实验证明。

3. 断裂分子理论

格里菲斯理论本质上是一个热力学理论，它只考虑了为断裂形成新表面所需要的能量与材料弹性储能之间的关系，没有考虑聚合物材料断裂的时间因素，这是该理论的不足之处。断裂分子理论考虑了结构因素，认为材料的断裂是一个松弛过程，宏观断裂是微观化学键断裂的热活化过程，即当原子热运动的无规热涨落能量超过束缚原子间的势垒时，会使化学键离解，从而发生断裂。

以 A 和 B 分别表示未断键的势能状态和已断键的势能状态，如图 5.13 所示。由于无规热涨落引起热能或动能随时间而变化，当它超过势垒时，发生 A→B 或 B→A 的转变，转变时的频率 ν 为

$$\nu = \nu_0 \cdot \exp\left(-\frac{U}{kT}\right) \tag{5.14}$$

式中，ν_0 为原子热振动的频率，为 $10^{12} \sim 10^{13}$ s^{-1}；U 为势垒高度，即活化能；k 为玻耳兹曼常数；T 为绝对温度。

在无应力时，如图 5.13（a）所示，由于状态 B 的势能高于状态 A，B→A 的概率大于 A→B 的概率，故实际上不发生 A→B 转变，即不发生键的断裂。但是，在有应力 σ 时，即试样受到外力作用时，状态 A 的势能将提高，并大于状态 B 的势能，如图 5.13（b）所示，使 A→B 的势垒（活化能）降低。于是，A→B 的概率显著增加，B→A 的概率则显著减少，反应进程为 A→B，即发生键的断裂。在这种情况下，键断裂的净频率 ν^* 可近似表示为

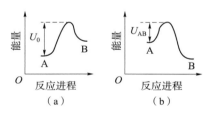

图 5.13　未断键和已断键的势能状态

（a）无应力时；（b）有应力 σ 时

$$\nu^* = \nu_0 \exp\left(-\frac{U_{AB}}{kT}\right) \tag{5.15}$$

式中，U_{AB} 为应变下 A→B 的势垒。

U_{AB} 与外应力有如下关系：

$$U_{AB} = U_0 - \beta\sigma \tag{5.16}$$

式中，U_0 为未应变时 U_{AB} 的值；β 为常数，具有体积因次，称为活化体积，它与聚合物的分子结构和分子间作用力有关，其值大致与原子键离解的活化体积相当。

将式（5.16）代入式（5.15），得

$$\nu^* = \nu_0 \exp\left(-\frac{U_0 - \beta\sigma}{kT}\right) \tag{5.17}$$

为了衡量材料的强度，规定必须有一定数目（N）的键破裂，使剩余的完整键失去承载的能力。这样，得到材料由承载至断裂所需的时间，即材料的承载寿命 τ_f 为

$$\tau_f = \frac{N}{\nu^*} = \frac{N}{\nu_0}\exp\left(\frac{U_0-\beta\sigma}{kT}\right) \tag{5.18}$$

由式（5.18）看出，材料所受的应力与温度对材料的承载寿命有重要影响。由（$U_0-\beta\sigma$）可看出，应力的作用在于降低键的离解能，促进热涨落的离解效应。温度的作用由 kT 反映，为体系的热能。（$U_0-\beta\sigma$）/kT 的大小表示热涨落引起键离解的难易程度。

将式（5.18）取对数，得

$$\ln\tau_f = C + \frac{U_0-\beta\sigma}{kT} \tag{5.19}$$

式中，$C = \ln(N/\nu_0)$。

式（5.19）表明，材料的承载寿命的自然对数 $\ln\tau_f$ 与应力 σ 和温度倒数 $1/T$ 呈线性关系，其正确性已被实验证实。

 专栏5.5　两类宏观断裂形式的关系

两类宏观断裂形式：脆性断裂；韧性断裂

宏观断裂形式取决于聚合物本身性质；实验条件，即 T、$\dfrac{d\varepsilon}{dt}$、试样形状、应力体系等。

两类宏观断裂形式的定义及特点如表5.3所示。

表5.3　两类宏观断裂形式的定义及特点

类型	脆性断裂	韧性断裂
定义	在外力作用下，材料未出现屈服点就断裂的情况	在外力作用下，材料在出现屈服点之后才断裂的情况
特点	伸长率小于5%（较小）；断裂能较小；断裂面大多垂直于外力方向，很少有流动发生；一般由张应力分量引起	伸长率大于20%（较大）；断裂能较大；断裂面倾斜不整齐，有流动发生；一般由切应力分量引起

两类宏观断裂形式的转化：

$$脆性断裂 \underset{T下降，\frac{d\varepsilon}{dt}升高，有尖锐缺口}{\overset{T升高，\frac{d\varepsilon}{dt}下降，有流体静压力}{\rightleftharpoons}} 韧性断裂$$

5.3　聚合物的屈服

玻璃态聚合物大形变，从力学角度来看，是由剪切形变和银纹化引起的。剪切形变只是物体形状的改变，分子间的内聚能和物体的密度基本上不受影响，但银纹化会使物体的密度大大下降。银纹的形成是玻璃态聚合物特有的塑性形变形式。当大形变时，剪切形变和银纹化所占的比重与聚合物结构及实验条件有关。

5.3.1　聚合物屈服点的特征

屈服行为并不是聚合物特有的力学行为，其他如金属材料等受外力作用也会发生屈服。固体聚合物的屈服行为与其他材料的屈服一样，有许多共同的规律，但聚合物的屈服还有以下特点。

（1）屈服应变（ε_y）较大。一般聚合物的 ε_y 为 3%~20%，而金属的 ε_y 小于 1%。

（2）许多聚合物屈服后，当应变继续增加应力稍有下降时，即发生所谓的应变软化，伴随着细颈的出现。由于细颈的继续发展，会发生应变硬化，所以有一个形成稳定的细颈的冷拉过程。

（3）屈服应力与应变速率、温度、流体静压力等有关。随着应变速率增加，屈服应力增大，应变速率达到一定值，屈服点消失。随着温度的升高，屈服应力下降。随着流体静压力 p 的增加，屈服应力增大，流体静压力达到一定值，屈服点消失。

（4）屈服时的体积变化。有些聚合物屈服时体积稍有缩小，有些则相反。

（5）包辛格效应（Bauschinger effect）。压缩时的屈服应力要大于拉伸时的屈服应力。

（6）聚合物屈服后，其结构和性能均发生显著变化，屈服总是伴随着取向的发生。对于非晶态聚合物，可能发生结晶化；而对于晶态聚合物，则可能发生晶型、结晶度的变化等再结晶作用。拉伸时显脆性的聚合物，在压缩时可能表现出塑性。

5.3.2　聚合物的屈服机理

1. 银纹屈服

在张应力或环境因素作用下，聚合物中某些薄弱处发生应力集中，产生局部塑性变形，出现垂直于应力方向的空化条纹状形变区的现象，这种现象称为银纹屈服现象（或银纹化）。聚合物中产生银纹的部位称为银纹体（或简称银纹）。银纹化的直接原因是结构的缺陷或结构的不均匀性而造成的应力集中。

银纹现象是聚合物材料特有的，是微观破坏和屈服的中间状态，即宏观破坏的先兆。银纹和真正的裂纹不同，图 5.14 所示为裂纹和银纹的结构。

1）银纹的结构和性能

银纹是由聚合物细丝（或称聚合物束）和贯穿其中的空洞（或空隙）组成，类似海绵的结构。这个基本的结构对于表面银纹、内部银纹、龟裂尖端的银纹是相同的。银纹的结构如图 5.14（b）所示。

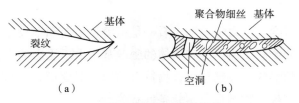

图 5.14　裂纹和银纹的结构

（a）裂纹；（b）银纹

由图 5.14（b）看出，银纹由聚合物连结起来的空洞所组成。

银纹中的聚合物细丝全部断裂则成为裂纹。银纹中的聚合物细丝断裂而形成裂纹的过程叫银纹的破裂。

银纹中聚合物细丝沿变形方向取向程度很大，其直径为 10~40 nm，但也可能有几百纳米的细丝。

银纹中的空洞比率，在通常的银纹中占 40%~65%，每个空洞的直径约为 20 nm。

通常，银纹的厚度为 100~1 000 nm。银纹可分为银纹主体和发展尖端两部分。

在应力作用下，银纹中的大分子沿应力方向取向，并穿越银纹两边，赋予银纹一定的力学强度。

银纹体中含有大量的空洞，因此银纹体的密度比未银纹化的基体密度小得多。银纹体的密度随银纹体形变值的增加而减小。在新产生的无应力银纹体中，聚合物的体积分数为 40%~60%。新产生的无应力银纹体指银纹形成立即卸去载荷的银纹体。银纹的形成和形变是一种松弛过程。加载下银纹体的形变随时间的延长而发展，卸去载荷形变又随时间的延长而逐渐消失。在应力作用和无应力状态下，银纹体的形变值和密度是不同的。

由于银纹体的密度小，故银纹体的折射率比其周围聚合物的折射率小。

2）银纹体力学性能

银纹体比正常的聚合物柔软并具有强度。在应力作用下，银纹体的形变是黏弹形变，因此模量与应变过程有关。一般银纹体的模量为正常聚合物模量的 3%~25%。

3）银纹的强度

产生银纹的银纹体仍能承受相当大的负荷，例如产生了银纹的聚苯乙烯可承受没有银纹的聚苯乙烯试样一半以上的拉力。因此银纹与裂缝（或裂纹）不同，产生银纹的材料仍具有强度，银纹并不一定引起断裂。

银纹的强度与聚合物的塑性流动、化学键的破坏等因素有关。分子量对银纹强度的影响很大。聚合物分子量越大，大分子的塑性流动和黏弹松弛过程的阻力越大，因此银纹越稳定，银纹强度越高。同时，分子量越高，大分子跨越银纹两边的概率越大，要使银纹破裂需要破坏更大的化学键，而破坏化学键要比大分子间的滑动消耗更多的能量。银纹的形态亦受分子量的影响。例如，当聚苯乙烯分子量小于 80 000 时，银纹短而粗，且形态不规则，银纹数量少，易于破裂或产生裂纹导致聚合物材料破裂；当聚苯乙烯分子量很大时，则形成细而长的银纹，银纹强度高，因此材料强度大。

4）银纹的不利、有利之处

银纹化可以是玻璃态聚合物断裂的先决条件，也可以是聚合物屈服的机理。

银纹屈服的一个典型例子是 PS 的增韧。对于接枝共聚的高抗冲 PS（HIPS）或 PS/PB 共混型抗冲 PS，在应力作用下，橡胶粒子引发周围 PS 相产生大量银纹并控制其发展，吸收塑性形变能，达到提高 PS 强度的目的。

5）银纹的起因

应力银纹结构若不能稳定，则将发展而导致聚合物断裂。除了应力银纹之外，聚合物材料或制件在加工或使用过程中，因环境介质（流体、气体）与应力的共同作用，会出现银纹，称为环境银纹，时常发展为环境应力开裂。环境介质的作用使引发银纹所需的应力或应变大幅降低。研究表明，银纹化的临界应变随环境介质对聚合物溶解度的增加以及溶剂化聚合物 T_g 的降低而降低。PC 是透明且耐冲击的非晶态工程塑料，具有耐热、尺寸稳定性好等特点，在电器、电子、汽车、医疗器械等方面获得了广泛的应用。但是材料也具有一些弱点，例如，熔体黏度大，流动性差，难以成型，且成型后制件的残余应力大。又如，在应力作用下 PC 易产生银纹，特别是处于溶剂环境，易产生溶剂银纹，这些银纹发展，最终导致开裂。为此，改善 PC 的熔融流动性及耐环境应力开裂性能具有重要的意义。PC/PA 合金在 PC 系列合金中是耐药品性、特别是耐碱性药品性最优异的。PPO、PMMA 等玻璃态聚合物也易产生溶剂银纹，并且发展为裂缝并因环境影响而产生的应力开裂。此外，PE、PP 等半晶态聚合物在某些侵蚀性环境介质中会过早失效。例如，PE 在某些极性液体（如醇、洗涤剂、各种油类）中，因较低的应力作用下即可发生脆性断裂。至于橡胶的臭氧开裂，则是由臭氧与处于张力作用的橡胶大分子主链上的双键作用而引起断裂、开裂，其机理与上述两类聚合物是不同的。

6）引发及形成稳定银纹的条件

聚合物中含有银纹并不一定引起物体断裂。

研究表明，引发及形成稳定银纹需要满足如下条件。

（1）应力不小于临界应力，应变不小于临界应变。

（2）非晶态聚合物的分子量不小于临界值 $\overline{M}_c$。当分子量达到 $\overline{M}_c$ 以上时，会产生分子间的缠结，形成物理交联结构，而微纤的缠结结构与其拉伸比相关。图 5.15 所示为微纤缠结链形变示意，缠结链的最大拉伸比 λ_{max} 表示为

$$\lambda_{max} = \frac{L_e}{d} \tag{5.20}$$

式中，d 为微纤网络缠结点间链的平均距离；L_e 为网链拉伸成锯齿形的长度。

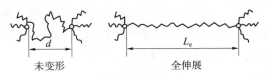

图 5.15　微纤缠结链形变示意

表 5.4 所示为微纤的分子参数和银纹体参数。由表 5.4 中数据可以看到，微纤的缠结链拉伸比 λ 与 L_e 有关。当缠结点密度高时，L_e 小，λ 值也小，缠结链伸展较困难，容易发生应变硬化，这种情况下银纹化形变不会得到充分发展；当应力增大到剪切屈服应力时，试样即可产生剪切形变。例如，PC 和 PPO，λ 较小，不易发生银纹化，这类韧性较好的聚合物的塑性形变主要是剪切形变。而 PVTS、PS 等脆性聚合物，因缠结点密度低，L_e 较大，λ 值也较大，它们的缠结链伸长长度大，容易产生银纹化。

表 5.4　微纤的分子参数和银纹体参数

微纤	$\overline{M_c}$[④]	L_e/nm	d/nm	λ_{max}	λ
PTBS[①]	43 400	60.0	12.5	4.8	7.2
PVTS[②]	25 000	47.0	10.7	4.4	4.5
PS	19 100	41.0	9.6	4.3	3.8
PSMAL	19 200	40.0	10.1	4.0	4.2
PMMA	9 150	19.0	7.3	2.6	2.0
PSMLA[③]	8 980	19.0	6.1	3.1	2.6
PPO	4 300	16.5	5.5	3.0	2.6
PC	2 480	11.0	4.4	2.5	2.0

注：①PTBS 为聚叔丁基苯乙烯；②PVTS 为聚对甲基苯乙烯；③PSMLA 为聚苯乙烯–马来酸酐共聚物；④网络缠结点间的分子量。

对于那些能形成稳定银纹结构的脆性聚合物，实际测得的缠结链拉伸比 λ 均小于理论的最大拉伸比 λ_{max}。即达到一定的拉伸比，因缠结链的取向导致应变硬化，缠结链长度不再增加，银纹结构得到稳定。外力的进一步作用将使银纹在长度方向上发展或者引发更多的新银纹。但若 L_e 很大，拉伸比 λ 可达到很高的数值，接近 λ_{max} 甚至超过 λ_{max}，此时缠结网已经被破坏，发生解缠或分子链的断裂。例如，表 5.4 中 PTBS、PVTS 的 λ 均超过其 λ_{max}，说明这些脆性聚合物在张应力作用下不能形成稳定的银纹结构，银纹的进一步发展必将导致材料的脆性断裂。因此，这些脆性聚合物虽然容易产生银纹，但却难以使银纹结构稳定，且不能发生屈服。

临界分子量指形成缠结时的最小分子量。

2. 剪切屈服形变

与银纹化相比，剪切形变对聚合物的强度影响较小。

通常，当强度聚合物单向拉伸至屈服点时，常可看到试样上出现与拉伸方向成约 45° 角的剪切滑移形变带。

剪切形变不仅在外加的剪切力作用下会发生，在拉伸力的作用下也会发生，原因是拉伸力可分解出剪切应力分量。下面以分析单轴拉伸应力为例，对试样剪切屈服现象做进一步讨论。

如图 5.16 所示，试样所受的拉力为 F，F 垂直于横截面积为 A_0 的横截面，斜截面的面积 $A_\alpha = A_0/\cos\alpha$。作用在斜截面上的拉力 F 可分解为沿平面法线方向的 F_n 和沿平面切线方向的 F_s 两个分力，这两个分力互相垂直。$F_n = F\cos\alpha$，$F_s = F\sin\alpha$。因此，斜截面上法应力 $\sigma_{\alpha n}$ 和切应力（又称剪应力）$\sigma_{\alpha s}$ 分别为

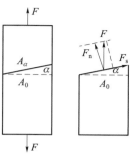

图 5.16　试样受拉力的切应力分量

$$\sigma_{\alpha n} = \frac{F_n}{A_\alpha} = \sigma_0 \cos^2\alpha \qquad (5.21)$$

$$\sigma_{\alpha s} = \frac{F_s}{A_\alpha} = \frac{1}{2}\sigma_0 \sin 2\alpha \qquad (5.22)$$

式中，σ_0 为横截面上的应力。

由式（5.21）和式（5.22）可以看出，当试样受到拉力时，试样内部任意截面上的法应力和切应力只与试样的正应力和截面的倾角 α 有关，当拉力选定时，$\sigma_{\alpha n}$ 和 $\sigma_{\alpha s}$ 只随截面的倾角而变化。

当 $\alpha = 0°$ 时，$\sigma_{\alpha n} = \sigma_0$，$\sigma_{\alpha s} = 0$；

当 $\alpha = 45°$ 时，$\sigma_{\alpha n} = \frac{1}{2}\sigma_0$，$\sigma_{\alpha s} = \frac{1}{2}\sigma_0$；

当 $\alpha = 90°$ 时，$\sigma_{\alpha n} = 0$，$\sigma_{\alpha s} = 0$。

以 $\sigma_{\alpha n}$ 和 $\sigma_{\alpha s}$ 对 α 作图，可得到图 5.17 所示的曲线。

由图 5.17 可看出，当 $\alpha = 45°$ 时，切应力达到最大值。这就是说，与正应力成 45° 的截面上切应力最大，因此剪切屈服形变主要发生在这个平面上。

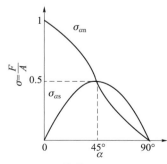

图 5.17　横截面上切应力 $\sigma_{\alpha s}$ 和法应力 $\sigma_{\alpha n}$ 与 α 的关系

对倾角为 $\beta = \alpha + \frac{\pi}{2}$ 的另一个截面，运用式（5.21）、式（5.22），得

$$\sigma_{\beta n} = \sigma_0 \cos^2\beta = \sigma_0 \sin^2\alpha \qquad (5.23)$$

$$\sigma_{\beta s} = (\sigma_0 \sin 2\beta)/2 = -(\sigma_0 \sin 2\alpha)/2 \qquad (5.24)$$

由式（5.21）、式（5.23）可得

$$\sigma_{\alpha n} + \sigma_{\beta n} = \sigma_0 \qquad (5.25)$$

即两个互相垂直的斜截面上的法应力之和是一定值，等于正应力。

由式（5.22）、式（5.24）可得

$$\sigma_{\alpha s} = -\sigma_{\beta s} \tag{5.26}$$

即两个互相垂直的斜面上的切应力的数值相等，方向相反，它们是不能单独存在的，总是同时出现，这种性质称为切应力双生互等定律。

根据拉伸试样应力分析的结果，不难理解聚合物拉伸时的各种现象。

不同聚合物有不同的抵抗拉伸应力和切应力破坏的能力。一般地，当韧性材料拉伸时，斜截面上的最大切应力首先达到材料的剪切强度，因此试样上首先出现与拉伸方向成约45°角的剪切滑移形变带（或互相交叉的剪切带），相当于材料屈服。当进一步拉伸时，形变带中分子链高度取向使强度提高，暂时不发生进一步形变，而变形带的边缘则进一步发生剪切形变。同时，倾角为135°的斜截面上发生剪切滑移形变。因此，试样逐渐生成对称的细颈。对于脆性材料，在最大切应力达到抗剪强度之前，正应力已经超过材料的拉伸强度，试样不会发生屈服，而在垂直于拉伸方向上断裂。

剪切屈服是一种没有明显体积变化的形状扭变，一般分为扩散剪切屈服和剪切带两种。扩散剪切屈服指在整个受力区域内发生的大范围剪切形变，剪切带指只发生在局部带状区域内的剪切形变。剪切屈服不仅在外加剪切力作用下发生，还在拉伸应力、压缩应力作用下发生。

在剪切带中存在较大的剪切应变，其值为1.0~2.2，并且有明显的双折射现象，这充分表明其中分子链是高度取向的，但取向方向不是外力方向，也不是剪切力分量最大的方向，而是接近外力和剪切力合力的方向。剪切带的厚度约为1 μm，每一个剪切带又是由若干个更细小的（0.1 μm）不规则微纤所构成的。

🗣 专栏5.6　银纹体与裂纹体的主要区别和相同点

（1）银纹体密度$\rho \neq 0$；裂纹体密度$\rho = 0$。

（2）银纹体仍有一定力学承载能力；裂纹体不能承载。

（3）银纹体在一定压力或T_g以上退火时能回缩或消失；裂纹体不能。

（4）银纹体和裂纹体的相同点：都是聚合物连续体破坏的结果。

🗣 专栏5.7　银纹屈服和剪切屈服的关系

银纹和剪切带：均有分子链取向，吸收能量，呈现屈服现象。

一般情况下，材料既有银纹屈服又有剪切屈服。剪切屈服和银纹屈服的主要区别如表5.5所示。

表5.5　剪切屈服和银纹屈服的主要区别		
主要区别	剪切屈服	银纹屈服
形变	形变大，百分之几十到百分之几百	形变小于10%
分子间内聚能	基本不变	发生变化
物体密度	基本不变	减小
曲线特征	有明显的屈服点	无明显的屈服点
体积	体积不变	体积增加
力	切应力	张应力
结果	冷拉	裂缝

银纹化是聚合物材料特有的塑性形变方式，它意味着在没有出现屈服点的聚合物中并非没有发生塑性形变。

剪切形变和银纹化在塑性形变中的比例取决于聚合物的结构和实验条件。

5.4　聚合物的增强和增韧

当材料所受的外力超过其承受能力时，材料就被破坏。机械强度是用一定形状的聚合物试样，在一定机械外力作用下实测的达到材料被破坏时的强度。对于各种不同的破坏力，有不同的强度指标，如拉伸强度、弯曲强度、硬度、冲击强度等。在本节中重点讨论聚合物的拉伸强度和冲击强度。

5.4.1　聚合物的增强

尽管单一聚合物在许多应用中已能胜任，但是它的性能比较单一，从力学强度和刚度而言，单一聚合物比金属要低得多，这就限制了它的应用。本小节将讨论影响聚合物拉伸强度的因素和聚合物增强的机理及方法。

1. 影响聚合物拉伸强度的因素

1）聚合物的结构

（1）极性基团或氢键。

由于聚合物材料的最大拉伸强度取决于主链化学键力和分子链间作用力，在一般情况下，增加聚合物的极性或形成氢键可以使其拉伸强度提高，对聚合物拉伸强度的影响如表5.6所示。例如，高密度聚乙烯的拉伸强度只有21.6~38.2 MPa；聚氯乙烯因有极性基团，拉伸强度为50~60 MPa；尼龙66有氢键，拉伸强度为83 MPa。在某些聚合物中，极性基团或氢键的密度越大，则强度越高，如尼龙66的拉伸强度比尼龙610大，为83 MPa。

值得注意的是如果极性基团过密或取代基团过大，则不利于分子运动，材料的拉伸强度虽然提高，但呈现脆性。

表 5.6 氢键和聚合物的极性对聚合物拉伸强度的影响

聚合物	拉伸强度/MPa	结构特征
低压聚乙烯	21.6~38.2	无氢键，无极性
聚丙烯	~30	无氢键，无极性
聚氯乙烯	50~60	有极性基团
尼龙 66	83	有氢键

（2）芳杂环。

主链含有芳杂环的聚合物，其拉伸强度和模量比脂肪族聚合物的高，引入芳杂环对聚合物拉伸强度的影响如表 5.7 所示。因此，新颖的工程塑料大部分为主链含芳杂环的。例如，芳香尼龙的拉伸强度和模量比普通尼龙高，聚苯醚比脂肪族聚醚高，双酚 A 聚碳酸酯比脂肪族聚碳酸酯高。当侧基为芳杂环时，拉伸强度和模量也较高。例如，聚苯乙烯的拉伸强度和模量比聚乙烯高。

表 5.7 引入芳杂环对聚合物拉伸强度的影响

聚合物	拉伸强度/MPa	结构特征
尼龙 66	80	无芳杂环
尼龙 6	75	无芳杂环
芳香尼龙	80~120	有芳杂环
低密度聚乙烯	10	无芳杂环
高密度聚乙烯	30	无芳杂环
聚苯乙烯	50	有芳杂环侧基

（3）支化。

当分子量相同时，分子链的支化度增加，分子之间的距离增加，作用力减小，聚合物拉伸强度降低，支化度对聚合物拉伸强度的影响如表 5.8 所示。例如，高压（低密度）聚乙烯由于支化度大，故其拉伸强度比低压（高密度）聚乙烯低。当然，后者的结晶度高也是一个重要原因。

表 5.8 支化度对聚合物拉伸强度的影响

聚合物	拉伸强度/MPa	伸长率/%	支化度
高压聚乙烯	17	300	大
中压聚乙烯	26	250	中
低压聚乙烯	33	60	小

（4）交联。

交联对分子量大且坚硬的聚合物材料的拉伸强度几乎没有影响，这是由于分子的缠结和相互穿透与交联一样可以有效地提高拉伸强度。但是，对分子量小的聚合物来说，适度的交联可以有效地增加分子链间的联系，使分子链不易发生相对滑移。随着交联度的增加，往往不易发生大的形变，同时材料拉伸强度增高。例如，对于许多热固性树脂，如果不进行交联，由于分子量小，几乎没有强度；对于一般分子量的聚合物材料，通过交联也可大大提高材料的拉伸强度，聚乙烯交联拉伸强度可提高 1 倍。但是交联过程中，往往会使聚合物结晶度下降或结晶倾向减小，因此，过分的交联反而使拉伸强度下降。对于不结晶的聚合物，交联度过大拉伸强度下降的原因可能是交联度高时，网络不能均匀承载，易集中应力于局部网链上，使有效网链数减小。这种承载的不均匀性随交联度增高而加剧，拉伸强度随之下降。例如，交联对橡胶的力学性能的影响，当交联度增大即 $\overline{M}_c$（临界分子量）下降时，聚合物的模量增大，橡胶的断裂伸长率随交联度的增加而减小。在低交联度时，拉伸强度有一个明显的极大值，然后随交联度的增加拉伸强度急剧下降，这是由于交联度增大时，交联间隔不均匀。这种不均匀性会使大部分应力施加在少数网状分子链上，使分子链首先断裂，这些分子链上承受的负荷分布不到其他分子链上，于是引起其他分子链的断裂或相互滑动。

（5）结晶度及晶体结构。

晶态聚合物中的微晶与物理交联相似。结晶度增加，拉伸强度、弯曲强度和弹性模量均有所提高。例如，等规聚丙烯中的无规结构含量增加，其结晶度下降，拉伸强度和弯曲强度也随之下降。然而如果结晶度太高，材料将发脆。

结晶聚合物除结晶度对聚合物的强度有影响之外，对晶型、结晶的大小也有影响。例如，微晶有利于提高聚合物的冲击强度，而大的球晶会使冲击强度降低，因此，成型加工温度和后处理的条件与结晶聚合物的强度有直接关系。球晶的结构对强度的影响更大，对聚合物的力学性能以及物理、光学性能起重要作用，但球晶是聚合物熔体结晶的主要形式。因此，成型加工的温度、成核剂的加入以及后处理条件等，对结晶聚合物的机械性能有很大的影响。

从晶体结构来看，由伸直链组成的纤维状晶体，其拉伸性能较折叠晶体优越得多。因此，可以采用较刚硬的链或冷冻纺织新工艺制成高强度的合成纤维。

（6）分子量。

一般来说，聚合物材料的强度随分子量的增大而增加，这是由于分子量增大到 20 000 以上时，聚合物就会发生缠结，缠结点越多，强度越大。但当分子量超过一定值，拉伸强度变化不大（见图 5.18），而冲击强度继续增大，如超高分子量聚乙烯（$M = 5 \times 10^5 \sim 4 \times 10^6$）的冲击强度比普通的低压聚乙烯提高 3 倍多，在 $-40 °C$ 时甚至可提高 18 倍。

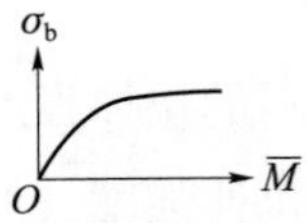

图 5.18　分子量与拉伸强度的关系

分子量对聚合物脆性断裂强度的影响可表示为

$$\sigma_b = A - B/\overline{M}_c \qquad (5.27)$$

式中，A、B 为常数，A 可看作 $\overline{M}_c \to \infty$ 时的 σ_b。

当小于某一 $\overline{M}_c$ 时，σ_b 随 $\overline{M}_c$ 减小而急剧下降；当大于某一 $\overline{M}_c$ 时，σ_b 随 $\overline{M}_c$ 增加而逐渐增大，最后趋于恒定。将 σ_b-$\overline{M}_c$ 曲线中 σ_b 外推至零，可得 $\overline{M}_0$，该值与熔体中开始出现稳定缠结分子量的 $\overline{M}_e$ 值有关。PS、PMMA、PC 等聚合物的 σ_b-$\overline{M}_c$ 关系基本服从此规律。当分子量提高到一定值，对断裂强度的改善就不明显了，但是冲击强度仍继续增加。

分子量对晶态聚合物的应力-应变特性的影响和非晶态聚合物的情况类似，但不像非晶态聚合物那样明显，这是因为微结晶类似分子链缠结所起的作用。又由于在分子量增高的同时结晶度一般下降，所以，晶态聚合物的各种力学性质和分子量的关系更加复杂。因此，当温度超过玻璃化温度 T_g 时，强度随分子量的增大而增大。低分子量的晶态聚合物材料脆，强度低，这是球晶之间连接分子相对减少而造成的。结晶形态的类型和球晶结构的大小也可能随分子量的大小而变化，因此，晶态聚合物的特性受分子量和随分子量变化的结晶两个因素的影响。

（7）共混。

共混可使强度增大，但当共混体系结构不合适时，强度降低。

（8）取向。

取向可以使材料的强度提高几倍甚至几十倍，这在合成纤维工业中是提高纤维强度的一个必不可少的措施。因为单轴取向后，聚合物链随外力方向平行排列，所以沿取向方向断裂时破坏主价键的比例大大增加，且主价键的强度比范德华力的强度高 50 倍左右。对于薄膜和板材，也可以利用取向来改善其性能。这是因为双轴取向后在长、宽两个方向上强度和模量都有提高，同时可以阻碍裂缝向纵深发展。表 5.9 列出了几种高度取向的聚合物纤维的力学性能，充分显示了这些聚合物材料质量轻、刚度高、强度大的特点。

表 5.9　几种高度取向的聚合物纤维的力学性能

聚合物纤维	相对密度/ （g·cm⁻³）	拉伸模量/GPa	比模量/GPa	拉伸强度/GPa	比强度/GPa
高倍率拉伸聚乙烯	0.966	68	71	>0.3	>0.3
高模量挤出聚乙烯	0.97	67	69	0.48	0.49

续表

聚合物纤维	相对密度/ $(g \cdot cm^{-3})$	拉伸模量/GPa	比模量/GPa	拉伸强度/GPa	比强度/GPa
聚双乙炔单晶纤维	1.31	61	50	1.7	1.3
Kevlar49 纤维（聚芳酰胺）	1.45	128	88	2.6	1.8
玻璃纤维	2.5	69~138	28~55	0.4~1.7	0.15~0.7
碳钢	7.9	210	27	0.5	0.07
碳纤维	2.0	200~420	100~210	2~3	1.0~1.5

注：比模量和比强度是拉伸模量和拉伸强度与相对密度的比值。

（9）共聚和增塑剂。

共聚对结晶聚合物的强度影响和增塑剂的影响差别很大。增塑剂使玻璃化温度下降，结晶度也略有降低，因此，结晶聚合物模量和屈服应力都趋于降低，而断裂伸长率增大。但是，共聚能使结晶度降低很多，还使玻璃化温度升高或降低。例如，乙烯-醋酸乙烯共聚物，随醋酸乙烯量增加，破坏了结晶和球晶结构，结果使屈服应力 σ_y 降低，屈服应变 ε_y 增大。

①加入增塑剂或增塑剂含量增大，屈服应力、断裂强度、模量等都会下降，而断裂伸长率增大。一般共聚使材料的屈服应力下降，而断裂伸长率增大。②加入增塑剂使聚合物的玻璃化温度下降，结晶度略有下降。共聚对聚合物的玻璃化温度的影响比较复杂，玻璃化温度升高或降低，会受到形成的结构的影响，但共聚时的结晶度大大下降。

增塑剂的加入，对聚合物来说起稀释作用，减小了分子间作用力，因此强度降低。

（10）填料。

填料对聚合物强度的影响比较复杂。填料分为惰性填料和活性填料，惰性填料使聚合物的强度降低，活性填料可显著地提高聚合物的强度。

填料根据形状不同，可分为粉状和纤维两类。

将木粉加入酚醛树脂，适当的木粉的量，不仅不会降低材料的拉伸强度，还会大幅提高其冲击强度。在天然橡胶中加入碳黑，拉伸强度明显提高。在热塑性塑料中加入少量粉末润滑剂，可改善其摩擦和磨损性能。在聚乙烯、聚丙烯中加入碳酸钙辅以发泡工艺，可制造钙塑材料，这种钙塑材料与木材很相似。有时为了改善聚合物和填料之间界面的黏附性，可加入偶联剂。偶联剂的作用是可以同时与聚合物和填料发生反应，使黏附性能增强。因此，使用经过处理的填充剂，往往可以制得高强度的复合材料。填料的颗粒越小，拉伸强度越大。在聚合物中加入填料，拉伸时断裂强度减小，而压缩时，填料可使断裂强度增大。

纤维状的填料，如天然纤维（棉、麻等）、玻璃纤维，加入聚合物中会提高强度和增大韧性，尤其是热固性塑料用玻璃布填料，强度可和钢材相同。

（11）应力集中物。

由前文可知，材料中的缺陷造成应力集中，严重地降低了材料的强度。材料加工过程中由于混合不匀或塑化不良，成型过程中由于制件表里冷却速度不同而产生内应力等，均可产生缺陷，必须引起注意。

此外，低温和高应变速率条件下，聚合物倾向发生脆性断裂，温度越低，应变速率越高，断裂强度越大。

2）外界条件

（1）老化。

聚合物制品在使用或贮存过程中，由于环境的影响，其力学性能逐渐变坏，这种现象称为老化。导致老化的原因是环境因素，如在温度、阳光、氧气、水蒸气、辐射、外力等作用下发生化学降解，因而使其性能劣化。降解指聚合物分子链被分裂成较小部分的反应过程（这里所说的降解是广义的降解）。聚合物链断裂的同时可能发生交联，除此以外还有分子链结构的改变（支化）、侧基的改变、多种因素的综合作用。

在常温下，绝大多数聚合物能和氧气发生极为缓慢的作用，但在温度、紫外线的联合作用下，氧化作用变得显著，这就是通常所说的氧化降解。氧化降解将引起断链、交联和支化等作用，从而降低分子量（断链）或增加分子量（交联），凡经氧化作用的聚合物材料或制品必然会发生颜色变化，变脆，拉伸强度和伸长率下降，熔体的黏度发生变化。

（2）温度和外力作用速率。

由前面讨论已经知道，提高拉伸速度（应变速率）与降低温度的效果是相似的，也就是说，提高外力作用速率和降低温度对应力-应变曲线的影响是相似的。

温度和外力作用速率对应力-应变特性有很大的影响，详细见 5.1.4 节。

（3）静压力。

图 5.19 所示为静压力对 PMMA 应力-应变曲线的影响。由图 5.19 看出，模量和屈服应力随压力增加而增大。这种现象与聚合物的自由体积有关。压力一方面使自由体积减小或填充密度增加，另一方面有利于使裂纹保持闭合状态，结果使断裂伸长率和拉伸强度增加。虽然减小裂纹和缺陷的作用对拉伸强度是有利的，但自由体积的减小增加了材料的脆性，又是不利的因素。

2. 聚合物增强的机理及方法

增强是在聚合物基体中加入第二相物质，形成复合材料，是提高材料强度的方法。

如果在聚合物基体中加入第二种物质，则形成复

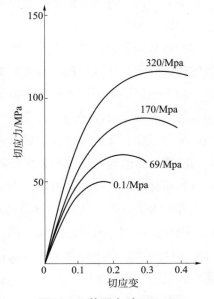

图 5.19　静压力对 PMMA
应力-应变曲线的影响

合材料，通过复合材料来显著提高材料力学强度的作用称为增强作用。能够提高聚合物集体力学强度的物质称为增强剂或活性填料。活性填料与惰性填料不同，后者在聚合物中起稀释作用，可以降低材料的成本。

1）粉状填料增强

活性粉状填料可使橡胶或塑料的强度增加，增强关键为填料粒子的表面活性（可采用化学处理方法或用偶联剂加以强化）。

粉状填料，如木粉、炭黑、轻质二氧化硅、碳酸镁、氧化锌等，与某些橡胶或塑料复合可以显著改善性能。例如，天然橡胶中添加 20%的胶体炭黑，拉伸强度可以从 16 MPa 提高到 20 MPa；丁苯橡胶拉伸强度仅为 3.5 MPa，加入炭黑拉伸强度可达 22~25 MPa，增强效果显著；硅橡胶中加入胶体二氧化硅，拉伸强度可提高 40 倍。

活性填料的作用，如对橡胶的增强，可用填料的表面效应来解释，即活性填料粒子的活性表面较强烈地吸附橡胶的分子链。通常一个粒子表面上联结有几条分子链，形成链间的物理交联，吸附了分子链的粒子能起到均匀分布负荷的作用，降低橡胶发生断裂的可能性，从而起到增强作用。

填料增强的效果受到粒子和分子链间结合的牢固程度所制约，两者在界面上的亲和性越好，结合力越大，增强作用越明显。在许多情况下，结合力可采用一定的化学处理方法或加入偶联剂进行强化，甚至使惰性填料变为活性填料。例如，在 30%~60%玻璃微珠填充的高密度聚乙烯中加入 TTS（三异十八烷基异丁基钛酸酯）高效活化剂，即可使填充聚乙烯的力学性能和加工性能接近或优于未填充的纯聚乙烯。又如，亲油的炭黑对橡胶的增强作用要比普通炭黑好得多；天然橡胶中含有脂肪酸、蛋白质等表面活性物质，故惰性的碳酸镁、氯化锌等对其产生增强作用，但这些填料对不含表面活性剂的合成橡胶不产生增强作用。

2）纤维增强

橡胶制品可用网状织物增强。热固性塑料常用玻璃布作为填料，使材料强度大大增加。热塑性塑料可用玻璃短纤维使拉伸、压缩、弯曲等强度增加，但冲击强度提高不多甚至降低。增强关键为纤维强度；两者的黏结性；树脂的塑性流动性。

纤维填料中使用最早的是各种天然纤维，如棉、麻、丝及其织物等，后来发展为玻璃纤维。近年来，随着尖端科学技术的发展，又开发了许多特种纤维填料，如碳纤维、石墨纤维、硼纤维、超细金属纤维和单晶纤维（晶须），在航天器、化工等领域获得应用。

纤维填料在橡胶轮胎和橡胶制品中，主要作为骨架，以帮助承担负荷。通常采用纤维的网状织物，俗称帘子布。在热固性塑料中，常以玻璃布为填料，得到所谓的玻璃纤维层压塑料，强度可与钢铁相同，其中环氧玻璃钢的比强度甚至超过了高级合金钢。用玻璃短纤维增强的热塑性塑料，其拉伸、压缩、弯曲强度和硬度一般可提高 100%以上甚至 300%，但冲击强度一般提高不多，甚至可能降低。

纤维填充塑料增强的原因是依靠其复合作用，即利用纤维的高强度承受应力，利用基体树脂的塑性流动及与纤维的黏结性传递应力。

表 5.10 列出了未取向复合材料和相应纤维的性能。

表 5.10　未取向复合材料和相应纤维的性能

纤维/复合材料	弹性模量/GPa	拉伸强度/GPa	比模量/GPa	比刚度/GPa	比强度/(MJ·kg⁻¹)
环氧树脂	3.5	0.09	1.20	—	—
E-玻璃纤维	72.4	2.4	2.54	28.5	0.95
环氧复合材料	45	1.1	2.1	21.4	0.52
S-玻璃纤维	85.5	4.5	2.49	34.3	1.8
环氧复合材料	55	2.0	2.0	27.5	1.0
硼纤维	400	3.5	2.45	163	1.43
环氧复合材料	207	1.6	2.1	99	0.76
高强石墨纤维	253	4.5	1.8	140	2.5
环氧复合材料	145	2.3	1.6	90.6	1.42
高模量石墨纤维	520	2.4	1.85	281	1.3
环氧复合材料	290	1.0	1.63	178	0.61
芳香聚酯纤维	124	3.6	1.44	86	2.5
环氧复合材料	80	2.0	1.38	58	1.45

图 5.20 所示为聚醚醚酮-短切碳纤维复合材料断裂表面的 SEM 照片。图 5.20 表明，纤维与基体之间黏结得很好，性能测定显示，纤维的加入使基体的强度、刚度和强度提高，但耐腐蚀性、蠕变和疲劳性能降低。

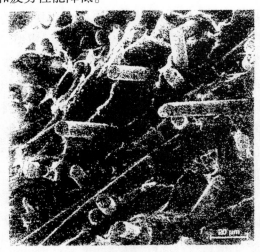

图 5.20　聚醚醚酮-短切碳纤维复合材料断裂表面的 SEM 照片

3) 液晶聚合物增强

随着聚合物液晶的商品化，20 世纪 80 年代后期开辟了液晶聚合物与热塑性塑料共混制备高性能复合材料的新途径。液晶聚合物一般为热致型主链液晶，在共混物中可形成微纤而起到增强作用。而微纤结构是加工过程中由液晶棒状分子在共混物基体中就地形成的，故称作"原位"复合增强。随着增强剂用量增加，复合材料的弹性模量和拉伸强度增加，断裂伸长率下降，发生韧性向脆性的转变。表 5.11 所示为聚醚砜和聚碳酸酯的液晶增强效果。

表 5.11　聚醚砜和聚碳酸酯的液晶增强效果

材料	拉伸强度/MPa	伸长率/%	拉伸模量/GPa	弯曲强度/MPa	弯曲模量/GPa	缺口冲击强度/（J·m^{-1}）
聚醚砜（未增强）	63.6	122	2.50	101.9	2.58	77.4
聚醚砜（增强）	125.5	3.8	4.99	125.9	6.11	35.2
聚碳酸酯（未增强）	66.9	100	2.32	91.3	2.47	—
聚碳酸酯（增强）	121	3.49	5.72	132	4.54	14.8

4) 聚合物基纳米复合材料

纳米材料通常指微观结构上至少在一维方向上受纳米尺度（1～100 nm）调制的各种固态材料，根据构成晶粒的空间维数不同，可分为纳米结构晶体（或三维纳米结构）、层状纳米结构（或二维纳米结构）、纤维状纳米结构（或一维纳米结构）及零维原子簇（或簇组装）四大类。

由于纳米材料的特殊结构，产生了几种特殊效应，即纳米尺度效应、表面界面效应、量子尺寸效应和宏观量子隧道效应。这些纳米效应导致该种新型材料在力学性能、光学性能、磁学性能、超导性、催化性质、化学反应性、熔点蒸气压、相变温度、烧结以及塑性形变等许多方面具有传统材料所不具备的纳米特性。

纳米材料的制备方法主要有插层复合法、共混法、原位聚合或在位分散聚合法、溶胶-凝胶法。

5.4.2　聚合物的增韧

1. 冲击强度的定义

冲击强度 σ_i 是衡量材料强度的一种强度指标，通常定义为试样在冲击载荷 W 作用下折断或折裂时单位截面积所吸收的能量。冲击强度的表征：有冲击破坏时试样单位截面吸收的能量（J/m^2）；冲击破坏时单位缺口吸收的能量（J/m）。

冲击强度的测试方法很多，应用较广的有摆锤冲击试验、落重冲击试验和高速拉伸试验三种。三种冲击试验所得结果不一致，不同试验方法给出不同的聚合物冲击强度顺序，且用给定的方法测得的值也不一定是材料常数，与试样的几何形状和尺寸有很大的关系，测试薄的试样一般比厚的试样给出较高的冲击强度。

2. 影响聚合物及增韧塑料冲击强度的因素

1）影响聚合物（本体）冲击强度的因素

（1）聚合物结构。

增加聚合物的极性或产生氢键，可以提高聚合物的拉伸强度。但是，如果极性基团过密或取代基团过大，则冲击强度减小，材料表现为脆性。

分子链支化程度增加，则分子之间距离增加，作用力减小，拉伸强度降低，但冲击强度可能提高。例如，低密度聚乙烯的冲击强度比高密度聚乙烯的高。

适度交联，拉伸和冲击强度均可提高。例如，聚乙烯交联，冲击强度可提高 3~4 倍，在-40 ℃时，甚至提高 18 倍。

聚合物的结晶度增加，冲击强度和断裂伸长率下降，甚至表现为脆性。

球晶的大小对冲击强度影响也很大。如果在缓慢的冷却和退火过程中生成了大的球晶，那么，聚合物的冲击强度显著地下降。

适当的双轴取向的聚合物，冲击强度提高。

加入适量的增塑剂的，使聚合物链段运动能力增加，冲击强度提高，但材料变软，模量明显下降。

在低温下（100~300 K），若有因主链上小运动单元引起的次级松弛，可显著提高聚合物常温的冲击强度。

通常，分子量增大，结晶聚合物的结晶度下降，冲击强度提高。

（2）试验条件。

在冲击实验中，温度对材料的冲击强度影响很大。随着温度的升高，冲击强度逐渐增加，当接近 T_g 时，冲击强度将迅速增加，且不同品种之间的差别缩小。例如，普通聚苯乙烯室温时很脆，接近 T_g 时变成一种韧性的材料。对于晶态聚合物，如果其非晶部分的 T_g 小于室温，则必然有较高的冲击强度。热固性聚合物的冲击强度受温度的影响很小，外力作用时间长，相当于温度升高。

（3）试样形状。

有缺口试样比无缺口试样冲击强度小；当缺口较尖锐时，冲击强度较小。

2）影响增韧塑料冲击强度的因素

对于聚合物来说，其亚微观结构呈现"海-岛"状结构可提高冲击强度。"海-岛"状结构：橡胶呈微粒状分散于塑料连续相中，宏观似均相，亚微观为异相。

（1）温度。

T 越高，冲击强度越高。在橡胶的 T_g 附近，增韧塑料的冲击强度变化较大。

许多研究者发现，在比 T_g 低的温度下出现的次级转变现象和冲击强度之间有密切关系。例如，β 转变内消耗峰的大小和冲击强度相对应，即某些具有低温 β 松弛的刚性链聚合物，在 $T>T_\beta$ 时可作增韧剂使用（因其在 $T_\beta \sim T_g$ 表现出高度强度）。由大量的实验结果可得出许多有使用价值的结论：①在低温出现内消耗峰的材料，室温下有较高的冲击强度，如聚乙烯、聚碳酸酯、聚四氟乙烯、聚酰胺等聚合物；②温度为 100~300 K 不出现内消耗峰的材料在室温下冲击强度低，如聚苯乙烯、聚甲基丙烯酸甲酯等；③若在低温下出现的内消耗峰是由侧基的松弛运动引起的，则这种材料在室温下冲击强度不高，如聚甲基丙烯酸甲酯。

（2）增韧塑料两相结构。

当橡胶增韧塑料时，为了起到增韧的效果，改性时需要注意：①橡胶颗粒尺寸应适当（一般为 0.1~1 μm），橡胶颗粒的粒径分布不宜过宽；②橡胶含量应适当（一般为 10%~15%）；③橡胶相本身的交联度应适当；④两相界面的黏结力应较好。

3. 弹性体增韧理论及非弹性体增韧理论

1）弹性体增韧理论

对于一些脆性较大的塑料，可用少量橡胶或其他弹性体与之共混，或采用接枝共聚方法，来改善塑料的韧性。起增韧作用的弹性体应与塑料呈宏观均相、亚微观异相的织态结构，且相界面黏结良好。可加入增容剂、偶联剂等物质来提高相界面的黏结性。但弹性体增韧塑料仍存在一些问题，如刚度和强度下降等。

增韧塑料机理的研究由最初的、简单的定性解释向模型化、定量化的方向发展，目前被人们普遍接受的弹性体增韧理论为多重银纹化理论、剪切屈服理论、银纹-剪切带理论逾渗理论、空穴化理论等。

（1）多重银纹化理论。

1965 年，Bucknall 和 Smith 在基于施密特橡胶粒子作为应力集中物设想的基础上，提出了这些应力集中物引发基体产生大量银纹，耗散冲击能量的思想。此后，Bucknall 和 Kramer 分别对此理论进行了补充，进一步提出了橡胶粒子是银纹的终止剂以及小粒子终止银纹的思想，可解释冲击时"应力发白"现象。

多重银纹化理论的主要观点：在橡胶增韧塑料中，橡胶相以微粒状分散于塑料相中。塑料连续相不使材料弹性模量和硬度过度下降。分散的橡胶微粒作为大量的应力集中物存在，当材料受到冲击时，橡胶微粒附近引发许多银纹，有银纹的塑性变形吸收大量的冲击能量。因大量银纹之间应力场相互干扰，使银纹端部应力下降，银纹不能进一步扩展。橡胶微粒本身也可阻止银纹扩展和破裂。

推论：凡能在塑料连续相中引发大量银纹产生、同时又能有效阻止银纹破裂的因素，都可产生增韧效果。

（2）剪切屈服理论（屈服的膨胀理论）。

弹性体对自身强度较好基体的增韧机理缘于基体的剪切屈服。

剪切屈服理论的主要观点：橡胶粒子在周围的基体相中产生了三维静张力，由此引起体积膨胀；使基体的自由体积增加，玻璃化温度降低，产生塑性变形。但该理论没有解释材料发生剪切屈服时常常伴随的应力发白现象。

可形成静水应力的一个前提：两相之间黏结良好。

橡胶粒子形成静水应力的可能原因：①热收缩差值，因橡胶热膨胀温度系数比塑料的大，当材料成型后冷却，收缩量橡胶粒子大于收缩量塑料相，使橡胶粒子对周围塑料相形成静水应力；②力学效应，橡胶的泊松比（$\mu \approx 0.5$）大于塑料的泊松比（$\mu \approx 0.35$），当受拉伸应力时，橡胶粒子的横向收缩较大，产生静水应力。

（3）银纹-剪切带理论。

在早期增韧理论的基础上，逐步建立了橡胶增韧塑料机理的初步理论体系。当前普遍接受的是所谓银纹-剪切带理论。该理论是 Bucknall 等人在 20 世纪 70 年代提出的，其主要观点：橡胶颗粒在增韧体系中发挥两个重要的作用，其一是作为应力集中中心诱发大量银纹和剪切带；其二是控制银纹的发展并使银纹及时终止而不能发展成破坏性裂纹。银纹尖端的应力场可诱发剪切带的产生，而剪切带也可阻止银纹的进一步发展。银纹或剪切带的产生和发展消耗能量，从而显著提高材料的冲击强度。进一步的研究表明，银纹和剪切带所占比例与基体性质有关，基体的强度越高，剪切带所占的比例越大；也与形变速率有关，当增加形变速率时，银纹化所占的比例提高；还与形变类型等有关。由于银纹-剪切带理论成功地解释了一系列实验事实，因而被广泛采用。

上述早期的增韧理论只能定性地解释一些实验结果，未能从分子水平上对材料形态结构进行定量研究，且缺乏对材料形态结构和强度之间相关性的研究。

（4）逾渗理论。

逾渗理论是处理强无序和具有随机几何结构系统常用的理论方法，可被用来研究临界现象的许多问题。20 世纪 80 年代，Wu S H 将逾渗理论引入聚合物共混物体系的脆韧转变分析，使脆韧转变过程从定性的图像观测提高到半定量的数值表征，具有十分重要的意义。

1988 年，美国杜邦公司的 Wu S H 在对改性三元乙丙橡胶（EPDM）增韧尼龙 66 的研究中提出了临界粒子间距普适判据的概念，继而对热塑性聚合物基体进行了科学分类，并建立了塑料增韧的脆韧转变逾渗模型，对增韧机理的研究起了重大推动作用。

对于准韧性聚合物为基体的橡胶增韧体系，其橡胶平均粒间距 T 如图 5.21 所示。图 5.21 中，d 为橡胶的平均粒径。当橡胶相体积分数 φ_r 和基体与橡胶的亲和力保持恒定时，体系脆韧转变发生在临界橡胶平均粒径 d_c 时，且 d_c 随 φ_r 的增大而增大，其定量关系为

$$d_c = T_c \left[(\pi/6\varphi_{rc})^{1/3} - 1 \right]^{-1} \tag{5.28}$$

式中，T_c 为临界基体层厚度（即临界粒间距）；φ_{rc} 为临界橡胶相体积分数。

式（5.28）是共混物发生脆韧转变的单参数判据。Wu 认为，只有当体系中橡胶平均粒间距小于临界值时才有增韧的可能。与之相反，如果橡胶平均粒间距远大于临界值，材料表现为脆性。T_c 是决定共混物能否出现脆韧转变的特征参数，它对于所有通过增加基体

变形能力增韧聚合物共混物是适用的，其增韧机理为当 $T>T_c$ 时，分散相粒子之间的应力场相互影响很小，基体的应力场是孤立的粒子的应力场的简单加和，故基体塑性变形能力很小，材料表现为脆性；当 $T=T_c$ 时，基体层发生平面应变到平面应力的转变，降低了基体的屈服应力。当粒子间切应力的叠加超过了基体平面应力状态下的屈服应力时，基体层发生剪切屈服，出现脆韧转变。当 T 进一步减小时，剪切带迅速增大，很快布满整个剪切屈服区域。值得一提的是，T_c 的大小除了与基体本身性质有关外，还受到材料加载方式、测试温度和测试速度的影响。

在此基础上，Wu 建立了塑料脆韧转变的逾渗模型。Wu 提出，当橡胶分散在塑料中时每个橡胶粒子与其周围 $T_c/2$ 的基体球壳形成平面应力体积球，如图 5.22 所示。图 5.22 中，s 为应力体积球的直径。

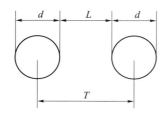

图 5.21　橡胶平均粒间距 T 示意

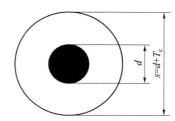

图 5.22　橡胶周围的应力体积球示意

（黑色部分为橡胶粒子）

在橡胶平均粒间距 $T \leqslant T_c$ 时，相邻平面应力体积球发生关联，出现逾渗通道，体系发生脆韧转变，对应的临界平面应力体积球直径（s_c）为

$$s_c = d_c + T_c \tag{5.29}$$

此时，对应的橡胶相体积分数 φ_{rc} 定义为逾渗阈值，并随橡胶平均粒径减小而减小。

随着平面应力体积球的体积分数（V_s）增大，发生关联的平面应力体积球的数目增多，相互连接，形成大小不一的逾渗集团。当 V_s 增大至逾渗阈值（V_{sc}）时，出现一条贯穿整个剪切屈服区域的逾渗通道，体系发生脆韧转变。临界平面应力体积球的体积分数（V_{sc}）为

$$V_{sc} = \varphi_{rc} (s_c/d_c)^3 \tag{5.30}$$

逾渗模型是增韧理论发展的一个突破，但也存在不足，主要表现为该理论模型是建立在橡胶粒子在基体中呈简立方分布，粒子为球形且大小相同的假设条件下，忽略了粒子形状、尺寸分布及空间分别对材料韧性的影响。因此，逾渗理论仍待进一步完善。

（5）空穴化理论。

由应力分析可知，橡胶相粒子赤道面的应力集中效应最大，在该处容易发生基体与分散相的界面脱黏，形成微孔。同时，与基体相比，橡胶粒子的泊松比更高，断裂强度更低。当所受外力达到断裂强度时，橡胶粒子内部会产生空洞。这些微孔和空穴的形成可吸

收能量，使基体发生脆韧转变。例如，范德瓦耳斯（van der Waals）和 R J Gaymans 研究了 PP/EPDM 体系，发现橡胶粒子空洞化是材料变形的主要机理。J U starke 指出，在 EPR 增韧共聚聚丙烯的断裂过程中，橡胶粒子的空洞化是形变的第一步。当 PP/EPR 共混比为 80/20 时，空洞化橡胶粒子之间的基体通过剪切屈服形成空洞带，但空洞带分布不均匀，且彼此孤立。随着橡胶含量增加到出现脆韧转变，空洞带结构遍布整个试样，且在垂直拉伸的方向上出现了类银纹的丝状结构，即 Argon 等人所称的银纹洞。

2）非弹性体增韧理论

非弹性体（刚性粒子）增韧理论是在橡胶增韧理论基础上的一个重要飞跃。弹性体增韧可使塑料的韧性大幅提高，但同时使基体的强度、刚度、耐热性及加工性能大幅下降。为此，近年人们提出了刚性粒子增韧聚合物的新思想，希望在提高韧性的同时保持基体的强度，并提高基体的刚性和耐热性，为聚合物材料的高性能化开辟新的途径，如有机刚性粒子增韧、无极刚性粒子增韧。

习　题

一、思考题

1. 玻璃态聚合物及晶态聚合物的拉伸应力-应变曲线一般可分为哪几个形变特征区段？强迫高弹形变为何又称为表观塑性形变？

2. 聚合物的屈服点有哪些特征？

3. 玻璃态聚合物塑性形变有哪两种形式或机理？它们之间有何不同？

4. 什么是银纹化？银纹与裂纹有何不同？

5. 聚合物的宏观断裂形式有哪些？从哪些方面可以区分脆性断裂和韧性断裂？实验条件如何影响这两种断裂形式的相互转变？

6. 什么是聚合物的强度？说出几种强度的名称及其所代表的含义。

7. 格里菲斯理论的基本观点和断裂判据是什么？什么是应力强度因子和临界应力强度因子？当 $K_I < K_{Ic}$ 时，材料发生断裂吗？

8. 影响聚合物拉伸强度的因素有哪些？它们对强度有什么影响？

9. 常用的聚合物冲击性能实验及冲击试样有哪些？

10. 什么是橡胶增韧塑料的增韧机理？

11. 影响聚合物及增韧塑料冲击强度的因素有哪些？你认为可以通过哪些途径提高聚合物的冲击强度？

12. 聚合物的理论强度与实际强度相差巨大，试分析其原因。

二、选择题

1. 关于聚合物中的银纹，以下哪条不正确？（　　　）。

①使透明性增加　　　　　　　　　　②使冲击强度增加

③加速环境应力开裂

2. 下列聚合物中拉伸强度较低的是（　　　）。

①线形聚乙烯　　　　　②支化聚乙烯　　　　　③聚酰胺 6

3. 当聚合物的分子量增加时，以下哪种性能减小或下降（　　　）。

①拉伸强度　　　　　②可加工性　　　　　③熔点

4. 对于橡胶，拉伸模量是剪切模量的（　　　）倍。

①2　　　　　　　　②3　　　　　　　　③4

5. 聚碳酸酯的应力–应变曲线属于以下哪一种（　　　）。

①硬而脆　　　　　②软而韧　　　　　③硬而韧

6. 聚合物的拉伸应力–应变曲线中哪个阶段表现出强迫高弹性（　　　）。

①大形变　　　　　②应变硬化　　　　　③断裂

7. 聚合物的结晶度增加，以下哪种性能增加（　　　）。

①透明性　　　　　②拉伸强度　　　　　③冲击强度

8. 随着聚合物结晶度的增加，则（　　　）。

①拉伸强度增加　　　②冲击强度增加　　　③拉伸强度减小　　　④冲击强度减小

9. 非晶态聚合物的应力–应变曲线一般不存在以下哪个阶段（　　　）。

①屈服　　　　　②细颈化　　　　　③应变软化

10. 在什么温度范围内，非晶态线型聚合物具有典型的拉伸应力–应变曲线（　　　）。

①$T_b<T<T_g$　　　　　②$T_g<T<T_f$　　　　　③$T_g<T<T_m$

11. 现有三种 ABS，每一种有两个 T_g 值，试估计三种 ABS 在–20 ℃时强度最大的为（　　　）。

①$T_{g1}=-80$ ℃，$T_{g2}=100$ ℃　　　　　　②$T_{g1}=-40$ ℃，$T_{g2}=100$ ℃

③$T_{g1}=0$ ℃，$T_{g2}=100$ ℃

三、判断题（正确的划"√"；错误的划"×"）

1. 同一聚合物在不同的温度下，测定的断裂强度相同。　　　　　　　　　　　（　　　）

2. 随着结晶度增加，聚合物的拉伸强度和冲击强度增加。　　　　　　　　　　（　　　）

3. 在 $\sigma-\varepsilon$ 曲线测试中，相同温度下，随着拉伸速率的增加，大多数聚合物的弹性模量、屈服应力及断裂强度增大。　　　　　　　　　　　　　　　　　　　　　　（　　　）

4. 在 $\sigma-\varepsilon$ 曲线测试中，相同拉伸速率下，随着温度的增加，大多数聚合物的弹性模量、屈服应力及断裂强度下降。　　　　　　　　　　　　　　　　　　　　　　（　　　）

5. 聚合物在室温下受到外力作用而发生变形，当去除外力时，形变没有完全复原，这是因为整个分子链发生了相对移动。　　　　　　　　　　　　　　　　　　（　　　）

6. 在聚合物中添加增塑剂时，拉伸强度和冲击强度增加。　　　　　　　　　　（　　　）

7. 银纹实际上是一种微小裂缝，裂缝内密度为 0，因此很容易导致材料断裂。（　　　）

8. 分子间作用力强的聚合物，一般具有较高的强度和模量。　　　　　　　　　（　　　）

9. 随着分子链支化程度增加，聚合物的拉伸强度和冲击强度增加。　　　　（　　）

10. 当温度由低变高时，高分子材料的宏观断裂形式可由脆性变为韧性。　　（　　）

11. 当应变速率由慢变快时，高分子材料的宏观断裂形式可由脆性变为韧性。（　　）

四、简答题

1. 试解释：（1）为何高压聚乙烯的冲击强度比低压聚乙烯的冲击强度好？（2）聚苯醚和聚碳酸酯均为主链上含有芳环的聚合物，为何后者的冲击强度比前者好？

2. 试解释表 5.12 中聚合物的强度数据规律。

表 5.12　题 2 表

聚合物	聚丙烯	聚氯乙烯	尼龙 610	尼龙 66
σ_b/MPa	35	50	61	81

3. 下列几种聚合物 $T<T_g$ 时的抗冲击性能如何？为什么？

（1）聚异丁烯；（2）聚苯乙烯；（3）聚苯醚；（4）聚碳酸酯；（5）ABS 树脂；（6）线形聚乙烯。

4. 廉价的聚合物经一定方法处理，可以制成具有特定性能的产物。试提出一种或两种方法，以制得拉伸强度好且耐断裂的聚乙烯。

第 6 章
聚合物的黏流态及流变性

聚合物在温度高于 T_f 时会发生黏性流动,绝大多数聚合物的成型加工是在黏流态下进行的,特别是热塑性塑料的加工,例如挤出、注射、吹塑、浇注薄膜以及合成纤维的纺丝等。为此,线型聚合物在一定温度下的流动性,正是其成型加工的重要依据。由于大多数高分子的 T_f 小于 300 ℃,比一般无机材料小得多,方便加工成型,是聚合物得到广泛应用的一个重要原因。

聚合物熔体或溶液的流动行为比小分子液体要复杂得多。在外力作用下,熔体或溶液不仅表现出不可逆的黏流形变,还表现出可逆的弹性形变。这是因为聚合物的流动并不是高分子链之间简单的相对滑移,而是运动单元依次跃迁的总结果。在外力作用下,高分子链不可避免地要沿外力方向伸展,当去除外力时,高分子链将自发地卷曲,这种构象变化所导致的弹性形变的发展和恢复过程均为松弛过程,取决于分子量、外力作用时间、温度等。在成型加工过程中,弹性形变及其随后的松弛与制品的外观、尺寸稳定性、"内应力"等密切相关。聚合物流变学正是研究材料流动和形变的一门科学,为聚合物的成型加工奠定了理论基础。

聚合物流变学研究的对象包括高分子固体和流体,本章着重讨论聚合物熔体的流动行为。本章不按流变学系统详细介绍,而是在讨论聚合物流动行为时,介绍聚合物流变学的基本观点和结论。

6.1　牛顿流体与非牛顿流体

6.1.1　牛顿流体

液体的流动有层流和湍流两种。当流动速度不大时,黏性液体的流动为层流;当流动速度很大或者遇到障碍物时,会形成漩涡,流动由层流变为湍流。层流可以看作液体在切应力作用下以薄层流动,层与层之间有速度梯度。一般聚合物熔体在成型加工时处于层流状态。

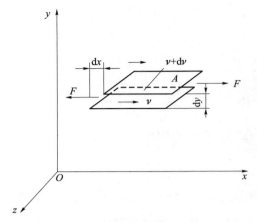

图 6.1　层流的流速示意

考虑层流情况下液体中一对平行的液层，切应力和切变速率的定义如图 6.1 所示。坐标系中 x 轴的方向表示液体的流动方向，两个液层之间的距离为 dy，由于液层受到剪切力 F 的作用，上液层的速度比下液层大为 dv，上、下液层速度有变化，速度梯度方向平行于 y 轴的方向。

由图 6.1 可见，在 y 处液层以速度 $v = dx/dt$ 沿 x 方向流动，而在 $y+dy$ 处液层以 $v+dv$ 的速度流动。剪切形变 $\gamma = dx/dy$ 对时间的导数称为切变速率 $\dot{\gamma}$。通过变换二阶导数中求导次序，可以得到如下关系式：

$$\dot{\gamma} = \frac{d\gamma}{dt} = \frac{d}{dt}\left(\frac{dx}{dy}\right) = \frac{d}{dy}\left(\frac{dx}{dt}\right) = \frac{dv}{dy} \tag{6.1}$$

可见，切变速率 $\dot{\gamma}$ 即速度梯度 dv/dy。

切应力 τ，即垂直于 y 轴的单位面积液层上所受的力，表示为

$$\tau = \frac{F}{A} \tag{6.2}$$

液体流动时，受到切应力越大，产生的切变速率越大。对低分子来说，τ 与 $\dot{\gamma}$ 成正比，即

$$\tau = \eta \cdot \frac{d\gamma}{dt} = \eta \cdot \dot{\gamma} \tag{6.3}$$

式（6.3）称为牛顿流动定律，比例常数 η 即切黏度，其值不随切变速率变化而变化。（说明：当流动方向和受力方向垂直时，切黏度简称黏度。）

黏度等于单位速度梯度时单位面积上所受到的切应力，其值反映了流体层流时分子之间相对流动的内摩擦力大小，单位为 Pa·s（帕·秒）。

凡流动行为符合牛顿流动定律的流体称为牛顿流体，小分子流体和某些极稀高分子溶液可近似视为牛顿流体。

6.1.2　非牛顿流体

许多液体，例如聚合物的熔体、浓溶液、聚合物分散体系（如乳胶）以及填充体系等并不符合牛顿流动定律，这类液体统称为非牛顿流体，它们的流动是非牛顿流动。对于非牛顿流体的流动行为，通常可由流动曲线进行基本的判定。图 6.2 所示为各种类型流体的流动曲线。

由图 6.2 可见，宾汉体（塑性体）具有一个屈服值，流动前，需要一个切应力极小值 τ_y，呈现塑性。在大于 τ_y 时，宾汉体的行为或者像牛顿流体（理想的宾汉体），或者像非

牛顿流体（假塑性宾汉体）。油漆、沥青等均属宾汉体，大多数聚合物在良溶剂中的浓溶液也属于这一类型。

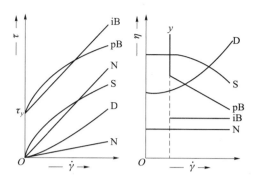

N—牛顿流体；D—切力增稠液体；S—切力变稀液体；iB—理想的宾汉体；pB—假塑性宾汉体

图 6.2　各种类型流体的流动曲线

大多数聚合物熔体的行为在低切变速率时为牛顿流体，随着切变速率增加，黏度降低，主要由于切应力作用下流动体系的结构发生了改变。切力变稀有时也称假塑性，因此流动曲线偏离起始牛顿流动阶段的部分可以看作类似塑性流动的特性，且曲线没有实际的屈服应力。

切应力增稠液体的特征为随着切应力速率增加，切应力较牛顿流体的正比增加更为强烈。一般悬浮体系具有这一特征，聚合物分散体系如胶乳、聚合物熔体–填料体系、油漆颜料体系的流变特性均具有切应力增稠现象，故也称为胀塑性流体。图 6.3 所示为悬浮体系在剪切力作用下的膨胀，其中图 6.3（a）为静止时的悬浮体系，颗粒好像嵌入相邻的空隙中；图 6.3（b）为快速剪切时的悬浮体系，颗粒来不及进入层间空隙，各层沿临层滑动。

（a）　　　　　　　　　　　　　（b）

图 6.3　悬浮体系在剪切作用下的膨胀

（a）静止时；（b）快速剪切时

由于在非牛顿流体中切黏度 η 的数值不再是一个常数，而是随切变速率或切应力变化而变化，为此，将流动曲线上某一点的 τ 和 $\dot{\gamma}$ 的比值称为表观切黏度，即

$$\eta_a = \tau / \dot{\gamma} \tag{6.4}$$

描述非牛顿流体的幂律方程为

$$\tau = K \cdot \dot{\gamma}^n \tag{6.5}$$

式中，K 为稠度系数；n 为流动指数或非牛顿指数。

符合幂律方程的流体称为幂律流体。

$$n \text{ 取值的几种情况} \begin{cases} \text{当 } n=1 \text{ 时，牛顿流体，} \eta = K = \text{常数；} \\ \text{当 } n<1 \text{ 时，假塑性流体；} \\ \text{当 } n>1 \text{ 时，胀塑性流体。} \end{cases}$$

$$\eta_a = \frac{\tau}{\dot{\gamma}} = K \cdot \dot{\gamma}^{n-1} \tag{6.6}$$

在非牛顿流体中，如果流体特性（如表观黏度）不能随切变速率的变化瞬时调整到平衡态，而是不断随时间改变，这样的流体称为"与时间有关"的流体，包括触变体和流凝体，如图 6.4 所示。

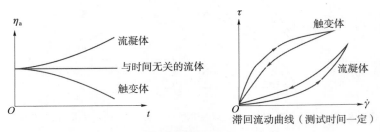

图 6.4 流体表观黏度与时间的关系

如果维持恒定切变速率所需的切应力随剪切持续时间的延长而减少，这种流体称为触变体；如果维持恒定切变速率所需的切应力随剪切持续时间的延长而增加，这种流体称为流凝体。

通常认为触变和流凝两种与时间有关的效应是由流体内部物理结构或化学结构发生变化而引起的。触变体在持续剪切过程中，有某种结构的破坏，使黏度随时间减少；而流凝体则在剪切过程中伴随着某种结构的形成。

在触变体和流凝体中，前者较为常见，如胶冻、油漆以及加有油性炭黑的橡胶胶料等，具有触变性；流凝体较为少见，实验发现，饱和聚酯在一定切变速率下表现出流凝性。

6.2 聚合物流体黏性流动的特点

6.2.1 聚合物流体的流动是借链段相继跃迁实现的

聚合物的流动单元是链段。

小分子流体的流动单元是整个分子。黏度服从阿伦尼乌斯方程（Arrhenius equation）

$$\eta = A \cdot \exp\left(\frac{\Delta E_\eta}{RT}\right) \tag{6.7}$$

将低分子流动时的孔穴理论用于高分子流动会发现困难。首先，在聚合物熔体中不可能形成容纳整个大分子的孔穴；其次，按低分子流动活化能变化规律推算，一个含有 1 000 个—CH_2—的长链分子，流动活化能约需 2 092 kJ/mol，而 C—C 键能只有 336.7 kJ/mol，即高分子还未流动时早已破坏分解。实际上，测定一系列烃类同系物流动活化能的结果表明（见图 6.5），当碳原子数增加到 20-30 个甚至以上时，流动活化能就与分子量无关了。

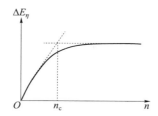

图 6.5　烃类同系物流动活化能与分子量的关系

（n_c 是临界碳原子数，$n_c \approx 20 \sim 30$）

以上事实说明，高分子的流动不是整个分子的迁移，而是通过高分子链分段运动的相继迁移来实现的，这种流动类似蚯蚓等动物的蠕虫运动。蠕虫运动模型不需要在高分子熔体中产生整个分子链尺寸的孔穴，只要产生如链段尺寸的孔穴就行，这里的链段也称为流动单元，尺寸约含几十个主链原子。

6.2.2　聚合物流体的黏度远高于小分子流体

表 6.1 列出了常见材料的黏度。水的黏度为 10^{-3} Pa·s，属于低黏度液体；甘油的黏度为 10^{0} Pa·s，属于高黏度液体；而聚合物熔体的黏度为 $10^2 \sim 10^6$ Pa·s，远远高于甘油。

表 6.1　常见材料的黏度（常温）

材料成分	黏度/（Pa·s）	形态
空气	10^{-5}	气态
水	10^{-3}	液态
橄榄油	10^{-1}	液态
甘油	10^{0}	液态
聚合物熔体	$10^2 \sim 10^6$	黏稠态
沥青	10^{9}	半固态
塑料	10^{12}	固态
玻璃	10^{21}	固态

从流变学的观点看，固态的材料也可以看成流体，只是其黏度特别高而已，像玻璃在常温下流动的黏度高达 10^{21} Pa·s。要注意的是，小分子材料（玻璃、金属等）一旦熔化，则其黏度远低于聚合物熔体，原因在于高分子长链在熔体状态仍然高度缠结。

6.2.3　聚合物流体的流动一般不符合牛顿流动定律

聚合物流体为非牛顿流体，但实际聚合物流体的流动曲线不同于典型的非牛顿流体，如图 6.6 所示。

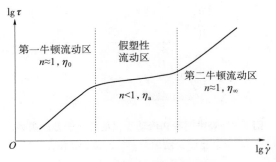

图 6.6　实际聚合物流体的流动曲线

聚合物流体的流动曲线一般分为三个区段：①当 $\dot{\gamma}$ 很小时，近似符合牛顿流动定律，称作第一牛顿（流动）区，黏度为零切黏度 η_0（即 $\dot{\gamma}\to0$ 时的黏度）；②当 $\dot{\gamma}$ 适中时，为假塑性流动性质，黏度为表观黏度 η_a；③当 $\dot{\gamma}$ 很大时，也近似符合牛顿流动定律，称作第二牛顿（流动）区，黏度为无穷切黏度或极限黏度 η_∞（即 $\dot{\gamma}\to\infty$ 时的黏度）。对于绝大部分聚合物流体（即熔体和溶液），三个区段的黏度大小：$\eta_0>\eta_a>\eta_\infty$，而且分子量越大，差值越大。

对以上聚合物流体流动曲线形状的解释有许多理论，例如缠结理论、松弛理论等。现以缠结理论为例加以说明。在足够小的切应力 τ（或 $\dot{\gamma}$）下，大分子链高度缠结，流动阻力很大，缠结形成速度等于缠结破坏速度（解缠速度），故黏度保持恒定的最高值 η_0；当切变速率增大（$\dot{\gamma}$ 较大）时，大分子的缠结破坏速度大于其缠结形成速度，故黏度不为常数，而是随着 $\dot{\gamma}$ 增加，速度差变大，黏度 η_a 减小；当 $\dot{\gamma}$ 很大，达到强剪切的状态时，大分子中的缠结结构几乎全被破坏，来不及形成新的缠结，大分子的相对运动变得很容易，体系黏度达恒定的最低值 η_∞，而且 η_∞ 与分子结构有关，与缠结无关，因此第二次表现为牛顿流体的流动行为。

6.2.4　聚合物流体的黏流伴有可逆的高弹形变

由于聚合物的黏流不是整个高分子链的相对滑移，而是各链段分段运动的结果，因此，在外力作用下，高分子链沿外力作用方向伸展，即聚合物在进行黏流时，必然会有高弹形变，这部分形变是可逆的，当去除外力时，高分子链恢复到蜷曲状态。在聚合物流动形变中包含两种形式：一种是不可逆的黏流形变（不能自发恢复），另一种是可逆的高弹形变（能自发恢复）。

聚合物流体的黏弹性，在成型加工中应引起充分的重视，否则很难得到合格的产品。例如，设计制品时，各部分的厚度相差不应太悬殊，因为薄处冷却快，其链段运动很快被冻结，高弹形变来不及恢复完全；而厚处冻结较慢，高弹形变恢复较完全，因此会引起制品内部结构不一致，产生内应力而导致制品变形和开裂。为了消除内应力，常对制品进行热处理。

6.3　聚合物的黏流温度

6.3.1　黏流温度与高分子加工温度

黏流温度 T_f 是聚合物的高弹态与黏流态之间的转变温度，是整个高分子链开始运动的温度。

黏流温度是决定高分子材料加工工艺条件的重要参数。对于非晶态聚合物，加工温度必须高于黏流温度。对于晶态聚合物，加工时要达到黏流态，温度不仅要高于结晶部分的熔点，还要高于非结晶部分的黏流温度，即加工温度根据黏流温度和熔点大小决定。

聚合物的黏流温度是成型加工的最低温度，实际上为了提高聚合物熔体的流动性和减少弹性形变，通常成型加工温度比黏流温度高。但温度过高，流动性太大，会造成工艺步骤上的繁琐并导致制品收缩率的加大，尤其严重的是温度过高，可能引起树脂的分解，将直接影响成型工艺和制品的质量，因此聚合物的分解温度是成型加工的最高温度。成型加工温度必须选在黏流温度与分解温度之间。

黏流温度和分解温度相距越远，加工温度范围越宽，越有利于成型加工。表 6.2 所示为常见聚合物的黏流温度、注射温度和分解温度。

表 6.2　常见聚合物的黏流温度、注射温度和分解温度

高分子	黏流温度（或熔点）/℃	注射温度/℃	分解温度/℃
低压聚乙烯	100~130	170~200	>300
聚丙烯	170~175	200~220	—
聚苯乙烯	112~146	170~190	—
聚氯乙烯	165~190	170~190	140
聚甲基丙烯酸甲酯	190~250	210~240	—
ABS	—	180~200	—
聚甲醛	165	170~190	200~240
氯化聚醚	180	185~200	—
尼龙 66	264	250~270	270
聚碳酸酯	220~230	240~285	300~310
聚苯醚	300	260~300	>350
聚砜	—	310~330	—
聚三氟氯乙烯	208~210	275~280	300
可熔聚酰亚胺	—	280~315	—

6.3.2 影响黏流温度的主要因素

1. 链柔顺性

按高分子链分段运动的机理，柔顺性分子链流动所需孔穴尺寸比刚性分子链所需孔穴小，因而流动活化能较低，即在较低温度下可发生柔顺性分子链的流动，在较高温度下发生刚性分子链的流动。分子链柔顺性越好，链内旋转的势垒越低，流动单元链段越短，其黏流温度越低；而分子链刚性越好，黏流温度越高。例如，聚苯醚、聚碳酸酯、聚砜等比较刚性的分子，黏流温度较高；柔顺性的高分子聚乙烯、聚丙烯等，尽管结晶时 T_f 被 T_m 掩盖，但是不高的熔点使它们不结晶，将在更低的温度下流动。

2. 分子间作用力

高分子链上带有极性基团，使分子间作用力增大，则必须在较高的温度下才能克服分子间的相互作用而产生相对位移，因此黏流温度高。例如，聚氯乙烯的黏流温度很高，甚至高于分解温度，经常加入增塑剂降低黏流温度，并加入稳定剂提高分解温度，才能进行加工成型。聚苯乙烯由于不带极性基团，分子间作用力较小，黏流温度较低，所以易于加工成型。

3. 分子量及分子量分布

黏流温度 T_f 是整个高分子链开始运动的温度，此时高分子链段和整个分子链均运动，这种运动不仅与高分子的结构有关，还与分子量的大小有关。分子量越大，物理交联点数越多，需要克服的分子间内摩擦力越大，黏流温度越高。从加工成型的角度来看，T_f 越高越不利于加工，一般在不影响制品性能的前提下，适当降低分子量是必要的。

当平均分子量恒定时，分子量分布宽度大的试样比分子量分布宽度小的高分子黏流温度低，因此低分子部分除本身流动性好外，还可起到增塑剂的作用而降低 T_f。由于分子量有多分散性，使非晶态线型高分子无明显的 T_f 转变值，而是呈较宽的软化区域，所以在此温度区域内，均易流动，可进行成型加工。

4. 外力大小及外力作用时间

在高分子的流动过程中，热运动阻碍整个分子向某一方向跃迁。增大外力实质上是更多地抵消分子链沿外力相反方向的热运动，提高链段沿外力方向向前跃迁的概率，使分子链的重心有效地发生位移，因此外力可使聚合物在较低温度下发生流动。了解外力对黏流温度的影响，对选择成型压力是很有意义的。聚砜、聚碳酸酯等比较刚性的分子，黏流温度较高，一般采用较大的注射压力来降低黏流温度，以便于成型。但不能过度增大压力，若注射压力超过临界压力，将导致材料的表面不光洁或表面破裂。

延长外力作用的时间也有助于高分子链产生黏性流动，因此增加外力作用的时间相当于降低黏流温度。

5. 增塑剂

在聚合物中加入增塑剂，可以使高分子链之间的距离增大，相互作用力减小，分子间容易相对位移，使黏流温度 T_f 下降。

6.4 聚合物流体①的流动性

6.4.1 描述聚合物流体流动性的常用参量

1. 表观（切）黏度

由于聚合物的流动过程中同时含有不可逆的黏性流动和可逆的高弹形变两部分，使总形变增大，聚合物的黏度是对应不可逆的黏性流动，所以聚合物的表观黏度比黏度小。也就是说，表观黏度并不完全反映高分子材料不可逆形变的难易程度，而是作为反映流动性好坏的一个相对指标，是很实用的，表观黏度大则流动性小，而表观黏度小则流动性大。

2. 熔融流动速率

反映聚合物流动性的指标除了表观黏度外，还经常使用熔融流动速率。在塑料行业，熔体流动速率常被称为熔融指数，其定义是在标准化熔融指数仪中，一定温度下，利用一定压力使聚合物熔体从标准毛细管中流出一定时间（一般为 10 min）内，流出聚合物的克数。熔体流动指数（melt flow index，MFI）或熔融指数（melt index，MI）越大，聚合物熔体的流动性越好。

对于具体的聚合物，统一规定若干个适当的温度和负荷条件，以便在相同条件下对测定的结果进行比较。相同聚合物在不同条件下测得的熔融指数可通过经验方程换算，但不同高分子由于测试时的条件不同，对测定的结果进行比较就无意义了。

3. 门尼黏度（常用于橡胶）

在橡胶行业，反映聚合物流动性的指标常采用门尼黏度，其定义为在一定温度（常取 100 ℃）和一定转子转速下测得的未交联生胶料在一定时刻对转子转动的阻力，门尼黏度越大，流动性越差。

6.4.2 聚合物熔体切黏度的测定仪器

聚合物熔体切黏度的常用测定仪器有三种：落球黏度计，毛细管流变仪、旋转黏度计，表 6.3 列出了三种仪器的比较。

---

① 流体包括熔体。

表 6.3　聚合物熔体切黏度的常用测定仪器的比较

仪器	切变速率范围/(s^{-1})	黏度范围/(Pa·s)
落球黏度计	<10^{-2}	10^{-3}~10^3
毛细管流变仪	10^{-1}~10^6	10^{-1}~10^7
旋转黏度计	10^{-3}~10	锥板式 10^2~10^{11}
	10^{-3}~10	平板式 10^3~10^8
	10^{-3}~10	同轴圆筒式 10^{-1}~10^{11}

6.4.3　影响聚合物熔体流动性的因素

聚合物的结构不同，熔体的黏度和流动性也不同。对一定结构的聚合物来说，黏度和流动性随温度、切变速率的变化而变化。因此，研究影响高分子熔体黏度和流变性的各种因素，对于聚合物的成型加工具有重要的意义。

1. 分子结构

1）链的刚性和分子间作用力

聚合物分子链的刚性及分子与分子间的相互作用的增大，使聚合物的黏流温度升高，同时在大于黏流温度，黏度也较大，如聚四氟乙烯、聚酰胺、聚碳酸酯、聚氯乙烯、聚甲基丙烯酸甲酯等在大于黏流温度时的黏度比聚乙烯、聚丙烯、聚苯乙烯的大。

2）分子量和分子量分布

聚合物分子量对其黏性流动影响很大，通常随着分子量增加，熔体的表观黏度增加，熔融指数减小。分子量的增加能够引起表观黏度的急剧增加和熔融指数大幅下降。

聚合物熔体的零切黏度 η_0 与重均分子量 $\overline{M}_w$ 之间存在如下经验关系：

$$\eta_0 \propto \overline{M}_w^{3.4 \sim 3.5} (\overline{M}_w > M_c) \tag{6.8}$$

$$\eta_0 \propto \overline{M}_w (\overline{M}_w < \overline{M}_c) \tag{6.9}$$

式中，$\overline{M}_c$ 为分子链缠结的临界分子量。

实际上，对于不同的高分子，指数值是不同的，当 $\overline{M}_w > \overline{M}_c$ 时，指数值为 3.4~3.5，当 $\overline{M}_w < \overline{M}_c$ 时，指数值为 1~1.6。

这种分段直线变化现象被解释为链的缠结作用引起流动单元变化的结果。临界分子量 $\overline{M}_c$ 是一个重要的结构参数。当 $\overline{M}_w > \overline{M}_c$ 时，η_0 与 $\overline{M}_w$ 的关系较线性正比大得多的原因是高分子链间的相互缠结，形成网状结构，链缠结使流动单元变大，流动阻力增大。当 $\overline{M}_w < \overline{M}_c$ 时，分子链段不能发生缠结，不能形成有效网状结构。因此，$\overline{M}_c$ 可视为发生分子链缠结的最小重均分子量，一些聚合物的 $\overline{M}_c$ 值列于表 6.4 中。

表 6.4 一些聚合物的 $\overline{M}_c$ 值

聚合物	$\overline{M}_c$	聚合物	$\overline{M}_c$
聚乙烯	3 500	聚丙烯腈	1 300
聚丙烯	7 000	聚丁二烯	6 000
聚苯乙烯	35 000	聚异戊二烯	10 000
聚氯乙烯	6 200	聚对苯二甲酸乙二酯	6 000
聚甲基丙烯酸甲酯	30 000	聚己内酰胺	5 000
聚乙烯酸乙酯	25 000	聚碳酸酯	3 000

增大切变速率，链的缠结结构破坏程度增加。故随着切变速率的增大，分子量对体系黏度的影响减小。当切变速率非常大时，几乎难以形成缠结结构，$\lg \eta$ -$\lg \overline{M}_w$ 直线平行于 $\overline{M}_w$ 小于 M_c 时的 $\lg \eta$ -$\lg \overline{M}_w$ 直线，如图 6.7 所示。

从成型加工角度考虑，若聚合物有较好的流动性，可以使聚合物与配合剂混合均匀，充模良好，制品表面光洁。降低分子量可以增加流动性，改善其加工性能；但过多地降低分子量又会影响制品的机械强度。因此，在聚合物加工时应调节分子量的大小，满足加工要求的前提尽可能提高其分子量。

当分子量相同时，分子量分布宽度大的聚合物出现非牛顿流体的切变速率比分子量分布宽度小的聚合物低得多，如图 6.8 所示。

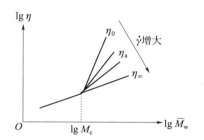

图 6.7 不同切变速率下表观黏度与分子量的关系

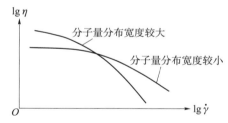

图 6.8 分子量分布对橡胶流动曲线的影响

由图 6.8 可见，对于平均分子量相同的两个试样，当切变速率小时，分子量分布宽度大的试样黏度高于分子量分布宽度小的，但在切变速率大时，情况会改变，分子量分布宽度大的试样黏度反而比分子量分布宽度小的低。出现这种情况的原因为当切变速率较小时，分子量分布宽度大的试样，长的分子链相对较多，形成的缠结结构也较多，故黏度较高。当切变速率增大时，分子量分布宽度大的试样中，由于缠结的结构较多，易被较高的切变速率破坏，故开始出现"切力变稀"，$\dot{\gamma}$ 值较低，而且越长的分子随切变速率增加对黏度下降的贡献越大；分子量相同且分子量分布宽度较小的试样，其宽度较小长的分子链数目较少，体系的缠结作用不如分子量分布宽度大的试样多，故受剪切作用而解缠结的变化也不那么明显，即开始"切力变稀"，$\dot\gamma$ 值较高，而且随着切变速率增加引起黏度的下降的贡献较少。总之，分布宽度大的试样对切变速率敏感性比分布宽度小的试样大。另外，分布宽度大的聚合物中低分子量部分含量较多，在剪切力作用下，取向的低分子量部分对高分子量部分起到增塑的作用，故当切变速率升高时，体系黏度降低更为显著。

分子量分布对聚合物熔体流动曲线的影响在实际生产中具有重要意义。例如，一般模塑加工中的切变速率比较高，单分散或分子量分布宽度较小的聚合物，其黏度比一般分布或分布宽度大的同种聚合物高。因此，一般分布或分布宽度大的聚合物比分布宽度小聚合物更容易挤出或注塑加工。但是，对于塑料，分子量一般比较低，分子量分布宽度大虽然有利于控制成型加工条件，但宽度太大对其他性能必将带来不良影响。例如，PC 的低分子量部分含量越多，应力开裂越严重；PP 的高分子量部分含量越多，流动性越差，可纺性越差。对于橡胶，如天然橡胶，分子量分布宽度较大，其中低分子量部分不但本身流动性好，且对高分子量部分起到增塑作用。另外，在平均分子量相同的情况下，分子量分布宽度大，说明有相当数量的高分子量部分存在，因此，流动性能得到改善的同时，可以保证一定的物理力学性能。

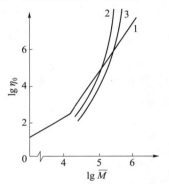

1—直链；2—三支链；3—四支链
图 6.9　顺丁橡胶零切黏度与分子支化的关系（379 K）

3）支化

当分子量相同时，分子链是否支化以及支链的长度，对黏度影响很大，图 6.9 所示为顺丁橡胶零切黏度与分子支化的关系。支化对黏度的影响情况与支链的长短有关。当分子量相等时，对于短支链（M 较小），支链分子的黏度比直链分子的黏度略低。因此短支链的存在，使缠结的可能性减小，分子间距离增大，分子间作用力减小，且支链越多越短，黏度越低，流动性越好。对于长支链，支链分子的黏度比直链分子黏度高。因为支链的长度超过了可以产生缠结的临界分子量 $\overline{M}_c$ 的 2~6 倍，主链和支链都能形成缠结结构，所以黏度大大增加。

2. 熔体结构

在较低温度下，未熔透的高分子微粒使非均匀熔体黏度较低。

熔体应该是微观均一的，但是聚合物熔体在较低温度时并不尽然。突出的例子为乳液聚合的聚氯乙烯，在温度为 160~200 ℃挤出时，从挤出物断面的电子显微镜观察发现仍有颗粒结构，即在熔体中颗粒结构尚未完全消失。因此熔体的流动并不是完全的切流变，而是有颗粒流动。乳液法聚氯乙烯树脂在温度为 160~200 ℃的熔体浓度比分子量相同的悬浮法树脂要小好几倍。当温度略高于 200 ℃时，熔体中颗粒完全消失，流动性变得与悬浮聚合聚氯乙烯相同。

在较低温度下，晶态聚合物熔体中的螺旋链在 $\dot\gamma$ 增大到一定值时变为伸直链，可发生剪切结晶，晶体中分子链高度取向，导致黏度大幅增加。例如，全同立构聚丙烯，在

208 ℃以下熔体中仍然存在分子链的螺旋构象，当切变速率达到一定值时，熔体黏度会突然变小。在熔点附近，随着 $\dot{\gamma}$ 变大，熔体黏度会突然增加一个数量级以上，甚至使流动突然停止。即使降低切应力，也不能恢复到流动态，只有加热到熔点以上时才能恢复到流动态。这是由于聚合物熔体在切应力作用下发生结晶，简称剪切结晶。实验证明，全同立构聚丙烯晶体中分子链是高度单轴取向的。

3. 温度

控制加工温度是调节聚合物流动性的重要手段。一般温度升高，黏度下降。不同聚合物的黏度对温度变化的敏感性不同；在不同温度范围内，温度对黏度的影响规律不同。

在较高温度的情况下，即 $T_f<T<T_d$，聚合物黏度与温度的关系可以采用低分子液体的 $\eta\text{-}T$ 关系式，即阿伦尼乌斯方程来描述：

$$\eta=A\cdot\exp\left(\frac{\Delta E_\eta}{RT}\right),\ \ln\ \eta=\ln\ A+\frac{\Delta E_\eta}{RT} \tag{6.10}$$

随着温度升高，熔体的自由体积增加，链段的活动能力增加，分子间作用力减弱，使高分子的流动性增大，熔体黏度随温度升高以指数方式降低，因而在聚合物加工中，温度是调节加工性能的首要手段。

由 $\ln\ \eta$ 对 $1/T$ 作图，一般在 50~60 ℃的温度范围内可得到一条直线，斜率为 $\Delta E_\eta/R$，因此可以得到 ΔE_η 值（常量）。图 6.10 所示为一些聚合物熔体的 $\lg\ \eta_a\text{-}1/T$ 直线。不同聚合物的流动活化能不同，意味着不同聚合物的表观黏度具有不同的温度敏感性。直线斜率 $\Delta E_\eta/R$ 较大，则流动活化能较大，即黏度对温度变化敏感。一般分子链越刚硬或分子间作用力越大，则流动活化能越大，这类聚合物是温敏性的。例如，聚碳酸酯和聚甲基丙烯酸甲酯的熔体，温度每升高约 50 ℃，表观黏度下降一个数量级。因此，在加工过程中，可采用提高温度的方法调节刚性较大的聚合物的流动性。而柔顺性高分子，如聚乙烯、聚甲醛等，它们的流动活化能较小，表观黏度随温度变化不大，即使温度升高 100 ℃，表观黏度也不会下降一个数量级，故在加工中调节流动性时，单靠改变温度是不行的，需要改变切变速率。大幅提高温度，可能造成聚合物降解，从而降低制品的质量，且成型设备等损耗也较大。几种聚合物在恒定切应力下的 ΔE_η 值如表 6.5 所示。

表 6.5　几种聚合物在恒定切应力下的 ΔE_η 值

聚合物	$\Delta E_\eta/(\text{kJ}\cdot\text{mol}^{-1})$	聚合物	$\Delta E_\eta/(\text{kJ}\cdot\text{mol}^{-1})$
高密度聚乙烯	25.1	聚异丁烯	50.2~67
低密度聚乙烯	46.1~71.2 （长支链越多，ΔE_η 值越大）	聚氯乙烯	94.6
		聚对苯二甲酸乙二酯	58.6
聚丙烯	41.9	聚酰胺	62.8
聚苯乙烯	104.7	聚二甲基硅氧烷	17

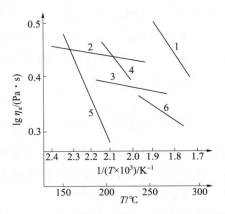

1—聚碳酸酯（6 MPa）；2—聚乙烯（6 MPa）；3—聚甲醛；4—聚甲基丙烯酸甲酯；

5—乙酸纤维（6 MPa）；6—尼龙（1 MPa）

图 6.10　一些聚合物熔体的 lg η_a-1/T 直线

　　当温度处于一定的范围时，即 $T_g < T < T_f$，自由体积减少，链段跃迁速率不仅与其本身的跃迁能力有关，还与自由体积大小有关，因此，聚合物黏度与温度的关系不能再用阿伦尼乌斯方程描述，其流动活化能 ΔE_η 也不再是一个常数，而是随温度降低而急剧增大。

4. 切变速率

　　聚合物熔体是非牛顿流体，随着切变速率的增加，有结构的变化，因而黏度也发生变化。以 η 对 lg $\dot\gamma$ 作图，所得曲线两端的水平直线是第一牛顿流动区和第二牛顿流动区，即在低和高切变速率区高分子熔体的切黏度不随切变速率而改变。在曲线中间切变速率区，黏度随切变速率增加而降低，形成一段反 S 形曲线，这是假塑性流动区。图 6.11 所示为切变速率对聚合物熔体黏度的影响。

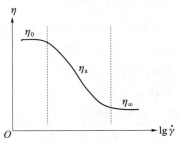

图 6.11　切变速率对高分子熔体黏度的影响

　　在指定的切变速率范围内，各种聚合物熔体的切黏度随切变速率的变化情况并不相同。图 6.12 所示为部分聚合物表观黏度与切变速率的关系。由图 6.12 可以看出，大多数聚合物熔体的表观黏度随 $\dot\gamma$ 增加而降低，通常柔顺性链的 η_a 随 $\dot\gamma$ 变化比刚性链的大。柔顺性链的表观黏度对切变速率变化很敏感，如氯化聚醚和聚乙烯的表观黏度随切变速率的增加急剧下降；而刚性链的表观黏度对切变速率变化不敏感，如聚碳酸酯和醋酸纤维的表观黏度随切变速率的增加稍有下降或几乎无影响。这是由于柔顺性分子链易通过链段运动而取向，而刚性分子链段较长，极限情况下只有整个分子链的取向。在表观黏度很大的熔体中，内摩擦力很大，对很大链段或整个分子取向很困难，因此随切变速率增加，表观黏度变化很小，图 6.12 中聚碳酸酯的曲线几乎是水平直线，类似牛顿流体。

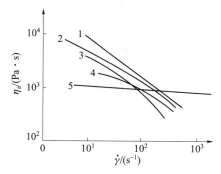

1—氯化聚醚（200 ℃）；2—聚乙烯（180 ℃）；3—聚苯乙烯（200 ℃）；

4—乙酸纤维素（210 ℃）；5—聚碳酸酯（302 ℃）

图 6.12　部分聚合物表观黏度与切变速率的关系

聚合物熔体切黏度的切变速率依赖性对成型加工极为重要。黏度降低，熔融聚合物较易加工，充模过程也较易流过小管道，同时，减少大型注射机、挤出机运转所需的能量。因此，切敏性聚合物宜采用提高切变速率或切应力的方法（即提高挤出机的螺杆转速、注射机的注射压力等方法）来调节其流动性。但要注意在加工中保持 $\dot{\gamma} < \dot{\gamma}_{临界}$（$\dot{\gamma}_{临界}$ 为出现熔体破裂的临界切变速率），以免出现熔体破裂现象。

5. 切应力

切应力对聚合物黏度的影响是由聚合物熔体的非牛顿流动行为决定的。与切变速率对黏度的影响类似，一般随着切应力的增大，黏度逐渐降低（切力变稀）。这种影响因高分子链的柔顺性不同而不同，图 6.13 所示为几种聚合物的表观黏度与切应力的关系。柔顺性链的 η_a 对 τ 变化比刚性链敏感（切敏性）。当加工聚甲醛时，柱塞上载荷增加至 60 kg/cm²，表观黏度可下降一个数量级。

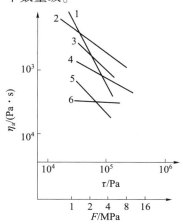

1—聚甲醛（200 ℃）；2—聚碳酸酯（280 ℃）；3—聚乙烯（200 ℃）；4—聚甲基丙烯酸甲酯（200 ℃）；

5—乙酸纤维（180 ℃）；6—尼龙（230 ℃）

图 6.13　几种聚合物的表观黏度与切应力的关系

同样，加工中应保持 $\tau < \tau_{临界}$（$\tau_{临界}$ 为出现熔体破裂的临界切应力），以免出现熔体破裂现象。

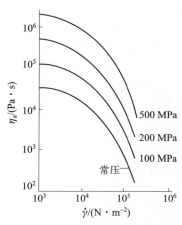

图 6.14　不同压力下低密度聚乙烯表观黏度与切变速率的关系

6. 流体静压力

聚合物在挤出和注射成型加工过程，或毛细管流变仪进行测定时，常需要承受相当高的流体静压力，促使人们研究压力对聚合物熔体切黏度的影响。流体静压力导致物料体积收缩，分子链之间的相互作用增大，熔体黏度增高，甚至无法加工。因此，对聚合物熔体的流动，静压力的增加相当于温度的降低，图 6.14 所示为不同压力下低密度聚乙烯表观黏度与切变速率的关系。

不同聚合物的黏度对压力的敏感性不同。压力的影响程度与分子结构、聚合物密度、分子量等因素有关。例如，HDPE 比 LDPE 受压力影响小；分子量大的 PE 比分子量小的 PE 受压力影响大；聚苯乙烯因为有很大的苯环侧基，且分子链为无规立构，分子间空隙较大，所以对压力非常敏感。

7. 共混

由于共混聚合物的应用不断增加，所以共混聚合物熔体的流动性能的研究更加重要，但目前相关研究较少。由两种不相容的、未经交联的高分子所组成的共混物，除非掌握各种共混物不同条件下有关体系形态的大量数据，否则很难准确地得到这类共混物的黏度。然而有一个有用的准则，即在流动体系中，低黏度组分倾向于成为连续相，把高黏度组分包裹在里面，从而使整个共混物的黏度下降，因而体系总是倾向于将低黏度组分的耗散能量降到最低。

聚合物共混体系黏度与共混比的关系有多种情况。

如果只知道共混物各组分的流变数据，而不知道它们混合的种类，在温度和切变速率恒定时，可采用混合对数法来估算共混物的黏度：

$$\lg \eta = \varphi_1 \lg \eta_1 + \varphi_2 \lg \eta_2 \tag{6.11}$$

式中，φ_1 和 φ_2 为体积分数。

有时通过少量共混可以降低熔体黏度，减小弹性，对加工有重要的改进效果。例如，当硬聚氯乙烯管挤出时，共混少量丙烯酸树脂，可提高挤出速度，改进管子外观光泽；聚苯醚共混少量聚苯乙烯才能顺利加工；制造唱片使用的氯乙烯-乙酸乙烯酯共聚物，共混 10% 低分子量的聚氯乙烯可使唱片的质量显著改进。

6.5　聚合物熔体的弹性流变效应

聚合物熔体是黏弹性液体，在流动时既有不可逆形变（黏性），也有可逆形变（弹性）。弹性形变的发展和恢复过程均为松弛过程。当分子量大、外力作用时间很短或速度很快、温度稍大于熔点时，黏性流动的形变（简称黏流形变）不大，弹性形变的效果特别显著。在成型加工过程中，这种弹性形变及随后的松弛过程与制品的外观、尺寸稳定性、内应力等有密切的关系。

6.5.1 可逆的弹性形变

以同轴圆筒黏度计为例，聚合物熔体的形变可分为可逆的弹性形变和不可逆的黏流形变，如图 6.15 所示。温度较高、起始外加形变 θ_0 较大、维持恒定形变时间（$\Delta t = t_3 - t_2$）较长等条件，均可使弹性形变（或可逆形变）部分相对减少。

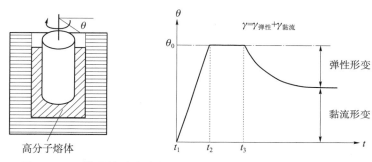

图 6.15 同轴圆筒黏度计中，聚合物熔体的弹性形变与黏流形变

弹性形变在外力去除时的松弛快慢由松弛时间 $\tau_1 = \eta / G$ 所决定，τ_1 越大，表示去除外力时弹性形变恢复越慢。如果形变的时间比聚合物熔体的松弛时间长很多，因形变主要反映黏性流动，故弹性形变在此时间内几乎已松弛。反之，如果形变的时间比聚合物熔体的松弛时间短得多，因形变主要反映弹性，故此时黏流形变很小。

由可逆的弹性形变 $\gamma_{弹性}$ 和切应力 $\sigma_{切}$ 可以定义熔体的弹性切模量 $G = \dfrac{\sigma_{切}}{\gamma_{弹性}}$。聚合物熔体的弹性切模量在低切应力（$\sigma_{切} < 10^6$ Pa）时是常数，为 $10^3 \sim 10^5$ Pa，随 $\sigma_{切}$ 增加而增加。

与切黏度相比，聚合物熔体的弹性切模量对温度、液压和分子量并不敏感，但显著地取决于聚合物分子量及其分布。当分子量大，分布宽度大时，熔体的弹性表现十分显著。原因为分子量大，熔体黏度大，松弛时间长，弹性形变松弛得慢；分子量分布宽度大，弹性切模量低，松弛时间分布长，熔体的弹性表现特别显著。

6.5.2 法向应力效应

法向应力效应（包轴效应）是韦森堡首先观察到的，故又称为韦森堡效应，指高分子流体沿其中旋转的转轴上爬的现象。

法向应力效应是由聚合物熔体的弹性所引起的。由于靠近转轴表面熔体的线速度较高，分子链被拉伸取向缠绕在轴上，距转轴越近的高分子拉伸取向的程度越大。取向的分子有自发恢复到蜷曲构象的倾向，但弹性恢复受到转轴的限制，使弹性能表现为一种包轴的内裹力，把熔体分子沿轴向上挤（向下挤看不到）形成包轴层，如图 6.16 所示。

熔体在外力作用下内部应力分布状态可用极小的立方体积元来描述，如图 6.17 所示。当流体处于稳态剪切流动时，如果从中切出一个立方体积元，并规定空间方向 x 是流体流动的方向，方向 y 与层流平面垂直，方向 z 垂直于方向 x 和方向 y，某时刻作用在立方体积元上面的各应力分量如图 6.17 所示。对于牛顿流体，除了作用在流动方向上的切应力外，分别作用在空间相互垂直的三个方向上的法向应力分量大小相等。然而，对于聚合物熔体，情况则不相同，三个法向应力分量不再相等，这是聚合物熔体的弹性效应造成的。对此通常定义两个法向应力差，它们的大小取决于切变速率。

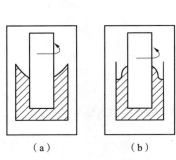

图 6.16　在转轴转动时高分子流体液面的变化

（a）小分子；（b）高分子

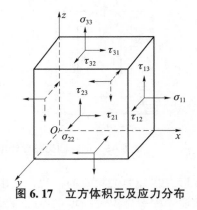

图 6.17　立方体积元及应力分布

当弹性液体流动时，既有切应力 $\sigma_{ij}=\sigma_{ji}(i\neq j)$，也有法向应力 $\sigma_{ii}(i=1,2,3)$，力学上可用应力张量 $\boldsymbol{T}_{ij}$ 表示：

$$\boldsymbol{T}_{ij}=\begin{pmatrix} \sigma_{11} & \sigma_{12} & \sigma_{13} \\ \sigma_{21} & \sigma_{22} & \sigma_{23} \\ \sigma_{31} & \sigma_{32} & \sigma_{33} \end{pmatrix} \tag{6.12}$$

第一法向应力差：$N_1=\sigma_{11}-\sigma_{22}$。

第二法向应力差：$N_2=\sigma_{22}-\sigma_{33}$。

法向应力差与切变速率的关系如图 6.18 所示。对于牛顿流体，是各向同性的，在受切应力作用而流动时，法向应力差为 0：

$$N_1=\sigma_{11}-\sigma_{22}=0;$$

$$N_2=\sigma_{22}-\sigma_{33}=0。$$

作为非牛顿流体，聚合物熔体具有弹性，在受

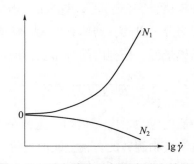

图 6.18　法向应力差与切变速率的关系

剪切力作用而流动时，会产生法向应力差。

因为 $\sigma_{11} \neq \sigma_{22} \neq \sigma_{33}$，故法向应力差 $\neq 0$。对于弹性流体，有如下关系：

当 $N_1 > 0$，$\dot{\gamma}$ 升高，N_1 升高，低 $\dot{\gamma}$ 区，$N_1 \propto \dot{\gamma}^2$；高 $\dot{\gamma}$ 区，N_1 可能大于 σ_{12}。

当 $N_2 < 0$，低 $\dot{\gamma}$ 区，$N_2 \approx 0$；高 $\dot{\gamma}$ 区，$\dot{\gamma}$ 升高，$|N_2|$ 升高。

正是较大的法向应力差 N_1 产生了法向应力效应：

根据 $-\dfrac{N_2}{N_1}$ 为 $0.1 \sim 0.2$，比值在此范围内不引起包轴现象。

6.5.3　挤出物胀大现象

挤出物胀大现象又称巴拉斯效应，指熔体挤出模孔时，被挤出口模的熔体挤出物截面积大于口模截面积的现象。当口模为圆形时，挤出物胀大现象可用挤出物的胀大比 B 来表征。B 定义为挤出物直径的最大值 $D_{\max}$ 与口模直径 D_0 之比：

$$B = \frac{D_{\max}}{D_0} \tag{6.13}$$

挤出物胀大现象是聚合物熔体弹性的表现。目前，公认引起挤出物胀大的原因有两种：第一种是分子链受拉伸力作用，挤出口模时由拉伸取向态变为解取向态；第二种是流动时的法向应力差产生的弹性形变恢复，如图 6.19 所示。当模孔长径比 L/D 较小时，第一种原因是引起挤出物胀大的主要原因；当模孔长径比 L/D 较大时，第二种原因是引起挤出物胀大的主要原因。

通常，B 随切变速率 $\dot{\gamma}$ 增大而显著增大。在相同切变速率下，B 随 L/D 的增大而减小，并逐渐趋于稳定值，如图 6.20 所示。温度升高，聚合物熔体的弹性减小，B 降低。聚合物分子量变高，分子量分布宽度变大，B 增大，这是因为分子量大，松弛时间长，支化严重影响挤出物胀大，长支链支化，B 大幅增大。加入填料能减少聚合物的挤出物胀大，刚性填料的效果最为显著。

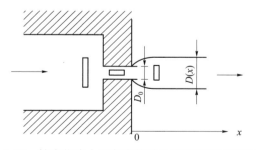

图 6.19　挤出物胀大现象中的弹性形变恢复过程示意

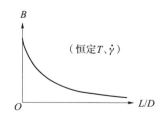

图 6.20　B 与 L/D 的关系

挤出物胀大比对纺丝、控制管材直径和板材厚度、吹塑制瓶等均具有重要的实际意义。为了确保制品尺寸的精确性和稳定性，在模具设计时，必须考虑模孔尺寸与胀大比之间的关系，通常模孔尺寸应比制品尺寸小一些，才能得到预定尺寸的产品。

6.5.4　不稳定流动

不稳定流动指当 $\dot{\gamma}$ 或 τ 过大时，出现挤出物的质量不均匀、尺寸不一致的现象，图 6.21 所示为不稳定流动的挤出物外观。

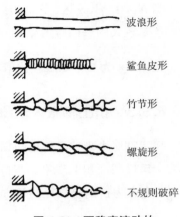

有多种原因可能导致熔体的不稳定流动，其中熔体弹性是引起高分子熔体不稳定流动的重要原因之一。

对于小分子，在较大的雷诺数下，液体运动的动能达到或超过克服黏滞阻力的流动能量时，则发生湍流；对于高分子熔体，黏度高，黏滞阻力大，在较高的切变速率下，弹性形变增大。当熔体弹性形变储能达到或超过克服黏滞阻力的流动能量时引起不稳定流动。因此，把聚合物这种弹性形变储能引起的湍流称为高弹湍流。

图 6.21　不稳定流动的挤出物外观

不同聚合物熔体呈现出不同类型的不稳定流动。研究表明，可找到某些类似雷诺数的准数来确定出现高弹湍流的临界条件。

1. 魏森贝格数

魏森贝格数（Weissenberg number，或弹性雷诺数）将熔体破裂的条件与分子本身的松弛时间 τ_1 和外界切变速率关联起来，即

$$N_w = \tau_1 \cdot \dot{\gamma} \tag{6.14}$$

①当 $N_w < 1$ 时，为纯黏性流动，弹性形变很小；
②当 $N_w = 1 \sim 7$ 时，为稳态黏弹性流动；
③当 $N_w > 7$ 时，为不稳定流动或高弹湍流。

2. 临界切应力

临界切应力 σ_{mf} 定义为发生熔体破裂时的切应力。取不同聚合物熔体出现不稳定流动时的切应力平均值，可得 $\sigma_{mf} = 1.25 \times 10^5$ Pa。当熔体挤出，切应力 $\sigma_{切} \geqslant \sigma_{mf}$ 时，往往发生熔体破裂。

3. 临界黏度降

临界黏度降 η_{mf} 定义为发生熔体破裂时的黏度。取不同聚合物熔体出现不稳定流动时的黏度平均值，可得 $\eta_{mf} = 0.025\eta_0$。当熔体挤出时，若 $\eta \leqslant \eta_{mf}$，则发生熔体破裂。

4. 熔体破裂指数

研究表明，当熔件破裂指数 $N_{\mu F} = \dfrac{\eta_0 \cdot \dot{\gamma}}{M_w / M_n}$ 接近 10^6 Pa 时，发生熔体破裂。

防止聚合物熔体发生高弹湍流的几条途径：①改变材料性质（即改变 τ_1），以适

应不变的 $\dot{\gamma}$；②调整加工条件，如 $\dot{\gamma}$、$\sigma_{切}$、温度等；③设计、制造合适的流道、模孔等。

专栏 6.1　鲨鱼皮斑

　　聚合物熔体在通过模头的流动过程中，邻近模头壁的材料几乎是静止的。一旦离开模头，材料必须迅速地被加速到与挤出物表面一样的速度。这个加速会产生很高的局部应力，如果应力太大，会引起挤出物表层材料的破裂而产生表面层的畸变，这就是鲨鱼皮斑。它的形貌多种多样，从表面缺乏光泽到垂直于挤出方向上规则间隔的深纹。鲨鱼皮斑不同于非层状流动，基本上不受模头线度（如模头入口角度）的影响。它依赖于挤出的线速度，而不是延伸速度，且肉眼能见的缺陷是垂直于流动方向的，而不是螺旋式或不规则的。分子量小（即低黏度、应力积累缓慢）、分子量分布宽度大（即低的弹性模量、应力松弛速度）的材料在高温和低挤出速率下挤出，很少能观察到鲨鱼皮斑。在模头端部加热能降低熔体表面的黏度，对减少鲨鱼皮斑很有效。

6.5.5　影响聚合物熔体弹性的因素

1. 聚合物结构及性质

不同高分子的结构和性质决定了其各自的 τ_1。当观察时间 $t \ll \tau_1$ 时，以弹性形变为主；当 $t \gg \tau_1$ 时，以黏流形变为主。

加入增塑剂，可降低熔体的 τ_1。

2. 切变速率

切变速率增大，聚合物熔体的弹性效应随之增大，但当切变速率过大时，分子链来不及伸展，弹性效应反而下降。

3. 温度

聚合物熔体的弹性效应随温度的升高而降低。

4. 分子量及分子量分布

当分子量较大时，熔体黏度较大，τ_1 较大，弹性效应明显。当分子量分布宽度较大时，G 较小，τ_1 较大，熔体弹性明显。

5. 流道的几何形状

流道中管径的突然变化，会引起不同位置处流速及应力分布的不同，由此引起大小不同的弹性形变，导致高弹湍流。

6.6 拉伸流动与拉伸黏度

除剪切流动外，还有一种不可忽略的流动类型，即拉伸流动。拉伸流动在纤维纺丝、薄膜拉伸或吹塑等生产过程中经常发生。在流动中发生了流线收敛或发散的流动，一般包含拉伸流动。图 6.22 所示为拉伸流动示意。

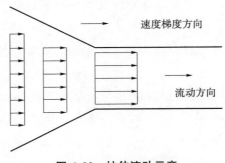

图 6.22 拉伸流动示意

6.6.1 拉伸流动的特点

拉伸流动时液体流动的速度梯度方向与流动方向平行，即产生了纵向的速度梯度场，此时流动速度沿流动方向改变。拉伸流动分为以下两类：单轴拉伸流动（拉伸应力为 σ，拉伸应变为 ε）；双轴拉伸流动（$\sigma = \sigma_x$，σ_y，$\varepsilon = \varepsilon_x = \varepsilon_y$）。

6.6.2 拉伸黏度定义

当单轴拉伸流动时，对于牛顿流体，拉伸应力 σ 与拉伸应变速率 $\dot{\varepsilon}$ 之间有以下关系：

$$\sigma = \bar{\eta} \dot{\varepsilon} \tag{6.15}$$

式中，$\bar{\eta}$ 为单轴拉伸黏度（简称拉伸黏度），又称特鲁顿黏度，其计算式为

$$\bar{\eta} = \frac{\sigma}{\dot{\varepsilon}} \tag{6.16}$$

拉伸黏度与切黏度之间有以下关系：

$$\bar{\eta} = 3\eta \tag{6.17}$$

式（6.17）称为特鲁顿关系式。

当双轴拉伸流动时，拉伸黏度：$\bar{\eta}_{双} = 6\eta = 2\bar{\eta}$。

6.6.3 聚合物熔体的拉伸黏度

聚合物熔体的 $\bar{\eta}$ 取决于 $\dot{\varepsilon}$。在低 $\dot{\varepsilon}$ 区，高分子熔体服从关系式 $\bar{\eta} = 3\eta$。

当 $\dot{\varepsilon}$ 较大时，聚合物熔体非牛顿性增强，$\bar{\eta} \neq$ 常数，$\bar{\eta}/\eta$ 不为常数。不同聚合物的 $\bar{\eta}$ 随拉伸应力 σ 或拉伸应变速率 $\dot{\varepsilon}$ 的变化趋势不同。图 6.23 给出了 $\bar{\eta} \sim$ $\dot{\varepsilon}$ 关系的三种典型情况：①当 σ 升高，$\bar{\eta}$ 升高时，一般支化聚合物如 LDPE 属于此类；②当 σ 升高，$\bar{\eta}$ 几乎不变时，如丙烯酸类树脂、尼龙 66 以及低聚合度的线型聚合物；③当 σ 升高，$\bar{\eta}$ 下降时，一般高聚合度的线型聚合物属于此类，如 PP 等。

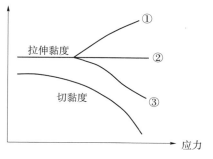

图 6.23　$\bar{\eta} \sim \dot{\varepsilon}$ 关系的三种典型情况

聚合物熔体拉伸黏度取决于分子结构、分子量及其分布情况，研究表明，多分散性较大时，拉伸黏度较大。

拉伸黏度对聚合物的成型加工具有重要意义，例如纤维的熔融纺丝与拉伸黏度密切相关，拉伸黏度低，纺丝好，而吹塑、拉弧薄膜等与双轴拉伸黏度有关。

专栏 6.2　多羟基聚丁二烯（PHPB）

端羟基聚丁二烯（HTPB）是一种遥爪型多元醇预聚物，是液体橡胶中的重要品种，其透明度好，黏度低，耐油、耐老化，低温性能和加工性能好，可用作火箭导弹固体推进剂的黏结剂、炸药的黏结剂、火箭的发动机衬里等。

而多羟基聚丁二烯（PHPB）的结构中比 HTPB 含有更多的羟基，与异氰酸根反应生成支化聚氨酯弹性体，与线型聚氨酯弹性体相比，其结构中氨酯基氢键作用单元增多，从而聚合物分子之间形成更多的氢键，使分子之间内聚力较大，提高了聚氨酯弹性体力学性能和热稳定性等。

HTPB 合成 PHPB 的方法如下。

（1）合成环氧基封端的聚丁二烯甘油醚：

（2）合成 PHPB：

习　　题

一、思考题

1. 聚合物黏流态温度范围是什么？是否所有的聚合物存在黏流态？影响聚合物黏流温度的主要因素有哪些？

2. 什么是牛顿流体和非牛顿流体？典型的非牛顿流体有哪几种？它们有什么样的流动曲线和特征？什么是幂律流体？

3. 与小分子流体相比，聚合物流体黏性流动有什么特点？实际聚合物流体的普适流动曲线呈什么形状？它分为哪几个区段？

4. 什么是表观黏度和熔融指数？影响聚合物流体流动性的因素有哪些？

5. 由于聚合物熔体的弹性效应，可引起哪些与小分子流体不同的特殊现象？什么是高弹湍流？影响聚合物熔体弹性的因素有哪些？

6. 拉伸流动的特点是什么？什么是拉伸黏度？聚合物熔体的拉伸黏度在低应变速率区和较高应变速率区有何不同？

7. 写出在交变载荷作用下的复数黏度表达式。什么是动态黏度？它随频率如何变化？

二、选择题

1. 聚合物熔体产生法向应力效应的原因是（　　　）。

①普弹效应　　　　　　②高弹形变　　　　　　③黏流

2. 当聚合物挤出成型时，产生熔体破裂的主要原因是（　　　）。

①熔体弹性应变恢复不均匀　　　　　　②熔体黏度过小

③大分子链取向程度低

3. 以下哪种过程与链段运动无关（　　　）。

①屈服　　　　　　②黏流　　　　　　③流动曲线中拉伸流动区

4. 以下哪个过程与链段运动无关（　　　）。

①玻璃化转变　　　②挤出物胀大现象　　　③脆化温度

5. 在为制造 4 cm 直径聚合物管材设计模头时，应选模头的内径（　　　）。

①小于 4 cm　　　②大于 4 cm　　　③等于 4 cm

6. 假塑性流体的聚合物，随着切变速率的增加，其表观黏度（　　　）。

①先增后降　　　　②增大　　　　③减小

7. 下列材料哪种更易从模头挤出（　　　）。

①假塑性材料　　　②胀塑性材料　　　③牛顿流体

8. 通常假塑性流体的表观黏度与其真实黏度相比（　　　）。

①较大　　　　②较小　　　　③相等

9. 在幂律方程中，当非牛顿指数（　　）时，聚合物熔体为假塑性流体。

①$n>1$　　　　　　　　②$n=1$　　　　　　　　③$n<1$

10. 聚合物的黏性流动，有以下特征：（　　）。

①不符合牛顿流体而是符合幂律流体

②只与大分子链的整体运动有关，与链段运动无关

③黏性流动中没有高弹性了

11. 相同分子结构的聚合物其熔融指数值如下，哪种流动性好（　　）。

①0.1　　　　　　　　②1.0　　　　　　　　③10.0

12. 胀塑性流体的聚合物，随着切变速率的增加，其表观黏度（　　）。

①先增后降　　　　　　②增大　　　　　　　　③减小

13. 柔顺性聚合物的黏度对（　　）变化比较敏感。

①温度　　　　　　　　②压力　　　　　　　　③温度和压力

14. 聚合物不符合 WLF 方程的温度范围是（　　）。

①$T_g<T<T_f$　　　　②$T_f<T<T_d$　　　　③$T_g<T<(T_g+100)$ K

15. 聚合物的流动活化能越高，其（　　）。

①分子间作用力越小，分子链越柔顺

②分子间作用力越小，分子链越刚性

③分子间作用力越大，分子链越刚性

三、判断题（正确的划"√"；错误的划"×"）

1. 聚合物熔体在切变速率很小时可视为牛顿流体。　　　　　　　　　　　（　　）

2. 测定两种聚合物熔体 A、B 的熔融指数，结果显示，A 的熔融指数大于 B 的熔融指数，因此 A 的流动性比 B 的流动性好。　　　　　　　　　　　　　　　　（　　）

3. 聚乙烯的流动活化能大于聚苯乙烯的流动活化能。　　　　　　　　　　（　　）

4. 牛顿流体的切应力与流动速度成正比。　　　　　　　　　　　　　　　（　　）

5. 大多数聚合物熔体和高分子浓溶液是切力变稀体。　　　　　　　　　　（　　）

6. 恒定切变速率时流体表观黏度随时间延长而降低称为流凝体。　　　　　（　　）

7. 恒定切变速率时流体表观黏度随时间延长而降低称为触变体。　　　　　（　　）

8. 当聚合物的分子量超过一定数值时，其流动活化能和分子量无关。　　　（　　）

9. 刚性聚合物的黏度对压力变化较敏感。　　　　　　　　　　　　　　　（　　）

10. 柔顺性聚合物的黏度对温度变化较敏感。　　　　　　　　　　　　　（　　）

11. 各种聚合物的黏度对温度的敏感性不同，在不同温度范围内，温度对黏度的影响规律相同。　　　　　　　　　　　　　　　　　　　　　　　　　　　　（　　）

四、简答题

1. 为了降低聚合物在黏流加工中的黏度，对刚性链和柔顺性链的聚合物各应采取哪些措施？

2. 为了提高聚合物熔体在加工中黏度的稳定性，对刚性链和柔顺性链聚合物各应严格控制哪些工艺条件？

3. 在塑料挤出成型中，若发现制品出现竹节形、鲨鱼皮斑一类缺陷，在工艺上应采取什么措施来消除这类缺陷。

4. 排列图 6.24（a）、（b）中两种曲线 $\dot{\gamma}$ 的大小或 M 的大小，说明原因。

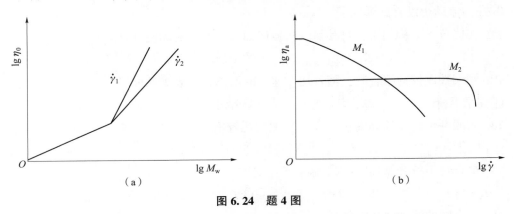

图 6.24　题 4 图

五、计算题

1. 已知某种聚合物流体的黏度 η 与切应力 σ 的关系式为 $A\eta = \dfrac{1+B\sigma^n}{1+C\sigma^n}$，并符合 $\dot{\gamma} = D \cdot \sigma^n$，式中 n 为流动指数；A、B、C、D 均为大于 0 的常数。若 $C > B$，则此流体属于哪种类型的流体？

2. 某高分子材料在加工中发生部分降解，其平均分子量从 1.0×10^6 降至 8.0×10^5，若其黏度表示为 $\eta = K_2 \cdot \overline{M}_w^{3.4}$，问此材料在加工前后熔体黏度降低了百分之几？

3. 已知增塑 PVC 的 $T_g = 338$ K，$T_f = 418$ K，流动活化能 $\Delta E_\eta = 8.314$ kJ/mol，测得其在 433 K 时的黏度为 5.0 Pa·s。问此增塑 PVC 在 358 K 和 473 K 时的黏度各为多少？

4. 已知 PE 和 PMMA 的流动活化能 ΔE_η 分别为 41.8 kJ/mol 和 192.3 kJ/mol，PE 在 473 K 时的黏度 $\eta(473\ \text{K}) = 91$ Pa·s，而 PMMA 在 513 K 时的黏度 $\eta(513\ \text{K}) = 200$ Pa·s，试求：

（1）PE 在 483 K 和 463 K 时的黏度，PMMA 在 523 K 和 503 K 时的黏度；

（2）说明上述两种聚合物链结构对其黏度的影响；

（3）说明温度对不同结构聚合物黏度的影响；

（4）指出加工 PE 和 PMMA 时应采取的增加流动性的措施。

5. 已知某聚苯乙烯试样在 160 ℃时的黏度为 10^3 Pa·s，计算此试样在 $T_g = 100$ ℃时及 120 ℃时的黏度。

六、填空题

1. 通常聚合物流体的表观黏度比真实黏度_____。

2. 黏弹性材料的法向应力差比纯黏性材料的法向应力差_____。

3. 分子链无缠结的线型聚合物处于黏流态时，其零切黏度与分子量的关系为_____，大分子链处于缠结状态时，其零切黏度与分子量的关系为_____。

4. 在平均分子量相同的条件下，聚合物的 T_f 随多分散系数增大而_____，随多分散系数减小而_____。

第 7 章
高分子溶液性质及应用

高分子溶液不是所谓的胶体溶液,而是一种均相的"真溶液",指以高分子为溶质的溶液,这种溶液中高分子以分子状态分散在溶剂中。高分子溶液广泛存在于人们的生产和生活中,包括胶水、油漆、涂料、纺丝液、管道输送减阻剂、土壤改良剂、钻井泥浆处理剂等。此外,增塑高分子体系和相容高分子混合物体系也可视为高分子溶液。

> ### 🗣 专栏 7.1 高分子溶液与胶体溶液的主要区别(见表 7.1)
>
> **表 7.1 高分子溶液与胶体溶液的主要区别**
>
> | 主要区别 | 高分子溶液 | 胶体溶液 |
> |---|---|---|
> | 形成的自发性 | 溶解过程可自发进行 | 需在一定的外加条件下形成,为非自发过程 |
> | 体系的稳定性 | 是单相的热力学稳定体系,溶质与溶剂之间有亲和力,不需要稳定剂 | 是多相的非热力学稳定体系,分散相与分散介质之间通常无亲和力,需要稳定剂 |

高分子溶液具有许多重要的性质,例如热力学性质和动力学性质,这些性质与后续高分子成型加工及高分子制品性能密切相关。稀溶液和浓溶液是两种常见的高分子溶液类型,其中稀溶液的浓度通常小于 1%,多用于研究聚合物的分子量和分子量分布、聚合物在溶液中的形态和尺寸、聚合物"链段"间及"链段"与溶剂分子间的相互作用等。而浓溶液的浓度大于 1%,通常用于工业生产,如纺丝液的浓度可达 15%,胶水、油漆和涂料的浓度可达 60%。因此,研究高分子溶液行为规律,对指导生产和发展高分子的基本理论有重要的意义。

7.1 聚合物的溶解和溶剂选择

7.1.1 溶解过程的特点

高分子的溶解现象比小分子物质复杂得多,原因为高分子在尺寸、形貌、结构等方面具有复杂性。高分子的分子量远大于小分子溶剂，且具有多分散性，如高分子的分子形貌有线型、支化和交联，聚集态结构又有晶态与非晶态。

高分子的溶解速度远比小分子慢。由于高分子与溶剂分子的尺寸差异巨大，溶剂分子能较快渗透进入高分子本体，但高分子链向溶剂的扩散需要很长时间。因此，与小分子溶解相比，聚合物的溶解过程经历了两个阶段：首先是溶胀，即溶剂分子渗入聚合物内部使其体积膨胀；然后是高分子均匀分散在溶剂中，形成完全溶解的分子分散的均相体系。但对于化学交联高分子（如橡胶、热固性高分子），其与溶剂接触时只发生溶胀，交联键的束缚使交联的高分子无法进行分子拆散，最终不会溶解。

晶态高分子溶解会受到晶格能的制约，其溶解相对困难。由于分子排列规整、堆砌紧密，晶态高分子的分子间具有很强的相互作用，导致溶剂分子很难渗透进入高分子内部；而非晶态高分子的分子堆砌相对较为松散，分子间的相互作用较为微弱，溶剂分子相对容易渗入。为了溶解晶态聚合物，需要采用加热类措施破坏晶格能束缚。对于 PE、PP 等非极性、弱极性晶态高分子，在常温下是不溶解的，只能通过加热升高温度至熔点附近，待结晶熔融后，小分子溶剂才能逐渐渗入聚合物内部而溶解。对于极性的晶态聚合物，则可以通过选用一些极性很强的溶剂去破坏晶格能束缚，不需要加热即可在室温下溶解。当极性溶剂与极性高分子混合时，两者将发生强烈的相互作用而释放大量的热，这些热量足以破坏晶格能，使结晶部分熔融。例如，尼龙在常温下能溶于甲酚、40%硫酸、90%甲酸及苯酚-冰醋酸的混合溶剂中；涤纶可溶于间甲苯酚、邻氯代苯酚和质量比为 1∶1 的苯酚-四氯乙烷混合溶剂中；纤维素（推进剂常用黏结剂）溶解在 1-乙基-3-甲基咪唑醋酸盐中。

专栏 7.2　含能材料用纤维素的低温溶解

纤维素是含能材料的重要黏结剂，起到分散、固结含能材料并赋予其一定强度性能的作用。然而由于含能材料高氢键密度、大结晶度，纤维素溶解常需高温、极性有机溶剂，增加了溶解工艺难度，也不利环境保护，严重制约纤维素与含能材料的均匀混合及其溶液加工能力。为此，中国科学院院士张俐娜及其科研团队提出了 NaOH、尿素、H_2O 的低温纤维素溶解方案，为纤维素的高效溶解和低温利用提供了新可能。

该纤维素溶解方案的微观机制为所用体系中的水合物渗入纤维素内部，在低温下与纤维素分子动态组装形成氢键从而破坏纤维素的分子内及分子间氢键，导致纤维素链溶解。

高分子的溶解度与其分子量和交联度密切相关，分子量越大，溶解度越小；分子量越小，溶解度越大。对于交联高分子而言，交联度越大，溶胀程度越小；交联度越小，溶胀程度越大。

7.1.2　聚合物溶剂的选择及原则

制备溶液的第一步是选择溶剂，通常遵守以下 4 个原则。

1. "极性相近" 原则

"极性相近" 原则是人们在长期研究小分子物质溶解过程中总结出来的溶解规律，在一定程度上仍适用于聚合物-溶剂体系。例如，聚苯乙烯是弱性的，因此甲苯、苯、氯仿等极性不大的液体为它的溶剂，而丙酮的极性太强，不能溶解聚苯乙烯。但是此原则并不完全准确，无法精确指导所有高分子溶解所需溶剂选择。

2. "内聚能密度或溶度参数相近" 原则

实践证明，对于非极性的非晶态聚合物与非极性溶剂混合，聚合物与溶剂的内聚能密度或溶度参数（δ）相近时，易相互溶解。非极性的晶态聚合物与非极性溶剂中的互溶性，必须在接近或温度大于 T_m 时，才能使用溶度参数相近原则。例如，聚苯乙烯 $\delta = 8.9$，可溶于甲苯（$\delta = 8.9$）、苯（$\delta = 9.2$）、甲苯酮（$\delta = 9.2$）、乙酸乙酯（$\delta = 9.2$）、氯仿（$\delta = 9.2$）、四氢呋喃（$\delta = 9.2$），但难溶或不溶于乙醇（$\delta = 12.92$）和甲醇（$\delta = 14.5$）。

高分子溶液的制备是一个溶剂分子与溶质分子混合的过程，其受热力学控制。因此，其自发进行的前提条件是混合过程的吉布斯自由能小于 0。在高分子溶解时，混合过程的吉布斯自由能遵守下式：

$$\Delta G_M = \Delta H_M - T\Delta S_M < 0 \tag{7.1}$$

式中，ΔG_M、ΔH_M、ΔS_M 分别为高分子与溶剂分子混合的混合吉布斯自由能、混合热和混合熵；T 为溶解温度。

在溶解过程中，分子堆砌趋于混乱，故 $T\Delta S_M > 0$。因此，ΔG_M 的正负取决于 ΔH_M 的绝对值。对于极性高分子，其在极性溶剂中的溶解一般是放热的，$\Delta H_M < 0$，故 $\Delta G_M < 0$，即溶解是自发的。但是大多数高分子是非极性的，故溶解过程一般需要吸热，$\Delta H_M > 0$，故需要加热或者减少溶解焓才能自发溶解。因此，要满足 $\Delta G_M < 0$ 的条件，需要深入分析混合热。

对非极性高分子与溶剂互相混合时的混合热，可以借用 Hildebrand 研究低分子溶液混合热的 Benesi-Hildebrand 方程：

$$\Delta H_M = \varphi_1 \varphi_2 (\varepsilon_1^{1/2} - \varepsilon_2^{1/2})^2 V_M \tag{7.2}$$

式中，φ_1、φ_2 为溶剂与聚合物的体积分数；V_M 为混合后的总体积；ε_1、ε_2 为溶剂与聚合物的内聚能密度（cohesive energy density，CED）。

式（7.2）在非极性（或弱极性）聚合物与溶剂分子混合体系中是比较有效的（在极性、易生成氢键溶液体系中，需要对内聚能密度表达式进行相应改进）。定义内聚能密度的平方根为溶度参数 δ，即 $\delta = \varepsilon^{1/2}$，单位为 $(J/cm^3)^{1/2}$，则式（7.2）变为

$$\Delta H_M = \varphi_1 \varphi_2 (\delta_1 - \delta_2)^2 V_M \tag{7.3}$$

由式（7.3）可知，ΔH_M 是一个非零表达式。因此，要满足 $\Delta G_M < 0$，必须使 ΔH_M 越小越好（ΔH_M 越接近 0，$\Delta G_M < 0$ 的可能性越大），即 ε_1 与 ε_2 或 δ_1 与 δ_2 必须接近或相等。

要获取溶度参数，可以查阅相应的高分子数据或溶剂数据手册，其中常用聚合物和溶剂的溶度参数在表 7.2 和表 7.3 中列出。如果无法找到相应数据，可以通过实验方法或基于摩尔引力常数获得。小分子溶剂因为具有气化态，因此可以通过实验方法获得其溶度参数。但由于高分子不存在气化态，无法获得其气化能，所以需要使用稀溶液黏度法或测定交联网络溶胀度的方法来获得聚合物的溶度参数。当聚合物的溶度参数与溶剂分子相近时，两者的 ΔH_M 非常接近，高分子会在溶剂中拆解分散，在溶液中扩散并舒展，导致溶液黏度增大。通过测量一系列不同溶度参数溶剂的高分子溶液的特性黏度 $[\eta]$，可以确定 $[\eta]$ 极大值对应的溶剂的溶度参数，即为该高分子对应的溶度参数。类似地，交联高分子溶胀度法也可以用于确定高分子的溶度参数。

表 7.2　常用聚合物的溶度参数

聚合物	$\delta/(\mathrm{J/cm^3})^{1/2}$	聚合物	$\delta/(\mathrm{J/cm^3})^{1/2}$
聚甲基丙烯酸甲酯	18.4~19.4	聚三氟氯乙烯	14.7
聚丙烯酸甲酯	20.1~20.7	聚氯乙烯	19.4~20.5
聚乙酸乙烯酯	19.2	聚偏氯乙烯	25.0
聚乙烯	16.2~16.6	聚氯丁二烯	16.8~19.2
聚苯乙烯	17.8~18.6	聚丙烯腈	26.0~31.5
聚异丁烯	15.8~16.4	聚甲基丙烯腈	21.9
聚异戊二烯	16.2~17.0	硝酸纤维素	17.4~23.5
聚对苯二甲酸乙二酯	21.9	聚丁二烯/丙烯腈	—
聚己二酸己二胺	25.8	82/18	17.8
聚氨酯	20.5	75/25~70/30	18.9~20.3
环氧树脂	19.8~22.3	61/39	21.1
聚硫橡胶	18.4~19.2	聚乙烯/丙烯橡胶	16.2
聚二甲基硅氧烷	14.9~15.5	聚丁二烯/苯乙烯	—
聚苯基甲基硅氧烷	18.4	85/15~87/13	16.6~17.4
聚丁二烯	16.6~17.5	75/25~72/28	16.6~17.5
聚四氟乙烯	12.7	60/40	17.8

表 7.3 常用溶剂的溶度参数

溶剂	$\delta/(J/cm^3)^{1/2}$	溶剂	$\delta/(J/cm^3)^{1/2}$
二异丙醚	14.3	间二甲苯	18.0
正戊烷	14.4	乙苯	18.0
异戊烷	14.4	异丙苯	18.1
正己烷	14.9	甲苯	18.2
正庚烷	15.2	丙烯酸甲酯	18.2
二乙醚	15.1	邻二甲苯	18.4
正辛烷	15.4	乙酸乙酯	18.6
环己烷	16.8	1,1-二氯乙烷	18.6
甲基丙烯酸丁酯	16.8	甲基丙烯腈	18.6
氯乙烷	17.4	苯	18.7
1,1,1-三氯乙烷	17.4	三氯甲烷	19.0
乙酸戊酯	17.4	丁酮	19.0
乙酸丁酯	17.5	四氯乙烯	19.2
四氯化碳	17.5	甲酸乙酯	19.2
正丙苯	17.7	氯苯	19.4
苯乙烯	17.7	苯甲酸乙酯	19.8
甲基丙烯酸甲酯	17.8	二氯甲烷	19.8
乙酸乙烯酯	17.8	顺式二氯乙烯	19.8
对二甲苯	17.9	1,2-二氯乙烷	20.1
二乙基酮	18.0	乙醛	20.1
萘	20.3	正丙醇	24.3
环己酮	20.3	乙腈	24.3
四氢呋喃	20.3	二甲基甲酰胺	24.8
二硫化碳	20.5	乙酸	25.8
二氧六环	20.5	硝基甲烷	25.8
溴苯	20.5	乙醇	26.0
丙酮	20.5	二甲基亚砜	27.4
硝基苯	20.5	甲酸	27.5
四氯乙烷	21.3	苯酚	29.7
丙烯腈	21.4	甲醇	29.7
丙腈	21.9	碳酸乙烯酯	29.7

续表

溶剂	$\delta/(J/cm^3)^{1/2}$	溶剂	$\delta/(J/cm^3)^{1/2}$
吡啶	21.9	二甲基砜	29.9
苯胺	22.1	丙二腈	80.9
二甲基乙酰胺	22.7	乙二醇	32.1
硝基乙烷	22.7	丙三醇	33.8
环己醇	23.3	甲酰胺	36.4
正丁醇	23.3	水	47.3
异丁醇	23.9		

基于摩尔引力常数计算高分子的溶度参数，其基本流程如下：（1）分析待溶解高分子的重复单元的所有基团，并在表 7.4 中查得这些基团的对应摩尔引力常数 F_i；（2）将所有基团的摩尔引力常数加和 $\sum F_i$；（3）将所得总和除以重复单元的摩尔体积 V_m，即为待溶解高分子的溶度参数 δ_2：

$$\delta_2 = \left(\frac{\Delta E}{V_m}\right)^{1/2} = \frac{F_i}{V_m} = \frac{\sum F_i}{V_m} = \frac{\rho \sum F_i}{M_0} \tag{7.4}$$

式中，ρ 为聚合物的密度，g/cm^3；M_0 为结构单元的分子量。

表 7.4　常用基团的摩尔引力常数

基团	$F_i/[(J/cm^3)^{1/2} \cdot mol]^{-1}$	基团	$F_i/[(J/cm^3)^{1/2} \cdot mol]^{-1}$	基团	$F_i/[(J/cm^3)^{1/2} \cdot mol]^{-1}$
—CH$_3$	303.4	C═O	538.1	Cl$_2$	701.1
—CH$_2$—	269.0	—CHO	597.4	—Cl（伯）	419.6
CH	176.0	(CO)$_2$O	1 160.7	—Cl（仲）	416.2
C	65.5	—OH—	462.0	—Cl（芳香族）	329.4
CH$_2$═	258.8	OH（芳香族）	350.0	—F	84.5
—CH═	248.6	—H（酸性二聚物）	−103.3	共轭键	47.7
C═	172.9	—NH$_2$	463.6	顺式	−14.5
—CH═（芳香族）	239.6	—NH	368.3	反式	−27.5
—C═（芳香族）	200.7	—N—	125.0	六元环	−47.9
—O—（醚、缩醛）	235.3	—C≡N	725.5	邻位取代	19.8
—O—（环氧化物）	360.5	—NCO	733.9	间位取代	13.5
—COO—	668.2	—S—	428.4	对位取代	82.5

以聚丙烯腈为例（此处数值的单位为表 7.4 中的单位，省略不写），每个重复单元中有一个—CH_2—、$\rangle CH$—、—CN，从表 7.4 中查得的摩尔吸引常数分别为 269.0、176.0、725.5，结构单元的分子量为 $M_0 = 53$，聚丙烯腈的相对密度 $\rho = 1.184$，则

$$\delta_2 = \frac{\rho \sum F_i}{M_0} = \frac{1.184 \times (269.0 + 176.0 + 725.5)}{53} = 26.15 \tag{7.5}$$

而由表 7.2 查得实验值为 26.0~31.5，二者很接近。

在选择聚合物的溶剂时，除了使用单一溶剂外，还经常使用混合溶剂，有时混合溶剂对聚合物的溶解能力比其中任一单一溶剂好。混合溶剂的溶度参数 δ_M 大致可用式 (7.6) 进行计算：

$$\delta_M = \delta_1 \varphi_1 + \delta_2 \varphi_2 \tag{7.6}$$

式中，δ_1、δ_2 为两种纯溶剂的溶度参数；φ_1、φ_2 为两种纯溶剂的体积分数。

3. 溶剂化原则

高分子的溶解或溶胀，与溶剂化作用紧密关联（此处所谓溶剂化作用指广义的酸碱相互作用或电子受体（亲电子体）与电子供体（亲核体）的相互作用）。与高分子和溶剂有关的常见电子受体、电子供体基团，其溶剂化能力强弱顺序如下：

电子受体：

—SO_2OH > —$COOH$ > —C_6H_4OH > =$CHCN$ > =$CHNO_2$ > =$CHONO_2$ > —CH_2Cl > =$CHCl$

电子供体：

—CH_2NH_2 > —$C_6H_4NH_2$ > —$CON(CH_3)_2$ > —$CONH$— >

≡PO_4 > —CH_2COCH_2— > —CH_2OCOCH_2— > —CH_2—O—CH_2—

溶剂化原则适用于极性高分子溶解时的溶剂选择。聚合物分子中含有大量亲电基团（亲核基团）时，能溶于含有亲核基团（亲电基团）的溶剂中；若聚合物中的基团与溶剂中的基团同属于亲核性（或亲电性），则不能相溶。只有亲电性、亲核性相反（或电性相反）的两种极性溶质才能发生溶剂化。例如，含有酰胺基的 PA-6，其溶剂为含有羟基的甲酸、间甲酚或浓硫酸；而含有 =$CHCl$ 的 PVC，其溶剂为含有 —CH_2COCH_2— 的环己酮、含有 —CH_2—O—CH_2—基团的四氢呋喃等。一般认为，若高分子与溶剂的亲电、亲核强度相当，产生了氢键或类氢键相互作用，有利于聚合物分子彼此分离而溶解于溶剂中。

4. "高分子-溶剂相互作用参数 χ_1 小于 $\frac{1}{2}$" 原则

高分子-溶剂相互作用参数 χ_1 的数值可作为高分子溶解所需良劣溶剂的一个半定量判据，该参数可反映高分子与溶剂混合时相互作用能的变化。若 χ_1 小于 $\frac{1}{2}$，则聚合物能溶解在所给定的溶剂中；若 χ_1 大于 $\frac{1}{2}$，则聚合物一般不能溶解。

由于聚合物结构的复杂性，影响其溶解的因素是多方面的，上述原则并不能概括所有的溶解规律。在实际应用时，要具体分析聚合物是晶态的还是非晶态的、是极性的还是非极性的、分子量大还是小等，然后综合运用上述原则来解决问题。

7.2　柔顺性链高分子溶液的热力学性质

理想溶液是指溶液中任一组分含量在全部组成范围内均符合拉乌尔定律的溶液，其各组分分子间作用力与纯态时完全相同，溶解过程中没有体积的变化，也没有混合热的变化，即混合焓变 $\Delta H_M = 0$。

理想溶液的混合熵变为

$$
\begin{aligned}
\Delta S_M &= -k(N_1 \ln x_1 + N_2 \ln x_2) \\
&= -R(n_1 \ln x_1 + n_2 \ln x_2)
\end{aligned}
\tag{7.7}
$$

式中，N_1、N_2 为溶剂、溶质的分子数；n_1、n_2 为溶剂、溶质的物质的量；x_1、x_2 为溶剂、溶质的摩尔分数；k 为玻耳兹曼常数；R 为普适气体常量。

因此，理想溶液的混合吉布斯自由能为

$$
\begin{aligned}
\Delta G_M &= \Delta H_M - T\Delta S_M = kT(N_1 \ln x_1 + N_2 \ln x_2) \\
&= RT(n_1 \ln x_1 + n_2 \ln x_2)
\end{aligned}
\tag{7.8}
$$

溶剂的偏摩尔混合吉布斯自由能为

$$
\begin{aligned}
\Delta G_1 &= \left(\frac{\partial \Delta G_M}{\partial n_1}\right)_{T,p,n_2} = \mu_1 - \mu_1^0 = \Delta \mu_1 \\
&= RT \ln x_1
\end{aligned}
\tag{7.9}
$$

式中，μ_1、μ_1^0 分别为溶液中溶剂的化学位及纯溶剂的化学位；$\Delta \mu_1$ 为溶剂的化学位变化。

求出 $\Delta \mu_1$，可以把理想溶液的依数性写成与 $\Delta \mu_1$ 有关的函数，例如溶液蒸气压为

$$
\ln \frac{p_1}{p_1^0} = \frac{\Delta \mu_1}{RT}
\tag{7.10}
$$

将 $\Delta \mu_1$ 表达式代入式（7.10），即得

$$
p_1 = p_1^0 x_1
\tag{7.11}
$$

式中，p_1、p_1^0 分别为溶液中溶剂及纯溶剂的蒸气压。

溶液渗透压为

$$
\pi = \frac{-\Delta \mu_1}{\overline{V}_1}
\tag{7.12}
$$

式中，π 为溶液的渗透压；$\overline{V}_1$ 为溶剂的偏摩尔体积。

将 $\Delta \mu_1$ 表达式代入式（7.12），得

$$\pi = \frac{-\Delta\mu_1}{\overline{V}_1} = -\frac{RT}{\overline{V}_1}\ln x_1 = \frac{RT}{\overline{V}_1}x_2 \qquad (7.13)$$

式中，$\ln x_1$ 可麦克劳林展开为 $\ln x_1 = \ln(1-x_2) = -x_2 - \frac{1}{2}x_2^2 - \frac{1}{3}x_2^3 - \cdots$，因为 x_2 很小，故只取其一次项，从而得出式（7.13）的右边等式。

上述理论推导证明理想溶液的蒸气压、渗透压仅与溶液中溶质的数量有关，即物理化学所阐述的溶液的依数性。实际中，当大多数小分子溶液的浓度低时，通常遵守理想溶液的性质。高分子具有巨大的分子量（起到多个小分子作用）和分子柔顺性（构象熵很大），即使其浓度极低，也不遵守理想溶液的性质。高分子溶液的混合熵比理想溶液的混合熵计算值大十几倍式数十倍。另外，高分子溶液的混合热 $\Delta H_m \neq 0$（极性高分子溶解时一般放热，非极性高分子溶解时一般吸热），因此高分子溶液远远偏离依数性。

7.2.1 弗洛里–哈金斯理论

高分子溶液不适用理想溶液性质理论，其溶液性质可用弗洛里–哈金斯理论（Flory-Huggins theory 或平均场理论）较好地描述。Flory、哈金斯等人基于一些简化，运用统计热力学方法，推导出了高分子溶液的混合熵、混合热、混合吉布斯自由能等热力学性质的数学表达式，所得结果与实际符合较好，因此受到高分子物理领域认可。

该理论推导过程的几点假设如下。

（1）溶液中分子排列类似晶体中分子堆砌，为一种晶格排列。在晶格中，每个溶剂分子占一个格子，每个高分子占相连的 x 个格子，x 为高分子与溶剂分子的体积比，即把高分子看作由 x 个链段组成，每个链段的体积与溶剂分子体积相等，每个链段只占一个格子。图 7.1 所示为聚合物溶解示意。

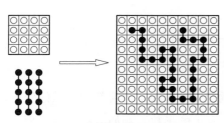

图 7.1　聚合物溶解示意

（2）高分子链是柔顺性的，所有构象具有相同的能量。

（3）高分子的分子量是单分散的，所有高分子的聚合度相同；溶液中高分子链段是均匀分布的，即链段占任意一个格子的概率相等。

1. 混合熵

考虑体系为 N_1 个溶剂分子与 N_2 个高分子，在 $N = N_1 + xN_2$ 个格子中排布，计算可能的排列方式总数（总构象数）。

假设已经有 i 个高分子被随机地放在晶格内，还剩 $N-ix$ 个空格，此时再放入第 $i+1$ 个高分子，则其可能排列方式 W_{i+1} 求解如下。

第 $i+1$ 个高分子的第 1 个"链段"的放置方式有 $N-ix$ 种可能性，而第 2 个"链段"

的放置方式却不能简单地认为有 $N-ix-1$ 种可能性，因为第 2 个链段受第 1 个链段约束，故只能放在第 1 个"链段"的邻近空晶格内。假设晶格的配位数为 Z，但是第 2 个"链段"并不可能任意放在第一个"链段"邻近的空格，原因是空格有可能已被放进去的高分子"链段"所占据。根据高分子"链段"在溶液中分布概率等同的假定，第 1 个"链段"邻近的空格未被占据的概率为 $\dfrac{N-ix-1}{N}$，则第 2 个"链段"的放置方法数为 $Z\left(\dfrac{N-ix-1}{N}\right)$。因为与第 2 个"链段"相邻近的 Z 个格子中已有一个被第 1 个"链段"占据，所以第 3 个"链段"的放置方法数为 $(Z-1)\left(\dfrac{N-ix-2}{N}\right)$。第 4 个、第 5 个"链段"的放置方法数依次类推。因此，第 $i+1$ 个高分子在 $N-ix$ 个空格内放置的方法数为

$$W_{i+1}=Z\,(Z-1)^{x-2}(N-ix)\left(\frac{N-ix-1}{N}\right)\left(\frac{N-ix-2}{N}\right)\cdots\left(\frac{N-ix-x+1}{N}\right) \tag{7.14}$$

假定 $Z\approx(Z-1)$，则式（7.14）可写成

$$W_{i+1}=\left(\frac{Z-1}{N}\right)^{x-1}\frac{(N-ix)\,!}{(N-ix-x)\,!} \tag{7.15}$$

则 N_2 个高分子在 N 个格子中放置方法总数为

$$W=\frac{1}{N_2\,!}W_1W_2W_3\cdots W_{N_2}=\frac{1}{N_2\,!}\prod_{i=0}^{N_2-1}W_{i+1} \tag{7.16}$$

式（7.16）等式右边除以 $N_2!$ 是因为 N_2 个高分子是概率等同的，彼此难以区分，当它们互换位置时并不提供新的放置方法。将式（7.15）代入式（7.16），得

$$W=\frac{1}{N_2\,!}\left(\frac{Z-1}{N}\right)^{N_2(x-1)}\prod_{i=0}^{N_2-1}\frac{(N-ix)\,!}{(N-ix-x)\,!} \tag{7.17}$$

由

$$\prod_{i=0}^{N_2-1}\frac{(N-ix)\,!}{(N-ix-x)\,!}=\frac{N\,!}{(N-x)\,!}\times\frac{(N-x)\,!}{(N-2x)\,!}\times\frac{(N-2x)\,!}{(N-3x)\,!}\cdots\frac{[N-x(N_2-1)]\,!}{[N-x(N_2-1)-x]\,!}$$

$$=\frac{N\,!}{(N-xN_2)\,!}$$

得

$$W=\frac{1}{N_2\,!}\left(\frac{Z-1}{N}\right)^{N_2(x-1)}\frac{N\,!}{(N-xN_2)\,!} \tag{7.18}$$

晶格中先排列高分子后排列溶剂分子，溶剂分子是概率等同的，彼此不可区分，其排列方式数 $W_{N_1}=1$，故式（7.18）所表示的 W 为溶液总的微观状态总数。

根据统计热力学可知，体系的熵 S 与其微观状态总数 W 有如下关系：

$$S=k\ln W \tag{7.19}$$

式中，k 为玻耳兹曼常数。

故高分子溶液的熵为

$$S_{溶液} = k \ln W_{溶液} = k \left\{ N_2(x-1)\ln\left(\frac{Z-1}{N}\right) + \ln N! - \ln N_2! - \ln\left[(N-xN_2)!\right] \right\} \quad (7.20)$$

利用斯特林公式（Stirling formula）（$\ln X! \approx X\ln X - X$）简化式（7.20）得

$$S_{溶液} = -k\left[N_1\ln\frac{N_1}{N_1+xN_2} + N_2\ln\frac{xN_2}{N_1+xN_2} - N_2\ln x - N_2(x-1)\ln\left(\frac{Z-1}{e}\right) \right] \quad (7.21)$$

高分子溶液的混合熵变 ΔS_M 指体系混合前后熵的变化。纯溶剂只有一个微观状态，其相应的熵变为 0。将聚合物的解取向态作为混合前聚合物的微观状态，可令式（7.21）中 $N_1 = 0$，求得

$$S_{聚合物} = kN_2\left[\ln x + (x-1)\ln\left(\frac{Z-1}{e}\right) \right] \quad (7.22)$$

则

$$\begin{aligned}
\Delta S_M &= S_{溶液} - (S_{溶剂} + S_{聚合物}) \\
&= -k\left(N_1\ln\frac{N_1}{N_1+xN_2} + N_2\ln\frac{xN_2}{N_1+xN_2} \right) \\
&= -k(N_1\ln\varphi_1 + N_2\ln\varphi_2) \quad (7.23)
\end{aligned}$$

$$\varphi_1 = \frac{N_1}{N_1+xN_2}; \varphi_2 = \frac{xN_2}{N_1+xN_2}$$

式中，φ_1、φ_2 为溶剂和高分子在溶液中的体积分数。

如果用物质的量 n 代替分子数 N，可得

$$\Delta S_M = -R(n_1\ln\varphi_1 + n_2\ln\varphi_2) \quad (7.24)$$

由以上推导可知，ΔS_M 仅表示由于高分子链段在溶液中的排列方式与在高分子中排列的方式不同引起的熵变，称为混合熵变，这是 Flory 推导出来的公式，哈金斯也独立给出了其表达式。此处的 ΔS_M 显然没有考虑溶解过程中高分子与溶剂分子间的相互作用变化所引起的熵变。

式（7.24）与理想溶液混合熵相比较，只是摩尔分数 x 换成了体积分数 φ。计算所得 ΔS_M 比理想溶液混合熵的计算值要大得多，这是因为一个高分子由 x 个"链段"组成，在溶液中不止起到一个小分子的作用；高分子中每个"链段"是相互连接的，一个高分子也不能起到 x 个小分子的作用。所以，由式（7.24）计算得到的 ΔS_M 比 xN_2 个小分子与 N_1 个溶剂分子混合时的熵变要小。

对于多分散性聚合物：

$$\Delta S_M = -k\left(N_1\ln\varphi_1 + \sum_i N_i\ln\varphi_i \right) \quad (7.25)$$

式中，N_i、φ_i 分别为各种聚合度溶质（分子量不同）的分子数和体积分数；$\sum_i$ 为对多分散试样的各种聚合度组分进行求和（不包括溶剂）。

2. 混合热

当距离增大时，分子间作用力急剧减少，故利用弗洛里-哈金斯理论推导高分子溶液

混合热 ΔH_{M} 时，可仅考虑最邻近的一对分子之间的相互作用能。用符号 [1-1] 和 [2-2] 分别表示相邻一对纯溶剂分子之间、一对"链段"之间的作用，而混合过程中溶剂分子和"链段"之间的作用 [1-2]，可用式 (7.26) 推导而得：

$$\frac{1}{2}[1-1]+\frac{1}{2}[2-2]=[1-2] \tag{7.26}$$

即每拆散 $\frac{1}{2}$ 对 [1-1] 和 [2-2]，便形成一对 [1-2]。

以符号 ε_{1-1}、ε_{2-2}、ε_{1-2} 分别表示 [1-1]、[2-2] 和 [1-2] 的相互作用能，则上述过程的能量变化可写为

$$\Delta\varepsilon_{1-2}=\varepsilon_{1-2}-\frac{1}{2}(\varepsilon_{1-1}+\varepsilon_{2-2}) \tag{7.27}$$

假设溶液中生成了 P_{1-2} 对 [1-2]，那么，混合热应为

$$\Delta H_{\mathrm{M}}=P_{1-2}\Delta\varepsilon_{1-2} \tag{7.28}$$

应用弗洛里-哈金斯可以计算出 ΔH_{M}。一个高分子周围有 $(Z-2)x+2$ 个空格，当 x 很大时可近似等于 $(Z-2)x$，每个空格被溶剂分子所占有的概率为溶剂分子的体积分数 φ_1，也就是说一个高分子可以生成 $(Z-2)x\varphi_1$ 对 [1-2]。在溶液中共有 N_2 个高分子，则

$$P_{1-2}=(Z-2)x\varphi_1 N_2=(Z-2)x\frac{xN_1 N_2}{N_1+xN_2}=(Z-2)N_1\varphi_2 \tag{7.29}$$

所以

$$\Delta H_{\mathrm{M}}=(Z-2)N_1\varphi_2\Delta\varepsilon_{1-2} \tag{7.30}$$

若令

$$\chi_1=\frac{(Z-2)\Delta\varepsilon_{1-2}}{kT} \tag{7.31}$$

则

$$\Delta H_{\mathrm{M}}=\chi_1 kTN_1\varphi_2=\chi_1 RTn_1\varphi_2 \tag{7.32}$$

式中，χ_1 为哈金斯参数，是高分子物理中最重要的物理参数之一，由其定义可知高分子与溶剂混合时相互作用能的变化；$\chi_1 kT$ 为当一个溶剂分子放到聚合物中时所引起的能量变化。

3. 混合吉布斯自由能和化学位

由热力学关系可知，高分子溶液的混合吉布斯自由能 ΔG_{M} 为

$$\Delta G_{\mathrm{M}}=\Delta H_{\mathrm{M}}-T\Delta S_{\mathrm{M}} \tag{7.33}$$

将式 (7.24) 和式 (7.32) 代入式 (7.33) 即得

$$\Delta G_{\mathrm{M}}=RT(n_1\ln\varphi_1+n_2\ln\varphi_2+\chi_1 n_1\varphi_2) \tag{7.34}$$

有了自由能就可以导出化学位参数，并可以得到化学位的理论计算值。通过比较理论计算值和实验测量结果可验证弗洛里-哈金斯理论的正确性。溶液中溶剂的化学位变化 $\Delta\mu_1$ 和溶质的化学位变化 $\Delta\mu_2$ 分别为

$$\Delta\mu_1=\left[\frac{\partial(\Delta G_{\mathrm{M}})}{\partial n_1}\right]_{T,p,n_2}=RT\left[\ln\varphi_1+\left(1-\frac{1}{x}\right)\varphi_2+\chi_1\varphi_2^2\right] \tag{7.35}$$

可以不直接求 $\dfrac{\partial(\Delta G_M)}{\partial n_1}$，而先求 $\dfrac{\partial(\Delta G_M)}{\partial N_1}$，即对式（7.23）求偏导，然后乘以阿伏伽德罗常数 N_A 变换，得到偏摩尔吉布斯自由能式（7.35）。

$$\Delta\mu_2=\left[\frac{\partial(\Delta G_M)}{\partial n_2}\right]_{T,p,n_1}=RT\left[\ln\varphi_2-(x-1)\varphi_1+\chi_1 x\varphi_1^2\right] \qquad (7.36)$$

下面考虑高分子溶液的 $\Delta\mu_1$ 与理想溶液的 $\Delta\mu_1^i$ 差值。

对于高分子稀溶液，假设 $\varphi_2\ll 1$，则

$$\ln\varphi_1=\ln(1-\varphi_2)=-\varphi_2-\frac{1}{2}\varphi_2^2\cdots \qquad (7.37)$$

式（7.35）可改写为

$$\Delta\mu_1=RT\left[-\frac{1}{x}\varphi_2+\left(\chi_1-\frac{1}{2}\right)\varphi_2^2\right] \qquad (7.38)$$

对于很稀的理想溶液，根据式（7.9）可得

$$\Delta\mu_1^i=RT\ln x_1\approx-RTx_2\approx-RT\frac{\varphi_2}{x} \qquad (7.39)$$

式中，$\dfrac{\varphi_2}{x}=\left(\dfrac{xN_2}{N_1+xN_2}\right)/x=\dfrac{N_2}{N_1+xN_2}$。

因为高分子溶液为稀溶液，故 $N_2\ll N_1$、$xN_2\ll N_1$。式（7.38）中右边第一项相当于理想溶液中溶剂的化学位变化，第二项相当于非理想部分。非理想部分用符号 $\Delta\mu_1^E$ 表示，称为"超额"化学位，即

$$\Delta\mu_1^E=RT\left(\chi_1-\frac{1}{2}\right)\varphi_2^2 \qquad (7.40)$$

Flory 认为，聚合物溶解在良溶剂中，"链段"与溶剂分子的相互作用能远大于"链段"之间的相互作用能，使高分子链在溶液中扩展。同时，高分子链的许多构象不能实现。因此，高分子溶液性质的非理想部分为高分子"链段"与溶剂间的相互作用对混合热和混合熵的总贡献。

4. 与实验结果比较

溶液蒸气压与溶剂化学位有下列关系：

$$\Delta\mu_1=\mu_1-\mu_1^0=RT\ln\frac{p_1}{p_1^0} \qquad (7.41)$$

根据弗洛里-哈金斯理论，式（7.41）可以写为

$$\ln\frac{p_1}{p_1^0}=\frac{\Delta\mu_1}{RT}=\ln(1-\varphi_2)+\left(1-\frac{1}{x}\right)\varphi_2+\chi_1\varphi_2^2 \qquad (7.42)$$

即从高分子溶液蒸气压 p_1 和纯溶剂蒸气压 p_1^0 的测量可计算出高分子-溶剂相互作用参数 χ_1 值（也可由渗透压实验直接测定）。理论上该值应该与高分子溶液浓度无关，但是，除个别体系实验结果外，其他体系与理论存在较大偏差。此外，溶剂的偏摩尔混合热和偏摩

尔混合熵的实验结果与弗洛里–哈金斯理论之间也存在较大偏差。

7.2.2　Flory–Krigbaum 理论

前文弗洛里–哈金斯理论关于高分子"链段"（即结构单元）均匀分布的假定不符合真实情况。在高分子稀溶液中，"链段"的分布实际上是不均匀的，高分子链以一个被溶剂化了的松弛的线团形式散布在纯溶剂中，这些线团占有一定的体积，并且不能被其他分子的"链段"占据，故称为排斥体积。基于这一考虑，Flory 和 Krigbaum 在弗洛里–哈金斯理论基础上提出了 Flory–Krigbaum 理论，又被称为稀溶液理论。该理论考虑了"链段"概率分布不相等的实际情况，建立了 θ 状态、排斥体积、排斥自由能等概念，使高分子溶液理论更为符合实际，其基本假设如下：

（1）稀溶液中高分子链段分布是不均匀的（见图 7.2），每个聚合物分子看作被溶剂化的"链段云"，随机分散在溶剂中，两朵链云之间的一些区域没有链段，只有纯溶剂，这些区域也是分布不均匀的。

（2）链段云的密度分布也是不均匀的，其链段密度在质心处最大，越向外分布越小，服从高斯分布。

（3）"链段云"彼此接近时引起吉布斯自由能的变化。一般来说，一个高分子占据的区域会排斥其他高分子的进入，有一定的排斥体积 u。排斥体积 u 的大小可由高分子相互接近时的吉布斯自由能变化反映。

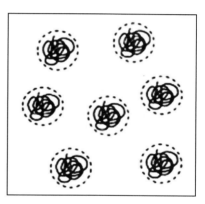

图 7.2　稀溶液中高分子链段分布

如果高分子链段与溶剂分子的相互作用大于高分子链段间的相互作用，则高分子溶剂化并扩张，高分子不能彼此接近使排斥体积 u 较大；如果高分子链段间的相互作用等于高分子链段与溶剂分子的相互作用，高分子之间可以与溶剂分子彼此接近、互相穿透使排斥体积为 0，即高分子处于无扰状态（θ 状态）。

Flory–Krigbaum 理论基于上述假设推导出排斥体积 u 和温度 θ 的关系：

$$u = 2\psi_1\left(1 - \frac{\theta}{T}\right)\frac{\bar{v}^2}{V_1}M^2 F(X) \tag{7.43}$$

式中，$\bar{v}^2$ 为高分子的偏微比容；V_1 为溶剂分子的体积；M 为一个高分子的分子量；ψ_1 是与超额偏摩尔混合熵相关的系数；$F(X)$ 为复杂函数。

当温度为无扰温度时，X 值为 0，$F(X) = 1$。

Flory、Krigbaum 将稀溶液中的高分子看作体积为 u 的刚性球，然后推导出溶液的混合吉布斯自由能。首先假设有 N_2 个高分子刚性球分布于体积为 V 的溶液中，其排列状态数为

$$\Omega = A \times \prod_{i=0}^{N_2-1}(V - iu) = A \times V^{N_2}\prod_{i=0}^{N_2-1}\left(1 - \frac{iu}{V}\right) \tag{7.44}$$

对于非极性高分子溶液，溶解过程的热效应很小，可看作 0，$\Delta H_M \approx 0$，故

$$\Delta G_{\mathrm{M}} = -T\Delta S_{\mathrm{M}} = -kT\ln \Omega \tag{7.45}$$

$$\Delta G_{\mathrm{M}} = -kT\left[N_2\ln V + \sum_{i=0}^{N_2-1}\ln\left(1-\frac{iu}{V}\right)\right] + A' \tag{7.46}$$

稀溶液的$\frac{iu}{V}\ll 1$，故式（7.46）中$\ln\left(1-\frac{iu}{V}\right)$可用级数展开并省略高次项，得

$$\Delta G_{\mathrm{M}} = -kT\left(N_2\ln V + \sum_{i=0}^{N_2-1}\ln\frac{iu}{V}\right) + A'$$

$$\Delta G_{\mathrm{M}} = -kT\left(N_2\ln V + \frac{N_2^2}{2}\frac{u}{V}\right) + A' \tag{7.47}$$

式（7.44）~式（7.47）中A'、A为常数。

由热力学定律可推出稀溶液的渗透压为

$$\pi = -\frac{\Delta\mu_1}{\tilde{V}_1} = -\frac{1}{\tilde{V}_1}\frac{\partial\Delta G_{\mathrm{M}}}{\partial n_1} = -\frac{1}{\tilde{V}_1}\frac{\partial\Delta G_{\mathrm{M}}}{\partial V}\frac{\partial V}{\partial n_1} = -\frac{\partial\Delta G_{\mathrm{M}}}{\partial V} \tag{7.48}$$

式中，$\tilde{V}$为溶液的偏摩尔体积。

将式（7.47）代入式（7.48），可得

$$\pi = kT\left[\frac{N_2}{V} + \frac{u}{2}\left(\frac{N_2}{V}\right)^2\right] = RT\left(\frac{c}{M} + \frac{N_{\mathrm{A}}u}{2M^2}c^2\right) \tag{7.49}$$

式中，R、N_{A}、M分别为普适气体常量、阿伏伽德罗常数和溶质的分子量；c为高分子溶液的浓度。

式（7.49）右侧第二项为渗透压公式中的第二维利系数A_2：

$$A_2 = \frac{N_{\mathrm{A}}u}{2M^2} \tag{7.50}$$

将式（7.43）代入式（7.50），得

$$A_2 = \frac{\bar{v}^2}{\tilde{V}_1}\psi_1\left(1-\frac{\theta}{T}\right)F(X) \tag{7.51}$$

由式（7.51）知，当溶液温度等于无扰温度时，高分子的排斥体积$u=0$，$A_2=0$，体系被看作高分子的理想溶液。

真实的高分子链在溶液中的排斥体积可分为两部分：一部分是外排斥体积；另一部分是内排斥体积。外排斥体积是由于溶剂与高分子链段的相互作用大于高分子链段与高分子链间的相互作用，高分子被溶剂化并扩张，使两个高分子不能彼此靠近；内排斥体积是由于分子有一定的大小，链的一部分不能同时停留已被链的另一部分占据的空间。当溶液无限稀释时，排斥体积可趋于0而内排斥体积总是不等于0。如果链段比较刚性或链段间排斥作用较大，则内排斥体积大于0；如果链段比较柔顺或链段间的吸引力较大，链相互接触的两个部分的体积可以小于各自体积的和，则内排斥体积小于0。内排斥体积小于0的

链称为坍塌线团。在特殊情况下，外排斥体积大于 0 和内排斥体积小于 0 刚好抵消，得排斥体积 $u=0$，线团的行为与无限小的链一样（不占体积了），处于无扰状态，这种状态链的尺寸称为无扰尺寸，此时溶液可看作高分子理想溶液。

当温度高于无扰温度时，因溶剂化作用，相当于在高分子链的外面套了一层由溶剂组成的套管，其使卷曲的高分子伸展。温度越高，溶剂化作用越强，套管越厚，链也越伸展。因此，高分子链的均方末端距和均方回转半径由无扰状态下的 $\bar{h}_\theta^2$、$\bar{r}_{G\theta}^2$ 扩大为 $\bar{h}^2$、$\bar{r}_G^2$，可以用一个参数 α 表示高分子链的扩张程度：

$$\alpha \equiv \left(\frac{\bar{h}^2}{\bar{h}_\theta^2}\right) \equiv \left(\frac{\bar{r}_G^2}{\bar{r}_{G\theta}^2}\right) \tag{7.52}$$

式中，α 为扩张因子或溶胀因子，没有单位，其值与温度、溶剂性质、高分子溶质分子量、溶液浓度等有关。

Flory、Krigbaum 从理论上推出 α 与分子量、温度的函数关系为

$$\alpha^5 - \alpha^3 = 2D\psi_1\left(1 - \frac{\theta}{T}\right)M^{0.5} \tag{7.53}$$

式中，D 为常数。

由式（7.53）可知，当温度高于无扰温度时，$\alpha > 1$，溶液中的高分子链是扩张的，此时的溶剂为高分子的良溶剂。

若溶剂对高分子溶解性极高，即 $\alpha \gg 1$，则有 $\alpha^5 \gg \alpha^3$，式（7.53）可简化为

$$\alpha^5 \propto M^{0.5} \tag{7.54}$$

或

$$\alpha \propto M^{0.1} \tag{7.55}$$

由高分子的构象统计理论得到分子量足够大的柔顺性高分子链无扰均方末端距 $\bar{h}_\theta^2 = nl^2 \propto M$ 或无扰均方回转半径 $\bar{r}_{G\theta}^2 = \frac{1}{6}\bar{h}_\theta^2 \propto M$。如果将 r_G 称为根均方回转半径（或回转半径），即 $r_G = \sqrt{\bar{r}_G^2} = \alpha\sqrt{\bar{r}_{G\theta}^2}$，则式（7.54）、式（7.55）可简化为 $r_G \propto M^{0.6}$，写成一般式为

$$r_G \propto M^v \tag{7.56}$$

式（7.56）为 Flory 推出的分子量足够大的柔顺性高分子链在良溶剂中分子尺寸与分子量的关系。在理想溶液中高斯链 $v=0.5$，在良溶剂中 $v=0.5$，在良溶剂中真实链 $v=0.6$。

良溶剂中排斥体积 u 与 r_G^3 成正比，即 $u \propto M^{1.8}$，则高分子在良溶剂稀溶液中 A_2 与 M 的关系为

$$A_2 \propto M^{-0.2} \tag{7.57}$$

实验证明许多高分子-溶剂体系的 $A_2 \propto M^{-0.2\pm0.05}$。

Flory-Krigbaum 理论同样假设高分子与溶剂混合时无体积变化，这是不符合实际情况的。实际上高分子自由体积小、纯溶剂自由体积大，混合时相当于汽化的溶剂分子冷凝到凝聚的高分子中去，因此混合过程有体积变化且变化为负值，同时体积缩小会有负的膨胀

功且放热及体积变化引起熵减少。故理论上应该把体积变化引起的放热和熵减少考虑进去，这需要更加复杂的推导和相关背景知识，限于篇幅不再详述。

7.3 高分子溶液的相平衡与相分离

7.3.1 渗透压与第二维利系数

高分子溶液有渗透压现象（见图 7.3），可运用物理化学溶液理论相关知识进行分析。渗透压 π 等于单位体积溶剂的化学位 [见式（7.13）]，结合式（7.35）可得

$$\pi = -\frac{\Delta\mu_1}{\overline{V}_1} = \frac{RT}{\overline{V}_1}\left[\frac{\varphi_2}{x} + \left(\frac{1}{2} - \chi_1\right)\varphi_2^2\right] \tag{7.58}$$

式中，$\overline{V}_1$ 为溶剂的偏摩尔体积。

若将高分子的体积分数用 1 mL 溶液中含有高分子的质量 c（单位：g）来表示，则

$$\varphi_2 = \frac{c}{\rho_2} \tag{7.59}$$

而

$$\rho_2 = \frac{M}{V_{m,2}} = \frac{M}{V_{m,1}x} \tag{7.60}$$

式中，$V_{m,1}$、$V_{m,2}$ 为溶剂、高分子的摩尔体积；M 为聚合物的分子量。

又因为稀溶液中 $\overline{V}_1 \approx V_{m,1}$，所以

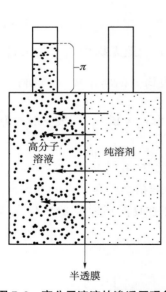

图 7.3 高分子溶液的渗透压现象

$$\Delta\mu_1 = RT\left[-\frac{1}{x} \times \frac{\dfrac{c}{M}}{V_{m,1}x} + \left(\chi_1 - \frac{1}{2}\right)\left(\frac{c}{\rho_2}\right)^2 - \frac{\left(\dfrac{c}{\rho_2}\right)^3}{3} - \cdots\right]$$

$$= RT\left[-\frac{cV_{m,1}}{M} + \frac{\left(\chi_1 - \dfrac{1}{2}\right)c^2}{\rho_2^2} - \frac{1}{3} \times \frac{c^3}{\rho_2^3} + \cdots\right] \tag{7.61}$$

$$\pi = -\frac{\Delta\mu_1}{\overline{V}_1} = RT\left[\frac{1}{M}c + \frac{\left(\dfrac{1}{2} - \chi_1\right)}{V_{m,1}\rho_2^2}c^2 + \frac{1}{3V_{m,1}\rho_2^3}c^3 - \cdots\right]$$

$$\frac{\pi}{c} = RT\left(\frac{1}{M} + A_2c + A_3c^2 + \cdots\right) \tag{7.62}$$

式中，A_2、A_3 为渗透压第二、第三维利系数。

即

$$A_2 = \left(\frac{1}{2} - \chi_1\right)\frac{1}{V_{m,1}\rho_2^2}\chi_1 = \frac{(Z-2)\Delta W_{1,2}}{kT} \tag{7.63}$$

$$A_3 = \frac{1}{3V_{m,1}\rho_2^3} \tag{7.64}$$

高分子溶液与理想溶液不同，$\dfrac{\pi}{c}$ 与 c 有关，A_2、A_3 表示它与理想溶液的偏差。

当浓度很低时，可将式（7.62）简化为

$$\frac{\pi}{c} = RT\left(\frac{1}{M} + A_2 c\right) \tag{7.65}$$

第二维利系数 A_2 与 χ_1 一样，表征了高分子"链段"与溶剂分子之间的相互作用。它与高分子在溶液中的形态有密切关系，取决于溶剂和实验温度。在良溶剂中，高分子链由于"链段"与溶剂分子的相互作用而扩张，高分子线团伸展，A_2 为正值，χ_1 小于 $\dfrac{1}{2}$；若加入不良溶剂，"链段"间吸引作用增加、A_2 数值逐渐减小，χ_1 值逐渐增大；当 $A_2 = 0$ 时，$\chi_1 = \dfrac{1}{2}$，表示"链段"间由于溶剂化作用所表现出的相互排斥作用恰恰与"链段"间的相互吸引作用相抵消，高分子线团自然卷曲，即前文介绍的高分子的无扰状态，故第二维利系数可用于求取高分子的无扰状态参数；继续加入不良溶剂，高分子"链段"间吸引作用占优势，高分子线团紧缩，直至聚合物从溶液中析出，此时，A_2 为负值，χ_1 大于 $\dfrac{1}{2}$。

同样，在降温过程中，χ_1 也会经历小于 $\dfrac{1}{2}$、等于 $\dfrac{1}{2}$ 及大于 $\dfrac{1}{2}$ 的转变。

7.3.2　相分离

高分子溶液存在相分离现象，在一定条件下，它可以被分为含聚合物较少的"稀相"和含聚合物较多的"浓相"两个相。温度是决定相分离与否的重要参数，高分子相稳定性与温度关系复杂，在某一临界温度以上或以下都可能发生相分离（见图 7.4），分别称为 UCST（最高临界共溶温度）或 LCST（最低临界共溶温度）。有些溶液体系同时具有 UCST 和 LCST，如聚异丁烯-苯溶液（polyisobutylene-benzene solutions）。满足临界温度条件时，温度的变化可以影响其溶解性，随着温度降低（或增加），高分子溶解性下降，溶解性低的高分子（如分子量大的高分子）会分相、析出，从而可以通过逐个取出而得到分子量不同的级分实现对高分子的分级，此分级方法即为降温分级法。类似地，也可以不改变温度而直接用沉淀剂来调制高分子溶液体系中高分子溶解量实现分级。加入沉淀剂时，分子量大的先析出，从而可以调制溶解性梯度对高分子分级。

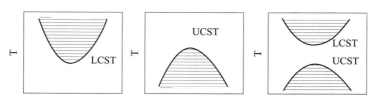

图 7.4　高分子溶液体系相分离类型

相分离过程可以用热力学相变理论进行定量分析，特别是高临界溶解温度的临界条件可以使用前面已经介绍的弗洛里-哈金斯理论来进行讨论。由热力学分析可知，聚合物在溶剂中溶解的必要条件是混合吉布斯自由能 $\Delta G_M < 0$。但 $\Delta G_M < 0$ 仅是混合溶解的必要条件，而不是分相的充分条件，故在 $\Delta G_M < 0$ 的条件下，聚合物和溶剂是否在任何比例下都能互溶成均匀的一相，可由 ΔG_M-φ_2 曲线来分析。

若体系的总体积和溶剂的摩尔体积分别为 V、$V_{M,e}$，则

$$\varphi_1 = \frac{n_1 V_{M,e}}{V}, \varphi_2 = \frac{n_2 x V_{M,e}}{V}$$

代入 ΔG_M 表达式，有

$$\Delta G_M = \frac{RTV}{V_{M,e}}\left[(1-\varphi_2)\ln(1-\varphi_2) + \frac{\varphi_2}{x}\ln\varphi_2 + \chi_1\varphi_2(1-\varphi_2)\right] \tag{7.66}$$

如果混合过程放热，即 $\chi_1 < 0$，ΔG_M 为正；反之如果溶解过程吸热，即 $\chi_1 > 0$，则 ΔG_M 由 χ_1 的大小确定其正负。因为 ΔG_M 为正的过程是不可能自发进行的，所以仅讨论 ΔG_M 为负的情况。

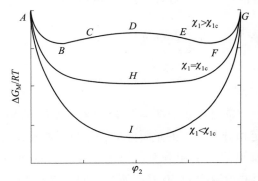

图 7.5 ΔG_M 与 φ_2 的三条典型关系曲线

图 7.5 所示为 ΔG_M 与 φ_2 的三条典型关系曲线，曲线的形状由 x 和 χ_1 大小同时决定。当 x 一定时，ΔG_M-φ_2 关系如图 7.5 曲线 AIG 所示，存在一极小值 I，此时 χ_1 小于某临界值 χ_{1c}，整条曲线曲率半径为正（$\partial^2 \Delta G_M / \partial \varphi_2^2 > 0$），曲线上每一点具有不同的切线，整个浓度区域内混合吉布斯自由能各不相同，聚合物与溶剂可以以任何比例混合形成均相，称为完全互溶。当 χ_1 大于某临界值 χ_{1c} 时，ΔG_M-φ_2 关系如图 7.5 曲线 ABCDEFG 所示，存在两个极小值，分别位于 B、F 处（极小值处组成以 φ' 和 φ'' 表示），此曲线表示只有组分处于两个极小值之外时才能不发生相分离，而组分处于两个极小值之间时会分成两相，两相的组成恰为 φ' 和 φ''。φ' 和 φ'' 的确切位置为过两个极小值公切线的两个切点。两相中组成为 φ' 的溶液浓度较低，称为稀相，组成为 φ'' 的一相称为浓相，稀相、浓相的相对体积由杠杆原理确定。当 χ_1 等于某临界值 χ_{1c} 时，曲线极值和拐点刚好趋于一点，如图 7.5 曲线 AHG 所示。

下面讨论相分离临界条件与聚合物分子量（x）的关系。

图 7.5 中，极小值和极大值出现的条件是函数的一阶导数为 0，拐点出现的条件是函数的二阶导数为 0，而临界条件应该是三个极值和两个拐点同时出现，判别式是函数的三阶导数为 0。利用这一原理，求 ΔG_M 的二阶导数与三阶导数，并令其等于 0，即

$$\frac{\partial^2(\Delta G_M)}{\partial \varphi_2^2} = \frac{\partial^3(\Delta G_M)}{\partial \varphi_2^3} = 0 \tag{7.67}$$

将 ΔG_{M} 表达式代入式（7.67），分别得

$$\frac{1}{1-\varphi_{2\mathrm{c}}}-\left(1-\frac{1}{x}\right)-2\mathcal{X}_{1\mathrm{c}}\varphi_{2\mathrm{c}}=0 \tag{7.68}$$

$$\frac{1}{(1-\varphi_{2\mathrm{c}})^{2}}+2\mathcal{X}_{1\mathrm{c}}=0 \tag{7.69}$$

联立式（7.68）、式（7.69），可解得相分离的临界条件为

$$\varphi_{2\mathrm{c}}=\frac{1}{1+x^{0.5}}\approx\frac{1}{x^{0.5}} \tag{7.70}$$

$$\mathcal{X}_{1\mathrm{c}}=0.5\times\left(1+\frac{1}{x^{0.5}}\right)^{2}=0.5+\frac{1}{x^{0.5}}+\frac{1}{2x}\approx0.5+\frac{1}{x^{0.5}} \tag{7.71}$$

式中，约等式为 $x\gg1$ 时的近似计算公式；下标 c 为临界状态。

式（7.70）表明，因为高分子的聚合度通常很大，所以出现相分离的起始浓度一般很小；式（7.71）表明，$\mathcal{X}_{1\mathrm{c}}$ 稍微大于 0.5，即在 θ 状态下，$\mathcal{X}_{1\mathrm{c}}=0.5$，体系尚未发生相分离。

7.4　聚合物的分子量和分子量分布

7.4.1　聚合物分子量的统计意义

1. 聚合物分子量的多分散性

聚合物的分子量与低分子化合物相比具有两个特点：一个是聚合物的分子量比低分子大几个数量级；另一个是除有限的几种蛋白质高分子外，分子量都是不均一的，具有多分散性。用实验方法测定的分子量只是统计的平均值，因此，为了有效且直观地描述聚合物的分子量，需要给出分子量的统计平均值和试样的分子量分布。

假定某聚合物试样的总质量为 m、总物质的量为 n。不同分子量的分子的种类序数用 i 表示，则第 i 种分子的分子量为 M_i，物质的量为 n_i，质量为 m_i，在整个试样中的摩尔分数为 x_i，质量分数为 w_i，累积质量分数为 I_i。这些量之间存在下列关系：

$$\sum_{i}n_{i}=n\,;\ \sum_{i}m_{i}=m \tag{7.72}$$

$$\frac{n_{i}}{n}=x_{i}\,;\ \frac{mi}{m}=w_{i} \tag{7.73}$$

$$\sum_{i}x_{i}=1\,;\ \sum_{i}w_{i}=1 \tag{7.74}$$

试样的分子量可以使用离散型直接表示（见图 7.6），但是此法较粗略，难以准确描述合成高分子复杂的分子量分布情况，故也有采用连续型表示分子量的情况（见图 7.7），即

$$\int_{0}^{\infty}n(M)\mathrm{d}M=n,\int_{0}^{\infty}m(M)\mathrm{d}M=m \tag{7.75}$$

$$\int_0^\infty x(M)\,\mathrm{d}M = 1, \int_0^\infty w(M)\,\mathrm{d}M = 1 \tag{7.76}$$

$$I(M) = \int_0^M w(M)\,\mathrm{d}M \tag{7.77}$$

式中 $n(M)$ 为聚合物分子量按物质的量的分布函数；$x(M)$ 为聚合物分子量按摩尔分数的分布函数或归一化数量分布函数；$m(M)$ 为聚合物分子量按质量的分布函数；$w(M)$ 为聚合物分子量按质量分数的分布函数或归一化的质量分布函数；$I(M)$ 为聚合物分子量按质量积分分布函数。

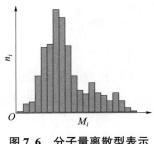

图 7.6　分子量离散型表示

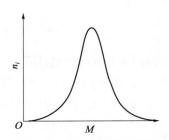

图 7.7　分子量连续型表示

2. 统计平均分子量

常用的统计平均分子量有下列几种。

1）数均分子量（number-average molecular weight）

按物质的量统计平均分子量，定义为

$$\overline{M}_n = \frac{\sum_i n_i M_i}{\sum_i n_i} = \sum_i x_i M_i \tag{7.78}$$

若用连续函数表示，则为

$$\overline{M}_n = \frac{\int_0^\infty M n(M)\,\mathrm{d}M}{\int_0^\infty n(M)\,\mathrm{d}M} = \int_0^\infty M x(M)\,\mathrm{d}M \tag{7.79}$$

$\overline{M}_n$ 的表达式也可写为

$$\overline{M}_n = \frac{\sum_i m_i}{\sum_i \dfrac{m_i}{M_i}} = \frac{1}{\sum_i \dfrac{w_i}{M_i}}$$

$$\frac{1}{\overline{M}_n} = \sum_i \frac{w_i}{M_i} = \overline{\left(\frac{1}{M}\right)}_w \tag{7.80}$$

即数均分子量的倒数等于分子量倒数的质量平均。

2）重均分子量（weight-average molecular weight）

按质量统计平均分子量，定义为

$$\overline{M}_{w} = \frac{\sum\limits_{i} n_i M_i^2}{\sum\limits_{i} n_i M_i} = \frac{\sum\limits_{i} m_i M_i}{\sum\limits_{i} m_i} = \sum\limits_{i} w_i M_i \tag{7.81}$$

若用连续函数表示，则为

$$\overline{M}_{w} = \frac{\int_0^\infty M m(M)\,\mathrm{d}M}{\int_0^\infty m(M)\,\mathrm{d}M} = \int_0^\infty M w(M)\,\mathrm{d}M \tag{7.82}$$

$\overline{M}_{w}$ 的表达式也可写为

$$\overline{M}_{w} = \frac{\sum\limits_{i} n_i M_i^2}{\sum\limits_{i} n_i M_i} = \frac{\sum\limits_{i} n_i M_i^2 / \sum\limits_{i} n_i}{\sum\limits_{i} n_i M_i / \sum\limits_{i} n_i} = \frac{(\overline{M^2})_n}{\overline{M}_n}$$

因此
$$(\overline{M^2})_n = \overline{M}_n\, \overline{M}_w \tag{7.83}$$

即分子量平方的数量平均值等于数均分子量和重均分子量的乘积。$(\overline{M^2})_n$ 在数学上称为分布函数 $n(M)$ 的二次矩数。

3）Z 均分子量（z-average molecular weight）

按 Z 量的统计平均，Z 定义为

$$Z \equiv M_i m_i$$

则 Z 均分子量定义为

$$\overline{M}_{Z} = \frac{\sum\limits_{i} Z_i M_i}{\sum\limits_{i} Z_i} = \frac{\sum\limits_{i} m_i M_i^2}{\sum\limits_{i} m_i M_i} = \frac{\sum\limits_{i} w_i M_i^2}{\sum\limits_{i} w_i M_i} \tag{7.84}$$

若用连续函数表示，则为

$$\overline{M}_{Z} = \frac{\int_0^\infty M^2 m(M)\,\mathrm{d}M}{\int_0^\infty M m(M)\,\mathrm{d}M} \tag{7.85}$$

$\overline{M}_{Z}$ 的表达式也可写为

$$\overline{M}_{Z} = \frac{\sum\limits_{i} n_i M_i^3}{\sum\limits_{i} n_i M_i^2} = \frac{\sum\limits_{i} m_i M_i^2}{\sum\limits_{i} m_i M_i} = \frac{\sum\limits_{i} m_i M_i^2 / \sum\limits_{i} m_i}{\sum\limits_{i} m_i M_i / \sum\limits_{i} m_i} = \frac{(\overline{M^2})_w}{\overline{M}_w}$$

因此
$$(\overline{M^2})_w = \overline{M}_w\, \overline{M}_Z \tag{7.86}$$

即分子量平方的质量平均值等于重均分子量和 Z 均分子量的乘积。$(\overline{M^2})_w$ 在数学上称为

分布函数 $w(M)$ 的二次矩数。

总之 $\overline{M} = \dfrac{\sum\limits_i n_i M_i^{N+1}}{\sum\limits_i n_i M_i^N}$ ，当 $N=0$ 时，为 $\overline{M}_n$；当 $N=1$ 时，为 $\overline{M}_w$；当 $N=2$ 时，为 $\overline{M}_Z$。

4）黏均分子量（viscosity-average molecular weight）

用稀溶液黏度法测得的平均分子量为黏均分子量，定义为

$$\overline{M}_\eta = \left(\sum_i m_i M_i^\alpha \right)^{1/\alpha} \tag{7.87}$$

或

$$\overline{M}_\eta = \left(\int_0^\infty M^\alpha w(M)\,\mathrm{d}M \right)^{1/\alpha} \tag{7.88}$$

式中，α 为马克-豪温克方程（Mark-Houwink equation）中的参数。

式（7.87）、式（7.88）也可表示为

$$(\overline{M}_\eta)^\alpha = (\overline{M^\alpha})_w \tag{7.89}$$

当 $\alpha = 1$ 时，$\overline{M}_\eta = \overline{M}_w$；当 $\alpha = -1$ 时，$\overline{M}_\eta = \overline{M}_n$；通常 α 的数值为 $0.5 \sim 1$，取决于温度和具体的聚合物与溶剂的组合，即聚合物链段和溶剂分子间热力学的相互作用。因此，$\overline{M}_n < \overline{M}_\eta < \overline{M}_w$，即 $\overline{M}_\eta$ 介于 $\overline{M}_w$ 与 $\overline{M}_n$ 之间，但更接近于 $\overline{M}_w$。

4 种常见的高分子平均分子量如表 7.5 所示。

表 7.5　4 种常见的高分子平均分子量

平均分子量	定义式	性质
数均分子量	$\overline{M}_n = \dfrac{\sum\limits_i N_i M_i}{\sum\limits_i N_i} = \dfrac{\sum\limits_i n_i M_i}{\sum\limits_i n_i} = \sum\limits_i x_i M_i$	按分子数目进行统计平均的分子量，对低分子量级分的贡献较敏感
重均分子量	$\overline{M}_w = \dfrac{\sum\limits_i m_i M_i}{\sum\limits_i m_i} = \sum\limits_i w_i M_i$	按级分质量进行统计平均的分子量，对高分子量级分的贡献较敏感
Z 均分子量	$\overline{M}_Z = \dfrac{\sum\limits_i Z_i M_i}{\sum\limits_i Z_i} = \dfrac{\sum\limits_i m_i M_i^2}{\sum\limits_i m_i M_i} = \dfrac{\sum\limits_i w_i M_i^2}{\sum\limits_i w_i M_i}$	按 Z 量进行统计平均的分子量，对高分子量级分的贡献非常敏感
黏均分子量	$\overline{M}_\eta = \left(\sum\limits_i w_i M_i^\alpha \right)^{1/\alpha}$	用黏度法测得的一种平均分子量

3. 分子量分布宽度

前面提到过聚合物分子量的一个特点是其具有多分散性，即它的分子量不均一。只使用分子量的平均值显然不足以描述一个分散性的试样，还需要知道其分子量分布的分

散程度。数学上用方差描述统计数据的分散程度，称为分子量分布宽度。

分子量分布宽度的定义是实验中各个分子量与平均分子量之间差值的平方平均值。如

$$\sigma_n^2 \equiv \overline{\left[(M - \overline{M}_n)^2 \right]_n} \text{ 或 } \sigma_n^2 = \int_0^\infty (M - \overline{M}_n)^2 x(M)\,\mathrm{d}M$$

展开后为

$$\sigma_n^2 = (\overline{M^2})_n - \overline{M}_n^2 = \overline{M}_n\,\overline{M}_w - \overline{M}_n^2 = \overline{M}_n^2 \left(\frac{\overline{M}_w}{\overline{M}_n} - 1 \right) \tag{7.90}$$

因为 $\sigma_n^2 \geq 0$，所以 $(\overline{M}_w / \overline{M}_n - 1) \geq 0$，$\overline{M}_w \geq \overline{M}_n$，假设试样的分子量均一，则 $\sigma_n^2 = 0$，$\overline{M}_w = \overline{M}_n$，同样有

$$\sigma_w^2 \equiv \left[(M - \overline{M}_w)^2 \right]_w = (\overline{M^2})_w - \overline{M}_w^2 = \overline{M}_w\,\overline{M}_Z - \overline{M}_w^2 = \overline{M}_w^2 \left(\frac{\overline{M}_Z}{\overline{M}_w} - 1 \right) \tag{7.91}$$

因为 $\sigma_w^2 \geq 0$，所以 $\overline{M}_Z \geq \overline{M}_w$。假设试样的分子量均一，则 $\sigma_w^2 = 0$，$\overline{M}_Z = \overline{M}_w$。

各种统计平均分子量之间有如下关系（见图 7.8）。

$$\overline{M}_Z \geq \overline{M}_w \geq \overline{M}_\eta \geq \overline{M}_n \tag{7.92}$$

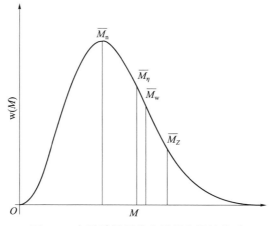

图 7.8　各种统计平均分子量之间的关系

聚合物试样的多分散性也可采用多分散系数 d 来表征。聚合物分子量分布宽度越大，d 越大于 1。

$$d = \frac{\overline{M}_w}{\overline{M}_n} \left(\text{ 或 } d = \frac{\overline{M}_Z}{\overline{M}_w} \right) \tag{7.93}$$

4. 聚合物的分子量分布函数

聚合物的分子量分布可以用"理论或机理分布函数"来表示，该函数会假设一个反应的机理，然后推出分布函数，如果实验的结果与理论一致，说明该假设正确，即先假设后

验证。分子量分布还可以用模型函数来表示，该函数不论聚合物反应机理如何，只要实验结果与某函数拟合，即可用此函数来描述。

最常用的理论分布函数有以下几种。

（1）Schulz-Flory 最可几分布函数：适用于线形缩聚物和加聚反应歧化终止的分子量分布。

（2）Schulz 分布函数：适用于加聚反应耦合终止的自由基加聚物。

（3）Poisson 分布函数：适用于阴离子聚合反应。

模型分布函数举例如下。

（1）高斯（Gaussian）分布函数：该函数正态分布比较窄，因此在聚合物分子量分布描述中不常用。

（2）Wesslau 对数正态分布函数：该函数适用于描述具有宽分布的聚合物试样，一般用于体积排除色谱 SEC。

（3）董履和（Tung）函数：在处理聚合物分级数据时十分有用。

下面介绍几种常用的分布函数。

Schulz-Flory 分布函数：

$$w(M)=\frac{(-\ln a)^{b+2}}{\Gamma(b+2)}M^{b+1}a^{M} \tag{7.94}$$

式中，a 和 b 为两个可调节的参数，b 随分布宽度的增加而减小，a 和 b 值决定平均分子量。

由式（7.94）导出的各种平均分子量与 a 和 b 之间的关系为

$$\overline{M}_{\mathrm{n}}=\frac{1}{\int_{0}^{\infty}\frac{w(M)}{M}\mathrm{d}M}=\frac{b+1}{(-\ln a)} \tag{7.95}$$

$$\overline{M}_{\mathrm{w}}=\int_{0}^{\infty}Mw(M)\mathrm{d}M=\frac{b+2}{(-\ln a)} \tag{7.96}$$

$$\overline{M}_{\mathrm{Z}}=\frac{\int_{0}^{\infty}M^{2}w(M)\mathrm{d}M}{\int_{0}^{\infty}Mw(M)\mathrm{d}M}=\frac{b+3}{(-\ln a)} \tag{7.97}$$

$$\alpha=\frac{\overline{M}_{\mathrm{w}}}{\overline{M}_{\mathrm{n}}}=\frac{b+2}{b+1} \tag{7.98}$$

Wesslau 对数正态分布函数：

$$w(M)=\frac{1}{\beta\sqrt{\pi}}\times\frac{1}{M}\exp\left(-\frac{1}{\beta^{2}}\ln^{2}\frac{M}{M_{\mathrm{p}}}\right) \tag{7.99}$$

式中，β 和 M_{p} 为两个可调节的参数，β 值随分布宽度的增加而增加，M_{p} 和 β 共同决定平均分子量。

由式（7.99）导出的各种平均分子量与 β、M_p 之间的关系为

$$\overline{M}_n = M_p e^{-\beta^2/4} \tag{7.100}$$

$$\overline{M}_w = M_p e^{\beta^2/4} \tag{7.101}$$

$$\overline{M}_Z = M_p e^{3\beta^2/4} \tag{7.102}$$

$$\alpha = \frac{\overline{M}_w}{\overline{M}_n} = e^{\beta^2/2} \tag{7.103}$$

董履和函数：

$$w(M) = yz e^{-yM^z} M^{z-1} \tag{7.104}$$

或

$$I(M) = 1 - e^{-yM^z} \tag{7.105}$$

式中，y 和 z 为两个可调节的参数，z 值随分布宽度的增加而减小，y 和 z 共同决定平均分子量。

董履和分布函数是一个经验分布函数。

由式（7.104）导出的平均分子量与 y、z 之间的关系为

$$\overline{M}_n = \frac{y^{-1/z}}{\Gamma(1-1/z)} \tag{7.106}$$

$$\overline{M}_w = y^{-1/z} \Gamma\left(1 + \frac{1}{z}\right) \tag{7.107}$$

$$\overline{M}_Z = y^{-1/z} \Gamma\left(1 + \frac{2}{z}\right) \tag{7.108}$$

聚合物的分子量及分子量分布是高分子材料最基本的结构参数之一，对其使用性能和加工性能都有很大的影响。一般来说聚合物的许多优良性能是源自其较大的分子量，即材料的性能随分子量变大而提升，但是当分子量达到一定的极限值时，其对于性能的提升变得微弱，并给加工带来困难。因此，为了兼顾使用性能和加工性能，应该将聚合物的分子量控制在一定的范围内，这个范围根据材料、产品用途、加工方法等的不同而有所不同。如果聚合物中含有较多的高分子量尾端，纺丝过程中会堵塞纺丝孔甚至会使加工不能进行，挤压、吹塑过程中会造成结块现象。在涤纶片基的生产过程中，若分子量分布不均匀，则成膜性差，抗应力开裂的能力也会降低。聚合物的分子量和分子量分布又可作为加工过程中各种工艺条件选择的依据。例如，加工温度的选择、成型压力的确定以及加工速度的调节等。此外，分子量分布的测定还可以为聚合反应的机理及其动力学研究提供必要的信息。

7.4.2　聚合物分子量的测定方法

分子量是聚合物最基本的结构参数之一，与材料的性能密切相关。对于不同的聚合物，分子量的测定有不同的方法，但根据各种方法的原理，可以分为以下三类：绝对法、等价法和相对法。

绝对法包括依数性法（沸点升高和冰点降低，蒸气压渗透，膜渗透）、散射法（光散射、小角 X 射线衍射和中子散射）、平衡沉降法以及体积排除色谱法（检测器为小角散射光度计）等，它们可以独立地测定分子量。等价法需要高分子结构的信息，常用的等价法是端基分析法，它是一种化学分析方法。相对法依赖于溶质的化学结构、物理形态以及溶质溶剂之间的相互作用。同时，该法需要用其他绝对分子量测定方法进行校准。常用的相对法有黏度法和体积排除色谱法。

各种方法有各自的优缺点和适用的分子量范围，各种方法得到的分子量的统计平均值也不相同，如表 7.6 所示。

表 7.6 聚合物分子量测定的主要方法及其适用范围

平均分子量	方法	类型	分子量范围/$(g \cdot mol^{-1})$
$\overline{M}_n$	沸点升高和冰点降低法，气相渗透法，恒温蒸馏法	A	$<10^4$
$\overline{M}_n$	端基分析法	E	$10^2 \sim 3 \times 10^4$
$\overline{M}_n$	膜渗透法	A	$5 \times 10^3 \sim 10^6$
$\overline{M}_n$	电子显微镜法	A	$>5 \times 10^5$
$\overline{M}_w$	平衡沉降法	A	$10^2 \sim 10^6$
$\overline{M}_w$	光散射法	A	$>10^2$
$\overline{M}_w$	密度梯度中的平衡沉降法	A	$>5 \times 10^4$
$\overline{M}_w$	小角 X 射线衍射法	A	$>10^2$
$\overline{M}_w$	质谱法	A	低分子~生物大分子
$\overline{M}_{S,D}$	沉降速度法	A	$>10^3$
$\overline{M}_\eta$	黏度法	R	$>10^2$
$\overline{M}_{GPC}$	体积排除色谱法	A（或 R）	$>10^2$

注：A 表示绝对法；E 表示等价法；R 表示相对法。

下面分别介绍主要的分子量测定方法，体积排除色谱法将在 7.4.3 小节中讲述。

1. 端基分析法

端基分析法测得的是数均分子量，其要求聚合物的化学结构明确，并且高分子链末端带有用化学定量分析可确定的基团，因此通过测定末端基团的数目就可确定已知质量的样品中的分子链的数目。

例如，聚己内酰胺（尼龙 6）的化学结构简式为

$$H_2N(CH_2)_5CO[NH(CH_2)_5CO]_nNH(CH_2)_5COOH$$

已知该分子链一端为氨基，另一端为羧基，可以通过酸碱滴定法来确定氨基或羧基，就可以知道试样中高分子链的数目，从而可以计算出聚合物的数均分子量 $\overline{M}_n$：

$$\overline{M}_n = \frac{m}{n} \tag{7.109}$$

$$n = \frac{\text{试样所含的端基物质的量}}{\text{每个分子链所含被测定的基团数}}$$

式中，m 为试样的质量；n 为聚合物的物质的量。

显然，试样的分子量越大，单位质量聚合物所含的端基数就越少，测定的准确度就越差，因此端基分析法只适用于测定分子量小于 $3×10^4$ 聚合物的数均分子量。

对于多分散聚合物试样，用端基分析法测得的平均分子量是聚合物试样的数均分子量：

$$M = \frac{m}{n} = \frac{\sum_i m_i}{\sum_i n_i} = \frac{\sum_i n_i M_i}{\sum_i n_i} = \overline{M}_n \tag{7.110}$$

2. 沸点升高和冰点降低法

在溶剂中加入不挥发性溶质时溶液的蒸气压下降，导致溶液的沸点高于纯溶剂的沸点，冰点低于纯溶剂的冰点，该方法基于稀溶液的依数性质，因此得到的是数均分子量。

通过热力学推导，可知，溶液的沸点升高值和冰点降低值 ΔT 正比于溶液的浓度，而与溶质的分子量成反比，即

$$\Delta T_b = K_b \frac{c}{M} \tag{7.111}$$

$$\Delta T_f = K_f \frac{c}{M} \tag{7.112}$$

式中，c 为溶液的浓度，g/kg 溶剂；M 为溶质的分子量；K_b、K_f 为溶剂的沸点升高和冰点降低常数。

沸点升高常数的计算式为

$$K_b = \frac{RT_b^2}{1\,000 l_e} \tag{7.113}$$

式中，T_b 为纯溶剂的沸点，K；l_e 为每克溶剂的汽化潜热；R 为普适气体常量。

冰点降低常数的计算式为

$$K_f = \frac{RT_f^2}{1\,000 l_e} \tag{7.114}$$

式中，K_f 为纯溶剂的冰点，K；l_e 为每克溶剂的熔化潜热。

对于小分子的稀溶液，通过式（7.111）和式（7.112）可直接计算分子量。然而，

高分子溶液的热力学性质与理想溶液有很大偏差，只有在无限稀释的情况下才符合理想溶液的规律。因此，必须在各种浓度下测定沸点升高或冰点降低的 ΔT，然后，以 $\Delta T/c$ 对 c 作图，并外推至浓度为 0，从 $\left(\dfrac{\Delta T}{c}\right)_{c\to 0}$ 的值计算分子量：

$$\left(\frac{\Delta T}{c}\right)_{c\to 0}=\frac{K}{M}$$

通常 K 值数量级为 $0.1\sim 1$，而聚合物的分子量较大，测定用的溶液浓度又较稀，溶液的沸点升高值或冰点降低值都很小，如果要测定 10^4 左右的分子量，温度差必须小至 $10^{-4}\sim 10^{-5}\ ℃$，这对温度器件及相关测量技术要求很高，导致此技术的实用性不太理想。

3. 气相渗透法

气相渗透法又叫蒸气压渗透法，该方法是一种通过间接测定溶液的蒸气压降低值而得到溶质分子量的方法。

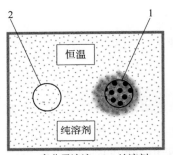

1—高分子溶液；2—纯溶剂

图 7.9 气相渗透法原理示意

如图 7.9 所示，在恒温密闭的容器内充有某种挥发性溶剂的饱和蒸气，将一滴具有不挥发溶质的高分子溶液 1 和另一滴纯溶剂 2 同时悬浮在饱和蒸气中，由于溶液中溶剂的饱和蒸气压较低，因此有溶剂分子从饱和蒸气相凝聚到溶液滴上，在此同时会有凝聚热产生，使溶液滴的温度升高。对纯溶剂滴来说，由于蒸气压相等，因此温度不会发生变化。至此，两液滴间产生温度差，高分子溶液滴 1 的热量沿温度梯度自行散失到气相。当这个过程达到平衡时，溶液滴和溶剂滴之间的温度差 ΔT 和溶液中溶质的摩尔分数 x_2 成正比，即

$$\Delta T=Ax_2 \tag{7.115}$$

$$x_2=n_2/(n_1+n_2)$$

式中，A 为比例系数；x_2 为溶质的摩尔分数；n_1、n_2 为溶液中溶剂、溶质的物质的量。

对于稀溶液，因为 $n_1\gg n_2$，所以

$$x_2=\frac{n_2}{n_1}=\frac{m_2}{m_1}\times\frac{M_1}{M_2}=c\,\frac{M_1}{M_2}$$

$$c=m_2/m_1$$

式中，M_1、M_2 为溶液中溶剂、溶质的分子量；m_1、m_2 为溶液中溶剂、溶质的质量；c 为溶液的质量浓度，g/kg 溶剂。

因而

$$\Delta T=A\,\frac{M_1}{M_2}c \tag{7.116}$$

利用精密温度检测系统检出温差（以检测系统温差示数 Δg 表示），Δg 与 c 呈线性关系，可得

$$\Delta g = K \frac{c}{M_2} \tag{7.117}$$

式中，K 为仪器常数。

由以上讨论可知，如果已知 K 和 c，则可通过实测 Δg 求得 M_2。

通常，为了校正高分子和溶剂之间的相互作用，也需要测定几个不同浓度溶液的 Δg 值，然后外推到 $c \to 0$，得到 $(\Delta g_i / c_i)_{c \to 0}$ 值，用此值计算聚合物的数均分子量：

$$\overline{M}_{\mathrm{n}} = \frac{K}{(\Delta g_i / c_i)_{c \to 0}} \tag{7.118}$$

检测过程中测定温度的合理选择能够影响测定速度，较高的温度有利于分子运动，从而使测定装置更快达到定态。但温度必须远低于溶剂的沸点，通常 30~40 ℃ 较为合适。另外对于温差的测定精度和试样的挥发性，分别决定该法所测定的分子量的上下限。气相渗透法的分子量检测范围为 $40 \sim 3 \times 10^4$。

4. 膜渗透法（渗透压法）

由于纯溶剂的化学位大于溶液中溶剂的化学位，所以溶液的蒸气压降低，导致渗透压产生。用渗透压法测定聚合物的分子量时，需将不同浓度下测定的 $\dfrac{\pi}{c}$ 值向 $c \to 0$ 外推，得到 $\left(\dfrac{\pi}{c}\right)_{c \to 0}$，从而计算分子量（见图 7.10）。即

$$\frac{\pi}{c} = RT \left(\frac{1}{M} + A_2 c \right) \tag{7.119}$$

$$\left(\frac{\pi}{c} \right)_{c \to 0} = \frac{RT}{M}$$

由于渗透压法直接得到的是液柱高 h，实际计算时，可作如下变换：

$$\overline{M}_{\mathrm{n}} = \frac{RT}{\left(\dfrac{\pi}{c}\right)_{c \to 0}} = \frac{RT}{\left(\dfrac{h\rho}{c'c_0}\right)_{c' \to 0}} = \frac{RT}{\left(\dfrac{h}{c'}\right)_{c' \to 0} \dfrac{\rho}{c_0}} \tag{7.120}$$

式中，c' 为相对浓度（如 0.2，0.4，0.6，0.8，1）；c_0 为原始溶液的浓度；h 为渗透高差；ρ 为溶液密度（对稀溶液，近似为溶剂密度）。

以 h/c' 对 c' 作图，外推可得 $(h/c')_{c' \to 0}$ 的值，代入式（7.120），即可求得 $\overline{M}_{\mathrm{n}}$。

上述公式中各物理量均用国际单位时，$R = 8.314 \dfrac{\mathrm{J}}{\mathrm{K \cdot mol}}$；若 π 的单位用 g/cm^2，c 的单位用 g/cm^3，T 的单位用 K，则 $R = 8.484 \times 10^4 \dfrac{\mathrm{g \cdot cm}}{\mathrm{K \cdot mol}}$。由于渗透压法测得的实验数据均涉及分子的数目，故测得的分子量必然是数均分子量。

用渗透压法测定分子量的关键在于半透膜的选择。并且用渗透压法测定分子量有一定的范围，当分子量太大时，由于溶质数目减少使得渗透压值减小，故测定的误差较大。另

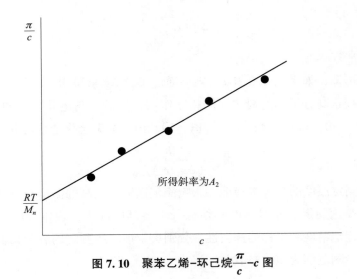

图 7.10 聚苯乙烯-环己烷 $\dfrac{\pi}{c}$-c 图

外，半透膜对溶剂的透过速率要足够大，以便能在一个尽量短的时间内达到渗透平衡。半透膜的渗透性决定了用渗透压法测定分子量的下限，其上限取决于渗透压很小时测量的精确度，因此在进行测定前，可以对一系列标准样品进行膜的选择。

5. 光散射法

当一束光线通过介质时，一部分沿原来方向继续传播，称为透射光，另一部分由于光波的电场作用，使介质中的分子振动产生二次波，此二次波称为散射光，如图 7.11 所示。散射光方向与入射光方向的夹角称为散射角，用 θ 表示。散射中心（O）与观察点 P 之间距离以 r 表示。

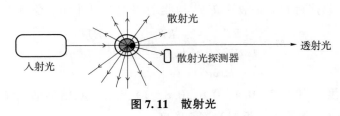

图 7.11 散射光

通常来讲，高分子溶液的散射光强远大于纯溶剂的散射光强，且散射光强与溶质分子量和溶液浓度呈正相关。此外，散射光强还与散射光是否干涉有关，因此需要对溶质粒子进行研究。

在小粒子溶液中即粒子尺寸小于光波长的 1/20 时，须考虑散射质点产生的散射光波的相干性。若溶液浓度小，粒子间距离较大，没有相互作用，则各个粒子之间所产生的散射光波是不相干的，此时测得的散射光强只与溶质的分子量和链段与溶剂的相互作用有关；若溶液浓度较大，粒子间距离很小，有强烈的相互作用，则各个粒子之间所产生的散射光波可以相互干涉，这种效应称为外干涉现象，可以通过稀释溶液来避免。

当散射粒子的尺寸与介质中入射光波的波长为同一数量级时，即分子量大于 10^5，粒子尺寸在 30 nm 以上时，称为大粒子溶液。此时，同一粒子上可以有多个散射中心，散射光之间有光程差，彼此干涉的结果使总的散射光强减弱，这种效应称为内干涉现象，不能通过稀释溶液来消除。

1）小粒子溶液

"小粒子"是指尺寸小于光的波长的 1/20 的分子，包括蛋白质、糖以及分子量小于 10^5 的聚合物分子。

在溶液中，溶质的散射光强应与入射光强 I_i 成正比。由于热运动的动能随温度 T 的升高而增加，故散射光强与 kT 成正比，k 为玻耳兹曼常数。由于溶液中溶剂的化学位降低对浓度涨落有抑制作用，故散射光强还与 $\partial\pi/\partial c$ 成反比，π 为溶液的渗透压，c 为溶液的浓度。假定入射光为垂直偏振光，可以导出散射角为 θ、距离散射中心 r 处每单位体积溶液中溶质的散射光强 $I(r,\theta)$ 为

$$I(r,\theta) = \frac{4\pi^2}{\lambda^4 r^2} n^2 \left(\frac{\partial n}{\partial c}\right)^2 \frac{kTcI_i}{\partial\pi/\partial c} \tag{7.121}$$

式中，λ 为入射光在真空中的波长；n 为溶液的折射率，因为溶液很稀，故常用溶剂的折射率来代替；$\partial n/\partial c$ 为溶液的折射率增量。

根据渗透压表达式（7.119）可知

$$\pi = cRT\left(\frac{1}{M} + A_2 c\right) = cN_A\left(\frac{1}{M} + A_2 c\right)$$

由 $R = k \cdot N_A$，式（7.121）又可写为

$$I(r,\theta) = \frac{4\pi^2}{N_A \lambda^4 r^2} n^2 \left(\frac{\partial n}{\partial c}\right)^2 \frac{c}{\frac{1}{M} + 2A_2 c} I_i \tag{7.122}$$

定义一个参数 R_θ，称为散射介质的瑞利因子比，即

$$R_\theta = r^2 \frac{I(r,\theta)}{I_i} \tag{7.123}$$

则

$$R_\theta = r^2 \frac{I(r,\theta)}{I_i} = \frac{4\pi^2}{N_A \lambda^4} n^2 \left(\frac{\partial n}{\partial c}\right)^2 \frac{c}{\frac{1}{M} + 2A_2 c} \tag{7.124}$$

当高分子–溶剂体系、温度、入射光的波长固定不变时，$\dfrac{4\pi^2}{N_A \lambda^4 r^2} n^2 \left(\dfrac{\partial n}{\partial c}\right)^2$ 为常数，记作 K，则

$$R_\theta = \frac{Kc}{\frac{1}{M} + 2A_2 c} \tag{7.125}$$

式（7.125）表明，若入射光的偏振方向垂直于测量平面，则小粒子所产生的散射光

强与散射角无关。

假设入射光是非偏振光，则散射光强将随散射角的变化而变化，由式（7.126）表示为

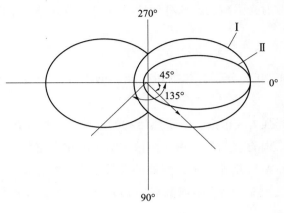

270°

I

II

45°

135°

0°

90°

Ⅰ—非偏振入射光，小粒子；

Ⅱ—非偏振入射光，大粒子

图 7.12　稀溶液的散射光强与散射角的关系

$$R_\theta = \frac{Kc}{\dfrac{1}{M}+2A_2c}\left(\frac{1+\cos^2\theta}{2}\right) \quad (7.126)$$

稀溶液的散射光强与散射角的关系如图 7.12 所示。由图 7.12 可见，散射光强在前后方向是对称的。

由于 $\theta = 90°$ 时，散射光受杂散光的干扰最小，故实验上常由 R_{90} 的测定计算小粒子的分子量：

$$\frac{Kc}{2R_{90}} = \frac{1}{M}+2A_2c \quad (7.127)$$

测定一系列不同浓度溶液的 R_{90}，以 $Kc/2R_{90}$ 对 c 作图，得一条直线，其截距为 $1/M$，斜率为 $2A_2$。由此，可以得到溶质的分子量和第二维利系数。

对于多分散聚合物，散射光强由大小不同的分子所贡献：

$$(R_{90})_{c\to0} = \left(\frac{K}{2}\right)\sum_i c_iM_i = \left(\frac{K}{2}\right)c\frac{\sum_i c_iM_i}{\sum_i c_i} = \left(\frac{K}{2}\right)c\frac{\sum_i m_iM_i}{\sum_i m_i} = \left(\frac{K}{2}\right)c\,\overline{M}_\mathrm{w} \quad (7.128)$$

2）大粒子溶液

"大粒子"是指分子量大于 10^5 的聚合物分子，其分子量一般为 $10^5 \sim 10^7$。对于大粒子溶液，需要考虑其内干涉效应，干涉的结果使散射光强减弱，其减弱程度与散射角有关，并且散射光强还与聚合物的分子量以及分子链的形态有关。

如图 7.13 所示，由散射中心 A 和 B 发射的光沿同一角度 θ 到达某一观测点时有一个光程差 Δ（见图 7.13），该值与散射角余弦有关，即

$$\Delta = DB = AB - AD = AB(1-\cos\theta) \quad (7.129)$$

由式（7.129）可知，当 $\theta = 0°$ 时，$\Delta = 0$，θ 增大时，Δ 值增大，散射光强减弱。当 $\theta = 180°$ 时，Δ 出现极大值，散射光强出现极小值。若将 $90° > \theta > 0°$ 称为前向，$180° > \theta > 90°$ 称为后向，由于大粒子散射光的内干涉效应，前后向散射光强不对称，前向散射光强大于后向。

表征散射光的不对称性参数称为散射因子 $P(\theta)$，它是粒子尺寸和散射角的函数：

$$P(\theta) = 1 - \frac{16\pi^2}{3(\lambda')^2}\overline{r}_\mathrm{G}^2\sin^2\frac{\theta}{2} + \cdots \quad (7.130)$$

式中，$\overline{r}_\mathrm{G}^2$ 为均方旋转半径；λ' 为入射光在溶液中

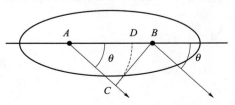

图 7.13　光程差示意

的波长，$\lambda' = \lambda / n$。

显然，$P(\theta) \leqslant 1$。分子量为 M 的大粒子在散射角 θ 时的光散射行为与分子量 $MP(\theta)$ 的小粒子相当。

由此，式（7.126）小粒子散射公式可以修正如下。

$$\frac{1+\cos^2\theta}{2} \frac{Kc}{R_\theta} = \frac{1}{M} \times \frac{1}{P(\theta)} + 2A_2 c \tag{7.131}$$

内干涉使散射光强减弱，分子量 M 的大粒子在散射角 θ 时散射行为与分子量 $MP(\theta)$ 的小粒子行为相当。将 $P(\theta)$ 表达式代入式（7.131），并利用 $1/(1-x) = 1 + x + x^2 + \cdots$，略去高次项，可得光散射公式：

$$\frac{1+\cos^2\theta}{2} \frac{Kc}{R_\theta} = \frac{1}{M}\left(1 + \frac{16\pi^2}{3} \frac{\overline{s^2}}{(\lambda')^2}\sin^2\frac{\theta}{2} + \cdots\right) + 2A_2 c \tag{7.132}$$

如果高分子链是高斯无规线团，则

$$\overline{s^2} = \frac{\overline{h^2}}{6}$$

式中，$\overline{h^2}$ 为均方末端距。可得无规线团光散射公式：

$$\frac{1+\cos^2\theta}{2} \frac{Kc}{R_\theta} = \frac{1}{M}\left(1 + \frac{8\pi^2}{9} \times \frac{\overline{h^2}}{(\lambda')^2}\sin^2\frac{\theta}{2} + \cdots\right) + 2A_2 c \tag{7.133}$$

在散射光的测定中，由于散射角的改变将引起散射体积的改变，而散射体积与 $\sin\theta$ 成反比，故实验测得的 R_θ 值应乘以 $\sin\theta$ 进行修正，即

$$\frac{1+\cos^2\theta}{2\sin\theta} \frac{Kc}{R_\theta} = \frac{1}{M}\left(1 + \frac{8\pi^2}{9} \times \frac{\overline{h^2}}{(\lambda')^2}\sin^2\frac{\theta}{2} + \cdots\right) + 2A_2 c \tag{7.134}$$

式（7.134）为光散射计算的基本公式。

光散射实验的步骤如下。

配制一系列不同浓度的溶液，测定各个溶液在各个不同散射角时的瑞利因子 R_θ，根据式（7.134）进行数据处理。

由式（7.134）可得

$$\left(\frac{1+\cos^2\theta}{2} \times \frac{Kc}{R_\theta}\right)_{\theta\to0} = \frac{1}{M} + 2A_2 c \tag{7.135}$$

$$\left(\frac{1+\cos^2\theta}{2} \times \frac{Kc}{R_\theta}\right)_{c\to0} = 1 + \frac{8\pi^2}{9M} \times \frac{\overline{h^2}}{(\lambda')^2}\sin^2\frac{\theta}{2} + \cdots \tag{7.136}$$

（1）将 $\left(\dfrac{1+\cos^2\theta}{2} \times \dfrac{Kc}{R_\theta}\right)_{c\to0}$ 对 c 作图，每一个 θ 值可得一条直线，将每一条直线外推至

$c=0$，可得一系列 $\left(\dfrac{1+\cos^2\theta}{2} \times \dfrac{Kc}{R_\theta}\right)_{c\to0}$ 的值，如图 7.14（a）所示。

（2）将 $\left(\dfrac{1+\cos^2\theta}{2\sin\theta}\times\dfrac{Kc}{R_\theta}\right)_{c\to0}$ 对 $\sin^2(\theta/2)$ 作图，可得一条直线，该直线的截距为 $1/M$，

斜率为 $8\pi^2\,\bar{h}^2/9M(\lambda')^2$，如图 7.14（b）所示。

（3）将 $\dfrac{1+\cos^2\theta}{2\sin\theta}\times\dfrac{Kc}{R_\theta}$ 对 $\sin^2(\theta/2)$ 作图，每一个 c 值可得一条直线，将每条直线外推至

$\theta=0$ 处，可得一系列 $\left(\dfrac{1+\cos^2\theta}{2\sin\theta}\times\dfrac{Kc}{R_\theta}\right)_{\theta\to0}$ 的值，如图 7.14（c）所示。

（4）将 $\left(\dfrac{1+\cos^2\theta}{2\sin\theta}\times\dfrac{Kc}{R_\theta}\right)_{\theta\to0}$ 对 c 作图，得到一条直线，该直线的截距为 $1/M$，斜率为

$2A_2$，如图 7.14（d）所示。

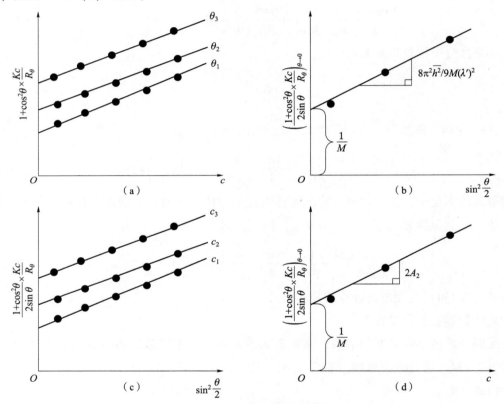

图 7.14　光散射的计算图示

通过光散射实验，既可得到 $\overline{M}_{\rm w}$，又可得 $\bar{h}^2$ 和 A_2。

采用齐姆图法（zimm plot）可以将图 7.14 中的四张图合为一张，故常为人们所采用，其方法如下。

以 $\dfrac{1+\cos^2\theta}{2\sin\theta}\times\dfrac{Kc}{R_\theta}$ 对 $\sin^2\dfrac{\theta}{2}+qc$ 作图，其中，q 为任意常数，目的是使图形张开为清晰的格子。外推到 $c\to0$、$\theta\to0$，具体步骤如下：将 θ 相同的点连成线，向 $c=0$ 处外推，以求

$\left(\dfrac{1+\cos^2\theta}{2\sin\theta}\times\dfrac{Kc}{R_\theta}\right)_{c\to 0}$。此时，点的横坐标是 $\sin^2\dfrac{\theta}{2}$ 的值，并不是 0，故需再将 $\left(\dfrac{1+\cos^2\theta}{2\sin\theta}\times\dfrac{Kc}{R_\theta}\right)_{c\to 0}$ 的点连成线，外推到 $\sin^2\dfrac{\theta}{2}\to 0$；将 c 相同的点连成线，外推到 $\sin^2\dfrac{\theta}{2}\to 0$，求 $\left(\dfrac{1+\cos^2\theta}{2\sin\theta}\times\dfrac{Kc}{R_\theta}\right)_{\theta\to 0}$。此时，点的横坐标并不为 0，而是 qc 值，故需要以 $\left(\dfrac{1+\cos^2\theta}{2\sin\theta}\times\dfrac{Kc}{R_\theta}\right)_{\theta\to 0}$ 对 c 作图，外推到 $c\to 0$。以上两条外推线在 y 轴应具有同一截距，其值为 $\dfrac{1}{M}$，可求得聚合物的重均分子量，两条外推线的斜率分别为 $2qA_2$、$\dfrac{8\pi^2\,\overline{h^2}}{9M(\lambda')^2}$，分别可计算出第二维利系数 A_2 和均方末端距 $\overline{h^2}$。

图 7.15 所示为聚乙酸乙烯酯-丁酮溶液（25 ℃）的光散射齐姆图。

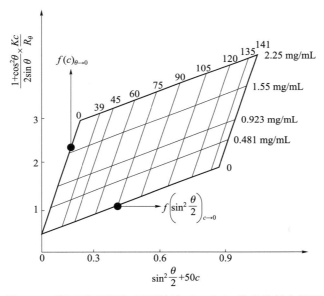

图 7.15　聚乙酸乙烯酯-丁酮溶液（25 ℃）的光散射齐姆图

计算中所用单位除国际单位外，往往采用下列单位：K，单位为 $\dfrac{\text{mol}\cdot\text{cm}^2}{\text{g}^2}$；$A_2$，单位为 $\dfrac{\text{mol}\cdot\text{cm}^3}{\text{g}^2}$；$c$，单位为 mg/mL；$\theta$，单位为度。

6. 质谱法

质谱法是精确测定物质分子量的一种方法，其测定分子量时给出的是分子质量 m 对电荷数 Z 之比，即质荷比（m/Z）。质谱法是将样品分子置于高真空中，并受到高速电子流或强电场等作用，失去外层电子而生成分子离子，或化学键断裂生成各种碎片离子，然后在磁场中得到分离后加以收集和记录，从所得到的质谱图推断出化合物结构的方法。所得结果以图谱表达，即所谓的质谱图。

因大分子没有气态，传统质谱法很难将大分子气化，从而无法实现大分子分子量的测定。为此，新的电离化技术被发明，如基质辅助激光解吸电离和电喷雾电离技术。基质辅助激光解吸电离与飞行时间质谱首先应用在生物大分子分子解析，后续在合成高分子分子解析中也开始应用。基质辅助激光解吸电离（matrix-assisted laser desorption ionization，MALDI）的应用主要是将样品包裹在特定的基质中，在脉冲激光的作用下，基质吸收能量且在极端的时间内被电离，避免了传统电离技术将大样品分子热分解的现象。基质辅助激光解吸电离与飞行时间质谱结合使用，能够精确测定聚合物样品的绝对分子量等信息，因此在聚合物分析中，特别是在合成聚合物的结构分析中起了关键性作用，能测定的分子量达到百万量级。

电喷雾电离是一种多电荷电离技术，可以在大气压下直接从溶液中得到完整的溶质电离离子。电喷雾离子化质谱不仅具有高灵敏度，多电荷离子的形成降低了 m/Z 值，可以测定几万到几十万道尔顿生物大分子的分子量，离子阱技术具有存储离子和质量分析的功能。将电喷雾电离与离子阱质谱结合可形成电喷雾-离子阱质谱。

7. 黏度法

黏度法测量分子量是一种相对的方法，在高分子溶液黏度的研究中可用于测量聚合物的分子量和高分子在溶液中的形态、高分子链的无扰尺寸、柔顺性以及支化高分子的支化程度等。

1）黏度表示法

在高分子溶液中，通常研究的是当高分子进入溶液后所引起的液体黏度的变化。

（1）相对黏度（η_r）：

$$\eta_r = \frac{\eta}{\eta_0} \tag{7.137}$$

式中，η 为溶液黏度；η_0 为纯溶剂黏度。

相对黏度表示流体的黏度与相同温度下水的黏度之比，为无量纲量，这里指高分子溶液的黏度与相同温度下纯溶剂的黏度之比。

（2）增比黏度（η_{sp}）：

$$\eta_{sp} = \frac{\eta - \eta_0}{\eta_0} = \eta_r - 1 \tag{7.138}$$

增比黏度表示溶液的黏度比纯溶剂的黏度增加的倍数，增比黏度的数值依赖于溶液的浓度 c，也是个无量纲量。

（3）比浓黏度（η_{sp}/c）：浓度为 c 的情况下，单位浓度增加对溶液增比黏度的贡献，其数值随溶液浓度 c 的表示法而异，也随浓度大小而变更，其单位为浓度单位的倒数。

（4）比浓对数黏度（$\ln\eta_r/c$）：浓度为 c 的情况下，单位浓度增加对溶液相对黏度自然对数值的贡献，其值也是浓度的函数，单位与比浓黏度相同。

（5）特性黏度 $[\eta]$：

$$[\eta] = \lim_{c \to 0} \eta_{sp}/c = \lim_{c \to 0} \ln\eta_r/c \tag{7.139}$$

特性黏度的值与浓度无关，其单位是浓度单位的倒数。

2）黏度的浓度依赖性

如果以溶液黏度的一个 $[\eta]c$ 多项式

$$\eta/\eta_0 = 1+[\eta]c+K'[\eta]^2c^2+K''[\eta]^3c^3+\cdots \tag{7.140}$$

来看其他几个应用的比较广的式子，则

$$\frac{\eta_{sp}}{c} = [\eta]+K'[\eta]^2c \tag{7.141}$$

$$\frac{\ln \eta_r}{c} = [\eta]-\beta[\eta]^2c \tag{7.142}$$

$$\frac{\eta_{sp}}{c} = [\eta]+K_1[\eta]\eta_{sp} \tag{7.143}$$

$$\eta_r = \left(1+\frac{[\eta]c}{n}\right)^n \tag{7.144}$$

因为分子量测定所用溶液一般足够稀（浓度范围一般为 $\eta_r = 1.05\sim2.5$），当 $\eta_r<2$ 时，$[\eta]c<1$，所以，在足够稀释的溶液中，式（7.140）可写为式（7.141）的形式。

将式（7.112）的 η_{sp} 代入式（7.142）、式（7.143），略去高次项，也可将式（7.142）、式（7.143）写成式（7.141）的形式加以比较：

$$\frac{\eta_{sp}}{c} = [\eta]+\left(\frac{1}{2}-\beta\right)[\eta]^2c+\cdots$$

$$\frac{\eta_{sp}}{c} = [\eta]+K_1[\eta]^2c+\cdots$$

将式（7.144）展开可得

$$\eta_r = \left(1+\frac{[\eta]c}{n}\right)^n = 1+[\eta]c+\frac{1}{2}\left(1-\frac{1}{n}\right)[\eta]^2c^2+\cdots$$

则

$$\frac{\eta_{sp}}{c} = [\eta]+\frac{1}{2}\left(1-\frac{1}{n}\right)[\eta]^2c+\cdots$$

假设式（7.140）～式（7.144）同样准确地表示实验结果，则在极稀溶液中，$K_1 = K'$，$K'+\beta = 1/2$，$\beta = 1/2n$。实际上，以上几式可能在不相同的浓度范围内适用，故参数之间的关系也就不能满足了。

对于高分子溶液黏度的测试，一般常用的是毛细管黏度计。毛细管黏度计指一种具有玻璃毛细管（或金属毛细管）的黏度测量仪器，常用的毛细管黏度计为乌氏黏度计，如图 7.16 所示。乌氏黏度计具有一根内径为 R、长度为 l 的毛细管，毛细管上端有一个体积为 V 的小球 C，小球上下有刻线 E 和 F。待测液体自 L 管加入，经 N 管将其吸至 E 线以上，再使 N 管通大气，任其自然流下，记录液面流经 E 及 F 线的时间 t。这样，外加的力就是高度为 h 的液体

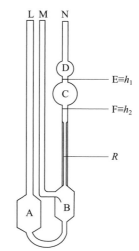

A—储液球；B—缓冲球；C—测量球；
D—上储液球；E—上位线标记；
F—下位线标记；L—进样管；
M— 放空管；N—主测管（毛细管）

图 7.16 乌氏黏度计

自身的重力 P。

假定液体流动时没有湍流发生，即外加力 P 全部用以克服液体对流动的黏滞阻力，则可将牛顿黏性流动定律应用于液体在毛细管中的流动，得到泊肃叶定律（Poiseuille law），又称 R^4 定律，即

$$\eta = \frac{\pi P R^4 t}{8lV} = \frac{\pi g h R^4 \rho t}{8lV} = A\rho t$$

$$\frac{\eta}{\rho} = At \tag{7.145}$$

$$A = \frac{\pi g h R^4}{8lV}$$

式中，η/ρ 为比密黏度，单位为 Stokes，符号为 St；A 为仪器常数。

实验时，在恒定条件下，用同一支黏度计测定几种不同浓度的溶液和纯溶剂的流出时间 t 及 t_0，由于极稀溶液中溶液和溶剂的密度近似相等，$\rho \approx \rho_0$，所以

$$\eta_r = \frac{A\rho t}{A\rho_0 t_0} = \frac{t}{t_0} \tag{7.146}$$

这样，由纯溶剂的流出时间 t_0 和溶液的流出时间 t 即可求出溶液的相对黏度 η_r。

求出了相对黏度之后，根据黏度对浓度的依赖关系（Kraemer 方程和 Huggins 方程）：

$$\frac{\eta_{sp}}{c} = [\eta] + K'[\eta]^2 c \tag{7.147}$$

$$\frac{\ln \eta_r}{c} = [\eta] - \beta[\eta]^2 c$$

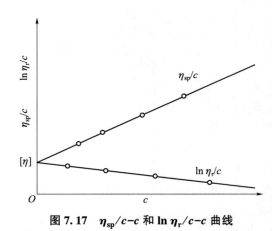

图 7.17 η_{sp}/c-c 和 $\ln \eta_r/c$-c 曲线

只要配制几个不同浓度的溶液，分别测定溶液及纯溶剂的黏度，然后计算出 η_{sp}/c，$\ln \eta_r/c$，在同一张图上作出 η_{sp}/c 对 c、$\ln \eta_r/c$ 对 c，两条直线外推至 $c \to 0$，其共同的截距即为 $[\eta]$，如图 7.17 所示。

表述溶液黏度和浓度关系的经验式很多，式中的参数 K'、β、K_1、n 等对给定的高分子-溶剂体系是一个常数，与分子量无关。因此，只要对每个体系测定出参数数值，就可以由同一个浓度的溶液黏度计算特性黏度。例如：

$$\frac{\eta_{sp}}{c} = [\eta] + K'[\eta]^2 c$$

$$\frac{\ln \eta_{\mathrm{r}}}{c} = [\eta] - \beta [\eta]^2 c$$

假定 $K' + \beta = \dfrac{1}{2}$，则

$$[\eta] = \frac{1}{c} \sqrt{2(\eta_{\mathrm{sp}} - \ln \eta_{\mathrm{r}})} \qquad (7.148)$$

一般柔顺性链线形高分子在良溶剂中，能够满足 $K' + \beta = 1/2$ 的条件，故均可采用该式计算分子量。应用时，使 $\eta_{\mathrm{r}} = 1.30 \sim 1.50$，此时，一点法与稀释法所得 $[\eta]$ 值的误差在 1% 以内。

对于一些支化或刚性聚合物，$K' + \beta$ 偏离 1/2 较大，可假设 $K'/\beta = \gamma$，则

$$[\eta] = \frac{\eta_{\mathrm{sp}} + \gamma \ln \eta_{\mathrm{r}}}{(1+\gamma) c} \qquad (7.149)$$

对于这类高分子–溶剂体系，在某一温度下，用稀释法确定了 γ 值，即可通过式（7.149）用一点法计算，所得 $[\eta]$ 值与稀释法比较，误差不超过 3%。

3）特性黏度与分子量的关系

实验证明，当聚合物、溶剂和温度确定时，$[\eta]$ 的数值仅由试样的分子量 M 决定，即

$$[\eta] = K \overline{M}_{\eta}^{\alpha} \qquad (7.150)$$

该方程为马克–豪温克方程，含有两个参数 K 和 α，当确定这两个参数时就可根据所测的 $[\eta]$ 值计算试样的黏均分子量 $\overline{M}_{\eta}$。

在马克–豪温克方程中，参数 K 值随温度增加而略有下降，且随聚合物分子量的增大而略有减小（在一定的分子量范围内可视为常数）；参数 α 值反映高分子在溶液中的形态，取决于温度、高分子和溶剂的性质。对于一定的高分子–溶剂体系，在一定的温度，一定的分子量范围内，K 和 α 为常数。

由式（7.150）

$$[\eta] = (\eta_{\mathrm{sp}}/c)_{c \to 0} = KM^{\alpha}$$

则

$$(\eta_{\mathrm{sp}})_{c \to 0} = K \sum_i c_i M_i^{\alpha} = Kc \sum_i \frac{c_i}{c} M_i^{\alpha} = Kc \sum_i w_i M_i^{\alpha} = Kc \overline{M}_{\eta}^{\alpha}$$

所以，用黏度法测得的分子量为黏均分子量。

在 $[\eta]$–M 方程中，参数 K 和 α 的测定方法如下。

首先，将聚合物试样进行分级，以获得分子量从小到大且分子量比较均一的级分。然后，测定各级分的平均分子量及特性黏度。

因为 $[\eta] = KM^{\alpha}$，所以

$$\lg [\eta] = \lg K + \alpha \lg M$$

以 $\lg [\eta]$ 对 $\lg M$ 作图，其斜率为 α，截距为 $\lg K$。表 7.7 列出了某些聚合物–溶剂体

系的 $[\eta]$ –M 方程中的 K 和 α 值。

表 7.7　某些聚合物–溶剂体系的 $[\eta]$–M 方程中的 K 和 α 值

聚合物	溶剂	温度/℃	$K \times 10^2$	α	分子量范围$\times 10^{-5}$	测定方法
高压聚乙烯	十氢萘	70	3.873	0.738	2~35	O
	对二甲苯	105	1.76	0.83	11.2~180	O
低压聚乙烯	α-氯萘	125	4.3	0.67	48~950	L
	十氢萘	135	6.77	0.67	30~1 000	L
聚丙烯	十氢萘	135	1.00	0.80	100~1 100	L
	四氢萘	135	0.80	0.80	40~650	O
聚异丁烯	环己烷	30	2.76	0.69	37.8~700	O
聚丁二烯	甲苯	30	3.05	0.725	53~490	O
聚苯乙烯	苯	20	1.23	0.72	1.2~540	L, S, D
聚氯乙烯	环己酮	25	0.204	0.56	19~150	O
聚甲基丙烯酸甲酯	丙酮	20	0.55	0.73	40~8 000	S, D
聚丙烯腈	二甲基甲酰胺	25	3.92	0.75	28~1 000	O
尼龙 66	甲酸（90%）	25	11	0.72	6.5~26	E
聚二甲基硅氧烷	苯	20	2.00	0.78	33.9~114	L
聚甲醛	二甲基甲酰胺	150	4.4	0.66	89~285	L
聚碳酸酯	四氢呋喃	20	3.99	0.70	8~270	S, D
天然橡胶	甲苯	25	5.02	0.67	—	—
丁苯橡胶（50 ℃聚合）	甲苯	30	1.65	0.78	26~1 740	O
聚对苯二甲酸乙二酯	苯酚–四氧乙烷（质量比 1∶1）	25	2.1	0.82	5~25	E
双酚 A 型聚砜	氯仿	25	2.4	0.72	20~100	L

注：1. 外推特性黏度时，浓度单位：g/mL。

2. E 表示端基分析法；O 表示膜渗透法；L 表示光散射法；S，D 表示超速离心沉降和扩散。

4）Flory 特性黏度理论

高分子的特性黏度 $[\eta]$ 与单位质量高分子在溶液中的流体力学体积（V_e/M）有关。在高分子溶液中，若溶剂和高分子的相互作用使高分子扩张，则 $[\eta]$ 大；若高分子线团

紧缩，则 [η] 小。[η] 可近似表示为

$$[\eta]=\Phi\frac{(\bar{h^2})^{3/2}}{M} \tag{7.151}$$

式中，Φ 为在高分子的分子量大于 10 000 时，一个与高分子、溶剂和温度无关的普适常数（$\Phi=2.0\times10^{23}\sim2.8\times10^{23}$）；$\bar{h^2}$ 为高分子的均方末端距。

若以 $\bar{h^2}=\bar{h_0^2}\chi^2$ 代入式（7.151），则

$$[\eta]=\Phi\frac{(\bar{h_0^2})^{3/2}}{M}\chi^3 \tag{7.152}$$

式中，χ 为一维膨胀因子或扩张因子，表示高分子链扩张的程度；h_0^2 为高分子链处于无扰状态时的均方末端距。

在温度为 θ 时，$\chi=1$，故

$$[\eta]_\theta=\Phi\frac{(\bar{h_0^2})^{3/2}}{M} \tag{7.153}$$

因为 $\bar{h_0^2}\propto M$，所以

$$[\eta]_\theta=K_\theta M^{1/2} \tag{7.154}$$

由式（7.153）和式（7.154）可得

$$K_\theta=\Phi\left(\frac{\bar{h_0^2}}{M}\right)^{3/2} \tag{7.155}$$

因此，通过 K_θ 的测定，即可测定高分子的无扰尺寸 $\bar{h_0^2}$ 和 $\bar{h_0^2}/M$，也可计算出表征高分子链柔顺性程度的 Flory 特征比 c_∞：

$$c_\infty=\lim_{n\to\infty}\bar{h_0^2}/nl^2 \tag{7.156}$$

通过测定高分子在良溶剂中的特性黏度，由 Stockmayer-Fixman 关系可求出 K_θ：

$$[\eta]/M^{1/2}=K_\theta+0.51BM^{1/2} \tag{7.157}$$

若以 [η]$/M^{1/2}$ 对 $M^{1/2}$ 作图，截距即为 K_θ。

高分子在良溶剂中，$\chi>1$，根据 Flory 一维均匀溶胀理论，可推得

$$\chi^5-\chi^3=2c_M\psi_1(1-\theta/T)M^{1/2} \tag{7.158}$$

式中，c_M 为常数。

对于指定的高分子-溶剂体系，在一定温度时 $2c_M\psi_1(1-\theta/T)$ 为定值，则

$$\chi^5-\chi^3\propto M^{1/2}$$

当 $\chi\gg1$ 时，$\chi^5\propto M^{1/2}$，$\chi\propto M^{0.1}$，则

$$[\eta]=K'M^{1/2}\chi^3=KM^{0.8}$$

由式（7.152）和式（7.153）可知，高分子在溶液中的一维膨胀因子 χ，可通过测定相同温度时该溶剂和溶剂中特性黏度，以下式计算：

$$\chi^3 = [\eta]/[\eta]_\theta \qquad\qquad (7.159)$$

7.4.3　聚合物分子量分布的测定方法

通常，聚合物分子量分布可用以下三类测定方法进行测定。

（1）利用聚合物溶解度的分子量依赖性，将试样分成分子量不同的级分，从而得到试样的分子量分布。例如，沉淀分级法、溶解分级法。

（2）利用聚合物在溶液中的分子运动性质，得到分子量分布。例如，超速离心沉降速度法。

（3）利用高分子尺寸的不同，得到分子量分布。例如，体积排除色谱法、电子显微镜法。

1. 沉淀分级法与溶解分级法

（1）沉淀分级法是通过改变温度或改变溶剂与沉淀剂的比例来控制聚合物的溶解能力的方法。在聚合物溶液中加入沉淀剂，由于溶剂化作用下降，相对地增加了大分子链之间的内聚力从而产生相分离。移去凝液相，在稀液相中继续滴加沉淀剂，达到相分离后，再次移去凝液相，依此重复，可将高分子样品分成分子量由大到小的多个级分。

（2）溶解分级法利用同一种聚合物的不同分子量级分的溶解度对温度和溶剂性质的依赖关系，从而能够在不同的分子量同系物的化合物中将其中分子量相同或相近的部分依次分离出来。溶剂梯度淋洗分级法是在恒温下将逐步提高溶解能力的混合溶剂用泵打入柱中，分子量最小的高分子首先被溶洗下来。温度梯度淋洗分级法利用不同分子量的高分子在不同温度下的溶解性不同，而实现高分子分级。

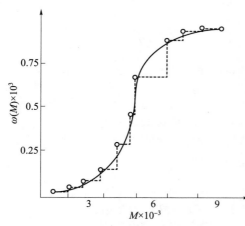

图7.18　分级曲线和积分分布曲线

两种分级法均可得到各级分的质量和平均分子量，由这些数据可以画出阶梯形的分级曲线，如图7.18中虚线所示。

由分级曲线得到分子量分布曲线，可以采用以下两种方法。

①习惯法。该法假设每一级分的分子量分布对称于其平均分子量，每一级分的分子量分布互不重叠。因此，可将各阶梯的中点连成一条光滑曲线，其方程为

$$I_j = \frac{1}{2}w_j + \sum_{i=1}^{j=1} w_i \qquad (7.160)$$

此曲线称为累积质量分布曲线或积分分布曲线，如图7.18中实线所示。

②董履和函数法。鉴于分级法得到的级分仍有一个较宽的分子量分布，且不一定对称于其平均分子量，而且各级分的分子量分布又是相互交叠的，习惯法得到曲线很难真实，

为此董履和函数处理分级得到发展。

以董履和函数法处理分级数据的过程如下。

假定实验所得数据符合董履和函数：

$$I(M) = 1 - e^{-yM^z} \qquad (7.161)$$

两边取两次对数可得

$$\lg \lg \frac{1}{1-I(M)} = \lg \frac{y}{2.303} + z\lg M \qquad (7.162)$$

以 $\lg \dfrac{1}{1-I(M)}$ 对 M 作图，可得一条直线（见图 7.19），由该直线的截距和斜率可计算出参数 y 和 z，同时计算出试样的 $\overline{M}_n$、$\overline{M}_w$ 和 $\overline{M}_\eta$，将 y 和 z 值代入式（7.162），即可作出 $\omega(M)$ 对 M 的微分分布曲线（见图 7.20）。

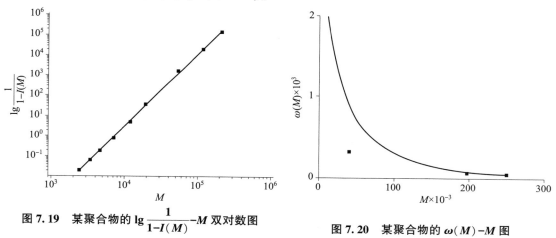

图 7.19　某聚合物的 $\lg \dfrac{1}{1-I(M)}$-M 双对数图　　　　图 7.20　某聚合物的 $\omega(M)$-M 图

2. 体积排除色谱法

体积排除色谱法又称凝聚渗透色谱（GPC），是利用聚合物溶液通过由特种多孔性填料组成的柱子，在柱子上按照分子大小进行分离的方法，是液相色谱的一个分支。它可用来快速、自动测定聚合物的平均分子量和分子量分布，并可用于制备窄分布聚合物试样，测定聚合物的支化程度、共聚物及共混物的组成等，已成为目前测定聚合物分子量分布和结构的最有效手段之一。

1）分离机理

通常认为体积排除理论为体积排除色谱（size exclusion chromatography，SEC）分离机理，即分子量不同的高分子的大小不同，高分子在 SEC 填料柱中会占住不同空间体积而被分离。SEC 填料柱由特种多孔（孔洞、缝隙，见图 7-21（a））填料（如聚苯乙烯凝聚、多孔玻璃或多孔硅球）组成，其孔径大小有一定的分布并与待分离的聚合物分子尺寸相当。首先将聚合物溶液试样灌入 SEC 填料柱，聚合物分子将向填料孔洞中渗透，较小的分子可以进入大孔和小孔，而较大的分子只能进入大孔，比最大孔隙还大的分子只能进入填料颗粒的间隙中。然后向 SEC 填料柱内淋入溶剂，这些孔洞、缝隙中的分子会被冲洗出来，其中最大的分子因为填料颗粒间隙所构成的流动路程多而先流出；而小分子因为间隙、内部孔洞都能进入导致流动路程长而后流出，如此，高分子溶液样品即按分子尺寸由大到小的顺序依次流出（见图 7-21（b））。

以上为分离机理的一般解释。根据这一观点，色谱柱的总体积应由三部分体积所组成，即 V_0、V_i 和 V_s。V_0 为柱中填料的空隙体积或粒间体积；V_i 为柱中填料小球内部的孔洞体积，即柱内填料的总孔容；V_s 为填料的骨架体积。V_0+V_i 相当于柱中溶剂的总体积。柱子的总体积 V_t 即为这三种体积之和：

$$V_t = V_0 + V_i + V_s$$

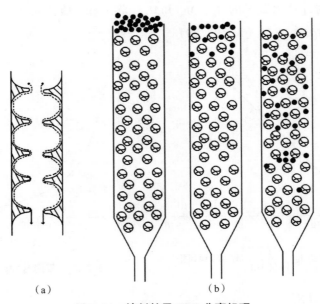

（a）　　　　　　　　　　　（b）

图 7.21　填料柱及 SEC 分离机理

按照一般色谱理论，试样分子的淋出体积 V_e（或保留体积 V_R）可用下式表示：

$$V_e = V_0 + K_d V_i \tag{7.163}$$

式中，$K_d = c_p/c_0$，c_p、c_0 分别为平衡状态下凝胶孔内、外的试样浓度。

因此，K_d 相当于填料分离范围内某种大小的分子在填料孔洞中占据的体积分数，即可进入填料内部孔洞体积 V_{ic} 与填料总的内部孔洞体积 V_i 之比，称为分配系数：

$$K_d = V_{ic}/V_i \tag{7.164}$$

大小不同的分子，有不同的 K_d 值。当高分子体积比孔洞尺寸大，任何孔洞都不能进入时，$K_d = 0$，$V_e = V_0$，相当于柱的上限。当试样分子比渗透上限分子还要大时，没有分辨能力。当高分子体积很小，小于所有孔洞尺寸时，它在柱中活动的空间与溶剂分子相同，则 $K_d = 1$，$V_e = V_0 + V_i$，相当于柱的下限。对于小于下限的分子，同样没有分辨能力。只有 $0 < K_d < 1$ 的分子，在此 SEC 柱中，才能进行分离。

溶质分子体积越小，其淋出体积越大。淋出体积仅仅由高分子尺寸和填料孔的尺寸来决定，因此高分子的分离完全是体积排除效应导致的，故称为体积排除机理。

在 SEC 的分离过程中，试样的分子量与淋出体积 V_e 的关系呈 S 形，如图 7.22 所示。

由图 7.22 可见，$\lg M$–V_e 关系只在一段范围内呈直线。显然，该曲线只对试样的分子量在最大分子量和最小分子量之间的溶质适用。因此这一分子量范围称为填料（载体）的分离范围，其值取决于填料的孔径及其分布。孔径分布越宽，则分离范围越宽。一般来说，为了加宽分离范围，有时可选用几种不同孔径分布的填料混合装柱，或将装有不同规格填料的色谱柱串联起来使用。

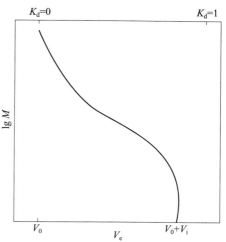

图 7.22　试样的 $\lg M$–V_e 曲线

2）柱效、分辨率和宽展效应

高分子的分离过程发生在色谱柱的 $V_0 \sim (V_0 + V_i)$ 之间。V_0 对分离效率是无效的，且 V_0 增大，宽展效应增大。而 V_i 越大，则可用于分离的容量越大。对于一定材质和一定孔径及其分布的载体，其颗粒越小，越均匀，堆积得越紧密，则柱的分离效率越高。

色谱柱的分离效率通常用单位柱长的理论塔板数 N 来表示。若某单分散试样流经长度为 L 的色谱柱，其淋出体积为 V_e，峰宽为 W，则

$$N = \frac{16}{L}\left(\frac{V_e}{W}\right)^2 \qquad (7.165)$$

有时利用理论塔板数的倒数来表示色谱柱的效率，称为理论塔板当量高度：

$$h_{\text{ETP}} = \frac{1}{N} = \frac{L}{16}\left(\frac{W}{V_e}\right)^2 \qquad (7.166)$$

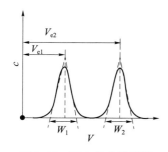

图 7.23　两个单分散试样
流经色谱柱的谱图

色谱柱的分辨率是其柱效和分离能力的综合量度，因此对于一个色谱柱，不但要看其柱效，还要考虑它的分辨率。一般来说，$\lg M$–V_e 曲线的斜率越小，分离能力越好。

分子量不同的两个单分散试样流经色谱柱，得到谱图如图 7.23 所示，两试样的峰体积分别为 V_{e1} 和 V_{e2}，峰宽分别为 W_1 和 W_2，则柱子的分辨率为

$$R = \frac{2(V_{e2} - V_{e1})}{W_1 + W_2} \qquad (7.167)$$

若 $R \geqslant 1$，则两个峰完全分离；若 $R < 1$，则两个峰不完全分离。

由式（7.167）可知，分辨率取决于分离能力和柱效，前者由 V_{e1} 与 V_{e2} 之差来量度；后者由 W_1 和 W_2 来量度，其值越小，柱效越高。只有同时具有较高的分离能力和柱效时，

色谱柱才具有较高的分辨率。

SEC 测定聚合物的实验过程中，会产生一种宽展效应，该现象是色谱图的峰形加宽，使得在该区域内产生分散作用导致的。对于这种现象需要对其进行改正，即色谱峰的宽展校正。近年，SEC 已经做了大量改进，其宽展效应已经得到很大改进，可以不予考虑。

3）色谱图的标定及数据处理

若选用示差折射率检测器的色谱仪，则其会自动记录所得到的 SEC 谱图，如图 7.24 所示。在图 7.24 中可以看到，横坐标表示的是保留体积 V_R（也称为淋出体积 V_e），该数据代表分子尺寸的大小，一般来说，保留体积小则分子尺寸大，反之保留体积大，分子尺寸小；纵坐标表示的是洗提液与纯溶剂折射率的差值 Δn。因此，色谱图本身就反映了试样的分子量分布概貌。

通过选用一组已知分子量的单分散标准样品在相同测试条件下作一系列色谱图（见图 7.25），可以将图 7.24 中的保留体积转换为分子量。如图 7.25 所示，以标准试样的峰值位置的淋出体积 V_e（或保留体积 V_R）对 $\lg M$ 作图，曲线如图 7.26 所示。由图 7.26 可见，当 $M > M_a$ 时，直线向上翘，变得与纵坐标平行，$V_e = V_0$，与溶质分子量无关；当 $M < M_b$ 时，直线向下弯曲，淋出体积与分子量的关系变得很不敏感，$V_e = V_0 + V_i$，若用一种小分子液体作为溶质，其 V_e 可看作 $V_0 + V_i$；当 $M_b < M < M_a$ 时，可得斜率为负的一段直线，称为分子量-淋出体积校正曲线，曲线方程为

$$\lg M = A - B V_e \tag{7.168}$$

式中，A、B 为常数，其值与溶质、溶剂、温度、载体及仪器结构有关。

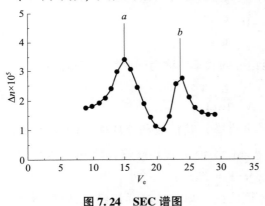

图 7.24　SEC 谱图

（试样 a 的分子尺寸大于试样 b 的分子尺寸）

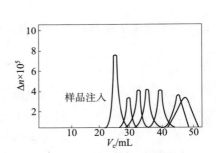

图 7.25　标准试样的色谱图

SEC 的分级机制是基于分子尺寸不同而实现的，但实际上分子量与分子尺寸大小并不一一对应，故使用 SEC 时要谨慎。例如，线形 PE 和支化 PE，虽然有相同的分子量，但分子尺寸后者比前者小，故基于体积排除原理会误报支化 PE 的分子量。对于这种现象，一方面可以测试该聚合物的单分散试样求取专用的校正曲线（但是这样的测试工作会很复杂）；另一方面可以利用某一种聚合物的标准样品（如单分散聚苯乙烯试样），测定标准

样品和该试样的色谱图，并绘制一条普适校正曲线（universal calibration curve），这就使测定工作方便得多。

根据 Flory 特性黏度理论，对于蜷曲分子，有

$$[\eta] = \Phi (\overline{h_0^2})^{3/2}/M \tag{7.169}$$

式中，Φ 为与高分子、溶剂、温度无关的普适常数。

那么，$[\eta]M \propto (\overline{h_0^2})^{3/2}$ 具有体积的量纲，代表了溶液中高分子的流体力学体积。以 $\lg[\eta]M$ 对 V_e 作图，由不同的聚合物试样，所得的校正曲线是重合的，所以称为普适校正曲线，如图 7.27 所示。

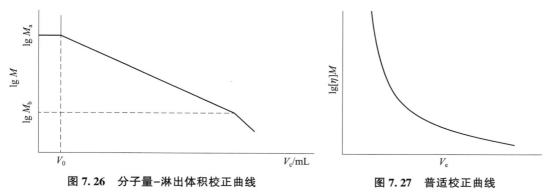

图 7.26　分子量–淋出体积校正曲线　　　　图 7.27　普适校正曲线

这样，只要知道在 SEC 测定条件下特性黏度方程中的参数 K 和 α，利用 $[\eta_1]M_1 = [\eta_2]M_2$，即可由标准试样的分子量 M_1 计算被测试样的分子量 M_2。

$$[\eta_1] = K_1 M_1^{\alpha_1}, \quad [\eta_2] = K_2 M_2^{\alpha_2}$$

$$\lg[\eta_1]M_1 = \lg[\eta_2]M_2$$

$$\lg M_2 = \frac{1+\alpha_1}{1+\alpha_2}\lg M_1 + \frac{1}{1+\alpha_2}\lg\frac{K_1}{K_2} \tag{7.170}$$

用 SEC 方法可以从谱图求出试样的各种平均分子量，常用的计算方法如下：

$$\overline{M}_w = \int_0^\infty M w(M)\,\mathrm{d}M = \sum_i M_i w_i(M)$$

$$\overline{M}_n = \left[\int_0^\infty \frac{w(M)}{M}\mathrm{d}M\right]^{-1} = \left[\sum_i \frac{w_i(M)}{M_i}\right]^{-1}$$

$$\overline{M}_\eta = \left[\sum_i M_i^\alpha w_i(M)\right]^{1/\alpha} \tag{7.171}$$

$$[\eta] = K\overline{M}_\eta^\alpha = K\sum_i M_i^\alpha w_i(M)$$

具体计算方法如下：在谱图上每隔相等的淋出体积间隔读出谱线与基线的高度 H_i，此高度与聚合物的浓度成正比，在此区间内淋出聚合物的质量分数为

$$w_i(V_e) = \frac{H_i}{\sum\limits_i H_i}$$

再从校正曲线上读出与淋出体积对应的分子量，则

$$\overline{M}_w = \sum_i w_i M_i = \sum_i \frac{H_i}{\sum\limits_i H_i} M_i \tag{7.172}$$

$$\overline{M}_n = \frac{1}{\sum\limits_i \dfrac{w_i}{M_i}} = \frac{1}{\dfrac{H_i}{\sum\limits_i \dfrac{\sum H_i}{M_i}}} \tag{7.173}$$

$$\overline{M}_\eta = \left[\sum_i w_i M_i\right]^{1/\alpha} = \left[\sum_i \frac{\sum H_i}{H_i} M_i^\alpha\right]^{1/\alpha} \tag{7.174}$$

$$[\eta] = K\left[\sum_i \frac{\sum H_i}{H_i} M_i^\alpha\right] \tag{7.175}$$

计算中，假定每一淋出体积间隔内淋出的聚合物分子量是均一的，故所取间隔越大，计算中取得点越少，假定与实际的偏差就越大。通常取点数应大于 20 个。

SEC 测试中，也会经常采用多检测器联用技术。（1）联用双检测器：双检测器中一般会用到示差折光指数–自动黏度计、示差折光指数–紫外吸收、示差折光指数–小角激光光散射，可从不同角度观察待测试样，从而取得比单检测器更为丰富的信息，其中，示差折光指数–自动黏度计双检测器联用 SEC 仪，不仅可以测定聚合物的分子量及其分布，而且可以测定聚合物的长链支化度；示差折光指数–紫外吸收双检测器联用 SEC 仪，可用于测定共聚物的组成分布和分子量分布；示差折光指数–小角激光光散射双检测器联用 SEC 仪，不需普适校正曲线，即可测定聚合物的绝对分子量及其分布。（2）联用三检测器：三检测器联用有示差折光指数–光散射–自动黏度计、示差折光指数–光散射–紫外吸收（红外吸收）。（3）联用多检测器：多检测器联用有示差折光指数–光散射–自动黏度计–紫外吸收（红外吸收）。

7.5 聚合物的浓溶液

7.5.1 聚合物的增塑

为了改进某些聚合物的柔软性能，或加工成型的需要，在聚合物中加入高沸点、低挥发性并能与聚合物混溶的小分子液体或低熔点的固体。这种行为称为增塑，所用的小分子物质称为增塑剂。增塑的作用：（1）降低聚合物的玻璃化温度、脆化温度和黏流温度；（2）改善成型加工时树脂的流动性，即降低黏度；（3）提高制品的强度和耐寒性，使制

品可在较低的温度下使用；（4）提高制品的冲击强度和断裂伸长率。例如，聚氯乙烯的热分解温度与流动温度非常接近，加入 30%～50% 的增塑剂（如邻苯二甲酸二辛酯）后流动温度明显下降，成型温度降低，避免了热降解。玻璃化温度自 80 ℃ 降至室温以下，弹性大大增加，从而改善了制件的耐寒、抗冲击等性能，使聚氯乙烯能制成柔软的薄膜、胶管、电线包覆层和人造革制品。

一般认为，用极性增塑剂增塑极性聚合物，其玻璃化温度的降低（ΔT）正比于增塑剂的物质的量（n）；而增塑非极性聚合物时，其玻璃化温度的降低（ΔT）正比于增塑剂的体积分数（φ）。

7.5.2　聚合物溶液纺丝

将聚合物熔融成流体，或是将聚合物溶解在适宜的溶剂中配成纺丝溶液。然后，由喷丝头喷成细流，再经冷凝或凝固并拉伸成为纤维。前者称为熔融纺丝，后者称为溶液纺丝。溶液纺丝时必须将聚合物溶解于溶剂中，配制成浓溶液；或者用单体均相溶液聚合直接制成液料，再进行纺丝。选择纺丝溶液的溶剂非常重要，溶剂对聚合物应具有较高的溶解度。此外，要控制溶液的浓度以及黏度。分子量、分子量分布、流变性能等对纺丝工艺及制品性能都有影响。锦纶、涤纶等合成纤维均采用熔融纺丝，但像聚丙烯腈一类聚合物，由于熔融温度高于分解温度，因此，不能采用熔融纺丝，只能采用溶液纺丝。聚氯乙烯纤维、聚乙烯醇纤维也都采用溶液纺丝。

7.5.3　凝胶和冻胶

聚合物溶液失去流动性，即成为所谓凝胶和冻胶。通常，凝胶是交联聚合物的溶胀体，不能溶解，也不熔融，它既是聚合物的浓溶液，又是高弹性的固体。而冻胶是由范德华力交联形成的，加热或搅拌可以拆散范德华交联，使冻胶溶解。

自然界的生物体都是凝胶，一方面有强度可以保持形状而又柔软；另一方面允许新陈代谢，排泄废物，汲取营养。

因此，凝胶和冻胶不仅是聚合物浓溶液的研究课题，也对生命科学有着重要意义。

20 世纪 80 年代以来发展起来的超高分子量聚乙烯纤维是一种高性能的特种纤维，具有强度高、模量高、质轻、耐腐蚀和耐气候等优良特性，可用于防弹衣、降落伞和光缆材料等高科技领域。生产该种纤维采用十氢萘、煤油、石蜡油、石蜡等为溶剂的冻胶纺丝新工艺。

习　题

一、思考题

1. 与小分子溶液相比，高分子溶液有哪些特点？高分子溶液与理想溶液的偏差有哪些？

2. 什么是溶剂化？什么是有限溶胀和无限溶胀？分子量、结晶度、交联度对聚合物的溶解度、溶胀度分别有怎样的影响？

3. 非结晶聚合物溶解与晶态聚合物溶解有何特点？为什么说晶态聚合物比非晶态聚合物的抗溶剂性好？晶态聚合物分别为极性和非极性时溶解机理有什么不同？

4. 为聚合物选择溶剂时可采用哪几个原则？对于某一具体高分子-溶剂体系，这几个原则都适用吗？

5. 高分子溶液弗洛里-哈金斯理论模型与小分子溶液弗洛里-哈金斯模型有什么不同？写出理论中 ΔS_M、ΔH_M、ΔG_M 的表达式，该理论的假设有哪些不合理之处？θ 溶液是理想溶液吗？

6. 什么是聚合物的分级？按照分离原理可将分级方法分为哪几类？为什么通过逐步降温或逐步加入沉淀剂可将聚合物分级？梯度淋洗法是通过哪两种梯度进行聚合物分级的？

7. 写出四种平均分子量的定义式，它们有什么样的大小顺序？

8. 利用稀溶液的依数性可测定聚合物的哪种平均分子量？简述测定数均分子量的几种方法的测试原理。

9. 用光散射法测定聚合物的重均分子量时，为什么对不同尺寸高分子的试样要采用不同的公式？

10. 黏度法中涉及哪几种黏度概念？它们之中哪几种与溶液的浓度无关？写出黏度法测黏均分子量的过程及公式。

11. 描述聚合物分子量分布有哪些方式？

12. 体积排除理论是如何解释 GPC 法的分级原理的？

13. 与高分子稀溶液相比，聚合物的浓溶液有何特性？

14. 什么是凝胶和冻胶？它们的结构区别是什么？哪种能被加热溶解？

二、选择题

1. 已知 $[\eta]=KM^{-1}$，以下（　　）正确。

①$M_\eta = M_n$　　　　　②$M_\eta = M_w$　　　　　③$M_n = M_w = M_Z = M_\eta$

2. 下列哪个溶剂是线型柔顺性高分子的良溶剂（　　）。

①$\chi_1 = 1.5$　　　　　②$\chi_1 = 0.5$　　　　　③$\chi_1 = 0.2$

3. 已知 $[\eta]=KM$，以下（　　）正确。

①$M_\eta = M_n$　　　　　②$M_\eta = M_w$　　　　　③$M_n = M_w = M_Z = M_\eta$

4. 下列哪个溶剂是 θ 溶剂（　　）。

①$\chi_1 = 0.1$　　　　　②$\chi_1 = 0.5$　　　　　③$\chi_1 = 0.9$

5. 下列哪种方法可以测定聚合物的绝对分子量（　　）。

①凝胶渗透色谱法　　②光散射法　　　　　③黏度法

6. 以下哪种溶剂是良溶剂（　　）。

①$\chi_1 = 1$　　　　　②$A_2 = 1$　　　　　③$\alpha = 1$

7. 对于给定分子量的某一聚合物，在何时溶液黏度最大（　　）。

①线型分子链溶于良溶剂中　　　　　　　　②支化分子链溶于良溶剂中

③线型分子链溶于不良溶剂中

8. 用 GPC 测定聚合物试样的分子量分布时，从色谱柱中最先分离出来的是　（　　　）。

①分子量最小的　　　　　　　　　　②分子量最大的

③依据所用的溶剂不同，其分子量大小的先后次序不同

9. 高分子良溶液的超额化学位变化　（　　　）。

①小于 0　　　　　　②等于 0　　　　　　③大于 0

10. 聚合物样品的黏均分子量不是唯一确定值的原因是　（　　　）。

①黏均分子量与马克–豪温克方程中的系数 K 有关

②黏均分子量与马克–豪温克方程中的系数 α 和 K 有关

③样品分子量具有多分散性

11. 聚合物多分散性越大，其多分散系数 d 值　（　　　）。

①越大于 1　　　　　②越小于 1　　　　　③越接近 1

12. 测定同一聚合物样品的分子量，以下哪个结果正确　（　　　）。

①黏度法的结果大于光散射法的　　　　②气相渗透法的结果大于黏度法的

③黏度法的结果大于端基分析法的

13. PVC 的沉淀剂是　（　　　）。

①环己酮　　　　　　②氯仿　　　　　　　③四氢呋喃

14. 在高分子–良溶剂的稀溶液中，第二维利系数是　（　　　）。

①负数　　　　　　　②正数　　　　　　　③0

15. 对于弗洛里–哈金斯模型的高分子溶液，符合其假定的是　（　　　）。

①$\Delta V = 0$　　　　　②$\Delta H = 0$　　　　　③$\Delta S = 0$

16. 将聚合物在一定条件下（θ 溶剂、θ 温度）配成 θ 溶液，此时　（　　　）。

①大分子间作用力 = 小分子间作用力 = 大分子与小分子间作用力

②大分子间作用力 > 大分子与小分子间作用力

③大分子间作用力 < 大分子与小分子间作用力

17. 对非极性聚合物，选择溶剂应采用哪一原则较为合适　（　　　）。

①极性相近原则　　②溶剂化原则　　　③溶度参数相近原则

18. 对极性聚合物，选择溶剂应采用哪一原则更为合适　（　　　）。

①极性相近原则　　②溶剂化原则　　　③溶度参数相近原则

三、判断题（正确的划"√"；错误的划"×"）

1. 高分子的 θ 溶剂是其良溶剂。　　　　　　　　　　　　　　　　　　　　（　　　）

2. 当高分子稀溶液处于 θ 状态时，其化学位为 0。　　　　　　　　　　　　（　　　）

3. θ 温度没有分子量的依赖性，而临界共溶温度 T_c 有分子量依赖性。　　　（　　　）

4. 只要溶剂的溶度参数 δ_1 与聚合物的溶度参数 δ_2 近似相等，该溶剂就是该聚合物的

良溶剂。　　　　　　　　　　　　　　　　　　　　　　　　　　　　　（　　）

5. 任何晶态聚合物不用加热，都可溶于其良溶剂中。　　　　　　　　（　　）

6. 一般高分子溶液的黏度随温度升高而降低，而高分子溶液的特性黏度在不良溶剂中随温度升高而增大。　　　　　　　　　　　　　　　　　　（　　）

7. 高分子溶液的特性黏度随溶液浓度增加而增大。　　　　　　　　　（　　）

8. 高分子稀溶液的混合熵比理想溶液大得多，是由于高分子的体积比小分子的体积大得多。　　　　　　　　　　　　　　　　　　　　　　　　　（　　）

9. 聚乙烯醇可溶于水中，由于纤维素与聚乙烯醇的极性结构相似，所以纤维素也能溶于水。　　　　　　　　　　　　　　　　　　　　　　　　　（　　）

10. 高分子溶液在极稀的条件下是理想溶液。　　　　　　　　　　　（　　）

11. 高分子溶液混合熵比理想溶液大得多。　　　　　　　　　　　　（　　）

12. 聚合物在良溶剂中，由于溶剂化作用强，所以高分子线团处于松散、伸展状态，黏度大。　　　　　　　　　　　　　　　　　　　　　　　　　　（　　）

13. 聚合物在不良溶剂中，由于溶剂化作用弱，所以高分子线团处于卷曲收缩状态，黏度小。　　　　　　　　　　　　　　　　　　　　　　　　　　（　　）

14. 增塑的 PVC 是一种高浓度的高分子溶液。　　　　　　　　　　（　　）

四、简答题

1. 试判断下列体系的相溶性好坏，并说明原因。（δ_2 的单位为 $(J/cm^3)^{1/2}$；δ_1 数据请查相关资料。）

（1）聚苯乙烯（$\delta_2 = 18.6$）与苯；

（2）聚丙烯腈（$\delta_2 = 31.5$）与二甲基甲酰胺；

（3）聚氯乙烯（$\delta_2 = 19.9$）与氯仿；

（4）聚氯乙烯（$\delta_2 = 19.9$）与环己酮；

（5）聚丙烯（$\delta_2 = 18.2$）与甲醇。

2. 非极性和极性结晶聚合物溶解过程的特点是什么？

3. 聚合物溶液的渗透压与溶液浓度的关系如图 7.28 所示，请回答：

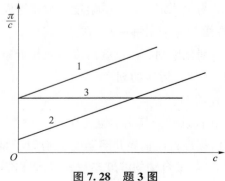

图 7.28　题 3 图

（1）试比较图 7.28 中曲线 1、2、3 所代表的聚合物的分子量的大小；

（2）若曲线 1 和曲线 3 是同一聚合物在不同溶剂中所得的结果，请问这两个体系有什么不同？

（3）若曲线 1 和曲线 2 的聚合物具有相同的化学组成，则两种曲线情况下所用溶剂是否相同？

五、计算题

1. 分别计算出下列两种情况下的 M_n 和 M_w，并对计算结果进行解释。

（1）在 100 g 分子量为 1.5×10^5 的聚合物试样中混入 1 g 分子量为 1.2×10^3 的物质；

（2）在 100 g 分子量为 1.5×10^5 的聚合物试样中混入 1 g 分子量为 1.8×10^7 的物质。

2. 试计算下列三种情况下的混合熵，其结果说明了什么？（已知 $k=1.38\times10^{-23}$ J/K。）

（1）9.97×10^5 个小分子 A 与一个小分子 B 混合；

（2）9.97×10^5 个小分子 A 与一个大分子 C（链段数为 3×10^3）混合；

（3）9.97×10^5 个小分子 A 与 3×10^3 个小分子 B 混合。

3. 用磷酸三苯酯（$\delta_1=19.6$）作某一聚合物（$\delta_2=19.4$）的增塑剂，为了加强其相溶性，须加入一种稀释剂（$\delta_1'=16.3$）。试问该稀释剂与增塑剂的适宜体积比是多少？（δ 的单位为 $(J/cm^3)^{1/2}$。）

4. 已知某聚合物的分子量为 10^4，在 300 K 下形成 θ 溶液的浓度为 1.17 kg/m³，试预测其此时的渗透压为多少？

5. 已知聚异丁烯溶解在苯中时，θ 温度为 24 ℃。

（1）在 θ 温度时聚异丁烯-苯溶液的第二维利系数 A_2 及马克-豪温克方程的 α 值各为多少？

（2）40 ℃时聚异丁烯-苯溶液的第二维利系数 A_2 及 α 值有何变化？

6. 在 25 ℃ 的 θ 溶剂中，测得浓度为 7.36×10^{-3} g/mL 的聚氯乙烯溶液的渗透压为 0.248 g/cm²，求此聚氯乙烯试样的分子量和第二维利系数。

7. 在 20 ℃下将 10^{-5} mol 的聚甲基丙烯酸甲酯（$M_n=10^5$，$\rho=1.20$ g/cm³）溶于 179 g 氯仿（$\rho=1.49$ g/cm³）中，试计算该溶液的混合熵、混合热和混合自由焓。（已知 $\chi_1=0.377$。）

8. 苯乙烯-丁二烯共聚物（$\delta=16.7$）难溶于戊烷（$\delta=14.4$）和醋酸乙烯酯（$\delta=17.8$）。若选用上述两种溶剂的混合物，试问什么配比对共聚物的溶解能力最佳？（δ 的单位为 $(J/cm^3)^{1/2}$。）

9. 从测定某一聚合物试样的 GPC 谱图上取得表 7.8 所示数据。

表 7.8　题 9 表

V_e	19	20	21	22	23	24	25	26	27	28
H_i	8	93	235	425	535	550	480	325	150	38

已知该聚合物校正曲线为 $\ln M=18.3-0.319V_e$。试求该聚合物的 $\overline{M}_n$、$\overline{M}_w$、多分散系数 d 及分布宽度指数 σ_n^2。

第 8 章

聚合物的电性能

电性能是物质的基本性质之一。聚合物的电性能是其在外电场中响应或者物理特性，包括聚合物在交流电场中的介电性能、弱电场中的导电性能、强电场中的击穿特性及聚合物表面静电现象等。

8.1 聚合物的介电性

介电性是聚合物在外电场作用下，由于分子极化引起电能的储存和损耗的现象，本节主要探讨聚合物的介电极化和介电松弛。绝大多数聚合物是绝缘体，介电损耗和电导率低，同时击穿强度高，是电器工业中不可或缺的绝缘和介电材料。现已商品化的热固性塑料、通用工程塑料、特种工程塑料，及其改性品种和复合材料都可以用作绝缘材料。

8.1.1 介电极化和介电常数

当外部电场作用在呈电中性的电介质上时，电介质分子或者其中某些基团中的正、负电荷中心不重合而产生感应电偶极矩，这种现象被称为极化（polarization），包括电子极化、原子极化、取向极化和界面极化等。

电子极化是外电场作用下，分子中各个原子或离子的价电子云相对原子核发生位移。极化过程所需的时间极短，为 $10^{-15} \sim 10^{-13}$ s。当去除电场时，位移立即恢复，无能量损耗，属于可逆性极化或弹性极化。

原子极化是在外电场作用下分子或基团中的各原子核彼此发生相对位移，分子中带正电荷中心向负极方向移动，负电荷中心向正极方向移动，两者的相对位置发生变化而引起分子变形，产生偶极矩。例如，CO_2 分子是直线形结构 O —C —O，极化后变成 $\overset{C}{\underset{O\quad O}{\diagup\diagdown}}$，分子中正负电荷中心发生了相对位移，极化所需要的时间约为 10^{-13} s，并伴随有微量能量损耗。

以上两种极化统称变形极化或诱导极化，其极化率不随温度变化而变化，聚合物在高频区均能发生变形极化。

取向极化又称偶极极化，这是一种电介质极化现象，外电场对电偶极矩的力矩作用，使分子倾向于定向排列。该极化所需要的时间长，一般为 10^{-9} s，发生于低频区域，受外电场强度、温度影响，外电场越大，偶极子的取向度越大，取向极化越大；温度越高，分子热运动对偶极子的取向干扰越大，取向度越小，取向极化越小。

对于聚合物而言，取向极化的本质与小分子相同，但具有不同运动单元的取向，从小的侧基到整个分子链。因此，完成取向极化所需的时间范围很宽，类似于力学松弛时间谱，也具有一个时间谱，被称为介电松弛谱。

界面极化是在非均相介质界面处产生的极化。当外部电场作用于不同极性或电导率的组分时，在介质中的电子或离子会在界面处聚集形成这种极化。共混和填充聚合物体系有时也会发生界面极化。这种极化所需的时间较长，需要几分之一秒至几分钟，甚至更长时间。非均质聚合物材料，如共混聚合物、泡沫聚合物和填充聚合物等能产生界面极化。均质聚合物也可以因含有杂质或缺陷以及晶区与非晶区共存而产生界面极化。

如果在真空平行板电容器中加上直流电压 V，则两极板上将产生电荷 Q_0，电容器的电容为

$$C_0 = \frac{Q_0}{V} \tag{8.1}$$

当电容器中充满电介质时，由于电介质分子的极化，两极板上产生感应电荷 Q'，极板电荷增加为 Q，$Q = Q_0 + Q'$，此时电容也相应增加为 C：

$$C = \frac{Q}{V} \tag{8.2}$$

含有电介质的电容器的电容与相应真空电容器的电容之比为该电介质的介电常数（dielectric constant，也称为介电系数），即

$$\varepsilon = \frac{C}{C_0} = \frac{Q}{Q_0} \tag{8.3}$$

由式（8.3）可见，电介质的极化程度越高，Q 值越大，ε 也越大。因此介电常数 ε 是衡量电介质极化程度的宏观物理量，它可以表征电介质储存电能的能力。又因为

$$C_0 = \varepsilon_0 \frac{S}{d} \tag{8.4}$$

式中，S 为真空平行板电容器极板的面积；d 为两极板间的距离；ε_0 为真空介电常数，其值为 8.85×10^{-12} F/m。

同样地，有

$$C = \varepsilon \frac{S}{d} \tag{8.5}$$

式中，ε 为电介质的电容率，表示单位面积、单位厚度电介质的电容值。

所以

$$\varepsilon_r = \frac{C}{C_0} = \frac{\varepsilon}{\varepsilon_0} \tag{8.6}$$

聚合物的品种繁多，偶极矩大小不同，相对介电常数为 1.8~8.4，大多数为 2~4。

介电常数 ε 表示电介质储电能力的大小，是电介质极化的宏观表现。而分子极化率 α 是反映分子极化特征的微观物理量，它等于通过极化曲线上对应该电流密度的点的切线的斜率，定义为

$$\alpha = \mu_1/(\varepsilon_0 E_1) \tag{8.7}$$

式中，μ_1 为诱导偶极矩；E_1 为有效电场强度；ε_0 为真空介电常数。

ε 与 α 之间的关系可由克劳修斯-莫索提方程（Clausius-Mossotti equation）给出：

$$\frac{\varepsilon-1}{\varepsilon+2} \times \frac{M}{\rho} = \frac{N_A}{3\varepsilon_0}\alpha \tag{8.8}$$

对于非极性分子，有

$$\frac{\varepsilon-1}{\varepsilon+2} \times \frac{M}{\rho} = \frac{N_A}{3\varepsilon_0}\alpha = \frac{N_A}{3\varepsilon_0}(\alpha_e + \alpha_a) \tag{8.9}$$

式中，α 为分子极化率；α_e 为电子极化率；α_a 为原子极化率；M 为分子量；ρ 为密度；N_A 为阿伏伽德罗常数。

对于极性分子，有

$$\frac{\varepsilon-1}{\varepsilon+2} \times \frac{M}{\rho} = \frac{N_A}{3\varepsilon_0}\alpha = \frac{N_A}{3\varepsilon_0}\left(\alpha_e + \alpha_a + \frac{\mu_0^2}{3kT}\right) \tag{8.10}$$

$$\alpha_\mu = \frac{\mu_0^2}{3kT}$$

式中，α_μ 为取向极化率；μ_0 为偶极子的固有偶极矩；k 为玻耳兹曼常数；T 为热力学温度。

8.1.2 介电松弛

介电松弛是电介质在外电场作用（或移去）后，从极化状态达到新的平衡态的过程，它是一个松弛的过程。该过程类似聚合物在外加应力的作用下形变的松弛过程。在交变电场 $E = E_0\cos\omega t$（E_0 为交变电流峰值）的作用下，电位移矢量是时间的函数。由于聚合物介质的黏滞力作用，偶极取向跟不上外场变化，电位移矢量滞后于外加电场（相位差为 δ），即

$$D = D_0\cos(\omega t - \delta) = D_1\cos\omega t + D_2\sin\omega t \tag{8.11}$$

式中，D_1 为电位移矢量跟上施加电场的部分；D_2 为电位移矢量滞后施加电场的部分。

因为

$$D_1 = D_0\cos\delta$$
$$D_2 = D_0\sin\delta \tag{8.12}$$

令

$$\frac{D_1}{E_0} = \varepsilon', \quad \frac{D_2}{E_0} = \varepsilon'' \tag{8.13}$$

故复数介电常数为

$$\varepsilon^* = \varepsilon' + i\varepsilon'' \tag{8.14}$$

式中，ε' 为相对介电常数，表示体系的储电能力；ε'' 为损耗因子，表示体系的耗能部分；ε^* 为复数介电常数。

通常，用介电损耗角的正切值 $\tan\delta$ 表征聚合物电介质耗能与储能之比，即

$$\tan\delta = \varepsilon''/\varepsilon' \qquad (8.15)$$

非极性聚合物的相对介电常数为 2 左右，损耗角正切值小于 1×10^{-4}；极性聚合物的损耗角正切值为 $5\times10^{-3}\sim1\times10^{-1}$。表 8.1 列出了某些聚合物的介电常数和损耗因子。

表 8.1　某些聚合物的介电常数和损耗因子（24 ℃，60 Hz）

聚合物	ε'	ε''	聚合物	ε'	ε''
聚乙烯	2.28	0.002	聚甲基丙烯酸甲酯	3.5	0.04
聚苯乙烯	2.5	0.01	聚氯乙烯	3.0	0.01
聚四氟乙烯	2.1	0.000 2	尼龙 6	6.1	0.4

由前文可知，在交变电场中，介电常数可写成复数形式：

$$\varepsilon^* = \varepsilon' - \mathrm{i}\varepsilon''$$

德拜的研究表明，复数介电常数 ε^* 与松弛时间 τ 的关系为

$$\varepsilon^* = \varepsilon_\infty + \frac{\varepsilon_s - \varepsilon_\infty}{1 + \mathrm{i}\omega\tau} \qquad (8.16)$$

式中，ε_s 为 $\omega\rightarrow0$ 时的介电常数，即静电介电常数；ε_∞ 为 $\omega\rightarrow\infty$ 时的介电常数，即光频介电常数。

因为

$$\varepsilon' = \varepsilon_\infty + \frac{\varepsilon_s - \varepsilon_\infty}{1 + \omega^2\tau^2} \qquad (8.17)$$

$$\varepsilon'' = \frac{(\varepsilon_s - \varepsilon_\infty)\omega\tau}{1 + \omega^2\tau^2} \qquad (8.18)$$

故损耗角正切值为

$$\tan\delta = \frac{(\varepsilon_s - \varepsilon_\infty)\omega\tau}{\varepsilon_s + \omega^2\tau^2\varepsilon_\infty} \qquad (8.19)$$

当 $\omega\rightarrow0$ 时，所有的极化能完全跟上电场的变化，介电常数达到最大值，即 $\varepsilon'\rightarrow\varepsilon_s$，介电损耗最小，即 $\varepsilon''\rightarrow0$ 和 $\tan\delta\rightarrow0$；当 $\omega\rightarrow\infty$ 时，偶极取向极化不能进行，只能发生变形极化，介电常数很小，$\varepsilon'\rightarrow\varepsilon_\infty$，介电损耗也小，$\varepsilon''\rightarrow0$。在上述两个极限范围内，偶极的取向不能完全跟上电场的变化，介电常数下降，介电损耗出现峰值。在峰值 $\dfrac{\varepsilon_s - \varepsilon_\infty}{2}$ 时，外场频率 ω 与某种偶极运动单元的松弛时间的倒数 $\dfrac{1}{\tau}$ 接近或相当，相应的介电常数降低为 $\varepsilon_s - \varepsilon_\infty$。图 8.1 所示为 ε'、ε'' 和 $\tan\delta$ 与 $\lg\omega$ 的关系曲线。

图 8.1　ε'、ε'' 和 $\tan\delta$ 与 $\lg\omega$ 的关系曲线

小分子物质的介电松弛谱接近德拜松弛谱。聚合物的介电松弛谱远比单一德拜松弛谱宽得多，原因为介电常数增量 $\Delta\varepsilon$ 是具有不同松弛时间的、不同尺寸取向极化贡献的加和。

松弛时间分布的函数形式难以通过实验测得，习惯上用科尔-科尔图（Cole-Cole plot）表征电介质偏离德拜松弛的程度。

将式（8.18）和式（8.19）合并，消去 $\omega\tau$，得

$$\left(\varepsilon'-\frac{\varepsilon_s+\varepsilon_\infty}{2}\right)^2+\varepsilon''^2=\left(\frac{\varepsilon_s-\varepsilon_\infty}{2}\right)^2 \tag{8.20}$$

这是一个圆的方程。以 ε'' 对 ε' 作图，对于具有单一松弛时间的体系，得到圆心坐标为 $\left(\frac{\varepsilon_s+\varepsilon_\infty}{2},\ 0\right)$、半径为 $\frac{\varepsilon_s-\varepsilon_\infty}{2}$ 的半圆，称为科尔-科尔图，如图 8.2 所示。

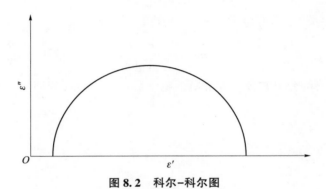

图 8.2　科尔-科尔图

科尔在松弛方程中引进校正因子 β，$0<\beta\leqslant1$，则

$$\varepsilon^*=\varepsilon_\infty+\frac{\varepsilon_s-\varepsilon_\infty}{1+(\mathrm{i}\omega\tau)^\beta} \tag{8.21}$$

$$\varepsilon'=\varepsilon_\infty+(\varepsilon_s-\varepsilon_\infty)\frac{1+(\omega\tau_0)^\beta\cos\dfrac{\beta\pi}{2}}{\left[1+2(\omega\tau_0)^\beta\cos\dfrac{\beta\pi}{2}+(\omega\tau_0)^{2\beta}\right]} \tag{8.22}$$

$$\varepsilon''=(\varepsilon_s-\varepsilon_\infty)\frac{(\omega\tau_0)^\beta\sin\dfrac{\beta\pi}{2}}{\left[1+2(\omega\tau_0)^\beta\cos\dfrac{\beta\pi}{2}+(\omega\tau_0)^{2\beta}\right]} \tag{8.23}$$

当 $\beta=1$ 时，ε'' 对 ε' 作图得一半圆，即德拜松弛的情况。当 $\beta<1$ 时，ε'' 对 ε' 作图偏离半圆而呈圆弧，介电松弛谱宽度增加。图 8.3 所示为不同温度下 PMMA 基复合材料的科尔-科尔图。

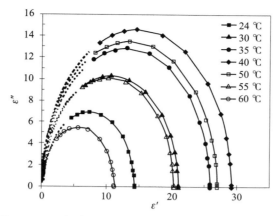

图 8.3　不同温度下 PMMA 基复合材料的科尔−科尔图

当在固定频率条件下，测量试样的介电常数和介电损耗随温度变化时，可以得到介电松弛温度谱。在很低的温度下，聚合物的黏度过大，导致极化过程过慢，甚至偶极取向无法跟上电场的变化，因此介电常数和介电损耗值都很小。随着温度升高，聚合物的黏度降低，偶极能够跟随电场的变化而取向，但仍然不能完全跟上，因此介电损耗值迅速上升，出现峰值。当温度升高到足够高时，偶极取向已完全跟得上电场的变化，导致介电常数增加至最大值，而介电损耗值开始下降。图 8.4 展示了在不同频率下聚合物介电常数、介电损耗与温度的关系。

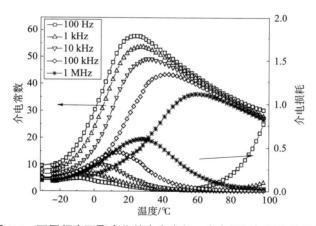

图 8.4　不同频率下聚合物的介电常数、介电损耗与温度的关系

通常，当温度不太高时，取向作用占优势，介电常数随着温度升高而增加。但当温度很高时，分子热运动加剧，促使偶极子解取向，且这种解取向作用占优势，故介电常数将随着温度升高而缓慢下降。

图 8.5 所示为三种聚乙烯的介电松弛谱和力学松弛谱的比较，两种谱图最为明显的特性为 α、β、γ 三个主松弛峰对应的温度是接近的，可是同种聚乙烯的两种谱图的峰并不在相同的位置，原因可能是测量频率不同，介电测量的频率比力学测量的频率要高得多。

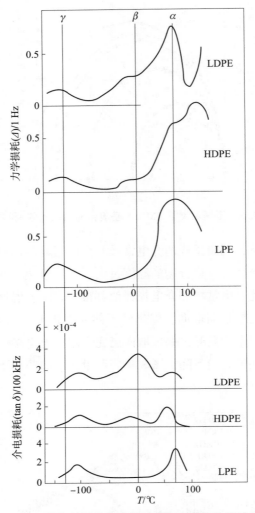

图 8.5　三种聚乙烯的介电松弛谱和力学松弛谱的比较

专栏 8.1　吸波材料

　　吸波材料是导航、通信和隐身领域紧迫需要的材料，此类材料有利于减少暴露、提高高价值目标的生存能力。通常有控制外形和调制材料介电损耗两类主要隐身实现方案。当前大部分隐身材料是基于调整材料本征介电损耗而实现的。通常探测雷达工作频率为 2~18 GHz，故通过材料改进手段，加大此频段的介电损耗，即可具有良好的吸波而隐身的效果。

　　高分子材料具备优良的保形性、加工性和可复合性，极利于装备、设施的隐身应用，故多用于制备多功能吸波材料，用作隐身涂层、隐身窗口甚至隐身结构件。

8.1.3　聚合物驻极体及热释电谱

驻极体又称永电体，自身带有电荷且电荷几乎永久存在，将电介质置于高压电场中极化，随即冻结极化电荷，可获得静电持久极化而得到驻极体。聚合物驻极体的研究始于20世纪40年代。目前，聚偏氟乙烯、聚四氟乙烯、聚丙烯等聚合物超薄薄膜驻极体已广泛用作能量转换器件，并在空气净化、骨伤治疗、抗血栓等技术以及医疗领域显示了很大的潜力。

获得聚合物驻极体的一般操作流程为将聚合物薄膜置于两个电极中，在恒定温度（称作极化温度）下施加高压直流电场进行极化，然后在保持电场的条件下急速降低体系温度致使极化电荷运动冻结，最后撤离电场。

通过升高温度加热聚合物驻极体，将使被冻结的偶极解取向，原来冻结的极化电荷释放出来，此现象称为热释电。热释电可通过微电流计监测到。为了方便对实验结果进行数学处理，在等速升温的条件下对高分子材料驻极体进行实际放电测试，涉及记录电流–温度谱的技术通常称为热释电谱。图 8.6所示为 PET 的热释电谱，对应的 α 峰与玻璃主转变相关，β 峰则表征局部松弛模式。

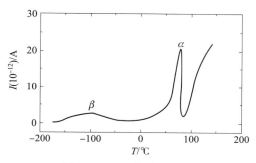

图 8.6　PET 的热释电谱

8.1.4　聚合物的电击穿

在强电场（$10^7 \sim 10^8$ V/m）中，随着电场强度进一步升高，电流与电压间的关系不再遵守欧姆定律，dU/dI 逐渐减少，电流比电压增大得更快。当达到 $dU/dI = 0$ 时，即使维持电压不变，电流仍继续增加，材料从介电状态变为导电状态，大量电能迅速释放，聚合物材料局部被烧毁、破坏，这种现象称为介电击穿。

击穿强度是介质承受电压的极限，定义为发生击穿时电极间的平均电位梯度，即击穿电压 V 和样品厚度 d 的比值：

$$E_b = V/d \tag{8.24}$$

聚合物绝缘材料的击穿强度一般在 10^9 V/m 左右。

击穿实验是一种破坏性实验，工业上常采用耐压实验。即在聚合物试样上加一额定实验电压，经过一定时间后仍不发生击穿为合格样品。

聚合物击穿时，样品的破坏机理可能是多种形式的，按其形成的机理不同，大致可分为本征击穿、热击穿和放电引起的击穿三种主要形式。

本征击穿简单来说就是通过较短时间的电压作用，电介质由绝缘状态变为良导状态的过程。具体是指在高压电场作用下，聚合物中微量杂质电离产生的离子和少数自由电子，受到电场的加速，沿电场的方向做高速运动，当电场高到使离子、电子获得足够的能量时，它们与分子碰撞，可以激发出新的电子，这些新生的电子又从电场获得能量，并在与高分子的碰撞过程中激发出更多的电子，这一过程反复进行，就会发生所谓的"雪崩"现象，以致电流急剧上升，最终导致聚合物材料的电击穿；或者因为电场强度达到某一临界值时，原子的电荷发生位移，使原子间的化学键遭到破坏，电离产生的大量价电子直接参加导电，导致材料的电击穿。

决定本征击穿的主要因素是聚合物的结构与电场强度，与冷却的条件、外加电压的方式和时间以及试样的厚度无关。

热击穿发生在高压电场作用下，由于介电损耗所产生的热量（即电能转化为热量）来不及散发出去，使聚合物内部温度升高，而随着温度的升高，聚合物的电导率按指数规律急剧增大，电导损耗产生更多的热量，又使温度进一步升高，这样恶性循环的结果，导致介质从热平衡状态转至不平衡状态，从而造成聚合物的氧化、熔化和焦化直到出现永久性的损害，即热击穿。热击穿是被研究得最清楚的一种介电击穿方式。热击穿与介质的导致系数、强度、内部缺陷、掺杂物（杂质）、气孔、形状及散热条件等多种因素有关。此外，因为热击穿过程是热量积累的过程，需要一定时间，所以加压时间、升压速度对击穿电压有显著的影响，脉冲式加压比缓慢升压下的击穿电压要高得多。

放电引起的击穿是在高压电场作用下，聚合物表面和内部气泡的气体，因其击穿强度（约 3 MV/m）比聚合物的击穿强度（20~1 500 MV/m）低得多，首先发生电离放电。放电引起的击穿与聚合物内部存在的微孔或微缝有关。放电时被电场加速的电子和离子轰击聚合物表面，可以直接破坏高分子结构，放电产生的热量可能引起高分子的热降解，放电生成的臭氧和氮的氧化物将使聚合物氧化、老化。在较低的平均电场强度下，聚合物中的孔缝容易以气体火花放电的形式被击穿。特别是当高压电场为交变电场时，这种放电过程的频率成倍地随电场频率而增加，反复放电使聚合物所受的侵蚀不断加深，最后导致材料击穿。这种击穿造成的击穿通道呈树枝状。

在实际应用中，聚合物的介电击穿一般既不是单纯的本征击穿，也不是典型的热击穿，而往往是气体放电引起的击穿，特别是当较低电压长时间作用时，气体放电造成的结构破坏更为突出，其特点是电压作用时间短，击穿电压高，与电场均匀度密切相关，但与环境温度及电压作用时间几乎无关。

聚合物的击穿强度数值不仅取决于其本身结构，还受到外部测试条件的影响。例如，电极形状和大小、加压速率、电场频率、温度以及试样厚度等因素都会影响击穿强度。在实验中需要严格规定测试条件来测量聚合物的击穿强度，否则测试结果将难以进行比较。

8.1.5　聚合物的静电现象

任何两个物质，不论其化学组成是否相同，在相互接触的时候，只要它们内部结构中电荷载体能量的分布不同，就会在表面发生电荷的再分配，重新分配后，每一种物质将带有比接触前过量的正（或负）电荷，这种现象称为静电现象。聚合物在生产、加工和使用过程中，相互之间或与其他材料、器件之间发生接触以致摩擦是难以避免的，此时只要将聚合物中几百个原子里转移一个电子就会使聚合物带上相当可观的电荷量，使聚合物从绝缘体变成带电体。例如，塑料从金属模具中脱离出来时会带电，合成纤维在纺织过程中也会带电，塑料、纤维和橡胶制品在使用过程中产生静电更为常见。

静电现象虽然早已为人们所熟悉，但是，对其形成机理尚处于研究之中。

人们对两种金属接触时接触表面的电荷转移现象进行了很多研究。研究表明，接触起电现象与两种物质的功函数之差有关。功函数（电子伏特）是电子从材料表面逸出所需的最小能量。当具有不同功函数的两种物质接触时，在界面上会产生电场，与功函数之差成正比的接触电位差将促使电子从功函数小的一方转移到功函数大的一方，直至接触界面上形成的双电层反向电位差与接触电位差相抵消，电荷转移才会停止。因此，功函数大的物质带负电，功函数小的物质带正电。

起电原理最初是从研究两种金属接触时得到。实际上，聚合物与金属、聚合物与聚合物接触时，界面上也发生类似的电荷转移。表 8.2 给出了一些聚合物的功函数（以元素 Au 为参考值）。

表 8.2　一些聚合物的功函数

聚合物	功函数/eV	聚合物	功函数/eV
聚氯乙烯	4.85±0.2	聚对苯二甲酸乙二酯	4.25±0.10
聚酰亚胺	4.36±0.06	聚苯乙烯	4.22±0.07
聚碳酸酯	4.26±0.13	尼龙 66	4.08±0.06
聚四氟乙烯	4.26±0.05	聚（3，4-乙烯二氧噻吩）-聚苯乙烯磺酸	4.1~6.4

与接触起电相比，摩擦起电情况更为复杂。尽管在轻微摩擦时，起电特征与接触起电相同，但在剧烈摩擦时，则表现出了明显的差异。在这种情况下，两个局部接触面以较高速度相互运动，聚合物会发热并软化，而且可能发生质量交换，导致情况变得更加复杂。例如，当黏胶丝与不锈矩形小刚条摩擦时，压力较小时带负电，压力较大时则带正电。实验结果表明，金属与聚合物摩擦时，所带电荷的正负基本上由它们的功函数大小决定。而对于聚合物与聚合物之间的摩擦，则一般认为，介电常数大的聚合物带正电，介电常数小的带负电。实际上，不同的实验条件也可能导致不同的摩擦起电顺序，但总的来说，顺序基本上是一致的。根据聚合物摩擦起电所带电荷的符号，可以排列出它们的摩擦起电顺

序，如图 8.7 所示，当任意两种聚合物摩擦时，排在前面的聚合物带正电，后面的带负电。通过比较表 8.2 和图 8.7，可以看出聚合物的摩擦起电顺序与其功函数大小顺序基本一致。

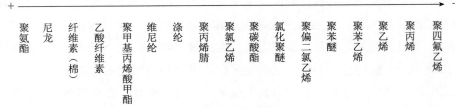

图 8.7　聚合物的摩擦起电顺序

由于一般聚合物的电绝缘性很好，故它们一旦带上静电，这些电荷的消除会很慢。静电的积聚，在聚合物加工和使用中造成了各种问题：第一，表面电荷能引起材料个别部分相互排斥或吸引等静电作用，在合成纤维生产中，静电给许多工序带来了困难，例如聚丙乙腈纤维因摩擦产生的静电会使纺丝、拉伸、加捻、织布等各道工序都难以进行；第二，静电作用在绝缘材料的生产中会产生其他有害杂质，使产品的电性能降低，例如录音磁带的涤纶片基的静电放电会产生杂音电影胶片由于表面静电吸尘会影响其清晰度静电也是衣着污染的重要起因之一；第三，静电作用有时可能影响人身或设备的安全，聚合物加工时静电电压有时可高达上千伏甚至上万伏，周围若有易燃易爆物品，就会造成重大事故，例如在加油站，汽油属于易燃液体，当环境温度升高或出现异常情况时，油品挥发出的可燃蒸气与空气会形成爆炸性混合物，一旦有火花出现，可能发生火灾甚至爆炸，而静电放电时恰恰能够提供火花。因此，消除静电是聚合物加工和使用中一个重要的实际问题。

由于摩擦产生的静电电量和电位取决于摩擦材料的性质、接触面积、压力和相对速度等因素，为了消除或减少静电，可加入抗静电剂来提高材料的表面电导率，使带电的聚合物材料迅速放电以防止静电的积聚或选用适当的材料减少静电的产生使之互相抵消。常用的抗静电剂为表面活性剂，其一端带有亲水基团，另一端带有疏水基团。在聚合物表面涂布表面活性剂，其疏水基团向下，亲水基团向上，亲水基团吸附空气中的水分子，形成一层导电水膜，聚合物表面的静电就可从水膜带走。例如，烷基二苯醚磺酸钾可用作聚酯电影片基的抗静电剂涂层；季胺类、吡啶类、咪唑衍生物等阳离子和非离子型活性剂常用作塑料的抗静电剂。

聚合物的静电现象一般是有害的，但是有时也有一定的作用。例如，人们利用聚合物很强的静电现象研制成静电复印、静电记录等新技术，推动了科研和生产的进步。

8.2　聚合物的导电性能

1977 年，白川英树、A G MacDiarmid 和 A J Heeger 等人发现，聚乙炔薄膜经电子受体掺杂后，电导率增加了 9 个数量级，即从 10^{-6} S/cm 增加到 10^3 S/cm。这一发现，打破了聚合物都是绝缘体的传统观念，开创了导电聚合物的研究领域。此后，人们又相继发现聚吡咯（PPy）、聚苯胺（PAn）、聚噻吩（PTh）等共轭聚合物经掺杂后具有导电性，从而大大拓宽了导电聚合物的研究范围。2000 年三位科学家获得诺贝尔化学奖。

8.2.1 聚合物的电导率

材料的导电性是由于物质内部存在传递电流的载流子，它们可以是电子、空穴，还可以是正、负离子。材料的电导率等于每个载流子电荷量、载流子浓度以及迁移率的乘积。在聚合物中载流子浓度一般较低，尤其是被离子杂质浓度影响的聚合物更为明显。有些好的绝缘体，如石英、聚乙烯和聚四氟乙烯，电导率非常小。

当试样加上直流电压 U 时，如果流过试样的电流为 I，则试样的电阻 R 为

$$R = \frac{U}{I} \tag{8.25}$$

试样的电导 G 为电阻的倒数：

$$G = \frac{1}{R} = \frac{I}{U} \tag{8.26}$$

电阻和电导的大小又与试样的几何尺寸有关：

$$R = \rho \frac{D}{S} \tag{8.27}$$

$$G = \sigma \frac{S}{D} \tag{8.28}$$

式中，D 为试样厚度；S 为试样面积；ρ 为电阻率，电导率的倒数，单位为 $\Omega \cdot m$；σ 为电导率，定义为单位电位下，流过 1 cm^3 材料的电流，单位为 $\Omega^{-1} \cdot m^{-1}$。

显然，电阻率与电导率都不再与试样的尺寸有关，只由材料的性质决定且它们互为倒数，两者皆可以用来表征材料的导电性。各种材料的导电性如表 8.3 所示。

表 8.3 各种材料的导电性

材料	电阻率/$(\Omega \cdot m)$	电导率/$(\Omega^{-1} \cdot m^{-1})$	材料	电阻率/$(\Omega \cdot m)$	电导率/$(\Omega^{-1} \cdot m^{-1})$
绝缘体	$10^{13} \sim 10^7$	$10^{-18} \sim 10^{-7}$	导体	$10^{-5} \sim 10^{-8}$	$10^5 \sim 10^8$
半导体	$10^7 \sim 10^{-5}$	$10^{-7} \sim 10^5$	超导体	10^{-8} 以下	10^8 以下

有时需要区分材料表面和内部的导电性差异，可用表面电阻率和体积电阻率进行表示。测量方法如下：将试样放置于电极之间，施加直流电压 U，测量流经整个试样的电流 I_V，得到体积电阻 R_V，从而计算出体积电阻率 ρ_V：

$$\rho_V = R_V \frac{S}{D} = \frac{U}{I_V} \times \frac{S}{D} \tag{8.29}$$

若在试样的一个面上放置两个电极，施加直流电压 U，测得沿两个电极试样表面层上流过的电流 I_S，则可推算出表面电阻 R_S，进而求得表面电阻率 ρ_S：

$$\rho_S = R_S \frac{l}{b} = \frac{U}{I_S} \times \frac{l}{b} \tag{8.30}$$

式中，l 为电极宽度；b 为电极间距离。

研究表明，材料导电性的好坏与载流子所带电荷量 q、迁移速率 v 以及载流子的密度 N 有关，迁移速率 v 与电场强度 E 成正比，比例系数为迁移率，以 μ 表示。

对于长度和截面积均为 1 的单位立方体试样，电流和电压可表示为

$$I_u = Nq\mu E \tag{8.31}$$

$$U_u = E \tag{8.32}$$

则宏观物理量电导率 σ 与微观物理量载流子密度 N、电荷量 q、迁移率 μ 之间存在下列关系：

$$\sigma = Nq\mu \tag{8.33}$$

8.2.2　导电聚合物的结构与导电性

一般来说，大多数聚合物中存在离子电导，尤其在没有共轭双键、电导率很低的非极性聚合物，主要导电机理是离子电导。共轭聚合物、聚合物的电荷转移络合物（电荷转移型聚合物）、半导体，则具有强的电子电导。

1. 共轭聚合物

在共轭聚合物中，分子内存在空间上一维或二维的共轭双键体系，π 电子轨道的交叠使 π 电子具有和金属中电子类似的特征，可在共轭体系中自由运动，并跳跃来实现分子间的电子迁移。共轭聚合物（如蒽类、聚乙炔等化合物）具有半导体性甚至导电性，由于高分子内的电子云交叠，故具有一定的导电性，但分子量不高且共轭不完整，仍属于半导体。另外，共轭双键结构存在于聚硫化氮 $(SN)_n$ 单晶中，使其在分子链方向具有金属导电性。焦化聚合物中，聚丙烯腈的热解处理研究最为充分。在 $200\sim300\ ℃$、有氧存在时，共轭六元环中形成含亚氨基官能团，然后在惰性气氛中处理，主链脱氢生成全共轭梯形结构。随着温度升高至 $600\ ℃$ 及以上，NH_3 或 HCN 被脱去，从而形成延伸平面的类石墨层内结构，其纤维轴方向呈现金属导电性。

2. 电荷转移聚合物

电荷转移聚合物是一种具有高电子导电性的有机化合物，是由电子给予体和电子接受体之间的电子部分或者完全转移形成的。

$$D+A \rightarrow D\delta + A\delta - 电荷转移络合物$$

电荷转移络合物在其晶相中看，是由电子受体和给体互相交替堆砌而成的脆性固体，其电导率具有各向异性且沿交替堆砌的方向最高。

例如，采用聚 2-乙烯吡啶或聚乙烯咔唑作为高分子电子给体，碘作为电子受体，已

在高效率固体电池锂–碘电池中得到了实际应用，电导率约为 10^{-1} $\Omega^{-1} \cdot m^{-1}$，聚乙烯咔唑–碘的电导率约为 10^{-2} $\Omega^{-1} \cdot m^{-1}$。

在 π 共轭体系电荷转移复合物中，给体和受体都是平面共轭分子，它们以分子柱的形式在晶体中排列。在一个 π 电子云相互作用的平面分子柱中，电子呈现一维周期性势能，形成能带。能带的带宽取决于相邻平面分子间 π 电子云的交叠程度。当分子柱间的间隙均匀且有最小面间距时，能带最宽，导电性最好。

另一类电荷转移聚合物是离子自由基盐聚合物，即以电子给体聚合物与小分子受体（如卤素）经电荷转移组成正离子自由基盐聚合物；或由正离子型聚合物（包括主链为正离子）与 TCNQ（四氰基对二压基苯醌）类受体分子的负离子自由基组成负离子自由基盐聚合物。例如，聚乙烯吡啶体系可示意如下：

$$\left[\begin{array}{c} \overset{H}{C} - \overset{H_2}{C} \end{array}\right]_n$$

N⁺TCNQ

3. 掺杂

与饱和聚合物相比，共轭聚合物能隙小，电子亲和力大。共轭聚合物极易与电子受体或给体发生电荷转移，通过掺杂可大大提高导电性。例如，将聚乙炔薄膜暴露在 Cl_2、Br_2 或 I_2 等卤素蒸气中时，其电导率竟然能增加 9 个数量级，这就是所谓的掺杂。

若用 P 表示共轭聚合物的基本结构单元（如聚乙炔中的 $-\overset{H}{C}=$ ），P_n 表示其他聚合物，y 表示掺杂剂浓度，则化学掺杂过程的电荷转移反应可用下式表示：

$$P_n + nyA \longrightarrow (P^{+y}A_y^-)_n$$

$$P_n + nyA \longrightarrow (P^{-y}A_y^+)_n$$

可以看出，虽然受体 A（或给体 D）分子分别接受（或给出）了一个电子，变成了负离子 A^-（或正离子 D^+），但是共轭聚合物中每个单元链节 P 却只有 y 个电子发生了迁移（y 值很小，一般小于 0.1），或者说在掺杂过程中只有部分电荷发生转移，这正是提高掺杂共轭聚合物导电性的重要原因。

实验证实，碘在掺杂聚乙炔时，以 I_3^- 和 I_5^- 离子形式存在，即

$$3I_2 + 2e \longrightarrow 2I_3^-$$

$$I_3^- + I_2 \longrightarrow I_5^-$$

用 $FeCl_3$ 掺杂聚乙炔时，以 FCl_4^- 离子形式出现，即

$$2FeCl_3 + e \longrightarrow FCl_4^- + FeCl_2$$

共轭聚合物掺杂过程的电荷转移是个可逆过程。因此，控制其掺杂和脱掺杂作用，为导电聚合物开辟了新的应用前景。例如，利用聚乙炔的掺杂和脱掺杂现象，可以充放有机二次电池。

典型的 π 共轭导电聚合物的电导率如表 8.4 所示。

表 8.4　典型的 π 共轭导电聚合物的电导率

聚合物	英文名称（简称）	掺杂剂	电导率 $\sigma/(S \cdot cm^{-1})$
聚乙炔	polyacetylene（PA）	I_2，AsF_5，$FeCl_3$，$SnCl_2$，Li^+，Na^+，ClO_4^-，NR_4^+ 等	$10^3 \sim 2 \times 10^5$
聚噻吩及其衍生物	polythiophene（PTh）	I_2，SO_4^{2-}，$FeCl_3$，$AlCl_4^-$，Li^+，ClO_4^-，BF_4^-，NMe_4^+ 等	$10 \sim 600$
聚吡咯及其衍生物	polypyrrole（PPy）	ClO_4^-，BF_4^-，SO_4^{2-}，I_2，Br^- 等	10^3
聚对亚苯基	poly（p-phenylene）（PPP）	AsF_5，SbF_5，ClO_4^-，Na^+，Li^+ 等	$10^2 \sim 10^3$
聚苯胺	polyanilne（PAn）	ClO_4^-，BF_4^-，SO_4^{2-} 等	10^2
聚苯并噻吩	poly（isothianaphthalene）	ClO_4^- 等	10^2
聚对苯乙炔	poly（phenylene vinylene）（PPV）	I_2，AsF_5 等	5×10^3
聚噻吩乙炔	poly（throphene vinylebe）（PTV）	I_2 等	2.7×10^3
聚双炔及其衍生物	polydiacetylene（PDA）	I_2	$10^{-2} \sim 10^0$
一维石墨	—	—	$10^2 \sim 10^3$
聚苯硫醚	poly（phenylene sulfide）（PPS）	AsF_5	10^0

注：1. 表中列出的是已报道的以各种不同方法合成的材料的最大值，作为参照，金属铜在室温下，为 5.5×10^5 S/cm。

2. 聚苯并噻吩是一种可以透过大部分可见光的透明性导电聚合物。

8.2.3　离子电导

从导电机理来看，在聚合物中除存在电子电导外，还存在离子电导，即离子质量在电场作用下通过介质的传导。

离子电导的判据是质量的传递。离子是一种电解产物，如酸、碱、盐在溶液中或多或少能离解成荷电体。聚合物经过长时间通电，若在电极附近的材料中有电解产物沉析，则可确定为离子电导机理。那么如何判断材料的电导是离子电导还是电子电导？根据它们不同的物理效应，即用霍尔效应可检验材料是否存在电子电导，用电解效应可检验材料是否存在离子电导。由于电子在磁场作用下会产生横移，会导致离子比电子的质量大得多，但是磁场作用力不能使它产生横移，所以纯离子电导不可以呈现霍尔效应。离子的迁移伴随着一定的物质变化，离子在电极附近发生电子得失，从而产生新的物质，因此可以检验材料是否存在离子电导。

在含有离子型载流子的聚合物体系中，如离子键聚合物、高分子聚电解质、含有能电离基团或加进某些离子性材料时，离子电导起着主导作用。

有些聚合物分子自身能离解，提供离子型载流子。例如，聚酰胺结构内，相邻两个酰胺基可发生自离解，跟随而来的是质子转移和质子、电子转移。在聚烯烃中也有类似的电导机理。

除了聚合物自身离解外，在外场作用下，还可发生场助离解。此外，在合成、加工和使用过程中，进入聚合物材料的催化剂、添加剂填料及水分和其他杂质的解离，都可以提供导电离子。特别是对于电导率很低的非极性聚合物，这些外来离子成为导电的主要载流子。

长期以来，提及离子导电聚合物，一般指聚电解质或者含有大量溶剂的极性聚合物体系。实际上，它们电导率的量级很低。1973 年，P V Wright 首次发现一种含杂原子的结晶聚合物聚环氧乙烷 $\left[O-(CH_2)_2\right]_n$（PEO）碱金属盐（$M^+X^-$）络合物可以提高导电性能，晶区内两条主链呈内径为 2.6Å 的双螺旋结构，此通道恰好适宜于半径较小的 Na^+、Li^+ 等阳离子，且 Li^+ 最佳。

综上所述，从导电机理来看，聚合物存在电子电导，也存在离子电导，即载流子，可以是电子、空穴，也可以是正、负离子。电导各有其特点，在多数聚合物中，由于导电性很小，故确定它属于哪一种导电机理并不容易。实际上，在聚合物中，可能同时存在两类载流子，两种导电机理都起作用，实验条件的影响还增加了鉴别导电机理的复杂性。

习　题

一、思考题

1. 什么是介电性？分子极化有哪几种？介电常数表征了电介质的什么性质？聚合物产生介电损耗的原因是什么？

2. 影响聚合物介电性的因素有哪些？介电松弛谱有哪两种形式？

3. 什么是驻极体？试述制造聚合物驻极体的一般步骤。什么是热释电流法？

4. 影响聚合物导电性的因素有哪些？导电高分子材料有哪两类？

5. 聚合物发生介电击穿的破坏机理有哪几种？

6. 如何判断不同聚合物摩擦起电时的电荷正负？

二、选择题

1. 聚合物的导电性随温度升高而（　　　）。

①升高　　　　　②降低　　　　　③不变

2. 在交变电场中，聚合物电介质消耗一部分能量而发热的现象称为（　　　）。

①介电损耗　　　②电击穿　　　　③静电作用

3. 分子极性越强，极化程度越大，则聚合物的介电常数（　　　）。

①越大　　　　　②越小　　　　　③测定值越偏离理论值

4. 极性聚合物与非极性聚合物相比较，其导电性（　　　）。

①相等　　　　　②较差　　　　　③较好

5. 极性聚合物介电常数较大的主要原因是（　　　）。

①电子极化　　　②取向极化　　　③原子极化

第9章
火炸药中常用聚合物的结构与性能

火炸药是武器系统中常用的一类提供发射和毁伤能量的含能材料，其性能的优劣与所含组分物质的性质直接相关。为了使火炸药具有所需的使用性能，经常会使用一些聚合物材料作为火炸药的主要组分之一或性能改进剂。本章主要论述几种在火炸药中常用聚合物的结构与性能，并简要介绍目前火炸药领域中人们所研发的一些新型含能聚合物的情况，以期为涉及火炸药专业的学生和技术人员提供一些相关的基础知识。

9.1 火炸药中常用的聚合物类型

火炸药是人们对火药和炸药的总称，其中火药包括发射药（用于枪炮等身管武器中）和推进剂（用于火箭、导弹等）。火药主要用来提供发射弹丸的能量，炸药主要用于爆炸做功。火药产品的组分里基本含有聚合物，而在其组分中使用了聚合物的炸药产品主要是聚合物黏结炸药。

通常，火炸药中所含聚合物的主要作用，一是作为体系的黏结剂基体物质，能够把火炸药中的其他组分物质黏结成一体，制备成使用性能满足要求的药型；二是作为火炸药提供能量的物质之一，在燃烧或爆炸过程中贡献部分化学能。

从高分子物理的角度看，火炸药中所用聚合物的性质对火炸药性能的影响主要体现在其作为黏结剂的作用上，聚合物的性质直接影响火炸药在制备过程中的成型加工性能（药料的流变性能和固化方式）以及火炸药的使用性能（主要是力学性能）。由于火炸药本身具有易燃易爆性，为保证其制备过程的安全，火炸药的成型加工过程不可能使用像一般民用高分子材料成型加工中常用的高温成型条件，故通常是选用合适的溶剂使聚合物溶解或溶胀，以便使混合药料具有塑化可成型性，在较低的温度和一定的成型压力或固化成型条件下制备成所需的药型，或者是采用某种低聚物或预聚体，使具有流动性的混合药料于一定形状的成型模具中发生化学反应固化成产品形状，成型后的火炸药半成品再经过一定的后处理工序便成为可供使用的火炸药产品。由此可见，只要火炸药中使用了某种聚合物作为黏结剂或改性剂，其成型加工过程中就会涉及该聚合物的溶解溶胀（包括溶剂的选择）以及聚合物基复合物料的流变加工性能，其使用性能中也会涉及以聚合物为黏结基体的体系结构状态和力学性能等问题，这些问题属于需要运用高分子物理学的知识去考虑和解决的问题。

在火炸药中使用的聚合物按其分子链结构是否有含能基团可划分为两大类型：含能聚合物；非含能聚合物。聚合物分子链结构中常见的含能基团有—NO_2，—O—NO_2，$\equiv N$—NO_2，—$N\equiv N$—，$\equiv N\equiv N$，—N_3，—NF_2 等。由于火炸药是作为提供推进或爆炸能量的一类含能材料使用的，故在不要求高能或者火炸药的基本配方足以满足能量要求的前提下，火炸药中所用的聚合物可以采用非含能聚合物作为黏结剂或改性剂；而对于一些需要高能的火炸药产品，使用非含能聚合物作为组分物质会严重降低产品的总能量，因此需要采用一些含能聚合物作为黏结剂或改性剂，以使火炸药产品的总能量达到使用要求。

最早用于火炸药的含能聚合物是硝化纤维素，如今它仍是火药中最常用的含能聚合物。后来人们陆续研发了一些新型含能聚合物（例如，缩水甘油叠氮聚醚、氧杂环烷烃聚合物、聚缩水甘油醚硝酸酯、纤维素基含能聚合物、含能热塑性弹性体、氟化聚合物等），并积极促进这些含能聚合物在火炸药中的应用。

可用于火炸药的非含能聚合物很多，常用的有聚氨酯、聚丁二烯、聚硫橡胶、聚氯乙烯等。从原理上讲，只要是能够满足火炸药的成型加工条件要求以及成型后火炸药使用性能要求的聚合物，都可以作为火炸药中的聚合物黏结剂使用。但是有的聚合物在复合火药技术的发展过程中因其固有的缺点而逐渐被性能更好的黏结剂所取代。例如，聚氯乙烯在 20 世纪 50 年代被用于制造塑溶胶火药，然而采用聚氯乙烯作黏结剂制备火药时固化温度较高，容易在药柱中造成热应力和药柱收缩，难以与壳体黏结，并且药柱的低温力学性能不佳，其燃烧产物中含有氯化氢等腐蚀性气体，因此阻碍了聚氯乙烯在军用复合火药中的广泛应用。

作为黏结剂的聚合物在复合火药中的含量虽然可低至 10%~15%，但其对复合火药的物理化学性能和药料加工工艺性能起着重要的作用。对于制备复合火药中使用的聚合物黏结剂，基于火药产品的特殊性，应该满足下列要求：

（1）黏结剂燃烧时应具有较高的燃烧热值，其本身的生成焓应较高；

（2）黏结剂的燃烧产物中不含有固体物质和有毒物质；

（3）黏结剂具有理想的黏结性能，能够将大量的固体颗粒等牢固地黏结在一起；

（4）黏结剂经过固化成型后，具有良好的物理机械性能，例如要求在使用环境的低温下（-50 ℃）伸长率不小于 20%，玻璃化温度和脆折温度要尽可能低（<-50 ℃）等；

（5）黏结剂无论是呈固态还是呈液态，均应具有良好的加工成型性能，例如在适宜的加工条件下，能使药料具有适宜的黏度和合理的流动性能，能够安全顺利地进行挤压成型或浇注成型；

（6）黏结剂发生固化时放热越少越好，以避免固化时升温所带来的危险和药柱内产生较大的热应力，固化成型收缩率应小于 2%；

（7）黏结剂在固化成型过程中不应有挥发性气体逸出，以避免在成型药柱内形成气泡而影响复合火药的燃烧性能和力学性能；

（8）黏结剂与其他组分物质应具有良好的相容性；

（9）黏结剂本身的物理化学安定性好；

（10）黏结剂来源丰富，毒性小，成本低廉。

火炸药中使用的聚合物按制备火炸药时所用聚合物的分子链是否发生化学交联可划分为两大类：热固性聚合物；热塑性聚合物。对火炸药这种一经使用便毁掉的一次性使用产品而言，只要其中聚合物的黏结剂能够使产品性能达到指标要求，不论它是热固性的还是热塑性的，对火炸药的使用性能而言无本质区别意义。然而，对超出服役期或使用质量保证期限的废旧火炸药而言，在通过分离其中组分物质或将废旧火炸药进行再加工利用等技术进行废物处理时，其中的聚合物是热塑性的还是热固性的就会造成很大的处理技术差别。

9.2　硝化纤维素的结构与性能

硝化纤维素（nitrocellulose，NC）也称为纤维素硝酸酯，在火炸药行业中常称为硝化棉。它是纤维素与硝酸发生酯化反应（火炸药行业中也称之为硝化反应）的产物，依据其分子链上所含羟基被硝酸酯化的程度不同而具有不同的性能，可依据使用性能要求而用于制造不同的产品。

9.2.1　硝化纤维素的结构

硝化纤维素外观上为白色或微黄色的固态纤维素形态，无味，与其硝化反应之前的原料纤维素相比没有太大差异。由于硝化纤维素分子链上的部分羟基被硝酸酯基代替，使硝化纤维素中含有氮原子，所以可以用含氮量（即硝化纤维素中氮的质量分数）来表征硝化纤维素的硝酸酯化程度高低。通常，含氮量为 10.7%～11.2% 的硝化纤维素主要用于塑料工业制造赛璐珞等民用产品；含氮量为 11.3%～11.7% 的硝化纤维素主要用于制造摄影软片、眼睛架和玩具等；含氮量为 11.8%～12.3% 的硝化纤维素主要用于制造喷漆、人造革、胶合板、防锈漆、防水漆等；含氮量为 12.4%～13.0% 的硝化纤维素则主要用于制造火药及爆炸药剂。因为硝酸酯基属于含能基团，硝化纤维素的含氮量较高时意味着其中的硝酸酯基含量较高，使硝化纤维素的含能较高，所以适宜用来制备火炸药产品。

火炸药中所用硝化纤维素的链节结构如图 9.1 所示，其中 x 的数值处于 0～1 之间，其值越大，表示硝化纤维素的含氮量越高，含能越高。当 $x=0$ 时，即为含氮量为 11.11% 的纤维素二硝酸酯；当 $x=1$ 时，即为含氮量最高（14.14%）的纤维素三硝酸酯。但在常规生产中要得到纯的纤维素三硝酸酯的产品是极其困难的，可见火炸药中实际使用的硝化纤维素分子链上

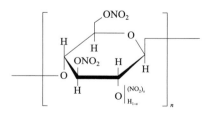

图 9.1　火炸药中所用硝化纤维素的链节结构

都存留有一定量的羟基，只是这些羟基基团在分子链上的分布并非均匀的。一些研究者在采用化学改性的方法对硝化纤维素进行改性时，也利用了硝化纤维素分子链上存留羟基的化学反应性。

通常，火炸药中所使用的硝化纤维素在聚合度、含氮量以及硝酸酯基在分子链上的分布等方面存在不均匀性，可以认为其分子链结构是非均匀性的，因此，有关硝化纤维素的一些表征参量具有统计平均的意义。与纤维素相比，硝化纤维素的分子链上硝酸酯基取代了部分原有的羟基，减少了分子链间羟基之间形成氢键的概率，由于硝酸酯基比羟基的体积大而极性小，故使硝化纤维素分子链比纤维素分子链要柔顺一些。

许多研究者通过 X 射线图像分析，认为纤维素三硝酸酯的晶体部分的晶胞属于斜方晶系，同时，硝化纤维素晶胞的尺寸与其硝化程度（或含氮量）有关，含氮量大于 10.5% 的硝化纤维素显示出结构的结晶特性，并且该特性随含氮量增加而增加，直到含氮量达到 12.8% 时出现明确的纤维素三硝酸酯的特征图像。因此，火炸药中使用的硝化纤维素是一种含有结晶结构的线型高分子，其中晶区和非晶区里的分子链的硝化程度是不均匀的，硝化程度高的部分链节可以是纤维素三硝酸酯的链节结构，而硝化程度较低的部分链节可以是纤维素二硝酸酯的链节结构。

9.2.2 硝化纤维素的性能

硝化纤维素是线型高分子，在常温下处于玻璃态，其玻璃化温度 T_g 为 173～176 ℃。其分解温度 T_d 约为 170 ℃，低于其熔融温度，意味着无法直接由实验测定出硝化纤维素的熔点，也无法采用传统的热塑性高分子熔融加工方法进行硝化纤维素的成型加工。纽曼通过测定硝化纤维素和 γ-丁内酯混合物的熔点，间接估算出含氮量为 12.6% 硝化纤维素的熔点，由外推法计算出硝化纤维素的熔点 T_m 为 890 K（617 ℃）。

硝化纤维素的密度取决于其结构，随含氮量增大而略有升高，含氮量 11.6%～13.1% 的硝化纤维素在 15～20 ℃ 下的密度一般为 1.65～1.67 g/cm^3。通过 X 射线衍射法获得晶胞尺寸得到晶胞体积，从而可以获得晶胞密度 ρ_c。25 ℃ 下纤维素三硝酸酯的晶胞密度为 1.762 g/cm^3，纤维素二硝酸酯的晶胞密度为 1.682 g/cm^3。对于含氮量 12.75% 的硝化纤维素（相当于每个链节有 2.5 个羟基被硝酸酯基所取代），可以采用内插法计算得到其晶胞密度为 1.721 g/cm^3。用良溶剂溶解硝化纤维素，由溶液浇注而成的硝化纤维素材料的密度为 1.58 g/cm^3，即使完全驱除其中的溶剂，密度一般也不超过 1.60 g/cm^3。采用磨碎的方法可以将硝化纤维素的部分结晶态转变为无定形态，磨碎的硝化纤维素粉末的密度是不均匀的，一般为 1.60～1.65 g/cm^3。

硝化纤维素的平均分子量大小与其硝化反应所用纤维素原料，以及硝化反应条件和后处理工艺相关。测定硝化纤维素平均分子量的方法有渗透压法、黏度法、超速离心法、凝胶渗透色谱法和薄层色谱法。实验测得不同硝化纤维素样品的平均分子量范围为 $6 \times 10^3 \sim$

$7.8×10^5$。可以采用溶剂与非溶剂组成的混合溶剂对硝化纤维素进行萃取或沉淀的方法，实施对硝化纤维素分子量分布和含氮量分布的测定。

硝化纤维素的溶解性能无论对于其分子量及分子量分布等性能的测定，还是对于其成型加工或具体产品的应用，都具有重要影响。尤其是在硝化纤维素的实际应用中，要将其用于制备火炸药产品、塑料制品或涂料，必须将其制备成浓溶液形态才能进行加工或者应用。

对硝化纤维素有一定溶解能力的溶剂，按化学性质不同，可分为下列几类：

（1）醇类，如甲醇、乙醇、丙醇等，其中乙醇在火炸药行业中较常用；

（2）醛类，如乙醛、苯甲醛、糠醛等；

（3）酮类，如丙酮、甲乙酮、戊酮-3、苯乙酮、环己酮、樟脑等，其中丙酮和樟脑在火炸药行业中较常用；

（4）醚类，如甲醚、乙醚、丁醚等，其中乙醚在火炸药行业中较常用；

（5）无机酸酯，如硝酸酯（在火炸药行业中常用的硝化甘油和其他硝酸酯）、硅酸酯、磷酸酯、硝酸和盐酸的混合酯；

（6）有机酸酯，如甲酸酯、乙酸酯（火炸药行业中常用的乙酸乙酯）、丙酸酯、草酸酯、顺丁烯二酸酯、邻苯二甲酸酯、氨基甲酸酯及氨基甲酸苯酯；

（7）N-取代脲，如乙酰替苯胺、取代的脲衍生物；

（8）脂肪族硝基化合物，如硝基甲烷、硝基乙烷等；

（9）芳香族硝基化合物，如硝基苯、硝基甲苯、二硝基苯、二硝基甲苯等；

（10）杂环化合物，如吡啶、甲基吡啶、二甲基吡喃酮。

在上述各种溶剂中，带有羰基的溶剂对硝化纤维素的溶解能力较强，而带有羟基的溶剂对硝化纤维素的溶解能力较弱。需注意的是，上述各种化合物作为硝化纤维素的溶剂并非都能溶解各种不同含氮量的硝化纤维素，即硝化纤维素的溶解性能不仅取决于其平均分子量的大小，还取决于其含氮量的多少，需要根据硝化纤维素的平均分子量及含氮量来选择合适的溶剂。只有少数溶剂（如丙酮、乙酸乙酯、环戊烷等）能够溶解低含氮量的硝化纤维素；高含氮量的硝化纤维素也仅能在丙酮、乙酸乙酯等少数溶剂中完全溶解；大多数溶剂只对中等含氮量的硝化纤维素有一定的溶解能力。此外，在制备火药产品时，通常会使用混合溶剂（如乙醇与乙醚组成的醇醚溶剂，乙醇与丙酮组成的醇酮溶剂）来使硝化纤维素发生溶胀、溶解，进而成为可塑化成型的药料。

硝化纤维素在某一溶剂中的溶解度，指在一定条件（如某一温度）下硝化纤维素在足够量的溶剂中发生溶胀、溶解，直至达到溶解平衡时，在此溶剂中溶解的硝化纤维素在全部所测硝化纤维素样品中所占的质量分数。由于硝化纤维素的溶解过程是其大分子链与溶剂相互作用的物理化学过程，故硝化纤维素的结构（决定了含氮量）和平均分子量，以及所用溶剂种类是决定硝化纤维素在所用溶剂中溶解度大小的主要因素。温度对硝化纤维素溶解度和溶解速度的影响较为复杂，主要取决于溶剂的种类和硝化纤维素的含氮量。例如，三种含氮量的硝化纤维素在1∶2醇醚溶剂中的溶解度是随温度升高而降低的（见表9.1）；含氮量13.33%的硝化纤维素在良溶剂中常温下需1 h达到完全溶解，在−40 ℃下只需0.5 h甚至更少时间就能达到完全溶解。低温有利于硝化纤维素的溶解，原因为硝化纤维素的溶解过程有热量放出，降低温度有利于硝化纤维素的溶解进行。

表 9.1　硝化纤维素在1∶2醇醚溶剂中的溶解度

溶解度×100　　　含氮量/%　温度/℃	13.33	13.10	12.86
+40	5.4	—	—
+16 ~ +18	6.7	27.1	41.1
0 ~ +2	10.2	28.1	43.2
−20 ~ −22	16.4	33.2	46.7
−28 ~ −32	21.0	42.0	56.0
−38 ~ −40	27.7	95.0	100
−45 ~ −47	100	100	100
−65	100	100	100

硝化纤维素的纤维形态在外观上与其硝化反应原料纤维素的形态相似，呈管状结构，具有很大的内表面，并因其大分子链上含有羟基和硝酸酯基，使硝化纤维素具有吸附性，表现为对空气中水分的吸附以及对其他物质的吸附。硝化纤维素的吸湿性明显低于纤维素，并且吸湿性随其含氮量增大而降低。

在光学性能方面，与纤维素一样，硝化纤维素也具有光的双折射现象，其双折射光的强度与方向由其含氮量而定。当含氮量较小乃至达到11%~11.5%时，都呈现正双折射光；当含氮量达到约11.8%时，则不具有双折射光，而呈现光学各向同性；当含氮量≥11.8%时则开始显示出负折射光现象，并且折射光强度随含氮量增加而增大。硝化纤维素的光学双折射现象与其分子链结构、结晶度、分子链的定向排列等因素有关，其双折射光的方向随含氮量的转变可以认为是大量的平面构型的硝酸酯基以垂直于纤维轴的方向插入所致。硝化纤维素在偏振光下可以产生偏振光的干涉，偏振光的干涉色随硝化纤维素含氮量的改变而发生相应的变化。利用这一点，有研究者测定了硝化纤维素含氮量与偏光色的对应关系，并研制了可以测定硝化纤维素中含氮量分布的仪器，获得硝化纤维素中含氮量非均匀性的状况。

干燥的硝化纤维素易于因摩擦或者在干燥过程中空气流的作用而带上静电，带有静电的硝化纤维素容易因放电而着火。可以通过增加硝化纤维素的含水量和空气湿度来消除静电。有研究者发现硝化纤维素溶液具有一定的导电性，其丙酮溶液的导电性与其浓度成比例。溶液的电泳实验证明硝化纤维素的质点带负电荷，电解该溶液会使硝化纤维素凝胶集中在阳极。

9.3　聚氨酯的结构与性能

聚氨酯（polyurethane，PU）是聚氨基甲酸酯的简称，它是一类主链上含有氨基甲酸酯基团（—NH—COOR—）的聚合物。由于聚氨酯具有耐磨性好、硬度范围宽、强度较高、伸长率高、负载支撑容量大、减振效果好、耐油性能优异等特点，故被广泛地用于制造各种民用产品。依据制造工艺不同，可将聚氨酯划分为四大类：聚氨酯混炼胶；聚氨酯浇注胶；聚氨酯水乳胶；聚氨酯热塑胶。民用产品中常见的聚氨酯皮革、聚氨酯黏结剂、聚氨酯涂料、聚氨酯弹性纤维、聚氨酯泡沫橡胶等，都是上述四类聚氨酯派生出来的具体应用部分。

在火炸药行业中聚氨酯主要用于制备复合固体推进剂，又称为聚氨酯基推进剂，它是以聚氨酯弹性体为基体，以无机氧化剂、金属粉和其他附加成分为填料的一种复合火药，其中的聚氨酯不仅起黏结剂的作用，还起部分燃料（还原剂）的作用，在点火燃烧时与氧化剂发生反应释放化学能，以提供推进动能。聚氨酯基推进剂是世界各国大量使用的一种固体推进剂，其优点为具有较高的能量、燃烧稳定、力学性能和耐老化安定性较好、制备时固化温度较低、固化放热少和体积收缩少、有良好的黏结性能、与火箭燃烧室衬里结合牢固。

9.3.1　聚氨酯弹性体的结构

聚氨酯是以多羟基化合物、多异氰酸酯以及扩链剂为主要反应物，通过异氰酸酯与羟基（或胺基）发生逐步聚合反应而生成的一大类型共聚物。聚氨酯的分子链结构比其他均聚物要复杂些，取决于所采用的反应物类型。例如，当采用二醇类的多羟基化合物和扩链剂与二异氰酸酯反应合成线型聚氨酯时，其链节结构式为

$$\left[R''-O-\overset{O}{\underset{\parallel}{C}}-\overset{H}{\underset{|}{N}}-R-\overset{H}{\underset{|}{N}}-\overset{O}{\underset{\parallel}{C}}-O-R'-O-\overset{O}{\underset{\parallel}{C}}-\overset{H}{\underset{|}{N}}-R-\overset{H}{\underset{|}{N}}-\overset{O}{\underset{\parallel}{C}}-O \right]_m$$

其中，—R、—R′和—R″分别代表聚合反应时所采用的二异氰酸酯、扩链剂和多羟基化合物中所含的基团或链段。因合成聚氨酯时所采用的反应物不同，这些基团或链段的差别会使聚合得到的聚氨酯具体分子链结构各异，故展现出不同的性能。

合成聚氨酯的反应物中，较为常用的多异氰酸酯有甲苯二异氰酸酯（TDI）、4，4′-二苯基甲烷二异氰酸酯（MDI）、六亚甲基二异氰酸酯（HDI）、异佛尔酮二异氰酸酯（IPDI）等；常用的多羟基化合物主要有端羟基聚醚类、端羟基聚酯类、端羟基聚烯烃类等几种长链二醇低聚物，如果多羟基化合物为三醇类低聚物，则可在聚合反应中形成交联结构；常用的扩链剂有二醇类（如乙二醇、丙二醇等）和二胺类（如乙二胺）小分子化

合物。由此可见，依据聚合反应时所用反应物不同，聚氨酯的分子链结构中，除含有氨基甲酸酯这一特征基团外，还可能同时含有酯基、醚基、烃基、芳香基、脲基、酰胺基等各种特性基团。

对于热塑性的线型聚氨酯，其分子链可视为由柔顺性链段（软段）和刚性链段（硬段）交替连接而成的嵌段共聚物，其中，柔顺性链段由多羟基低聚物构成，刚性链段由多异氰酸酯与小分子扩链剂反应生成。当刚性链段足够长和极性足够大时，会使聚氨酯的聚集态中发生微相分离，即刚性链段彼此聚集在一起，形成许多玻璃化温度高于室温的玻璃态或结晶态微区（称之为塑料相），而玻璃化温度低于室温的柔顺性链段则构成了聚氨酯中的连续相（称之为橡胶相）。在使用温度下，塑料相的微区起物理交联点的作用，橡胶态的连续相则使聚氨酯呈现橡胶的弹性体特征，主要影响聚氨酯的高弹性和低温性能。当把线型聚氨酯加热到一定的高温时，其中的塑料相硬段微区熔融，物理交联点消失，便可以采用热成型加工方法制造产品，因此，线型聚氨酯也是一种热塑性弹性体，其聚集态结构如图 9.2 所示。

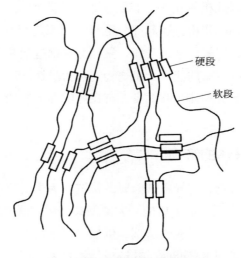

图 9.2　线型聚氨酯的聚集态结构

聚氨酯弹性体的品种繁多，划分类型的标准各有不同。如果按照聚氨酯弹性体中软段的来源不同，则可将聚氨酯划分为聚醚型聚氨酯、聚酯型聚氨酯、聚烯烃型聚氨酯、聚硅氧烷型聚氨酯等。如果按照聚氨酯弹性体中硬段的多异氰酸酯的结构不同，则可将聚氨酯弹性体划分为两大类型：脂肪族聚氨酯；芳香族聚氨酯。聚氨酯软段和硬段的分子链结构差异，是造成聚氨酯各类品种性能差异的根本内因。

9.3.2　聚氨酯弹性体的性能

聚氨酯弹性体的聚集态结构中是否发生微相分离以及微相分离的程度显著与否、硬段的塑料相在软段的橡胶相中分布的均匀性等，都直接影响聚氨酯弹性体的使用性能（尤其是力学性能)。实际上,软段和硬段各自的分子链结构及分子量大小影响聚氨酯弹性体的微相分离状况,聚氨酯弹性体独特的强度和宽范围的物性来源于其适度的微相分离形态结构。

基团之间的内聚能大小决定了分子链间作用力的大小,从而决定了分子链聚集态的力学强度高低。在聚氨酯分子链上含电负性较强的氮原子、氧原子的基团和含氢原子的基团之间会形成氢键,能成氢键的基团的内聚能高于不能成氢键的基团的内聚能。分子链之间是否存在氢键以及氢键的多少,是影响聚合物性能的重要因素之一,能形成氢键的聚氨酯弹性体具有较高的力学强度和耐磨性。由于酯基的内聚能比脂肪烃和醚基的内聚能高(见表9.2),所以聚酯型聚氨酯的力学强度高于聚醚型聚氨酯和聚烯烃型聚氨酯的力学强度。

表 9.2 各种基团的内聚能

基团	内聚能/(kJ·mol^{-1})	基团	内聚能/(kJ·mol^{-1})
—CH$_2$—	2.84	—COOH—	23.4
—O—	4.18	—OH—	24.2
—CH$_3$	7.11	—NHCO—	35.5
—CO—	11.12	—NHCOO—	36.4
—COO—	12.1	—NHCONH—	>36.5
苯基	16.3		

聚氨酯中的软段和硬段虽然有一定的混溶性,但硬段相区和软段相区具有热力学的不相容性质,导致产生微相分离的结构,并且软段微区和硬段微区会表现出各自的玻璃化温度。软段和硬段依据其分子链的结构是否具有结晶能力,决定了其聚集态中是否会形成晶区。结构较规整、含极性及刚性基团较多的线型聚氨酯,其分子链间形成氢键较多,结晶能力较高时,将会使聚集态中晶区含量增多。结晶程度的高低,直接影响聚氨酯的某些性能,例如力学强度、硬度和软化点、耐溶剂性等。如果在结晶性的线型聚氨酯分子链中引入少量支链或侧基,则会使其结晶性下降;若增加分子链间的交联度到一定程度,就会使分子链失去结晶性,从而使聚氨酯由较坚硬的半结晶态变成弹性较大的无定形态。

聚氨酯中软段分子链的柔顺性大小直接影响聚氨酯弹性体的性能,软段分子链越柔顺,其玻璃化温度越低,伸长率越大。据报道,柔顺性链段越柔顺,越容易使聚氨酯发生微相分离。一般来说,对于聚醚型聚氨酯,由于软段中的醚基较易发生内旋转,链的柔顺性比聚酯型聚氨酯好,使得聚醚型聚氨酯容易形成微相分离的结构,故具有优越的低温性能;并且聚醚型聚氨酯中不存在相对较易水解的酯基,其耐水解性也好于聚酯型聚氨酯。不论是聚醚型聚氨酯还是聚酯型聚氨酯,其中软段的平均分子量过小时,都会使聚氨酯的弹性和低温性能较差；软段的平均分子量越大，越易发生微相分离，但如果软段发生了结晶，则不利于微相分离。在总的平均分子量相同的情况下，聚酯型聚氨酯的力学强度会随着其软段分子量增加而提高，而聚醚型聚氨酯的力学强度却随着其软段分子量增加而下降。原因为聚酯型聚氨酯的软段本身的极性大于聚醚型聚氨酯软段的极性，当软段的分子量较大时，可提高分子链间作用力，有利于改善强度；而聚醚型聚氨酯的软段极性相对较弱，链的柔顺性较大，当软段分子量增大时，硬段的相对含量就减少了，会使整个弹性体的强度降低。软段的结晶性对线型聚氨酯的整体结晶性有较大的贡献，一般来说，结晶性较高时对提高聚氨酯制品的性能有利，但有时结晶区较多会降低材料的低温强度。

　　合成聚氨酯所用的多异氰酸酯和扩链剂的结构决定了硬段的结构和性能。据报道，由TDI、HDI 和二醇扩链剂生成的刚性链段，在聚氨酯的聚集态中难以形成塑料微相区，不发生微相分离，形成的是单相弹性体；而由 MDI 和 1，4-丁二醇扩链反应构成的刚性链段，由于苯环数目较多，刚性链段较长，能够形成塑料微相区，故使聚氨酯弹性体发生微相分离。通常，采用芳香族多异氰酸酯会使聚氨酯的硬段刚性较大，内聚力较强，具有比脂肪族聚氨酯更高的力学强度和更好的耐热氧化性能。而采用有对称结构的多异氰酸酯会使聚氨酯的分子链结构规整有序，易形成氢键，结晶能力更强。与采用脂肪族二元醇作扩链剂相比，采用含芳环的二元醇作扩链剂得到的聚氨酯具有更好的力学强度。由二异氰酸酯和二元胺扩链剂构成的含有脲基（—NHCONH—）的刚性链段，由于脲基的内聚能很大，极易形成塑料微区，故含有这种刚性链段的聚氨酯弹性体极易发生微相分离。由于脲基的极性比氨酯基的极性大，故采用二元胺作扩链剂得到的聚氨酯，比采用二元醇作扩链剂得到的聚氨酯有更高的机械强度、模量和更好的黏结性、低温性能。相对而言，聚氨酯的软段在高温下短时间内不会很快被氧化和发生降解，而硬段的耐热性对聚氨酯的耐高温性能有较大影响。聚氨酯硬段中可能出现的几种基团的热稳定性大小顺序如下：

异氰脲酸酯＞脲＞氨基甲酸酯＞缩二脲＞脲基甲酸酯

其中，热稳定性最好的异氰脲酸酯在 270 ℃ 左右才开始分解。

　　对聚氨酯弹性体的微相分离结构进行表征分析的方法有热容法、动态力学分析法、相互作用参数法、红外光谱法。热容法是通过示差扫描量热仪测试得到的 DSC 曲线获取软段玻璃化温度处的热容变化 ΔC_p，利用不同硬段含量聚氨酯样品的 ΔC_p，可以估计分散在软段相之外的软段量，从而定量评价微相分离程度。动态力学分析法是利用动态热机械分析仪测试聚氨酯弹性体的橡胶平台储能模量的温度变化率、软段玻璃化温度的半峰宽，来表征微相分离程度。相互作用参数法是通过分析聚氨酯弹性体的弗洛里-哈金斯参数与其中硬段、软段的溶解度参数的关系，来判断是否发生微相分离及微相分离程度大小。红外光谱法是采用傅里叶变换红外光谱仪测试聚氨酯弹性体样品，通过分析其红外光谱图中氢键吸收峰的变化来表征微相分离程度。

9.4　聚丁二烯的结构与性能

聚丁二烯（polybutadine，PB）作为复合火药中的黏结剂使用，是在 20 世纪 50 年代后期发展起来的。在制备复合火药时应用较多的聚丁二烯黏结剂是端羟基聚丁二烯（HTPB）和端羧基聚丁二烯（CTPB）。由于端羟基聚丁二烯在固化之前的黏度较小，流动性接近于牛顿流动特性，因此可用于制造高固体含量（可达 90%）且具有良好弹道性能和力学性能的复合火药。

聚丁二烯是单体丁二烯发生聚合反应的产物，其链节结构为

$$\left[\!-CH_2-CH=CH-CH_2\!-\right]_n\left[\!-CH_2-CH\!-\right]_m$$
$$\underset{\underset{CH_2}{\overset{\|}{CH}}}{|}$$

其中，1，4 键接的结构单元又可分为顺式结构和反式结构；1，2 键接的结构单元又可分为全同立构和间同立构。聚丁二烯分子链中 1，4 键接的结构单元越多，链的柔顺性越好；反之，1，2 键接的结构单元较多时，玻璃化温度较高，作黏结剂使用时会使产品的力学性能变差。聚丁二烯的玻璃化温度取决于分子链中乙烯基（即 1，2 键接的结构单元）的含量，当乙烯基含量为 10% 时，T_g 为 -95 ℃；而当乙烯基含量为 95% 时，T_g 为 -15 ℃，两者几乎成线性关系。随着聚丁二烯分子链中乙烯基含量增多，其耐磨性、弹性、耐寒性能变差，抗湿滑性能却变好。乙烯基含量为 35%～55% 的聚丁二烯具有较好的综合性能。

聚丁二烯的结晶性能因分子链结构中顺式结构、反式结构、乙烯基结构含量的不同而存在差异。当分子链中顺式结构含量较高时，聚丁二烯的结晶温度约为 -40 ℃，室温下伸长率超过 200% 时也能结晶；当分子链中反式结构含量为 70%～80% 时，聚丁二烯在很宽的温度范围内都能结晶。因此，当需要链柔顺性较大、结晶较少的聚丁二烯用作火炸药的黏结剂时，需要选择有合适链结构的聚丁二烯。

在端羟基聚丁二烯推进剂发展之前，端羧基聚丁二烯推进剂是复合推进剂的主要代表，得到了广泛的应用。用于制备复合火药的端羧基聚丁二烯是平均分子量为 3 500～5 000 的预聚物，两个链端带有羧基，由于其分子链的柔顺性，使复合火药具有较好的力学性能。采用 CTPB 作为黏结剂来制备复合火药时，是利用了其链端的羧基与固化剂发生化学反应来实现复合火药的固化成型，其聚集态结构呈三维网状结构。端羧基可与环氧基或氮丙啶基发生开环反应，因此一些多官能团氮丙啶化合物和环氧化合物常被用作 CTPB 的固化剂。由于在制备复合火药时使用的端羧基聚丁二烯黏结剂的玻璃化温度一般在 -70 ℃左右，使端羧基聚丁二烯火药在较宽的温度范围内具有较好的力学性能，常温拉伸强度为 0.58～3.92 MPa，伸长率大于 10%。CTPB 的热分解性能：加热到 610 K 时开始降解，并同时放气；到 690 K 时排气停止，成为高黏性液体，热分解速度增大；到 730 K 时热分解达到最大值；770 K 时全部完成热分解。

端羟基聚丁二烯推进剂（也称为丁羟推进剂）是在吸收了聚氨酯和 CTPB 的优点基础上发展起来的一类固体推进剂，由于 HTPB 比 CTPB 价格便宜且性能更好，使得 HTPB 推进剂在各种类型的武器中得到了广泛的应用。用端羟基聚丁二烯作复合固体推进剂的黏结剂时，是利用其分子链上的羟基与具有多官能团的固化剂（最常用的是 TDI、IPDI、HDI、MDI 等二异氰酸酯）发生化学反应，并采用多元醇作交联剂，从而实现聚合物基体的固化，其固化原理与聚氨酯火药的固化原理相同。实际上就是将 HTPB 用作合成聚氨酯时的一种多羟基化合物，利用有一定流动性的聚丁二烯预聚物上的羟基与多异氰酸酯反应形成一种聚氨酯类型的聚合物基体，其特殊之处是在较高温度下，HTPB 分子链上双键旁的 α 氢也能参与到异氰酸酯的亲核加成反应中。

制备丁羟推进剂所用的 HTPB 预聚物可采用自由基聚合法、离子聚合法合成。采用离子聚合法可以获得官能度为 2 的 HTPB 预聚物，而采用自由基聚合法获得的 HTPB 预聚物的平均官能度则大于 2。由于 HTPB 的官能度不同，会使固化反应成型后的聚合物基体的结构出现明显不同，造成推进剂产品的性能出现差异。实验表明，采用自由基聚合法获得的 HTPB 预聚物的官能度大于 2 的程度也有所不同，使制备的推进剂试样的力学性能出现差别。

聚丁二烯的民用产品中，最常见的是顺丁橡胶，其中的顺式-1，4-聚丁二烯质量分数高达 96% ~ 98%，分子链结构比较规整，且非常柔顺，T_g 为 -105 ℃，是通用橡胶中弹性和耐寒性能最好的一种产品。顺丁橡胶的耐磨耗性能优于天然橡胶和丁苯橡胶，因其与路面具有低的摩擦系数，特别适合用于制作要求耐磨性高的橡胶制品。反式-1，4-聚丁二烯在室温下呈树脂状，硬度较高，耐磨性能极好，具有耐酸、碱和各种溶剂的特点，加工性能也较好，可用于制造鞋底、地板、垫圈、电气制品等。

9.5 聚硫橡胶的结构与性能

聚硫橡胶（polysulfide rubber）是最早用于复合火药中的一种聚合物，其链端具有可发生固化反应的官能团—SH。采用低聚合度、低黏度的液态聚硫橡胶为黏结剂，利用—SH 与固化剂的反应，以化学交联的方式实现复合火药在壳体中的黏结固化成型。聚硫橡胶用作复合火药黏结剂的优点有具有良好的机械性能和黏结性能，制造复合火药的工艺简单，加工性能良好，聚合固化时收缩率低，成型工艺比较成熟；其缺点是火药中含硫多，燃气平均分子量较大，使火药燃气的做功能力不强在成型时的固化温度较高，因而限制了它的广泛应用。从历史上看，聚硫橡胶火药的出现，首次解决了采用液态聚合物通过浇注工艺制造大型药柱的问题，为研发新型复合火药和改进制造工艺提供了经验。但随着聚氨酯火药和聚丁二烯火药的发展，聚硫橡胶火药已退居次位。

聚硫橡胶有三类：固态聚硫橡胶；液态聚硫橡胶；聚硫胶乳（水分散性的）。用作火药黏结剂的是液态聚硫橡胶，其链节结构为

$$HS \left[(CH_2)_m—O—CH_2—O—(CH_2)_m—S—S \right]_n$$

其中，$m=2\sim4$。当 $m=2$ 时，称为乙基聚硫橡胶（或乙基缩甲醛聚硫橡胶），其玻璃化温度 T_g 为 -51 ℃；当 $m=4$ 时，称为丁基聚硫橡胶（或丁基缩甲醛聚硫橡胶），其玻璃化温度 T_g 为 -46 ℃。液态聚硫橡胶可有多种端基（如巯基、羟基、卤素、胺、多胺、酰胺等），通常反应活性最大的是巯基—SH，它很容易发生氧化反应连接成—S—S—链的大分子，这就是聚硫橡胶火药固化的化学基础。

液态聚硫橡胶在室温下呈琥珀色流体，含水量不大于 0.1%，能溶于苯、甲苯、苯乙烯、环己酮、乙酸乙酯、糠醛、二氯乙烷、苯甲酸等溶剂中；部分溶于二甲苯、丙酮、丁酮、甲乙酮、四氯化碳、硝基甲烷等溶剂中；不溶于甲醇、乙醇、丁醇和脂肪烃等溶剂。

聚硫橡胶的热分解性能：加热到 246.1 ℃时变为黏性流体，并开始缓慢分解；到 252 ℃时液体仍呈黏性，但开始缓慢冒泡放气，形成多泡的黏性液体，热分解活性迅速增大；到 296.1 ℃时达到最大热分解活性；302 ℃时全部完成热分解。

液态聚硫橡胶的平均分子量越大，黏度越大。例如，常温下平均分子量为 4 000 的聚硫橡胶的黏度为 $30\sim45$ Pa·s；平均分子量为 1 000 时黏度为 $0.7\sim1.2$ Pa·s；平均分子量为 300 时黏度为 0.05 Pa·s。聚硫橡胶的黏度大小直接影响复合火药的制备工艺性能，所用聚硫橡胶预聚物的黏度较小时流动性较好，有利于增加火药中的固体含量，从而提高火药的能量；但黏度过小时会使药浆中固体悬浮物发生沉降，造成固化后的药柱中组分物质分布不均匀的现象。因此，制备复合火药所用聚硫橡胶的黏度应以药浆中固体成分悬浮而不沉降为标准。一般用于制备复合火药的液态聚硫橡胶的较佳黏度是 1.5 Pa·s，平均分子量为 $300\sim400$，密度为 $1.23\sim1.32$ g/cm^3，pH 值为 $5\sim8$。

液态聚硫橡胶因含有反应活性较大的—SH 基，经过简单的氧化就可变成高分子聚合物，影响其固化的因素有聚硫橡胶的 pH 值（碱性会促进固化反应）和平均分子量，所用氧化剂种类，固化时的温度和湿度等。

可用作液态聚硫橡胶的固化剂有很多种类型（例如无机氧化剂或氧化物，无机过氧化物，有机过氧化物，有机氧化剂，多异氰酸酯等其他类型的固化剂），在制备聚硫橡胶火药时一般采用对苯醌二肟作固化剂。经固化得到的聚硫橡胶具有良好的抗氧化、抗臭氧、抗日光和气候影响的特性，具有一定的弹性和黏结性，其脆化温度为 $-50\sim-48$ ℃，在 $-50\sim+125$ ℃时力学性能良好，并具有较好的不透气性和防潮性，油脂和一般溶剂、弱酸和弱碱都不能使它溶解，而未经固化的液态聚硫橡胶却能溶于上述溶剂中。

9.6　新型含能聚合物的结构与性能

在火炸药中采用含能聚合物黏结剂替代非含能普通聚合物黏结剂，可以有效提高火炸药的能量。尤其是在复合火药中采用含能聚合物作为黏结剂组分时，可以使火药燃烧时释放出更多的能量，生成更多较低分子量的燃气，从而提高火药的燃烧热和做功能力。

除了在火炸药行业中经常使用的硝化纤维素，人们还研发了一些新型的含能聚合物，以期满足火炸药技术的发展对黏结剂的性能需求。依据黏结剂在最终成型的火炸药中是呈线型的聚合物还是呈化学交联的体型聚合物，可将含能聚合物划分为热固性和热塑性两大类。

9.6.1 热固性含能聚合物

热固性含能聚合物是固化成型之前分子链末端带有多官能团并在固化成型过程中能形成体型聚合物的含能预聚物，或是分子链上带有含能基团，可通过其链端的官能团与交联剂发生化学反应形成体型聚合物的低聚物。采用热固性含能聚合物作为黏结剂时，主要通过浇注工艺制造火炸药产品。目前在火炸药中常用的热固性含能聚合物有叠氮类含能聚合物、硝酸酯类含能聚合物、二氟氨基类含能聚合物等。

叠氮类含能聚合物是分子链中含有叠氮基团（—N_3）的聚合物，它是目前人们研究最多的含能聚合物之一。由于叠氮基团能量高，故其热分解先于大分子主链且独立进行，不仅能够提高火药的能量，还可以加速火药的分解，降低爆温，减少对身管武器的烧蚀。代表性的叠氮类含能聚合物主要是聚叠氮缩水甘油醚（或称为缩水甘油叠氮聚醚，glycidyl azide polymer，简写为 GAP）以及基于 3-叠氮甲基-3-甲基氧杂环丁烷（AMMO）和 3,3-二叠氮甲基氧杂环丁烷（BAMO）单体的均聚物和共聚物。

GAP 的链节结构为

$$H \left[O-CH-CH_2 \right]_n OH$$

（侧链 CH_2 — N_3）

GAP 的玻璃化温度约为 $-45\ ^\circ\text{C}$，密度为 $1.30\ \text{g/cm}^3$。GAP 热分解时首先是其侧链上的叠氮基团发生分解并放热，然后是主链骨架的分解。相比于端羟基聚丁二烯，将 GAP 用作推进剂的黏结剂时，因其具有正的生成焓、密度大、氮含量高、燃气清洁等优点，故可有效提高推进剂的燃速和做功能力，并且其燃烧产物主要是 CO、H_2、N_2，几乎不含 HCl、CO_2 等，可以降低火箭、导弹的目标特征信号，减弱对制导系统的干扰。然而，目前很难合成得到分子量较高的 GAP，由于 GAP 的分子链上所带的大体积侧基限制了主链的柔顺性，降低了分子间作用力，使得对采用 GAP 为黏结剂的火炸药力学性能调节带来较大困难。为此，研究者们通过多种方法对 GAP 进行改性，以期改善其力学性能，拓宽其应用范围。例如，采用聚乙二醇、聚己内酯、端羟基聚丁二烯等聚合物对 GAP 进行共混改性，利用 GAP 的端羟基与其他聚合物或单体发生反应合成共聚物等。

用 AMMO 为单体合成得到的均聚物 PAMMO 的链节结构为

$$H \left[O-CH_2-\overset{CH_3}{\underset{CH_2-N_3}{C}}-CH_2 \right]_n OH$$

PAMMO 的聚合度为 30~40，常温下呈无定形的液态聚合物，密度为 1.06 g/cm³，玻璃化温度为-45 ℃，低温性能和安全性较好。PAMMO 的密度和生成焓都小于 GAP 的，使其比 GAP 没有明显的性能优势。PAMMO 与 GAP 的性能相类似，具有含氮量较高、感度低、热稳定性好的优点，可作为低易损性或低特征信号推进剂的含能黏结剂。

用 BAMO 单体聚合得到的均聚物 PBAMO 的链节结构具有很好的对称性：

$$H \left[O\!-\!CH_2\!-\!\underset{\underset{\underset{N_3}{|}}{\overset{\overset{CH_3}{|}}{CH_2}}}{C}\!-\!CH_2 \right]_n OH$$

用作热固性黏结剂的 PBAMO 的平均分子量为 2 000~3 000，密度为 1.30 g/cm³，玻璃化温度为-39 ℃。由于 PBAMO 的分子链具有很高的立构规整性，导致其在室温下为结晶的固态聚合物，熔点为 61 ℃，不适合直接用作火炸药的黏结剂。因此，减少或消除 PBAMO 的结晶趋势，以使其成为液态聚合物，是对 PBAMO 改性研究的重点。例如，将 BAMO 与四氢呋喃、GAP、AMMO 等进行共聚，制备出满足推进剂成型加工性能要求的含能黏结剂。以 GAP 为软段与 BAMO 共聚得到的 BAMO-GAP 共聚物不仅具有较高能量，而且具有比 PBAMO 更低的熔点和玻璃化温度，改善了加工性能，具有实际应用价值。BAMO-AMMO 共聚物具有较低的玻璃化温度和较高的正生成焓，热稳定性和低温力学性能优良，被认为是具有良好应用前景的新一代含能黏结剂。

硝酸酯类含能聚合物因含有硝酸酯基（—O—NO₂），故其作为黏结剂使用时有利于提高火炸药配方的氧平衡，与火炸药中其他硝酸酯类组分物质的相容性也较好，可提高火炸药的使用安全性。在采用浇注成型工艺制备推进剂时使用的硝酸酯类含能聚合物也基本上是一些呈液态的低聚物。目前，具有代表性的硝酸酯类含能聚合物主要是聚缩水甘油醚硝酸酯（PGN）和聚（3-硝酸酯甲基-3-甲基氧杂环丁烷）（PNIMMO）。

PGN 的链节结构为

$$H \left[O\!-\!\underset{\underset{\underset{ONO_2}{|}}{\overset{\overset{}{|}}{CH_2}}}{CH}\!-\!CH_2 \right]_n OH$$

PGN 是一种透明的淡黄色液体，密度为 1.46 g/cm³，与二异氰酸酯反应后生成的聚合物玻璃化温度为-35 ℃。因 PGN 侧链上含有硝酸酯基，可极大程度改善推进剂燃烧过程所需的氧平衡，被认为是可用于高能推进剂的含能黏结剂。但是，将 PGN 用作黏结剂与异氰酸酯发生固化反应形成聚合物基体后，其抗老化性能较差，长期使用或加速老化实验时会导致其严重降解，这主要是 PGN 本身结构所致，有研究者通过端基改性来克服这一缺点。

PNIMMO 的链节结构为

$$H \left[O-CH_2-\overset{\overset{\displaystyle CH_3}{|}}{\underset{\underset{\displaystyle ONO_2}{|}}{\underset{\displaystyle CH_2}{|}}}C -CH_2 \right]_n OH$$

PNIMMO 在常温下为淡黄色黏稠液体，不溶于水，可溶于二氯甲烷、三氯甲烷等有机溶剂。PNIMMO 的玻璃化温度为-30 ℃，密度为 1. 26 g/cm³，是一种非爆炸性物质，加热时易与异氰酸酯发生交联反应。PNIMMO 的理论爆热值远低于 GAP 和 PGN 的爆热值，因此将其单独用作黏结剂时对火炸药的性能改进程度有限。

二氟氨基类含能聚合物是分子链中含有—NF₂ 基的聚合物。与其他含能聚合物相比，二氟氨基类含能聚合物的密度更大、能量更高，是继叠氮类含能聚合物、硝酸酯类含能聚合物之后研发的新型含能聚合物。具有代表性的二氟氨基类含能聚合物是采用 3-二氟氨基甲基-3-甲基氧杂环丁烷（DFAMO）、3，3-双（二氟氨基甲基）氧杂环丁烷（BDFAO）两种单体通过聚合反应得到的均聚物和共聚物。

用 DFAMO 单体合成得到的均聚物 PDFAMO 的链节结构为

$$H \left[O-CH_2-\overset{\overset{\displaystyle CH_3}{|}}{\underset{\underset{\displaystyle NF_2}{|}}{\underset{\displaystyle CH_2}{|}}}C -CH_2 \right]_n OH$$

因 PDFAMO 的分子链结构为非对称的，无论是均聚物，还是与 BDFAO 形成的共聚物，即使平均分子量达到 20 000 左右，在室温下都呈无定形液态聚合物，其玻璃化温度为-21 ℃，可直接作为火炸药的黏结剂使用。

用 BDFAO 为单体合成得到的均聚物 PBDFAO 的链节结构为

$$H \left[O-CH_2-\overset{\overset{\overset{\displaystyle NF_2}{|}}{\displaystyle CH_2}}{\underset{\underset{\underset{\displaystyle NF_2}{|}}{\displaystyle CH_2}}{|}}C -CH_2 \right]_n OH$$

因 PBDFAO 的分子链结构对称性好，故其结晶能力较强，常温下呈固态，熔点高达 158 ℃，远超固体推进剂的浇注成型温度。为克服这一缺点，可采用将 BDFAO 与 DFAMO 或其他含硝酸酯基单体进行共聚，合成出的共聚物可作为热固性含能黏结剂使用。PBDFAO 虽然不适合用作热固性黏结剂，但可以用作含能热塑性弹性体的硬段。

由上述几种代表性的热固性含能聚合物的分子链结构可以看出，它们基本上是利用环氧丙烷的开环聚合或者氧杂环丁烷的开环聚合来实现合成含能聚合物的。它们的分子主链均是聚醚类型的，主链的柔顺性较好，只是由于侧基上含能基团的极性和体积大小不同以及分子链的对称性不同，使这些含能聚合物呈现出不同的性能。

采用热固性含能聚合物为黏结剂制备火炸药产品，虽然具有可浇注成复杂结构的药型、药柱的低温力学性能好且固体含量高等优点，但这类火炸药产品也存在其中的聚合物基体不溶不熔、难以回收利用以及产品批次间重复性差等缺点。而采用热塑性含能聚合物为黏结剂，通过压伸成型工艺制备火炸药产品能够克服这些缺点。

9.6.2 热塑性含能聚合物

热塑性含能聚合物是一类在热塑性线型分子链中引入含能基团的聚合物，它兼有热塑性聚合物和含能材料的特点。热塑性含能聚合物是火炸药领域里的新一代黏结剂，它可赋予火炸药高能量特性、高钝感性、低易损性、低特征信号、燃烧清洁性和可回收性等特点。

在火炸药中使用的热塑性含能聚合物应具有如下性能：

（1）高能量；

（2）熔点或流动温度为 $70 \sim 95 \, ℃$；

（3）在 $100 \, ℃$ 左右时的熔体黏度较低，适于添加大量固体氧化剂和金属燃料；

（4）玻璃化温度低（$T_g < 40 \, ℃$），具有良好的低温力学性能；

（5）感度较低；

（6）与火炸药其他组分相容性良好；

（7）储存性能好，使火炸药在储存过程中能保持良好的力学性能，具有较好的化学安定性、热稳定性和环境稳定性；

（8）具有较低的毒性，安全性能好。

在火炸药制品中使用的热塑性含能聚合物主要是含能热塑性弹性体（energetic thermoplastic elastomer，ETPE），其类似橡胶的高弹性目前主要是由一些聚醚类柔顺性链段提供的。使用 ETPE 作为黏结剂，可相对减少火炸药产品中固体氧化剂和炸药的含量，同时 ETPE 有助于吸收外界冲击能，从而降低火炸药制品的冲击感度，并且还可满足采用压伸成型工艺制备火炸药的物性要求。具有代表性的热塑性含能聚合物是叠氮类含能热塑性黏结剂，包括 GAP 基热塑性聚合物和 BAMO 基热塑性聚合物。

可以通过嵌段或接枝的方式将 GAP 引入其他线型聚合物分子链中，制备成 GAP 基热塑性聚合物。针对火炸药使用的黏结剂，近年来所研发的嵌段型 GAP 基热塑性含能聚合物主要有 GAP 基聚氨酯类型热塑性含能黏结剂、GAP 与结晶性聚合物共聚形成的热塑性聚合物。由于 GAP 是含有端羟基的聚合物，其分子量处于低聚物或预聚物的水平，可以利用它的端羟基与其他单体的官能团（如异氰酸酯基、酰氯基等）发生反应，合成得到 GAP 基热塑性含能聚合物。例如，可以将 GAP 作为多羟基化合物与二异氰酸酯和扩链剂反应，制备成聚氨酯类型 ETPE，以 GAP 与 MDI、1，4-丁二醇反应为例，可得到如下链节结构的 GAP 基 ETPE：

其中，GAP 构成了聚合物的软段，MDI 与 1，4-丁二醇反应形成了硬段。由于 GAP 链结构中含有体积较大的叠氮侧基，故含 GAP 的聚氨酯类型 ETPE 的力学性能不够理想。研究表明，通过 GAP 与 MDI 和二醇小分子扩链剂反应合成硬段含量为 30% 的 GAP 基聚氨酯类型 ETPE 时，采用的扩链剂不同，会使产物的力学性能出现差异。当扩链剂的碳原子数为 2 时，因相关链段太短，分子链之间不易形成氢键，力学性能较差；当扩链剂的碳原子数大于 2 时，用偶数碳原子的扩链剂合成的 GAP 基 ETPE 的分子链中亚甲基为全反式构象，分子链之间氢键化程度较高，ETPE 的微相分离程度较好，力学性能较好。而采用奇数碳原子的扩链剂合成的 GAP 基 ETPE 的分子链中亚甲基为非交错构象，分子链之间氢键化程度较低，ETPE 的微相分离程度较差，力学性能较差。采用 GAP 与 MDI 和扩链剂一缩二乙二醇反应合成 GAP 基热塑性弹性体的研究表明，合成的聚合物数均分子量可超过 8×10^4，聚集态呈有微晶区的微相分离状态，其力学性能随硬段含量增加而有所变化，当硬段质量分数为 35% 时力学性能较佳，其玻璃化温度为 -29.6 ℃。有研究者为了结合 HTPB 和 GAP 的优点，通过阳离子开环反应和叠氮化反应，合成得到了 GAP-HTPB-GAP 嵌段共聚物，数均分子量达到 1×10^4 以上，玻璃化温度接近于 HTPB 的，力学性能和低温性能都得到了改善，可直接作为火炸药的黏结剂使用。

在改善 GAP 基热塑性聚合物力学性能的方法中，将 GAP 作为软段与晶态聚合物共聚，是改善 GAP 基聚合物力学性能的有效途径之一，因为软、硬链段之间的相分离能够形成三维物理交联的网络结构，从而构成热塑性弹性体。有研究者合成了 PBAMO-GAP-PBAMO 三嵌段热塑性含能聚合物，其熔点为 66 ℃，玻璃化温度为 -35 ℃。

为了提高 PBAMO 的性能，有研究者进行了扩链 PBAMO（CE-PBAMO）的制备研究，CE-PBAMO 具有热塑性，由于不含软段组分，因而具有高结晶性和高密度，同时依然保持了足够的韧性和机械强度，可用作火炸药的黏结剂。例如，可采用 2，4-TDI 和 1，4-丁二醇与 PBAMO 进行扩链反应，得到数均分子量为 38 933、可熔可溶的 CE-PBAMO，它具有正的生成焓，密度为 1.28 g/cm^3，玻璃化温度为 40.88 ℃，分解温度为 257.4 ℃，具有较好的机械强度，能够用作可燃药筒所需的高能热塑性黏结剂。

BAMO-GAP 基 ETPE 的性能随着分子链中 PBAMO 和 GAP 的相对含量不同而会出现明显变化，研究表明，以 PBAMO、MDI 为硬段，以 GAP 为软段，以 1，4-丁二醇为扩链剂，合成得到的 BAMO-GAP 基 ETPE 的平均分子量、物理交联程度、玻璃化温度和软化点等性能会随着合成时物料的配比不同而发生相应变化，也就是合成出的共聚物分子链结构中软、硬段的相对含量发生了变化，使得性能出现了相应的改变。采用 GAP 与 2，4-TDI、1，4-丁二醇及 PBAMO 反应获得的一种 GAP/PBAMO 共聚物的分子链结构为

该共聚物呈微相分离的聚集态结构，随着硬段含量增多，聚合物形态变得较硬，有利于提

高聚物的耐热性。通过扫描电子显微镜观测的结果显示，硬段的含量为 50% 时，共聚物的表面呈现无定形态；当硬段的含量为 66.7% 时，若干相邻的硬段微区聚集形成簇状，结晶性能提高。

　　将 PBAMO 与 PAMMO 通过异氰酸酯键连接起来合成得到的 BAMO/AMMO 基 ETPE 的分子链结构为

$$\text{PBAMO}\sim\sim\sim\text{O}-\overset{\overset{\text{O}}{\|}}{\text{C}}-\text{NH}-\text{R}-\text{NH}-\overset{\overset{\text{O}}{\|}}{\text{C}}-\text{O}\sim\sim\sim\text{PAMMO}$$

该共聚物的数均分子量为 $2 \times 10^4 \sim 2.5 \times 10^4$，其特点有易结晶的 PBAMO 硬段通过物理交联提供了聚合物的塑性和机械强度，PAMMO 软段提供了聚合物的韧性和熵弹性，因此具有塑料和橡胶的特点；具有可溶可熔性质，高于熔点（90~110 ℃）时为熔融的可流动状态，冷却至熔点以下时又变为固体，恢复弹性，在玻璃化温度以上时保持弹性；具有较低的玻璃化温度（-30℃），在作为黏结剂使用时可基本上不用或少用含能增塑剂使之增塑；具有较高的分解温度，机械敏感度低。

　　因热塑性大分子链和含能基团的结构和类型不同，且目前人们研究的热塑性含能聚合物的种类较多，故可依据火炸药产品的加工和使用性能需求，选用适宜性能的热塑性含能聚合物作为黏结剂。随着科学技术的发展，势必会在火炸药行业中更广泛地使用性能更好的热塑性含能聚合物。

全书总习题

一、思考题

1. 高分子物理的核心问题是要解决什么？

2. 聚合物根据用途不同可分为塑料、纤维和橡胶三大材料，用哪些物理量可以区分这三大材料？并比较说明它们的大小。

3. 试列举几名高分子科学诺贝尔奖获得者，并指出其主要工作。

4. 为什么晶态高分子与非晶态高分子相比，其可成型加工区较窄？

5. 试指出聚合物分子量对柔顺性、T_g、T_m、T_f、结晶速度、拉伸强度和冲击强度的影响。

6. 试用高分子化学或物理的方法有效地解决下列聚合物存在的问题：（1）PMMA 的高温流动性差；（2）PP 的低温脆性；（3）HDPE 易应力开裂；（4）PVC 的热稳定性差和光稳定性差。

7. 聚合物经一定方法处理可以制得具有特定性能的产品，试提出一种或两种制得以下聚合物产品：（1）拉伸强度好和耐断裂的聚乙烯；（2）耐冲击 PS。

8. 试说明提高聚合物耐热性的各种可能途径。

9. 试指出改善高分子材料的下列力学性能的主要途径：（1）提高结构材料的抗蠕变性能；（2）减小橡胶材料的滞后损失；（3）提高材料的拉伸强度；（4）提高材料的冲击强度。

10. 试述聚乙烯的分子链结构、聚集态结构和溶解特性。

二、选择题

1. 纤维与塑料、橡胶相比（　　　）。

①强度较大　　　　　　　　　　　　②分子量较大

③内聚能密度较小

2. 大分子处于（　　　）中时链的均方末端距最大。

①良溶剂　　　　　　②浓溶液　　　　　　③熔体　　　　　　④θ 溶液

3. 塑料的使用温度范围是（　　　）。

①$T_b \sim T_g$　　　　　　②$T_g \sim T_f$　　　　　　③$T_g \sim T_d$

4. 橡胶的使用温度范围是（　　　）。

①$<T_g$　　　　　　②$T_g \sim T_f$　　　　　　③$T_g \sim T_d$

5. 在 PVC 中加入（　　）时，T_g 和 T_f 均向低温方向移动。

①填充剂　　　　　　②稳定剂　　　　　　③增塑剂

6. 以下哪种现象可用聚合物存在链段运动来解释？（　　）。

①聚合物泡在溶剂中溶胀　　　　　　②聚合物受力可发生弹性大形变

③聚合物熔体黏度很大

7. 一般地，高分子链的柔顺性增加，（　　）可增加。

①结晶能力　　　　　②T_m　　　　　　③T_g

8. 晶态聚合物的应力-应变曲线测试中与非晶态聚合物的相比较主要不同之处有（　　）。

①大形变　　　　　　②细颈化　　　　　　③应变硬化

9. 以下哪个过程与链段运动无关？（　　）。

①玻璃化转变　　　　②巴拉斯效应　　　　③T_b

10. 溶液中高分子链的均方末端距随溶剂的溶解能力增强而（　　）。

①不变　　　　　　　②增大　　　　　　　③减小

11. 分子作用力增加，聚合物的（　　）减小。

①T_m　　　　　　　②T_g　　　　　　　③柔顺性

12. 随应变速率的增加，高分子材料的脆韧转变温度将（　　）。

①升高　　　　　　　②降低　　　　　　　③不变

13. 某一聚合物薄膜当温度升至一定温度时发生收缩，这是因为（　　）。

①大分子链解取向　　　　　　　②链段解取向

③内应力释放

14. 橡胶在室温下呈高弹性，但当其受到（　　）时，在室温下也能呈现玻璃态的力学行为。

①长期力的作用　　　　　　　②一定速度力的作用

③瞬间大力的作用

15. 适度交联可使聚合物的（　　）减小。

①T_f　　　　　　　②T_g　　　　　　　③应力松弛

16. 随着聚合物分子量的增加，聚合物的（　　）增大。

①熔融指数　　　　　②表观黏度　　　　　③溶解性

17. 提高温度，聚合物的（　　）增大。

①断裂强度　　　　　②蠕变　　　　　　　③松弛时间

18. 提高结晶度，聚合物的（　　）增大。

①耐热性能　　　　　②蠕变　　　　　　　③断裂伸长率

19. 增塑可以使聚合物的（　　）降低。

①T_f　　　　　　　②T_g　　　　　　　③柔顺性　　　　　　④流动性

20. 链段长度增加表明聚合物的（　　　）减小。

①T_f　　　　　　②T_g　　　　　　③刚性　　　　　　④蠕变

三、判断题（正确的划"√"；错误的划"×"）

1. 随温度升高，稀溶液中高分子链的均方末端距变大。　　　　　　（　　　）

2. 高分子线团在θ溶剂中，其黏度比良溶剂中低，末端距也小。　　（　　　）

3. 聚合物中的短支链可降低结晶度，长支链则会改变材料的流动性。　（　　　）

4. 高分子的T_f随分子量分布变化的规律是在平均分子量相同的情况下，随多分散系数增大而提高，随多分散系数减小而降低。　　　　　　　　　　　（　　　）

5. 在室温下，塑料的松弛时间比橡胶的短。　　　　　　　　　　　（　　　）

6. 晶态聚合物的温度处于T_g以上时，链段就能运动，处于T_f以上时，整个分子链也能运动。　　　　　　　　　　　　　　　　　　　　　　　　　　（　　　）

7. 增加外力作用速度与降低温度对聚合物力学行为的影响是等效的。　（　　　）

8. 高分子链的柔顺性越好，链段越长，均方末端距越长，所以T_f、T_g和T_m提高。　　　　　　　　　　　　　　　　　　　　　　　　　　　　　　（　　　）

9. 可以通过提高聚合物的结晶度，来提高聚合物的拉伸强度和冲击强度。　（　　　）

10. 适度交联可提高聚合物的拉伸强度和冲击强度。　　　　　　　　（　　　）

11. 聚合物中加入增塑剂，其链段运动能力增强，其拉伸强度和冲击强度增加。　　　　　　　　　　　　　　　　　　　　　　　　　　　　　　　（　　　）

12. 随升温速率的加快，所测定高分子材料的T_g、T_f提高。　　　（　　　）

13. 高分子链的柔顺性越大，它在溶液中的构象数越多，其均方末端距越大。（　　　）

14. 共聚使PE的结晶能力降低，在室温的溶解能力有所增加。　　　（　　　）

15. 随着聚合物分子量的增加，聚合物的可加工性提高。　　　　　　（　　　）

四、简答题

1. 正常情况下PS是一种刚性很好的塑料，而丁二烯与苯乙烯的无规共聚物（B∶S=75∶25）和三嵌段共聚物SBS（B∶S=75∶25）是相当好的橡胶材料，从结构上分析其原因。

2. 今有B–S–B型、S–B–S型及S–I–S型、I–S–I型四种嵌段共聚物，问其中哪两种可用作热塑性弹性体？为什么？（I为异戊二烯，S为苯乙烯，B为丁二烯）

3. 已知两种平均相对分子量相同的聚合物都是PE，如何鉴别哪一种是HDPE，哪一种是LDPE？举出三种方法并说明其依据。

4. （1）将熔融态的PE、PET和PS淬冷到室温，PE呈半透明，PET和PS呈透明状。为什么？（2）将上述的PET透明试样，在接近玻璃化温度T_g下进行拉伸，发现试样外观由透明变为混浊，试从热力学观点来解释这一现象。（3）在室温下，将上述透明PS进行拉伸，发现试样内部出现很多明亮条纹，这是什么原因造成的？

5. 高分子链的柔顺性增加，聚合物的 T_g、T_m、T_f、结晶能力、表观黏度和结晶速度如何变化？说明原因？

6. 已知聚苯乙烯–环己烷体系（Ⅰ）的 θ 温度为34 ℃，聚苯乙烯–甲苯体系（Ⅱ）的 θ 温度低于34 ℃，假定在此两种溶剂中分别测定同一聚苯乙烯试样的黏度，试推断两种体系的 $[\eta]$ 和 $\overline{h^2}$ 的大小顺序。为什么？

7. 由相同结构单元合成的支化高分子与线形高分子具有相同的分子量时，试比较在同样溶剂中支化高分子与线形高分子的特性黏度的大小，并解释原因。

五、计算题

1. 为了减轻桥梁振动可在桥梁支点处垫衬垫。当货车轮距为 10 m 并以 60 km/h 通过桥梁时，欲缓冲其振动，有下列几种高分子材料可供选择：（1）$\eta_1 = 10^{10}$ Pa·s，$E_1 = 2 \times 10^8$ N/m²；（2）$\eta_1 = 10^8$ Pa·s，$E_1 = 2 \times 10^8$ N/m²；（3）$\eta_1 = 10^6$ Pa·s，$E_1 = 2 \times 10^8$ N/m²，问选择哪一种合适？

2. 假定有两种聚合物 A 和 B，其分子量分别为 $\overline{M}_A = 2.0 \times 10^6$，$\overline{M}_B = 1.8 \times 10^7$，测得均方末端距为 $\overline{h}^2_A = 6.4 \times 10^3$ nm²，$\overline{h}^2_B = 8.1 \times 10^4$ nm²，扩张因子 $\chi_A = 2$，$\chi_B = 3$，试问哪种聚合物的柔顺性好？

3. 已知某一聚苯乙烯试样的密度为 $\rho = 1.09$ g/cm³，其内聚能为 $\Delta E = 33$ kJ/mol。若采用丙酮 $[\delta = 20.5$（J/cm³）$^{1/2}]$ 和环己烷 $[\delta = 16.8$（J/cm³）$^{1/2}]$，为该聚苯乙烯配制适宜的混合溶剂，应该如何配制？

习题参考答案

第1章　高分子链的结构

一、思考题

略。

二、选择题

1. ①。2. ②。3. ①。4. ①。5. ②。6. ①。7. ③。8. ③。9. ②③。10. ①。

三、判断题

1. ×。2. √。3. √。4. ×。5. √。6. ×。7. ×。8. ×。9. ×。10. √。

四、简答题

1. 应写出 12 种。1，2 加成聚合物中包括头–头和头–尾两种有规键接聚合物，而头–头和头–尾键接聚合物又各有全同和间同结构的有规立构聚合物，这样 1，2 加成聚合物中的有规异构体共有 4 种。同样，3，4 加成聚合物中也有 4 种有规异构体；1，4 加成聚合物中包括顺式和反式两种，而顺式（或反式）又可有头–头和头–尾键接聚合物，这样 1，4 加成聚合物的有规异构体也有 4 种。

2. 由于主链上存在不对称中心原子而产生的立体异构叫旋光异构，即产生旋光异构的根源是存在呈四面体方向连接有四个不同取代基或原子的不对称中心原子。不能通过改变构象来提高等规度。回答"为什么"要点：等规度属于构型范畴，它是聚合物中全同立构体和间同立构体的总质量分数。构型和构象是两个不同的概念，改变构型必须破坏化学键，而改变构象无须破坏化学键。由于改变构象时，并没有发生化学键的变化，构型并未改变，等规度也不会改变。因此，改变构象不能提高等规度。

3. 维尼纶的湿强度低、缩水性大的原因是维尼纶结构中存在—OH 基团。维尼纶结构中存在—OH 的原因要从制备的原料聚乙烯醇的结构说起，如果聚乙烯醇中的—OH 是呈头–头或尾–尾连接，则缩醛化时—OH 基团之间不易反应形成五元环。

4. 天然橡胶和杜仲橡胶的几何异构不同，天然橡胶为顺式构型，杜仲橡胶为反式构型。

5. 因为纤维素：（1）分子有极性，分子链间相互作用强；（2）六元吡喃环结构使内旋转困难；（3）分子内和分子间能形成氢键，尤其是分子内氢键使糖苷键不能旋转，从而大大增加了纤维素分子链的刚性。

五、排序题

1. 聚顺式 1，4-丁＝烯>聚甲醛>聚丙烯>聚丙烯腈。

原因：①由于与孤立双键相邻的单键其键角较大，且双键上的取代基较少，单键内旋转阻力较小，所以主链中含有孤立双键，且双键上的取代基越少，则链的柔顺性相对于全部是 C—C 的链来说大为增加；②由于 C—O 键长、键角相对于 C—C 来说都较大，并且氧原子上无取代基，因此主链为 C—O 的柔顺性相对于 C—C 来说要好；③对 C—C 主链来说，侧基极性越大柔顺性越差。

2. 聚氯丁二烯>聚偏二氯乙烯>聚氯乙烯>聚 1，2-二氯乙烯。

原因：①由于与孤立双键相邻的单键其键角较大，且双键上的取代基较少，单键内旋转阻力较小，所以主链中含有孤立双键，且双键上的取代基越少，则链的柔顺性相对于全部是 C—C 的链来说大为增加；②对 C—C 主链来说，小侧基对称性越好，链越柔顺，侧基较多时链柔顺性较差。

3. 聚丙烯>聚甲基丙烯酸丁酯>聚甲基丙烯酸甲酯>聚 3，4-二氯苯乙烯。

原因：当主链相同时，①对脂肪族取代基支链影响链的柔顺性来说，脂肪族取代基支链较长，链较柔顺；②非极性取代基数目越多，链越不柔顺。

4. 聚二甲基硅氧烷>聚顺式 1，4-丁二烯>聚甲基丙烯酸甲酯>聚 3，4-二氯苯乙烯。

5. 分子量为 5.0×10^6 的氯丁橡胶>分子量为 3.0×10^5 的氯丁橡胶。

六、计算题

1. 已知 分子链中的键数 $N = 2n = 2 \times \dfrac{\overline{M}}{M_0}$（$n$ 为聚合度），算出聚乙烯醇的 $M_0 = 44$。因为

$$\begin{cases} \overline{h}_\theta^2 = N_e \cdot L_e^2 \\ h_{\max} = N_e \cdot L_e \end{cases} \Rightarrow \overline{h}_\theta^2 = h_{\max} \cdot L_e$$

$$h_{\max} = N \cdot l \cdot \sin \frac{\theta}{2}$$

$$A^2 = \frac{\overline{h}_\theta^2}{\overline{M}} = \frac{h_{\max} \cdot L_e}{M_0 \cdot N/2} = \frac{2l \cdot N \cdot \sin \dfrac{\theta}{2} \cdot L_e}{M_0 \cdot N}$$

所以 $L_e = \dfrac{A^2 \cdot M_0}{2l \cdot \sin \dfrac{\theta}{2}}$，代入已知数据得 $L_e = 1.58 \text{ nm}$。

2.

$$\overline{r}^2 = \frac{\overline{h}^2}{6}$$

$$\overline{h}_{f,r}^2 = 2 \times n \times l^2 \times \frac{1 - \cos \theta}{1 + \cos \theta}$$

$$= 2 \times 10^5 \times 0.154^2 \times \frac{1 - \cos 109.5°}{1 + \cos 109.5°} \, \text{nm}^2 = 9.496\,5 \times 10^3 \, \text{nm}^2$$

$$\overline{r^2} = \frac{\overline{h^2}}{6} = \frac{9.496\,5 \times 10^3}{6} \, \text{nm}^2 = 1.583 \times 10^3 \, \text{nm}^2$$

$$\text{最大拉伸比} = \frac{h_{\max}}{\sqrt{\overline{h^2_{f,r}}}} = \sqrt{\frac{N(1 + \cos \theta)}{2}} = 258.1$$

所以均方旋转半径为 $1.583 \times 10^3 \, \text{nm}^2$；最大拉伸比为 258.1。

3. 已知 $l = 0.154 \, \text{nm}$，$\theta = 109.5°$，则

$$\overline{h^2}_\theta = \sigma^2 \, \overline{h^2_{f,r}} = \sigma^2 N l^2 \, \frac{1 - \cos \theta}{1 + \cos \theta}$$

$$h_{\max} = N l \sin \frac{\theta}{2}$$

故 $L_e = \dfrac{\overline{h^2}_\theta}{h_{\max}} = \dfrac{\sigma^2 l \dfrac{1 - \cos \theta}{1 + \cos \theta}}{\sin \dfrac{\theta}{2}}$，代入已知数据得 $L_e = 1.17 \, \text{nm}$。

第2章　高分子的聚集态结构

一、思考题

略。

二、选择题

1.③。 2.②④。 3.③。 4.①。 5.①。 6.①。 7.③。 8.②。 9.④。 10.①。
11.①②。 12.①。 13.①②。 14.①③。 15.②③。 16.①。

三、判断题

1.×。 2.×。 3.×。 4.√。 5.×。 6.√。 7.√。 8.×。 9.×。 10.×。
11.√。 12.√。 13.×。 14.√。 15.×。

四、简答题

1.①折叠链单晶；②球晶；③伸直链晶体；④串晶。

2. 在靠近模具皮层处，由于注射时发生了取向，使得在平行于取向方向和垂直取向方向上折射率不同，从而出现双折射现象。黑十字是聚合物在熔融状态下冷却结晶生成球晶所致，黑十字大小即反映球晶尺寸的大小，由于制品内部比表皮降温速率较慢，较适宜球晶长大，所以芯部生成的球晶尺寸较大。

3. 提示：从高分子取向对性能的影响角度考虑。

五、计算题

1. 由题知聚乙烯为完全非晶态的，则

$$\rho = \rho_a = 0.85 \, \text{g/cm}^3, \quad M_0 = 28$$

由题知 $\Delta E = 8.577$ kJ/mol，于是

$$CED = \frac{\Delta E}{V_m} = \frac{\Delta E}{M_0/\rho} = \frac{\Delta E \times \rho}{M_0} = \frac{8.577 \times 10^3 \times 0.85}{28} \ \text{J/cm}^3 = 260 \ \text{J/cm}^3$$

所以完全非晶态聚乙烯的 CED 值为 260 J/cm³。

2. 查相关资料知全同立构聚丙烯的 $\rho_c = 0.936$ g/cm³，$\rho_a = 0.854$ g/cm³。

由题知试样的密度为 $\rho = \frac{m}{V} = \frac{1.94}{1.42 \times 2.96 \times 0.51}$ g/cm³ $= 0.905$ g/cm³，所以

$$x_c^V = \frac{\rho - \rho_a}{\rho_c - \rho_a} = \frac{0.905 - 0.854}{0.936 - 0.854} = 62.2\%$$

$$x_c^m = \frac{v_c - v}{v_a - v_c} = \frac{1/\rho_a - 1/\rho}{1/\rho_a - 1/\rho_c} = \frac{\rho_c(\rho - \rho_a)}{\rho(\rho_c - \rho_a)} = \frac{0.936(0.905 - 0.854)}{0.905(0.936 - 0.854)} = 64.3\%$$

所以试样的结晶度 x_c^m 为 64.3%，x_c^V 为 62.2%。

3. 因为晶区与非晶区的密度存在加和性

$$\rho = x_c^V \rho_c + (1 - x_c^V)\rho_a$$

由题知：$\rho_c/\rho_a = 1.13$，即 $\rho_c = 1.13\rho_a$

$$\rho = x_c^V(1.13\rho_a) + \rho_a - x_c^V\rho_a$$
$$= 0.13x_c^V\rho_a + \rho_a = (1 + 0.13x_c^V)\rho_a$$

所以

$$\frac{\rho}{\rho_a} = 1 + 0.13x_c^V$$

得证。

4. 已知取向角 $\bar{\theta} = 30°$，代入取向度公式 $f = \frac{1}{2}(3\cos^2\bar{\theta} - 1)$，得

$$f = \frac{1}{2}(3\cos^2 30° - 1) = 0.625$$

第3章 聚合物分子运动和热转变

一、思考题

略。

二、选择题

1. ③。 2. ②④。 3. ①。 4. ①。 5. ②。 6. ③。 7. ②。 8. ③。 9. ②。 10. ①。
11. ③。 12. ④。 13. ③。 14. ③。 15. ①。

三、判断题

1. ×。 2. ×。 3. √。 4. ×。 5. ×。 6. ×。 7. ×。 8. √。 9. ×。 10. ×。
11. ×。 12. ×。 13. √。 14. √。 15. √。

四、简答题

1. 从分子链结构影响结晶能力角度解释。聚醋酸乙烯酯醇解后其酯基被羟基取代生

成聚乙烯醇，而羟基易形成氢键，利于结晶。

2. 聚对苯二甲酸乙二醇酯的结晶能力较弱，结晶度受成型条件的影响，聚对苯二甲酸乙二醇酯淬冷时，由于不能结晶，生成的是非晶态聚合物，所以得到无定形的透明玻璃体。

3. （1）、（2）主链全为 C 原子，结构对称性高，易结晶。

（3）虽不对称，但由于氯原子电负性较大，分子链上相邻的氯原子相互排斥彼此错开排列，形成近似于间同立构的结构，有微弱的结晶能力。

（4）分子链由于化学结构的几何结构规整，无键接方式的问题，无不对称 C 原子，因而不产生立构问题，属对称结构，且分子间可形成氢键，有利于结晶。

（5）自由基聚合的三氟氯乙烯，虽然主链上有不对称原子，但其不是等规聚合物，且氟原子与氯原子的电负性和体积相差不大，不妨碍分子链作规整堆积，因此仍能结晶且结晶能力相当强。

4. 汽车高速行驶时，外力作用力频率很高，因此 T_g 上升，使其内胎（橡胶）的 T_g 接近或者高于室温，从而使内胎处于玻璃态，韧性大为降低，自然容易爆破。

5. 甲可作塑料使用，乙可作橡胶使用，丙可作纤维使用。原因：根据各类聚合物形变-温度曲线的特点回答（T_g 的高低，高弹态区范围的宽窄，流动温度的高低等）。

五、排序题

1. T_g 由低到高的顺序是：

（1）聚二甲基硅氧烷<聚异戊二烯（顺式）<聚丙烯<聚氯乙烯<聚丙烯腈；

提示：通常主链的柔顺性越好，T_g 越低，所以它们的 T_g 排列顺序应与柔顺性相反。聚二甲基硅氧烷中含有 Si—O 键，比其他四种聚合物主链的柔顺性都要好，T_g 最低；聚异戊二烯（顺式）主链中含有孤立 π 键，柔顺性较高，但低于 Si—O 键主链，高于其他三种聚合物；当主链相同时，由侧基极性大小 CN>Cl>CH$_3$ 推断，T_g 高低排列为聚丙烯腈>聚氯乙烯>聚丙烯。

（2）$\left[CH=CH-CH=CH\right]_n < \left[CH_2-\underset{CH_3}{\overset{CH_3}{C}}\right]_n < \left[CH_2-\underset{Cl}{\overset{Cl}{C}}\right]_n < \left[CH_2-\underset{CH_3}{CH}\right]_n < \left[CH_2-CH\right]_n$ ；

（3）含 40%邻苯二甲酸二丁酯的聚氯乙烯<含 10%邻苯二甲酸二丁酯的聚氯乙烯<聚氯乙烯；

（4）聚苯乙烯<聚碳酸酯（芳族）<聚苯醚。

2. 熔点由高到低顺序：

（1）聚苯>聚碳酸酯>聚丙烯>聚甲醛；

（2）聚乙炔>聚异丁烯>聚异戊二烯（顺式）；

（3）聚脲>聚酰胺>聚氨酯>线型聚乙烯>聚酯；

提示：分子链刚性越大，分子间作用力越大，聚合物的熔点越高。

（4）尼龙 66>尼龙 6>尼龙 1010；

（5）聚对苯二甲酸乙二酯>聚间苯二甲酸乙二酯>聚邻苯二甲酸乙二酯。

六、证明题

略。

七、计算题

1. 由 $n_B/n_A=1/9$ 可知，B 组分为少量，可看作杂质。

因为 $x_B=\dfrac{1}{1+9}=0.1$ 远小于 1，故可用下面估算式：

$$\frac{1}{T_m}-\frac{1}{T_m^0}=\frac{R}{(\Delta H_M)_u}x_B$$

$(\Delta H_m)_u=8\,630\ \text{J/mol}, R=8.314\ \text{J/(mol·K)}$

$$T_m=\left(\frac{1}{T_m^0}+\frac{B}{(\Delta H_m)_u}x_B\right)^{-1}=\left(\frac{1}{473}+\frac{8.314}{8\,360}\times0.1\right)^{-1}$$

$$=451.75\ \text{K}\approx178.6\ ℃$$

2. 查表知聚苯乙烯的 T_g 为 100 ℃。由题知：$T_{gd}=113\ \text{K}$，$V_p=80\%$，$V_d=20\%$，且 $T_{gp}=373\ \text{K}$。

增塑聚苯乙烯的 T_g 为

$$T_g=V_p·T_{gp}+V_d·T_{gd}$$
$$=80\%\times373\ \text{K}+20\%\times113\ \text{K}$$
$$=321\ \text{K}=48\ ℃$$

3. 由聚合物的松弛时间与温度的一般关系：$\tau=\tau_0·\exp\left(\dfrac{\Delta E}{RT}\right)$，可得

$$\frac{\tau_2}{\tau_1}=\frac{\tau_0·\exp\left(\dfrac{\Delta E}{RT_2}\right)}{\tau_0·\exp\left(\dfrac{\Delta E}{RT_1}\right)}=\exp\left(\frac{\Delta E}{RT_2}-\frac{\Delta E}{RT_1}\right)$$

$$=\exp\left[\frac{1.05\times10^3}{8.314\times(127+273)}-\frac{1.05\times10^3}{8.314\times(27+273)}\right]$$

$$=0.9$$

即 127 ℃时的松弛时间缩短至 27 ℃时松弛时间的 9/10。

4. 提示：可用公式 $T_g\approx w_A·T_{g,A}+w_B·T_{g,B}$　或　$\dfrac{1}{T_g}=\dfrac{w_A}{T_{g,A}}+\dfrac{w_B}{T_{g,B}}$　来解题。

例如若采用公式 $T_g\approx w_A·T_{g,A}+w_B·T_{g,B}$ 可得均聚物 A 的 $T_{g,A}=174\ \text{K}$，均聚物 B 的 $T_{g,B}=354\ \text{K}$。

第 4 章　聚合物的弹性理论和形变性能

一、思考题

略。

二、选择题

1. ③。 2. ②。 3. ③。 4. ④。 5. ②。 6. ②。 7. ③。 8. ②。 9. ③。 10. ①②。 11. ①。

三、判断题

1. ×。 2. ×。 3. ×。 4. ×。 5. ×。 6. √。 7. ×。 8. √。 9. √。 10. ×。

四、简答题

1. 该三元件模型可看作由一个弹簧和一个开尔文-沃伊特模型串联而成，所以有

$$\sigma = \sigma_{弹} = \sigma_K, \qquad \varepsilon = \varepsilon_{弹} + \varepsilon_K$$

$$\Rightarrow \frac{d\varepsilon}{dt} = \frac{d\varepsilon_{弹}}{dt} + \frac{d\varepsilon_K}{dt} \tag{①}$$

$$\sigma_{弹} = E_1 \cdot \varepsilon_{弹} \Rightarrow \frac{d\varepsilon_{弹}}{dt} = \frac{1}{E_1}\frac{d\sigma}{dt} \tag{②}$$

$$\sigma_K = E_2 \varepsilon_K + \eta_2 \frac{d\varepsilon_K}{dt} \Rightarrow \frac{d\varepsilon_K}{dt} = \frac{\sigma_K}{\eta_2} - \frac{E_2}{\eta_2}\varepsilon_K = \frac{\sigma}{\eta_2} - \frac{E_2}{\eta_2}\left(\varepsilon - \frac{\sigma}{E_1}\right) \tag{③}$$

将②、③式代入①式得

$$\frac{d\varepsilon}{dt} = \frac{1}{E_1}\frac{d\sigma}{dt} + \frac{1}{\eta_2}\sigma - \frac{E_2}{\eta_2}\left(\varepsilon - \frac{\sigma}{E_1}\right)$$

整理后得到所给三元件模型的基本微分方程：$\dfrac{d\varepsilon}{dt} + \dfrac{E_2}{\eta_2}\varepsilon = \dfrac{1}{E_1}\dfrac{d\sigma}{dt} + \dfrac{1}{\eta_2}\left(1 + \dfrac{E_2}{E_1}\right)\sigma$。

2. （1）不受外力作用时，橡皮筋受热伸长是由于正常的热膨胀现象，本质是分子的热运动。（2）恒定外力下，受热收缩。分子链被伸长后倾向于收缩卷曲，加热有利于分子运动，从而利于回缩。其回缩弹性主要是由熵变引起的，$TdS \approx -fdl$，f 为定值时，$dl = -TdS/f < 0$，即收缩，而且随着 T 增加，收缩增加。

3. 抗蠕变能力最强者为聚砜。提示：分子链刚性越大，抗蠕变能力越强。

4. 提示：用橡胶的应力松弛概念来说明。

5. 提示：用聚合物内耗的概念来说明。高分子材料在动态载荷下，会产生力学损耗，即可将振动能变成热能。

6. 提示：用聚合物蠕变的概念来说明。

五、计算题

1. 已知 $\lambda = 1.8$，则

$$\sigma = \frac{\rho RT}{M_c}\left(\lambda - \frac{1}{\lambda^2}\right)$$

$$= \frac{1.03 \times 10^6 \times 8.314 \times (27 + 273)}{5\,000} \times \left(1.8 - \frac{1}{1.8^2}\right)\ \text{Pa}$$

$$= 7.66 \times 10^5\ \text{Pa}$$

由修正端链对橡胶弹力无贡献时的状态方程计算修正后应力为

$$\sigma = \frac{\rho RT}{\overline{M}_c} \left(1 - \frac{2\overline{M}_c}{\overline{M}_n}\right) \left(\lambda - \frac{1}{\lambda^2}\right)$$

$$= \frac{1.03 \times 10^6 \times 8.314 \times (27+273)}{5\,000} \times \left(1 - \frac{2 \times 5\,000}{2.0 \times 10^5}\right) \left(1.8 - \frac{1}{1.8^2}\right) \text{Pa}$$

$$= 7.28 \times 10^5 \text{ Pa}$$

2.

（1）由题知：$\varepsilon(\infty) = 690\%$，当 $t = 20$ min 时，$\varepsilon(t) = 300\%$。代入蠕变表达式

$$\varepsilon(t) = \varepsilon(\infty)(1 - e^{-t/\tau})$$

得
$$300\% = 690\%(1 - e^{-20/\tau})$$

$$\text{推迟时间 } \tau = 35 \text{ min}$$

（2）当 $\varepsilon(t) = 500\%$ 时，

$$500\% = 690\%(1 - e^{-t/35})$$

$$t = 45 \text{ min}$$

3. 已知 $T_g = 197$ K。令 $t_1 = 1$ h，$T_1 = -70$ ℃ $= 203$ K；温度为 T_2 时 $t_2 = 10^{-6}$ h。

取 $T_s = T_g$ 时，$C_1 = 17.44$，$C_2 = 51.6$，此时 WLF 方程为

$$\lg \alpha_t = \lg \frac{t_{(T)}}{t_{(T_g)}} = \frac{-17.44(T - T_g)}{51.6 + (T - T_g)}$$

将 WLF 方程应用于 $t_1 = 1$ h、$T_1 = 203$ K 条件下，则

$$\lg \frac{1}{t_{(T_g)}} = \frac{-17.44(203 - 197)}{51.6 + (203 - 197)} \Rightarrow t_{(T_g)} = 65.6 \text{(h)}$$

将 WLF 方程应用于 T_2、t_2 条件下，则

$$\lg \frac{10^{-6}}{t_{(T_g)}} = \frac{-17.44(T_2 - 197)}{51.6 + (T_2 - 197)} \Rightarrow T_2 = 238.9 \text{(K)}$$

4.

（1）由题知 $\lambda = 2$，$\rho = 964$ kg/m³，$T = 27$ K $+ 273$ K $= 300$ K，$\sigma = 7.25 \times 10^5$ N/m²。因为

$$\sigma = NkT\left(\lambda - \frac{1}{\lambda^2}\right)$$

$$k = 1.381 \times 10^{-23} \text{ J/K}$$

所以
$$N = \frac{\sigma}{kT\left(\lambda - \frac{1}{\lambda^2}\right)} = \frac{7.25 \times 10^5}{1.381 \times 10^{-23} \times 300 \times \left(2 - \frac{1}{4}\right)} = 10^{26} \text{(个/m}^3\text{)}$$

（2）初始的弹性模量为

$$E = 3NkT = 3 \times 10^{26} \times 1.381 \times 10^{-23} \times 300 \text{ Pa} = 1.24 \times 10^6 \text{ Pa}$$

剪切模量为
$$G = \frac{E}{3} = 4.13 \times 10^5 \text{ Pa}$$

（3）由公式 $\sigma = \dfrac{\rho RT}{\overline{M}_c}\left(\lambda - \dfrac{1}{\lambda^2}\right)$ 得

$$7.25 \times 10^5 = \frac{964 \times 8.314 \times 300}{\overline{M}_c}\left(2 - \frac{1}{4}\right)$$

$$\Rightarrow \overline{M}_c = 5.803\ 7 \text{ kg/mol} = 5\ 803.7 \text{ g/mol}$$

5. 已知 $\rho = 1.0 \text{ g/cm}^3$，$\overline{M}_c = 1 \times 10^4$，$\overline{M}_n = 5 \times 10^6$，$\lambda = 8/4 = 2$，$T = 298 \text{ K}$。采用经过自由末端校正的公式：

$$\sigma = \frac{\rho RT}{\overline{M}_c}\left(1 - \frac{2\overline{M}_c}{\overline{M}_n}\right)\left(\lambda - \frac{1}{\lambda^2}\right)$$

$$\sigma = \frac{1.0 \times 10^6 \times 8.314 \times 298}{1 \times 10^4}\left(1 - \frac{2 \times 1 \times 10^4}{5 \times 10^6}\right)\left(2 - \frac{1}{2^2}\right) \text{ Pa}$$

$$= 4.32 \times 10^5 \text{ Pa}$$

橡胶类聚合物在变形时，体积几乎不变，拉伸所给交联橡胶所用的力为

$$f = \sigma \times A_0 = 4.32 \times 10^5 \times 0.05 \times 10^4 \text{ N} = 2.16 \text{ N}$$

所测橡胶的弹性模量为

$$E = \frac{3\rho RT}{\overline{M}_c}\left(1 - \frac{2\overline{M}_c}{\overline{M}_n}\right) = \frac{3 \times 1.0 \times 10^6 \times 8.314 \times 298}{1 \times 10^4}\left(1 - \frac{2 \times 1 \times 10^4}{5 \times 10^6}\right) \text{ Pa} = 7.40 \times 10^5 \text{ Pa}$$

6. 解：根据 WLF 方程：

$$\lg\frac{\omega_s}{\omega} = \frac{-C_1(T - T_s)}{C_2 + (T - T_s)}$$

取 $T_s = T_g = 373 \text{ K}$，$C_1 = 17.44$，$C_2 = 51.6$，$\omega_1 = 1 \text{ Hz}$，$T_1 = 125 \text{ ℃} = 398 \text{ K}$，$T_2$ 时 $\omega_2 = 1\ 000 \text{ Hz}$。将 WLF 方程分别应用于两个条件下，得

$$\lg\frac{\omega_s}{1} = \frac{-17.44(398 - 373)}{51.6 + (398 - 373)}$$

$$\lg\frac{\omega_s}{1\ 000} = \frac{-17.44(T_2 - 373)}{51.6 + (T_2 - 373)}$$

上两式相减得 $\lg\dfrac{1\ 000}{1} = \dfrac{-17.44(398 - 373)}{51.6 + (398 - 373)} - \dfrac{-17.44(T_2 - 373)}{51.6 + (T_2 - 373)}$，可得 $T_2 = 424 \text{ K}$。

7. 解：先利用 WLF 方程求黏度 η（303K）：

$$\lg\frac{\eta(T)}{\eta(T_s)} = \frac{-C_1(T - T_s)}{C_2 + (T - T_s)}$$

取 $T_s = T_g = 278 \text{ K}$，$C_1 = 17.44$，$C_2 = 51.6$，则

$$\lg\frac{\eta(303 \text{ K})}{\eta(278 \text{ K})} = \frac{-17.44(303 - 278)}{51.6 + (303 - 278)}$$

可求得 $\eta(303\ \text{K}) = 2.03 \times 10^6\ \text{Pa} \cdot \text{s}$。

再求橡胶弹性模量 E：

$$E = 3NkT = 3 \times 10^{-4} \times \frac{6.023 \times 10^{23}}{10^{-6}} \times 1.381 \times 10^{-23} \times (30 + 273)\ \text{Pa} = 7.56 \times 10^5\ \text{Pa}$$

又知 $\sigma_0 = 1 \times 10^6\ \text{Pa}$，$\dfrac{\sigma_0}{E} = 1.32$，由开尔文-沃伊特模型的蠕变方程 $\varepsilon(t) = \dfrac{\sigma_0}{E}(1 - e^{-t/\tau})$，

可得

$$\tau = \eta(303\ \text{K})/E = 2.69\ \text{s}$$

所给聚合物的蠕变方程为 $\varepsilon(t) = 1.32(1 - e^{-t/2.69})$。

第 5 章　聚合物的屈服、断裂和强度

一、思考题

略。

二、选择题

1. ①。2. ②。3. ②。4. ②。5. ③。6. ①。7. ②。8. ①④。9. ②。10. ①。11. ①。

三、判断题

1. ×。2. ×。3. √。4. √。5. ×。6. ×。7. ×。8. √。9. ×。10. √。11. ×。

四、简答题

1.（1）考虑支化对冲击强度的影响。（2）考虑哪种聚合物具有低温下较强的 β 松弛。

2. 能够形成分子间氢键的聚合物其拉伸强度较高；主链相同时，侧基极性较大时拉伸强度较高（极性基团可增大分子之间的作用力）；对于尼龙类的聚合物，凡二元酸、二元胺中亚甲基数目全为偶数者，酰胺基能够全部形成氢键；而尼龙 610 中由于亚甲基数在整个分子链中所占的比例比尼龙 66 中所占的比例高，所以尼龙 66 的氢键密度比尼龙 610 的高。

3.（1）抗冲击性能不好。因为柔顺性太好的链在 $T<T_g$ 时，分子链堆积比较紧密，所以材料呈脆性。（2）抗冲击性能不好。因为侧基体积过大。（3）抗冲击性能不好。主链上含有较多的刚性基团。（4）抗冲击性能好。主链中的酯基在低温下引起较强的 β 松弛。（5）抗冲击性能好。A 代表丙烯腈单体，B 代表丁二烯单体，S 代表苯乙烯单体。聚苯乙烯较脆，引进 A 后使其拉伸强度和冲击强度得到提高，再引进 B，进行接枝共聚，使其冲击强度大幅度提高。因 ABS 树脂中具有多相结构，支化的聚丁二烯相当于橡胶微粒分散在连续的塑料中，相当于大量的应力集中物，当材料受到冲击时，它们可以引发大量的银纹，从而能吸收大量的冲击能，所以抗冲击性能好。（6）抗冲击性能不好。由于聚乙烯结构规整和对称，容易结晶，限制了链段的运动，使其柔顺性不能表现出来。

第6章 聚合物的黏流态及流变性

一、思考题

略。

二、选择题

1. ②。 2. ①。 3. ①。 4. ③。 5. ①。 6. ③。 7. ①。 8. ②。 9. ③。 10. ①。

11. ③。 12. ②。 13. ②。 14. ②。 15. ③。

三、判断题

1. √。 2. ×。 3. ×。 4. ×。 5. √。 6. ×。 7. √。 8. √。 9. ×。 10. ×。 11. ×。

四、简答题

1. 对刚性聚合物要提高温度，对柔顺性链要加大压力。

2. 对刚性链要严格控制温度，对柔顺性链要严格控制压力。

3. （1）降低切变速率和降低压力；（2）升高温度；（3）设计挤出口模时，尽量避免管道中管径的突然变化。

4. 略。

五、计算题

1. 把 $\sigma^n = \dfrac{1}{D} \cdot \dot{\gamma}$ 代入 $A\eta = \dfrac{1+B\sigma^n}{1+C\sigma^n}$ ，得

$$A\eta = \frac{1+B \cdot \dfrac{1}{D}\dot{\gamma}}{1+C \cdot \dfrac{1}{D}\dot{\gamma}}, \quad \eta = \frac{1}{A} \cdot \frac{D+B\dot{\gamma}}{D+C\dot{\gamma}}$$

两边对切变速率求导可得

$$\frac{\mathrm{d}\eta}{\mathrm{d}\dot{\gamma}} = \frac{1}{A} \cdot \frac{B(D+C\dot{\gamma})-C(D+B\dot{\gamma})}{(D+C\dot{\gamma})^2} = \frac{1}{A} \cdot \frac{(B-C)D}{(D+C\dot{\gamma})^2}$$

因为 $C>B$，A、B、C、D 均大于 0，所以上式显示出 $\dfrac{\mathrm{d}\eta}{\mathrm{d}\dot{\gamma}}<0$。即 $\dot{\gamma}\uparrow \Rightarrow \eta\downarrow$ （切力变稀），所以该流体属于假塑性流体。

2. 根据 $\eta = K_2 \cdot \overline{M}_{\mathrm{w}}^{3.4}$，有

$$\lg \eta_{0,1} = K_2 + 3.4 \times \lg \overline{M}_{\mathrm{w},1}$$

（设加工前后熔体黏度分别为 $\eta_{0,1}$、$\eta_{0,2}$）

$$\lg \eta_{0,2} = K_2 + 3.4 \times \lg \overline{M}_{\mathrm{w},2}$$

$$\lg \frac{\eta_{0,2}}{\eta_{0,1}} = 3.4 \times \lg \frac{\overline{M}_{\mathrm{w},2}}{\overline{M}_{\mathrm{w},1}} = 3.4 \times \lg \frac{8\times10^5}{1\times10^6}$$

$$\frac{\eta_{0,2}}{\eta_{0,1}} = 0.468$$

所以加工前后熔体黏度降低的百分数为

$$\frac{\eta_{0,1}-\eta_{0,2}}{\eta_{0,1}}\times100\%=(1-0.468)\times100\%=53.2\%$$

3. 由于 $T_g<358\ \text{K}<T_f$ 及 $T_g<433\ \text{K}<T_g+100\ \text{K}$，故可用 WLF 方程计算，以 T_g 为参考温度，则

$$\lg\frac{\eta(T)}{\eta(T_g)}=\frac{-17.44(T-T_g)}{51.6+T-T_g}$$

$$\lg\frac{\eta(433\ \text{K})}{\eta(T_g)}=\frac{-17.44(433-338)}{51.6+(433-338)}$$

$$\lg\frac{\eta(358\ \text{K})}{\eta(T_g)}=\frac{-17.44(358-338)}{51.6+(358-338)}$$

两式相减得

$$\lg\frac{\eta(358\ \text{K})}{\eta(433\ \text{K})}=\frac{-17.44(358-338)}{51.6+358-338}-\frac{-17.44(433-338)}{51.6+433-338}$$

$$\eta(358\ \text{K})=1.35\times10^{7}\ \text{Pa}\cdot\text{s}$$

由于 $473\ \text{K}>T_f$ 及 $433\ \text{K}>T_f$，可将阿伦尼乌斯方程 $\eta=A\cdot\exp\left(\dfrac{\Delta E_{\eta}}{RT}\right)$ 应用于这两个温度下，得

$$\frac{\eta(473\ \text{K})}{\eta(433\ \text{K})}=\frac{\exp\left(\dfrac{8.314\times10^{3}}{8.314\times473}\right)}{\exp\left(\dfrac{8.314\times10^{3}}{8.314\times433}\right)}$$

$$\eta(473\ \text{K})=4.11\ (\text{Pa}\cdot\text{s})$$

4.

（1）将 $\eta=Ae^{\Delta E_{\eta}/RT}$ 用于两个温度下：

$$\eta_1=Ae^{\Delta E_{\eta}/RT_1}$$

$$\eta_2=Ae^{\Delta E_{\eta}/RT_2}$$

$$\frac{\eta_1}{\eta_2}=\exp\left[\frac{\Delta E_{\eta}}{R}\left(\frac{1}{T_1}-\frac{1}{T_2}\right)\right]$$

对于 PE，已知 $473\ \text{K}$ 时 $\eta=91\ \text{Pa}\cdot\text{s}$，则

$$\frac{\eta(483\ \text{K})}{91}=\exp\left[\frac{41.8\times10^{3}}{8.314}\left(\frac{1}{483}-\frac{1}{473}\right)\right]\Rightarrow\eta(483\ \text{K})=73.02\ (\text{Pa}\cdot\text{s})$$

$$\frac{\eta(463\ \text{K})}{91}=\exp\left[\frac{41.8\times10^{3}}{8.314}\left(\frac{1}{463}-\frac{1}{473}\right)\right]\Rightarrow\eta(463\ \text{K})=114.5\ (\text{Pa}\cdot\text{s})$$

同理，对于 PMMA，已知 $513\ \text{K}$ 时 $\eta=200\ \text{Pa}\cdot\text{s}$，则

$$\frac{\eta(523\ \text{K})}{200}=\exp\left[\frac{192.3\times10^3}{8.314}\left(\frac{1}{523}-\frac{1}{513}\right)\right]\Rightarrow\eta(523\ \text{K})=84.5(\text{Pa}\cdot\text{s})$$

$$\frac{\eta(503\ \text{K})}{200}=\exp\left[\frac{192.3\times10^3}{8.314}\left(\frac{1}{503}-\frac{1}{513}\right)\right]\Rightarrow\eta(503\ \text{K})=490.1(\text{Pa}\cdot\text{s})$$

（2）提示：从结构上分析 PMMA 与 PE 的分子链柔顺性大小，以及链柔顺性对熔体黏度的影响。

（3）不同流动活化能的聚合物熔体的黏度对温度变化的敏感性不同。由所给数据知，PE 的 ΔE_η 较小，由阿伦尼乌斯方程可知温度的变化对其黏度影响较小；而 PMMA 的 ΔE_η 较大，因而温度对其黏度影响较大。即温度变化对 PMMA 的黏度变化影响比 PE 的大，或温度变化对流动活化能较高的聚合物影响较大，流动活化能高的聚合物熔体也称温敏性流体。同时结合上面链柔顺性分析，链刚性较大的 PMMA，流动活化能较高，说明温度对链刚性较大的聚合物熔体的黏度影响较大。

（4）加工 PMMA 时可采用提高温度的方法来增加流动性，降低黏度；加工 PE 时可采用适当升温的同时增大压力（或增大切变速率）来增加流动性，降低黏度。因为 PMMA 属于温敏性的流体，调节温度就可有效地调节其熔体的流动性。而 PE 这种柔顺性链聚合物属于切敏性的流体，需结合调节温度和调节切变速率或剪切力来调节熔体的流动性。

5. 由于 $T_g<(120+273)\text{K}<T_g+100\ \text{K}$ 及 $T_g<(160+273)\text{K}<T_g+100\ \text{K}$，因此可用 WLF 方程求解。

以 T_g 为参考温度，则

$$\lg\frac{\eta(T)}{\eta(T_g)}=\frac{-17.44(T-T_g)}{51.6+T-T_g}$$

$$\lg\frac{\eta(433\ \text{K})}{\eta(T_g)}=\frac{-17.44(433-373)}{51.6+(433-373)} \qquad ①$$

$$\lg\frac{\eta(393\ \text{K})}{\eta(T_g)}=\frac{-17.44(393-373)}{51.6+(393-373)} \qquad ②$$

①式-②式可得 $\eta(393\ \text{K})=3.2\times10^7\ \text{Pa}\cdot\text{s}$。

六、填空题

1. 小。 2. 大。 3. $\eta_0=K_1\cdot\overline{M}_w^{1\sim1.6}$，$\eta_0=K_1\cdot\overline{M}_w^{3.4\sim3.5}$。 4. 降低，增大。

第7章　高分子溶液性质及其应用

一、思考题

略。

二、选择题

1. ①。 2. ③。 3. ②。 4. ②。 5. ②。 6. ②。 7. ①。 8. ②；9. ①。 10. ②。

11. ①。12. ③。13. ②。14. ②。15. ①。16. ①。17. ③。18. ②。

三、判断题

1. ×。2. ×。3. √。4. ×。5. ×。6. √。7. ×。8. √。9. ×。10. ×。

11. √。12. √。13. √。14. √。

四、简答题

1. 答题要点：判断相溶性好坏可主要根据下列三个原则：

极性相近原则　　　　（精确性较差）

溶度参数相近原则　　（适用于非极性或弱极性聚合物）

溶剂化原则　　　　　（适用于极性聚合物，亲电基团与亲核基团相互作用）

（1）聚苯乙烯为非极性聚合物，查得苯 $\delta_1 = 18.7$，根据溶度参数相近原则，两者相溶性较好。

（2）二甲基甲酰胺与聚丙烯腈属于极性体系，应采用溶剂化原则来判断，聚丙烯腈含有亲电基团—CN，而二甲基甲酰胺中含有亲核基团—CONH—，它们之间易发生溶剂化作用，所以能相溶。

（3）聚氯乙烯与氯仿也属于极性体系，也应根据溶剂化原则来判断，因聚氯乙烯和氯仿中都含有亲电基团—Cl，相同电性的基团之间不易发生溶剂化作用，所以聚氯乙烯并不能溶于氯仿中。

（4）聚氯乙烯与环己酮也为极性体系，应根据溶剂化原则来判断，因聚氯乙烯中含有亲电基团—Cl，而环己酮中的酮基为亲核基团，所以两者相溶性好。

（5）因为聚丙烯是非极性物质，而甲醇是极性物质，由极性相近原则可知，它们的相溶性不好。

2. 提示：晶态聚合物要溶解，必须破坏其中晶区的晶格，然后才能溶胀、溶解。需要弄清楚非极性晶态聚合物和极性晶态聚合物破坏其晶格所需能量可以来自何处。

3. 答题要点：从渗透压公式 $\dfrac{\pi}{c} = RT\left(\dfrac{1}{M} + A_2 c + \cdots\right)$ 考虑，作 $\dfrac{\pi}{c}$-c 曲线，其截距大小与分子量 M 成反比，其斜率大小与第二维利系数 A_2 成正比。

（1）曲线 1 和曲线 3 所代表的聚合物的分子量相同，曲线 2 所代表的聚合物的分子量大于曲线 1 和曲线 3 的。

（2）曲线 1 所代表的体系为相溶体系，因其斜率大于零，$A_2 > 0$，意味着溶剂为良溶剂情况；而曲线 3 所代表的体系为 θ 体系，因其斜率为 0，$A_2 = 0$，大分子在溶液中处于无扰状态（θ 状态）。

（3）曲线 1 和曲线 2 所代表的体系所用溶剂是不相同的。因为两者的斜率相同，意味着 A_2 相等，有相同的溶解状态，但曲线 2 所代表的聚合物的分子量大于曲线 1 的，分子量较大时较难溶，当聚合物具有相同的化学组成时，曲线 2 体系中的溶剂能溶解分子量较大的聚合物，说明曲线 2 体系中的溶剂比在曲线 1 体系中的溶剂要优良。

五、计算题

1.

(1) $\overline{M}_n = \dfrac{\sum\limits_i n_i M_i}{\sum\limits_i n_i} = \dfrac{\sum\limits_i m_i}{\sum\limits_i \dfrac{m_i}{M_i}} = \dfrac{100 + 1}{\dfrac{100}{1.5 \times 10^5} + \dfrac{1}{1.2 \times 10^3}} = 6.73 \times 10^4 (\text{g/mol})$

$\overline{M}_w = \dfrac{\sum\limits_i m_i M_i}{\sum\limits_i m_i} = \dfrac{100 \times 1.5 \times 10^5 + 1 \times 1.2 \times 10^3}{101} = 1.49 \times 10^5 (\text{g/mol})$

(2) $\overline{M}_n = \dfrac{\sum\limits_i n_i M_i}{\sum\limits_i n_i} = \dfrac{\sum\limits_i m_i}{\sum\limits_i \dfrac{m_i}{M_i}} = \dfrac{100 + 1}{\dfrac{100}{1.5 \times 10^5} + \dfrac{1}{1.8 \times 10^7}} = 1.51 \times 10^5 (\text{g/mol})$

$\overline{M}_w = \dfrac{\sum\limits_i m_i M_i}{\sum\limits_i m_i} = \dfrac{100 \times 1.5 \times 10^5 + 1 \times 1.8 \times 10^7}{101} = 3.27 \times 10^5 (\text{g/mol})$

由上述计算结果可以看出，与未混合之前相比，混合后 $\overline{M}_n$ 的变化对分子量低的级分的贡献较敏感，这是因为它是按级分的分子数目分数进行统计平均的量。而 $\overline{M}_w$ 的变化对分子量高的级分的贡献较敏感，这是因为它是按级分的质量分数进行统计平均的量。

2. （1） $N_1 = 9.97 \times 10^5$，$N_2 = 1$，$N = N_1 + N_2 = 997\ 001$，用小分子理想溶液混合熵公式得

$$\Delta S_M^i = -k\left(N_1 \ln \dfrac{N_1}{N} + N_2 \ln \dfrac{N_2}{N}\right)$$

$$= -1.38 \times 10^{-23} \times \left(9.97 \times 10^5 \ln \dfrac{9.97 \times 10^5}{997\ 001} + 1 \times \ln \dfrac{1}{997\ 001}\right)$$

$$= 2.04 \times 10^{-22} (\text{J/K})$$

（2） $N_1 = 9.97 \times 10^5$，$N_2 = 1$，$x = 3 \times 10^3$，$N = N_1 + x \cdot N_2 = 1 \times 10^6$，用高分子溶液混合熵公式得

$$\Delta S_M = -k\left(N_1 \ln \dfrac{N_1}{N} + N_2 \ln \dfrac{x N_2}{N}\right)$$

$$= -1.38 \times 10^{-23} \times \left(9.97 \times 10^5 \ln \dfrac{9.97 \times 10^5}{1 \times 10^6} + 1 \times \ln \dfrac{3 \times 10^3}{1 \times 10^6}\right)$$

$$= 4.14 \times 10^{-20} (\text{J/K})$$

（3） $N_1 = 9.97 \times 10^5$，$N_2 = 3 \times 10^3$，$N = N_1 + N_2 = 1 \times 10^6$，用小分子理想溶液混合熵公式得

$$\Delta S_M^i = -k\left(N_1 \ln \frac{N_1}{N} + N_2 \ln \frac{N_2}{N}\right)$$

$$= -1.38 \times 10^{-23} \times \left(9.97 \times 10^5 \ln \frac{9.97 \times 10^5}{1 \times 10^6} + 3 \times 10^3 \times \ln \frac{3 \times 10^3}{1 \times 10^6}\right)$$

$$= 2.82 \times 10^{-19}(\text{J/K})$$

由上述计算结果可以看出，ΔS_M^i（N_2 小分子溶质）$\ll \Delta S_M$（N_2 高分子溶质）$< \Delta S_M^i$（xN_2 小分子溶质）。即一个高分子对混合熵的贡献远大于一个小分子对混合熵的贡献；但若将一个高分子截断成等体积的 x 个小分子，则其对混合熵的贡献要大于一个高分子对混合熵的贡献，因为一个高分子上的 x 个链段相互有牵制作用，不如 x 个小分子的自由度大。

3. 设加入稀释剂的体积分数为 φ_1，由混合溶剂的溶度参数计算式可有

$$\delta_p = \delta'_1 \varphi_1 + \delta_1(1 - \varphi_1) \Rightarrow 19.4 = 16.3\varphi_1 + 19.6(1 - \varphi_1) \Rightarrow \varphi_1 = 0.06。$$

所以稀释剂与增塑剂的适宜体积比为：$\dfrac{0.06}{1 - 0.06} = \dfrac{3}{47}$。

4. 在 θ 条件下，$\chi_1 = 0.5$，$A_2 = 0$，则

$$\frac{\pi}{c} \approx RT\left(\frac{1}{M} + A_2 c\right), \frac{\pi}{c} \approx \frac{RT}{M}$$

$$\pi = \frac{8.314 \times 300 \times 1.17 \times 10^3}{10\,000} = 292(\text{N/m}^2)$$

5. （1）在 θ 条件下，$A_2 = 0$，$\alpha = 0.5$。

（2）因为 40 ℃ $> \theta$ 温度，高分子链在稀溶液中将较 θ 温度时更为伸展，溶剂溶解性更好，所以 40 ℃ 时聚异丁烯–苯溶液的 A_2 及 α 值将大于 θ 温度下的值：$A_2 > 0$，$\alpha > 0.5$。

6. 在 θ 条件下，$A_2 = 0$，$\dfrac{\pi}{c} \approx \dfrac{RT}{M}$。

已知 $c = 7.36 \times 10^{-3}$ g/mL $= 7.36 \times 10^3$ g/m^3，

$\pi = 0.248 \times 10^{-3} \times 9.8/10^{-4} = 24.3$（N/m^2），则

$$M = \frac{cRT}{\pi} = \frac{7.36 \times 10^3 \times 8.314 \times 298}{24.3} = 7.5 \times 10^5(\text{g/mol})$$

7. 氯仿的分子量 $M = 119.4$，则

$$n_1 = \frac{179}{119.4} = 1.5(\text{mol}), V_1 = \frac{179}{1.49} = 120.13（\text{cm}^3）$$

$$n_2 = 10^{-5}(\text{mol}), V_2 = \frac{10^{-5} \times 10^5}{1.20} = 0.833\,3（\text{cm}^3）$$

$$V = V_1 + V_2 = 120.96（\text{cm}^3）$$

$$\varphi_1 = \frac{V_1}{V} = 0.993\,1, \varphi_2 = \frac{V_2}{V} = 0.006\,9$$

混合熵为　$\Delta S_M \approx -R(n_1 \ln \varphi_1 + n_2 \ln \varphi_2) = 0.087(\mathrm{J/K})$。

混合热为　$\Delta H_M = RT\chi_1 n_1 \varphi_2 = 9.5(\mathrm{J})$。

混合吉布斯自由能为　$\Delta G_M = \Delta H_M - T\Delta S_M = -16(\mathrm{J})$。

8. 设 φ_1、φ_2 分别代表戊烷和醋酸乙烯酯的体积分数。若混合溶剂 $\delta_M = \delta_2 = 16.7$，则由 $\varphi_1 \times 14.4 + \varphi_2 \times 17.8 = 16.7$，$\varphi_1 + \varphi_2 = 1$，可求得 $\varphi_1 = 0.32$，$\varphi_2 = 0.68$。

所以可采用体积比为戊烷∶醋酸乙烯酯 = 32∶68 配制混合溶剂。

9. 由聚合物溶胀比的概念可得

$$Q = \frac{m_1/\rho_1 + m_2/\rho_2}{m_2/\rho_2} = \frac{V_1 + V_2}{V_2}$$

$$= \frac{\dfrac{2.116 - 0.127\,3}{0.868\,5} + \dfrac{0.127\,3}{0.94\,1}}{\dfrac{0.127\,3}{0.941}} = 17.93$$

因为 $Q > 10$，故可以采用公式 $\dfrac{\overline{M}_c}{\rho_2 V_1}\left(\dfrac{1}{2} - \chi_1\right) = Q^{\frac{5}{3}}$ 进行计算。

苯的分子量为78，溶剂的摩尔体积 $V_1 = \dfrac{78}{0.868\,5} = 89.81(\mathrm{cm^3/mol})$，则

$$\overline{M}_c = Q^{\frac{5}{3}} \cdot \rho_2 \cdot V_1 \Big/ \left(\frac{1}{2} - \chi_1\right) = 17.93^{\frac{5}{3}} \times 0.941 \times 89.81/(0.5 - 0.398)$$

$$= 1.02 \times 10^5 (\mathrm{g/mol})$$

10. 由校正曲线 $\ln M = 18.3 - 0.319 V_e$ 分别求得对应 V_e 的 M，如下表：

V_e	19	20	21	22	23	24	25	26	27	28
$M_i \times 10^{-5}$	2.067	1.502	1.092	0.794	0.577	0.419	0.305	0.222	0.161	0.117
H_i	8	93	235	425	535	550	480	325	150	38
$\dfrac{H_i}{M_i} \times 10^5$	3.87	61.9	215.2	535.3	927.2	1 312.6	1 573.8	1 464.0	931.7	324.8
$H_i M_i \times 10^{-5}$	16.54	139.7	256.6	337.5	308.7	230.5	146.4	72.15	24.15	4.446

$$\overline{M}_n = \frac{\sum\limits_i H_i}{\sum\limits_i \dfrac{H_i}{M_i}} = \frac{2\,839}{7\,350.37 \times 10^{-5}} = 3.86 \times 10^4 \ (\mathrm{g/mol})$$

$$\overline{M}_w = \frac{\sum\limits_i H_i M_i}{\sum\limits_i H_i} = \frac{1\,536.686 \times 10^5}{2\,839} = 5.41 \times 10^4 \ (\mathrm{g/mol})$$

$$d = \frac{\overline{M}_w}{\overline{M}_n} = 1.40$$

$$\sigma_n^2 = \overline{M}_n^2 \left(\frac{\overline{M}_w}{\overline{M}_n} - 1 \right) = 5.96 \times 10^8$$

第8章　聚合物的电学性能

一、思考题

略。

二、选择题

1.①。2.①。3.①。4.③。5.②。

全书总习题

一、思考题

略。

二、选择题

1.①。2.①。3.①。4.②。5.③。6.②。7.①。8.②。9.③。10.②。
11.③。12.①。13.②③。14.③。15.③。16.②。17.②。18.①。19.①②。20.④。

三、判断题

1.×。2.√。3.√。4.×。5.×。6.×。7.√。8.×。9.×。10.√。
11.×。12.×。13.×。14.√。15.×。

四、简答题

1. 略。

2. 只有 S-B-S 型及 S-I-S 型两种嵌段共聚物可用作热塑性弹性体，其余两种不行。因为热塑性弹性体的链结构应该是呈橡胶性质的软段在中间，两端是塑料性质的硬段，软段的两端固定在玻璃态的聚苯乙烯中，相当于用化学键交联的橡胶分子链，形成了对高弹性有贡献的有效链——网链。而 B-S-B 型及 I-S-I 为软段在两端，硬段在中间，软段的一端被固定在交联点上，另一端是自由活动的端链，而不是一个交联网。由于链端对弹性没有贡献，所以，这样的嵌段共聚物不能作橡胶使用。

3. 根据 LDPE 是支链形聚合物、HDPE 为直链形聚合物这种链结构特点及其性能区别来选择区别方法。（1）测定两者的密度和结晶度（如用密度梯度管法），密度和结晶度大者为 HDPE，小者为 LDPE；（2）溶解两种聚合物测定两者的黏度，黏度大者为 HDPE，小者为 LDPE；（3）测定两者的拉伸性能，强度较大的为 HDPE，较小的为 LDPE。

4. 透明和不透明与光线照到物体上时折射率有关。由于晶态聚合物是晶区与非晶区共存，而晶区与非晶区的密度不同，折射率不同，所以光线照到两相并存的晶态聚合物上会发生折射和反射，所以不透明。而非晶态聚合物是均相结构，光线能全部通过，所以是透明的。

（1）PE 的结晶能力很强，无论在什么条件下都能结晶，生成晶态聚合物。PET 的结晶能力较弱，结晶度受成型条件的影响，聚对苯二甲酸乙二醇酯淬冷时，由于来不及结晶，生成的是非晶态聚合物，所以可得到无定形的透明玻璃体。PS 是非结晶聚合物，无论在什么条件下都不能结晶，生成的是非晶态聚合物。

（2）PET 在接近玻璃化温度时拉伸，链段在外力方向上容易取向而结晶。

（3）在室温下拉伸 PS，由于 PS 是硬而脆的聚合物，因此拉伸后易产生银纹而呈现明亮的条纹。

5. 提示：T_g、T_m、T_f 和表观黏度都减小，结晶能力和结晶速度都增大。

6. $[\eta]$ 和 $\overline{h^2}$ 在聚苯乙烯-甲苯体系中的数值大。

提示：相对于聚苯乙烯-环己烷体系，聚苯乙烯-甲苯体系的 θ 温度更低，可见甲苯是聚苯乙烯的较良溶剂。在良溶剂中高分子线团较为伸展，自然，$\overline{h^2}$ 比 θ 状态下的数值要大。同时 α 较大，$[\eta]$ 也大。

7. 在同样溶剂中支化高分子的特性黏度比线形高分子的特性黏度小。

提示：支化的大分子链无规线团紧密，均方旋转半径小，均方末端距小，而线形的大分子链松散些，均方末端距大，根据 Flory 的特性黏数理论，$[\eta] = \dfrac{\varphi \cdot (\overline{h^2})^{\frac{3}{2}}}{M}$，由于支化高分子和线形高分子组成相同，$M$ 相同，$\overline{h^2}_{线} > \overline{h^2}_{支}$，所以 $[\eta]_{线} > [\eta]_{支}$。

五、计算题

1. 首先计算货车通过时对衬垫作用力时间 t，即

$$t = \frac{10 \times 3\,600}{60 \times 10^3} = 0.6\,(\text{s})$$

因为松弛时间 $\tau = \dfrac{\eta}{E}$，所以三种高分子材料的 τ 值为

$$\tau_1 = \frac{10^{10}}{2 \times 10^8} = 50\,(\text{s}); \quad \tau_2 = \frac{10^8}{2 \times 10^8} = 0.5\,(\text{s}); \quad \tau_3 = \frac{10^6}{2 \times 10^8} = 0.005\,(\text{s})$$

当货车车轮对桥梁支点的作用力时间与材料的松弛时间相当时，作为衬垫才可以达到吸收能量或减缓振动的目的。由上述计算结果可知，2 号材料的松弛时间与货车通过时对衬垫作用力时间具有相同的数量级，所以选择 2 号材料比较合适。

2. 根据 $\chi = \left(\dfrac{\overline{h^2}}{\overline{h_\theta^2}}\right)^{0.5}$，$A = \left(\dfrac{\overline{h_\theta^2}}{M}\right)^{0.5}$ 可知，无扰尺寸 $A = \dfrac{1}{\chi} \cdot \left(\dfrac{\overline{h^2}}{M}\right)^{0.5}$。

聚合物 A 的无扰尺寸 $A_A = 0.028\,3$，聚合物 B 的无扰尺寸 $A_B = 0.022\,4$。

比较无扰尺寸可知，聚合物 B 的柔顺性好。

3. 聚苯乙烯的链节摩尔质量 $M_0 = 104$ g/mol，根据内聚能密度概念以及溶度参数与内聚能密度的关系式，可得聚苯乙烯的溶度参数：

$$\delta = \sqrt{CED} = \sqrt{\frac{\Delta E}{V_m}} = \sqrt{\frac{\Delta E}{M_0/\rho}}$$

$$= \sqrt{\frac{33 \times 10^3 \times 1.09}{104}} = 18.6 \left[(J/cm^3)^{1/2} \right]$$

设适宜混合溶剂中丙酮的体积分数为 φ_1，环己烷的体积分数为 φ_2，则

$$\varphi_1 + \varphi_2 = 1$$

$$18.6 = 20.5\varphi_1 + 16.8\varphi_2 = 20.5\varphi_1 + 16.8(1 - \varphi_1)$$

$$\varphi_1 = 0.486\ 5 = 48.65\%\ , \varphi_2 = 0.513\ 5 = 51.35\%$$

所以为聚苯乙烯配制适宜混合溶剂的体积比应为

$$\frac{丙酮}{环己烷} = \frac{\varphi_1}{\varphi_2} = \frac{48.65}{51.35} = 1 : 1.055$$

参考文献

[1] 王泽山. 含能材料概论 [M]. 哈尔滨：哈尔滨工业大学出版社，2006.

[2] 陶俊，赵省向，韩仲熙，等. 含能聚合物黏结剂及其在炸药中应用的研究进展 [J]. 化学与生物工程，2013，30（11）：10-14.

[3] 秦能，姚军燕. 聚合物在固体推进剂中的应用进展 [J]. 化学与黏合，2003，（2）：74-77，104.

[4] 罗运军，葛震. 含能黏结剂合成研究新进展 [J]. 火炸药学报，2011，34（2）：1-5.

[5] 罗运军，丁善军，张弛. 含能热塑性弹性体研究进展 [J]. 中国材料进展，2022，41（2）：117-128.

[6] 马庆云. 复合火药 [M]. 北京：北京理工大学出版社，1997.

[7] 王泽山，张丽华，曹欣茂. 废弃火炸药的处理与再利用 [M]. 北京：国防工业出版社，1999.

[8] 邵自强，王文俊. 硝化纤维素结构与性能 [M]. 北京：国防工业出版社，2011.

[9] Ma Ángeles Fernández de la Ossa, María López-López, Mercedes Torre, et al. Analytical techniques in the study of highly-nitrated nitrocellulose [J]. Trac-trends in Analytical Chemistry, 2011, 30 (11): 1740-1755.

[10] 胡婷婷，张丽华. 甲苯二异氰酸酯与硝化纤维素反应条件的研究 [J]. 火工品，2019，（5）：42-44.

[11] 史文杰，张丽华. 3 种酰氯与硝化纤维素反应的对比 [J]. 化学工程，2021，49（6）：63-66.

[12] 张端庆. 火药用原材料性能与制备 [M]. 北京：北京理工大学出版社，1995.

[13] 傅明源，孙酣经. 聚氨酯弹性体及其应用 [M]. 2 版. 北京：化学工业出版社，1999.

[14] 刘益军. 聚氨酯树脂及其应用 [M]. 北京：化学工业出版社，2012.

[15] 赵孝彬，杜磊，张小平，等. 聚氨酯弹性体及其微相分离 [J]. 高分子材料科学与工程，2002，18（2）：16-20.

[16] 黄丽. 高分子材料 [M]. 2 版. 北京：化学工业出版社，2019.

[17] 庞爱民. 固体火箭推进剂理论与工程 [M]. 北京：中国宇航出版社，2014.

[18] 蒿银伟，杨春霞，王俊飞，等. 端羟基聚丁二烯官能度对推进剂力学性能的影响研

究［J］.化学推进剂与高分子材料，2023，21（1）：44-48.

［19］罗运军，王晓青，葛震.含能聚合物［M］.北京：国防工业出版社，2011.

［20］罗运军，葛震.叠氮类含能黏结剂研究进展［J］.精细化工，2013，30（4）：374-377，438.

［21］周阳，龙新平，舒远杰.均聚类含能黏结剂的研究进展［J］.含能材料，2010，18（1）：115-120.

［22］宋晓庆，周集义，王文浩，等.聚叠氮缩水甘油醚改性研究进展［J］.含能材料，2007，15（4）：425-430.

［23］沙恒.新型含能黏结剂 AMMO 及其应用研究［J］.火炸药学报，1995，（1）：36-39，30.

［24］王志昌，宁二龙，刘建艇，等.BAMO 基聚合物的合成及应用研究进展［J］.化学推进剂与高分子材料，2022，20（4）：20-25.

［25］张在娟，罗运军.含不同扩链剂的聚叠氮缩水甘油醚基含能热塑性弹性体的合成与力学性能［J］.高分子材料科学与工程，2014，30（11）：40-44.

［26］左海丽，肖乐琴，菅晓霞，等.GAP/MDI/DEG 含能热塑性弹性体的合成与性能［J］.高分子材料科学与工程，2010，26（12）：20-23.

［27］卢先明，甘宁，邢颖，等.高能热塑性黏结剂 CE-PBAMO 的合成［J］.含能材料，2010，18（3）：261-265.

［28］王建峰，黄振亚，侯果文.BAMO-GAP 基 ETPE 的合成与性能研究［J］.火炸药学报，2016，39（2）：45-49.

［29］马卿，周小清，周建华，等.含能聚氨酯热塑性黏结剂 GAP/PBAMO 的性能［J］.化学推进剂与高分子材料，2011，9（4）：73-76.

［30］甘孝贤，李娜，卢先明，等.BAMO/AMMO 基 ETPE 的合成与性能［J］.火炸药学报，2008，31（2）：81-85.

［31］张丽华，王香梅.高分子物理学习笔记及习题［M］.北京：国防工业出版社，2008.

［32］华幼卿，金日光.高分子物理［M］.4 版.北京：化学工业出版社，2013.

［33］方征平，王香梅.高分子物理教程［M］.北京：化学工业出版社，2013.

［34］何曼君.高分子物理［M］.3 版.上海：复旦大学出版社，2007.

［35］马德柱.聚合物的结构与性能［M］.2 版.北京：科学出版社，1995.